CNPC-KY01

中国石油勘探开发研究院组织史资料

第二卷

（2014—2020）

中国石油勘探开发研究院｜编

石油工业出版社

图书在版编目（CIP）数据

中国石油勘探开发研究院组织史资料．第二卷：
2014—2020 / 中国石油勘探开发研究院编．—北京：
石油工业出版社，2023.3

ISBN 978-7-5183-5794-9

Ⅰ．①中… Ⅱ．①中… Ⅲ．①油气勘探－研究院－史
料－中国－2014—2020 ②油田开发－研究院－史料－中国
－2014—2020 Ⅳ．① TE-24

中国版本图书馆 CIP 数据核字（2022）第 256496 号

中国石油勘探开发研究院组织史资料　第二卷（2014—2020）
中国石油勘探开发研究院　编

项目统筹：白广田　马海峰
图书统筹：李廷璐
责任编辑：李廷璐　孙林超
责任校对：张　磊
出版发行：石油工业出版社
　　　　　（北京市朝阳区安华里 2 区 1 号楼　100011）
　　　　　网　　址：www.petropub.com
　　　　　编辑部：（010）62067197　64523611
　　　　　图书营销中心：（010）64523731　64523633
印　　刷：北京中石油彩色印刷有限责任公司

2023 年 3 月第 1 版　2023 年 3 月第 1 次印刷
787×1092 毫米　开本：1/16　印张：27.75
字数：435 千字

定价：420.00 元

《中国石油勘探开发研究院组织史资料 第二卷（2014—2020）》

● 编审委员会 ●

《中国石油勘探开发研究院组织史资料 第二卷（2014—2020）》

●编纂审定组●

组　　长：张　宇

成　　员：（以姓氏笔画为序）

王红岩　王建强　乔德新　华　山　闫建文　许怀先

李　芬　张德强　赵　清　赵玉集　夏永江　曹　锋

评审专家：（以姓氏笔画为序）

关德师　严开涛　杨遂发　张庆春　张爱卿　陆富根

陈　春　陈　健　赵力民　贾进斗　殷兆红

《中国石油勘探开发研究院组织史资料
第二卷（2014—2020）》

● 编纂工作组 ●

组　　长：	闫建文
副组长：	徐　斌　杨　晶　陶云光　杨遂发　李欢平
执　　笔：	闫建文　王荣华　谢童柱　曹双振　卜　宇　郑　力
	孙　猛　朱德明　李政阳　唐　瑭　杜艳玲　高日丽

● 材料筹备组 ●

（以姓氏笔画为序）

丁　婧	卜　海	万　洋	马丽亚	马琳芮	王　颖	王　慧
王子健	王明磊	王艳艳	王淑芳	牛　敏	文守亮	卢　斌
卢　巍	申端明	冯　刚	刘　姝	刘　海	刘　颖	孙冬梅
孙琦森	李　凌	李树铁	李贵中	杨志祥	吴若楠	宋晓江
张力文	张凡芹	张宏洋	张晓元	陈　松	陈　嘉	邵丽艳
庚　勐	郑　力	屈珺雅	孟庆洋	封新芳	赵　昕	赵祯祯
郝东林	胡法龙	殷洋溢	高飞霞	高日丽	高晓辉	唐　萍
唐　爽	唐　琪	陶怡名	曹　锋	盛艳敏	常　鑫	尉晓玮
蒋丽维	韩　彬	韩冰洁	程小岛	谢　宇	雷丹凤	蔡德超
裴　根	廖　峻	穆剑东				

前　言

　　存史资政，昭示未来。2017 年《中国石油勘探开发研究院组织史资料（1955—2013）》首编面世。2022 年，《中国石油勘探开发研究院组织史资料第二卷（2014—2020）》出版，再续勘探院人自立自强、开拓进取新篇章。

　　从 1958 年成立至 2020 年，中国石油勘探开发研究院（简称勘探院）已经走过了 60 余年光辉历程。在石油工业部、燃料化学工业部、石油化学工业部、中国石油天然气总公司、中国石油天然气集团公司、中国石油天然气集团有限公司（简称集团公司）的领导下，一代又一代石油科技工作者勇挑重担，团结奋进，忘我工作，甘于奉献，书写了一部艰苦创业的发展史，走出了一条科技兴油的创新路，绘就了一幅人才辈出的群英谱，为中国石油工业从小到大、从弱到强，做出了不可磨灭的卓越功勋，取得了令人瞩目的辉煌成就，为新中国石油工业发展和油气勘探开发科技进步做出了彪炳史册的历史贡献。

　　2014 年以来，国际油价长期低位徘徊，尤其是 2019 年末突如其来的新冠肺炎疫情和国际油价断崖式暴跌，对石油工业发展和石油企业生产经营带来巨大冲击。从国内看，企业要面临油气对外依存度不断攀升与国内原油稳产挑战加剧的双重压力；从行业看，油气资源劣质化、勘探目标多元化、开发对象复杂化以及成本刚性增长已经成为油气勘探开发的新常态。同时，国家不断深化国有企业改革和石油天然气体制改革，对石油企业转型发展提出了新要求。各企业纷纷加大科技投入，加强理论技术创新，以提高效益、降低成本。

　　在这种大背景下，改革创新成为勘探院发展的主旋律。勘探院坚持以习近平新时代中国特色社会主义思想为指导，深刻领悟习近平总书记重要指示批示和讲话精神蕴含的真理力量、思想光芒和实践伟力，认真落实集团公司党组部署安排，立足新发展阶段，贯彻新发展理念，融入新发展格局，聚焦企业发展重大需求，坚持"一部三中心"职责定位，构造科研发展"一体两翼"和京内外一体化发展的新布局。2014 年 7 月，勘探院印发《中国石油勘探开发研究院科技发展五年规划和十年愿景》，抓住事关集团公司全局与长远发展的关键领域和重大科技问题，形成未来 5—10 年院科技发展总体目标，在干部员工中形成了清晰的共同愿景。2019 年，新一届勘探院党委坚持以"12345"总体发展思路为主线，锚定一个战略目标，实施"三步走"发展路径，树立高质量发展、价值追求、精益化管理、以奋斗者为本和协同开放"五大理念"，推进"10+5"重点工程，努力在科技自立自强中发挥骨干引领作用，通过不断改革创新，勘探院逐步实现跨越式发展，为推进油气科技进步和集团公司上游业务稳健发展做出了重要贡献。

七年来，勘探院不断做高战略决策支持，继续发挥好高端智库作用。一是为解决国家层面油气数据零散不系统、宏观形势分析缺失与战略研究力量分散等问题，勘探院在国家能源局的大力支持下，组建能源战略综合研究部，做实国家油气战略研究中心，承办国家能源局页岩油勘探开发推进会、疫情冲击下中国能源安全与油气储备战略研讨会等高端会议，加大能源战略、行业政策和发展规划研究力度，牵头和合作编写智库报告数篇，其中《大变局下谋划中国"能源独立"战略的建议》等获得国务院领导批示，在国家高端智库建设中发挥重要作用，获得集团公司领导的充分肯定。二是认真研究疫情和低油价影响下国内外上游业务生产经营策略和技术发展方向，全力支撑集团公司"十三五""十四五"科技和业务发展规划编制，持续打造勘探院决策支持特色品牌，发布《全球油气勘探开发形势及油公司动态》四部，向集团公司编报高水平《决策参考》300 余篇，多篇获得领导批示和总部部门关注，为总部科学决策和重点工作推进提供重要依据。

七年来，勘探院不断做深理论技术创新，继续厚植长远发展基础和优势。依托 4 个国家级重点实验室、17 个集团公司级重点实验室，以国家和集团公司两级重点项目为主体，以自主设立的一批勘探院级基础研究项目为补充，以 16 个重点学科建设为抓手，深化海相碳酸盐岩、中新元古—下古生界古老深层油气、纳米智能驱油剂、储层改造、非常规油气开发等有重大需求远景的超前基础理论和重大、关键、共性技术研究，大力推进页岩油基础地质研究、关键技术攻关和实验条件平台建设，积极储备智慧油气田、地下煤制气、海洋深水超深水、地热、铀矿、天然气水合物、氢能、储能和新材料等领域理论技术，瞄准前沿形成优势，瞄准需求拓展方向，培育和储备一批引领重大勘探开发领域突破和科学破题的理论技术成果，夯实发展基础和后劲，努力把勘探院的理论技术优势转化为集团公司稳健发展的强大支撑。

七年来，勘探院不断做强生产技术支持服务，继续全力支撑油气田增储上产发展。 瞄准国内外重点油气区和重点盆地的重大生产需求，坚持深入生产一线，贴近现场服务，发挥多年积累的理论技术特色优势，科学诊脉制约油气田发展的难点和挑战，强化国内盆地研究中心和海外中心在支撑油气田勘探发现与开发建设中的龙头作用，扎实推进老油田稳产和提高采收率、低渗透油藏有效开发、低品位与难采储量大规模动用、较大幅度提高单井产量等技术研发与创新，认真做好重点地区开发方案编制、工程技术支持和生产管理优化，着力抓好海外五大油气合作区新项目获取、成熟探区精细勘探、开发方案编制与工程技术支持，加快成熟技术、特色软件和产品转化应用，持续在国内与海外油气生产主战场同步发力，成为有力支撑集团公司国内外上游业务稳健发展的高水平技术支持服务中心。

七年来，勘探院不断做优人才队伍建设，继续打造高层次智力高地。 坚持"技术立院、人才立院"根本宗旨，完善人才布局和梯队建设，积极落实石油科学家培育计划，对标高层次、专业化、国际化要求，选择业务强、外语好、懂经营、善管理的科研和管理人员，通过交叉任职、项目派遣、出国培训等形式，吸收国内外的经营管理理念、前沿理论和最新技术，造就一批世界水平的科学家、科技领军人才、高技能人才和高水平管理团队。用好用足国家人才引进政策，积极引进集团公司技术薄弱领域急需紧缺的领军人才。认真贯彻青年科技英才培养工程，加大对中青年科技人才的推举和选拔，鼓励开展兴趣驱动的开创性研究，鼓励有能力的青年人勇挑重担，在研发创新中磨炼自我、脱颖而出。倡导儒雅、厚重、勤勉、求实、创新、包容的优秀文化，引导科研人员淡泊名利、矢志创新，打造集团公司一流的上游高层次人才聚集高地。

七年来，勘探院不断突出基础建设，培育壮大赋能核心优势。 一是紧跟集团公司数字化转型智能化发展步伐，组建信息化建设领导小组，成立信息化管理处，整合信息化研发力量，超前谋划云计算、大数据、人工智能等技术发展，扎实推进勘探开发云平台、勘探开发专家智慧共享平台等项目实施，积极构建全院勘探开发协同工作环境，努力推动先进信息技术与勘探开发业务的深度融合。二是强化北京院区和廊坊科技园区建设，组建廊坊科技园区管委会，切实将"一院两区"落实落地，推进"国家能源油气地下储库工程研发中心""页岩油实验室"和"新能源实验室"建设，有效支撑基础研究和学科建设。三是持续打造产学研深度融合新模式，与集团公司咨询中心、玉门油田、中国地质大学（北京）、华为公司、深圳清华大学研究院等单位签订战略合作协议、开展联合攻关研究，努力培育重大原创性科技成果和行业领军人才。

七年来，勘探院不断突出环境改善，稳步打造开放和谐园区。一是深化国际合作，新加入 15 个科技共享联盟组织，围绕信息化、人工智能、新能源等领域，深化与哈里伯顿公司、卡尔加里大学、俄气天然气研究院等机构科技合作，持续构建国际化科研创新环境。二是打造多元化交流平台，举办国际前沿能源科技系列讲座，积极参加 AAPG、SPE、SEG 等国际学术会议，《石油勘探与开发》SCI 影响因子不断再创新高，进一步提升国际影响力和话语权。三是加快推动科技园区建设，基本完成"三供一业"分离移交和南厂区、梦溪宾馆回收，实施北实验区办公场所、工字楼职工公寓及第三职工餐厅改造项目，实现新员工和异地进京职工"一人一间公寓"的住宿条件，积极稳妥完成离退休老同志社会化管理，不断构建宜居宜研、安全和谐的环境。

七年来，勘探院持续打造基层组织的坚强堡垒。强化基层党组织政治功能，用习近平总书记系列重要讲话精神武装头脑、指导实践，提升政治站位。建立健全基层组织体系，坚持"四同步、四对接"，稳步推进各级党组织换届工作，做到基层组织应建尽建、到期换届应换尽换、委员出缺应补尽补。着力完善基层党建工作体系，推动基层党组织落实"三会一课"和"两学一做"常态化制度化，提升基层党组织政治生活质量。

七年来，勘探院落实全面从严治党要求，作风建设展现新气象。严格落实"两个责任"、做实"一岗双责"，逐级签订党风廉政建设责任书和党员干部廉洁从业承诺书。全面深入推进"不敢腐不能腐不想腐"体制机制建设，以党内监督为主，形成横向到边、纵向到底的监督格局，监督体系更加完善。强化监督执纪问责，坚持领导干部述职述廉、诫勉谈话制度，正风肃纪效果显著。建立廉洁风险防控体系，梳理重点领域廉洁风险点，强化对重点领域关键环节的风险管控。一体化推进"三不腐"有效机制建设，切实将党风廉政建设与反腐败工作不断向基层延伸，持续营造风清气正的政治生态。

辉煌大业青史留，再蘸浓墨写春秋。今天的勘探院，已经成为中国石油工业上游领域最具影响力的综合性研究机构，已经站在一个机遇与挑战并存的全新发展方位和时代坐标上。闯关夺隘拓新局、正是扬帆搏浪时，梦在前方、路在脚下，我们将深入贯彻新发展理念，积极构建新发展格局，继续保持锐意创新的勇气、敢为人先的锐气、蓬勃向上的朝气，沿着高质量发展道路乘风破浪、阔步前行，奋力谱写建设世界一流研究院新篇章，为推进集团公司基业长青世界一流综合性国际能源公司建设、引领科技自立自强、保障国家能源安全做出新的更大贡献！

本书如实记录了勘探院自 2014 年 1 月至 2020 年 12 月的发展历程，客观反映了勘探院组织机构变迁、领导人员更迭、管理流程再造、人力资源拆分整合、企业改革发展、人才队伍建设、科研创新与技术服务等过程，资料翔实，内容丰富，既是勘探院的一部组织建设史，也是一部勘探院随中国石油不断壮大的改革发展史和经济发展史，具有一定的借鉴意义与参考价值。希望勘探院广大石油员工多读历史，多了解历史，从历史中汲取营养，获得前行的动力和方向，为中国石油的科研事业续写更加宏伟壮丽的篇章！

中国石油勘探开发研究院组织史资料编纂工作组
2022 年 12 月

凡　例

一、本书按照《〈中国石油组织史资料〉编纂工作方案》《〈中国石油组织史资料〉编纂技术规范》进行编纂。

二、指导思想。本书以马列主义、毛泽东思想、邓小平理论、"三个代表"重要思想、科学发展观和习近平新时代中国特色社会主义思想为指导，坚持辩证唯物主义和历史唯物主义的立场、观点和方法，按照实事求是的原则和"广征、核准、精编、严审"的工作方针，全面客观记述中国石油勘探开发研究院的组织发展历程和人事变动情况，发挥"资政、存史、育人、交流"的作用。

三、断限。本书收录上限始自 2014 年 1 月 1 日，下限断至 2020 年 12 月 31 日。

四、指代。本书中"总公司"指代中国石油天然气总公司，"集团公司"指代中国石油天然气集团公司、中国石油天然气集团有限公司，"股份公司"指代中国石油天然气股份有限公司，"勘探院"泛指中国石油勘探开发研究院在各个不同历史时期的称谓。

五、资料的收录范围。一是组织机构沿革及领导成员名录等正文收录资料，包括：勘探院领导机构及其领导成员，机关职能部门、直属二级单位、廊坊分院、西北分院、杭州地质研究院领导机构及其领导班子成员。组织机构和领导名录按照下延一级的原则收录，组织机构收录范围主要是依据行政隶属关系和股权管理确定，领导名录收录范围主要是按照干部管理权限确定。二是附录附表资料，包括：组织机构沿革图，历年基本情况统计表，院士、专家、教授、高级工程师等人员名单，全国党代表、人大代表、政协委员，获国家级、省部级表彰的先进集体、先进个人名单、组织人事大事纪要等。

六、资料的收录原则。党政组织机构较详，其他组织机构较略；本级组织机构较详，下属组织机构较略；存续下来的组织机构较详，期间撤销或划出的组织机构较略；组织机构及领导成员资料较详，其他资料较略。

七、编纂结构体例。本书按章、节、目几个层次编纂，设领导机构、机关职能部门、科研单位、信息—决策支持单位、服务保障—技术服务单位、虚设机构、廊坊分院、西北分院、杭州地质研究院、附录附表共十章。

各章之下，一般以本章所收编的具体单位分别设节，节下分别收编具体的组织机构及领导名录。

附录附表一章按组织机构沿革图，历年基本情况统计表，院士、专家、教授、高工、一级工程师人员名单，全国党代表、人大代表、政协委员名单，获国家级、中央国家机关表彰的先进个人和集体，获省部级、省部级机关表彰的先进集体和个人，组织人事大事纪要设七节。

八、本书资料编排。本书采用文字叙述、组织机构及领导名录、图表相结合的编纂体例进行资料编排。

（一）组织机构沿革文字叙述和顺序编排。

文字叙述包括综述和简述等，主要起连接机构、名录、图表的链条作用。

在卷首，写有综述。主要记述本级组织机构沿革、发展战略及成效、党的建设工作等。

在各节和条目分别收编具体组织机构，其下一般为两部分：第一部分为该组织机构沿革的简述，第二部分为该组织机构及领导成员名录。简述主要记述该机构建立、撤销、分设、合并、更名、职能变化、业务划转、规格调整、体制调整的时间、依据及结果，上级下属、内部机构设置及人员编制的变化情况，机构驻地和生产规模、工作业绩概况等。

（二）组织机构的编排顺序。

组织机构一般按先领导机构，其次机关工作机构（包括机关党政职能部门、直附属二级单位等），再所属单位依次编排，章下一般按机构成立时间先后或编纂下限时的规范顺序分别设节。节下按党组织、行政机构、纪委、工会等组织序列依次收录，并将助理、副总师级人员收录至最后。

（三）领导名录的编排顺序。

一般按正职、副职和任职时间先后的顺序分别排列。同为副职的，按任职先后排列；同时进班子的，按任免文件或任命时已注明的顺序排列；享受副处级/二级副及以上待遇人员（除退出领导岗位人员），收录在所在单位现职领导人员之后。

九、本书收录的领导成员资料包括其职务（含代理）、姓名（含曾用名）、女性性别、少数民族族别、任职起止年月等人事状况。凡涉及女性、少数民族、兼任、主持工作、领导成员实际行政级别与组织机构规格不一致、进入专家岗位、退出领导岗位、调离、退休、辞职、去世、受处罚及处分等情况，均在任离职时间括号内标注。涉及同一人的备注信息，仅在该节第一次出现时加注。同一卷中姓名相同的，加注性别或籍贯、出生年月、毕业院校等以示区别。对组织上明确设有"常务"职务的，一般单列职务名录，并编排在其他副职前。

十、本书收录的组织机构及领导名录，均在其后括号内注明其存在或任职起止年月。同一组织、同一领导成员，其存在或任职年月有两个或两个以上时期时，前后两个时期之间用"；"隔开；组织机构更名，排列时原名称在前、新名称在后，中间用"—"连接。

十一、组织机构设立和撤销时间，以上级机构管理部门正式下发的文件为准；没有文件的，以工商注册或资产变更等法定程序为准。

十二、领导成员任离职时间，均以干部主管部门任免时间或完成法定聘任（选举）程序时间为准。同一人有几级任免文件的，按干部管理权限，以主管部门任免行文时间为准。属自然免职或无免职文件的，将下列情况作为离职时间：被调离原单位的时间，办理离退休手续的时间，去世的时间，机构撤销的时间，选举时落选的时间，新领导人接替的时间，副职升正职的时间，随机构更名而职务变化的时间，刑事处罚、行政处分或纪律处分的时间。确无文件依据的，经组织确认后，加以说明或标注。

十三、本书资料收录的截止时间，不是组织机构和领导成员任职的终止时间。

十四、本书对历史上的地域、组织、人物、事件等，均使用历史称谓。第一次出现时使用合称并注明规范简称，标题中一般使用规范简称或合称。中国共产党各级组织一般简写为"中共×××"，或直接称"×××党委／党总支／党支部"。

十五、本书一律使用规范的简化字。数字使用依据《出版物上数字用法》（GB/T 15835—2011），采用公历纪年，年代、年、月、日和计数、计量、百分比均用阿拉伯数字，表示概数或用数字构成的专有名词用汉字数字，货币单位除特指外，均指人民币。

十六、本书收录的资料，仅反映组织机构沿革、领导成员更迭和干部队伍发展变化的历史，不作为机构和干部个人职级待遇的依据。由于情况复杂，个别人员姓名和任职时限难免出现错漏和误差，有待匡正。

十七、本书收录的资料内容是关于勘探院管理职能范围内的公开信息，不收录涉及国家、集团公司和勘探院规定的保密信息。本书所采用资料主要由勘探院职能管理相关部门及各参编单位提供。2020年3月，勘探院党委免去机关各支部书记、副书记职务，此后，各支部书记、副书记不再由党委任免，本书名录未予收录。

目　　录

综　述

　　中国石油天然气股份有限公司勘探开发研究院的前身是石油工业部石油科学研究院，作为石油科技人才摇篮，是中国石油天然气集团有限公司规模最大、科技力量最集中的直属科研单位。勘探院先后隶属石油工业部、燃料化学工业部、石油化学工业部、中国石油天然气总公司、中国石油天然气集团公司、中国石油天然气集团有限公司。

　　2014年以来，伴随着中国石油工业和集团公司转型发展步伐，勘探院进入了加速科技创新、深化改革发展的新阶段。党的十八大以后，集团公司确立建设基业长青世界一流综合性国际能源公司的发展目标，把创新提升为发展战略之一，稳步推进科研单位重组整合，逐步建立创新创效激励机制。在这种背景下，改革创新成为勘探院发展的主旋律。勘探院聚焦集团公司发展重大需求，确立科技发展战略愿景与目标，工作思路和发展蓝图更加清晰；找准定位职责，大力加强战略决策参谋部、理论技术研发中心、技术支持服务中心和高层次人才培养中心建设，持续推动理论技术升级发展、人才队伍提速发展、应用成效规模发展；努力培育重大成果，推行以"三要三不要"为核心的目标管理，要有实物工作量支撑的成果、要自己独立完成和油田认可的成果、要有含金量的创新成果，不要汇总的没有工作量支撑的成果、不要从兄弟单位舶来的成果、不要陈旧炒冷饭的成果；全面实施"五交六知"科研交底管理，即交问题、交重点、交难点及破解方法、交要求、交答案，知任务全貌、知存在问题、知研究重点、知研究难点、知研究途径、知成果内涵，积极推动人才成长和成果上水平双发展。通过推行"两个管理"理念，成果的含金量显著提高；坚持问题导向实施综合改革，推行以调整优化业务布局、加大海外技术支持服务力度、实施差异化激励政策等为核心的一系列举措，科研人员创新创效热情和潜力得到释放；全面加强党的建设和规范管理，形成风清气正、干事创业的良好环境。通过不断改革创新，勘探院逐步实现跨越式发展，不断为推进油气科技进步和集团公司上游业务稳健发展做出贡献。

一、组织机构沿革

截至 2013 年 12 月 31 日，勘探院与中国石油集团科学技术研究院一套班子、两块牌子，设机关处室 13 个，其中勘探院行政机关设 7 个部门：院办公室、科研管理处（信息管理处）、人事劳资处、计划财务处、企管法规处、国际合作处、安全环保处，主要负责勘探院行政管理、科研生产管理、人事劳资管理、计划财务管理、法律内控管理、对外交流与合作及院区安全环保管理等工作；勘探院党群机关设 6 个部门：党委办公室、党委组织部、纪监审办公室、党委宣传部、工会、团委，主要负责党建、宣传、思想政治、精神文明建设、工会、计划生育、共青团、纪检、监察和审计等工作。科研单位 27 个：石油地质研究所、油气资源规划研究所、石油地质实验研究中心、物探技术研究所、测井与遥感技术研究所、塔里木分院、油气田开发研究所、储层研究所筹备组、油气开发战略规划研究所、石油采收率研究所、热力采油研究所、海塔勘探开发研究中心、鄂尔多斯分院、采油工程研究所、采油采气装备研究所、油田化学研究所、石油工业标准化研究所、工程技术研究所、勘探与生产工程监督中心、海外综合业务部筹备组、全球油气资源与战略研究所、国际项目评价研究所、中亚俄罗斯研究所、中东研究所、非洲研究所、南美研究所、亚太研究所。信息、公益、教育培训单位与其他机构 14 个：计算机应用技术研究所、油气开发计算机软件工程研究中心、档案处、科技文献中心、专家室、技术培训中心、基建办公室、离退休职工管理处、物业管理中心、梦溪宾馆、石油大院社区委员会、北京市瑞德石油新技术公司、矿区服务事业部、国家油气重大专项项目管理专项秘书处。京外单位 3 个：廊坊分院、西北分院、杭州地质研究院。

2014 年 3 月，成立总工程师办公室；撤销储层研究所筹备组，机构及相关业务职能并入油气田开发研究所。同年 5 月，恢复廊坊分院物业管理部、离退休职工管理部；停止勘探院计划财务处、人事劳资处和廊坊分院计划财务处、人事劳资处的合署办公。同年 9 月，撤销海外综合业务部筹备组、全球油气资源与战略研究所，成立全球油气资源与勘探规划研究所、海外战略与开发规划研究所，将南美研究所更名为美洲研究所；海外一路启用

"海外研究中心"名称；海外研究中心所属 8 个研究所为全球油气资源与勘探规划研究所、海外战略与开发规划研究所、国际项目评价研究所、中亚俄罗斯研究所、中东研究所、非洲研究所、美洲研究所、亚太研究所。

2017 年 3 月，根据股份公司《关于勘探开发研究院组织机构设置方案的批复》文件精神，对勘探开发研究院机关和廊坊分院机关进行重组整合，按照"一院两区"模式将勘探开发研究院机关和廊坊分院机关原有 22 个职能处室整合为 9 个勘探院机关职能处室：办公室（党委办公室）、科研管理处（信息管理处）、人事处（党委组织部）、计划财务处、企管法规处、国际合作处、质量安全环保处、纪检监察处（审计处）、党群工作处（党委宣传部、工会、青年工作部/团委）；撤销机关附属机构海外综合管理办公室。同年 4 月，对勘探院 39 个直属机构和廊坊分院所属 15 个直属机构按照"一院两区"模式进行优化和重组，调整后两院共设有科研和服务保障机构 39 个，其中：新成立机构 3 个（气田开发研究所、非常规研究所、综合服务中心）；撤销机构 18 个（北京院区：塔里木分院、鄂尔多斯分院、海塔勘探开发研究中心、勘探与生产工程监督中心、全球油气资源与勘探规划研究所、专家室、大院居民管理委员会、梦溪宾馆；廊坊分院：天然气开发研究所、天然气地球物理与信息研究所、煤层气勘探开发研究所、中国石油工程造价管理中心廊坊分部、海外工程技术研究所、天然气工艺研究所、多种经营部、物业管理部、离退休职工管理部、万科石油天然气技术工程有限公司）；更名机构 9 个〔物探技术研究所更名为油气地球物理研究所，油气田开发研究所更名为油气开发研究所，石油采收率研究所更名为采收率研究所，油气田开发计算机软件工程研究中心更名为数模与软件中心，采油工程研究所更名为采油采气工程研究所，海外战略与开发规划研究所更名为海外战略规划研究所，总工程师办公室更名为总工程师办公室（专家室），物业管理中心更名为物业管理中心（石油大院社区居民委员会）；廊坊院区的地下储库设计与工程技术研究中心更名为地下储库研究所〕；其他 27 个两个院区的直属机构名称不变。同年 11 月，集团公司实行公司制改制，中国石油集团科学技术研究院由全民所有制改制为一人有限责任公司，公司名称变更为中国石油集团公司科学技术研究院有限公司；所属北京市瑞德石油新技术公司名称变更为北京市瑞德石油新技术有限公司。

2017 年 12 月，股份公司批复同意组建海外研究中心，同时挂中国石油国际研究中心牌子，机构规格副局级，接受勘探院与中油国际双重领导，下设综合管理办公室、生产运营研究所、油气资源勘探研究所、开发战略规格研究所、项目评价研究所、中亚俄罗斯研究所、中东研究所、非洲研究所、美洲研究所、亚太研究所、工程技术研究所等 11 个二级机构。

2018 年 1 月，党群工作处更名为党群工作处（党委宣传部、工会、青年工作部 / 团委）；纪检监察处（审计处）更名为审计处；成立四川盆地研究中心。同年 7 月，成立准噶尔盆地研究中心、塔里木盆地研究中心、鄂尔多斯盆地研究中心。同年 10 月，成立海外研究中心所属综合管理办公室、生产运营研究所、工程技术研究所。

2019 年 3 月，测井与遥感技术研究所加挂"中国石油天然气股份有限公司油气田环境遥感监测中心"牌子。同年 9 月，地下储库研究所加挂中国石油天然气集团有限公司储气库库容评估分中心的牌子；同年 9 月，鉴于石油大院社区居民委员会承担的相关职责已划转地方，物业管理中心与石油大院社区居民委员会不再合署办公；成立物探钻井工程造价管理中心。

2020 年 3 月，成立科技咨询中心，撤销总工程师办公室（专家室）；成立能源战略综合研究部；成立廊坊科技园区，设立廊坊科技园区管委会；综合服务中心与基建办公室合并；工程技术中心更名为勘探与生产工程监督中心。

2020 年 6 月，企管法规处与审计处合署办公，组建企管法规处（审计处）；非常规研究所更名为页岩气研究所；压裂酸化技术服务中心更名为压裂酸化技术中心；计算机应用技术研究所更名为信息技术中心；地下储库研究所更名为地下储库研究中心（储气库库容评估分中心）；新能源研究所更名为新能源研究中心；测井与遥感研究所更名为测井技术研究所；油气资源规划研究所加挂"矿权与储量研究中心"牌子，按照一个机构、两块牌子运行；撤销天然气地质研究所、油气开发战略规划研究所；整合渗流流体力学研究所和采收率研究所的业务，组建提高采收率研究中心，同时挂中国科学院渗流流体力学研究所的牌子，按照"一个机构、两块牌子"运行；将隶属科研管理处（信息管理处）的信息化相关职能转移至信息化管理处，成立信息化管理处；成立致密油研究所、煤层气研究所、人工智能研究中心。

2020 年 7 月，股份公司下发《关于勘探开发研究院组织机构调整和类别确定方案的批复》，勘探院机关设 9 个部门，按照二级一类管理；下设 21 个研究所和 9 个支持保障单位、其中二级一类 14 个、二级二类 16 个。根据海外研究中心体制特点，其所属 11 个机构参照勘探院二级机构管理，其中二级一类 3 个、二级二类 8 个。西北分院设 17 个机构、杭州地质研究院设 12 个机构、均按三级特类管理。

截至 2020 年 12 月 31 日，勘探院与中国石油集团科学技术研究院有限公司一套班子、两块牌子，设机关处室 10 个：办公室（党委办公室）、科研管理处、信息化管理处、人事处（党委组织部）、计划财务处、企管法规处（审计处）、国际合作处、质量安全环保处、党群工作处（党委宣传部、工会、青年工作部/团委）、机关党委；上级派驻机关 1 个：党组纪检组驻勘探开发研究院纪检组；科研单位 32 个：石油天然气地质研究所（风险勘探研究中心、油气田环境遥感监测中心）、油气资源规划研究所（矿权与储量研究中心）、石油地质实验研究中心、油气地球物理研究所、测井技术研究所、油田开发研究所、提高采收率研究中心（中科院渗流力学研究所）、热力采油研究所、致密油研究所、气田开发研究所、地下储库研究中心（储气库库容评估分中心）、页岩气研究所、煤层气研究所、采油采气工程研究所、采油采气装备研究所、压裂酸化技术中心、油田化学研究所、石油工业标准化研究所、勘探与生产工程监督中心、工程技术研究所、物探钻井工程造价管理中心、全球油气资源与勘探规划研究所、开发战略规划研究所、海外综合管理办公室、国际项目评价研究所、中亚俄罗斯研究所、中东研究所、非洲研究所、美洲研究所、亚太研究所、生产运营研究所、新能源研究中心。信息—决策支持单位 6 个：信息技术中心、人工智能研究中心、档案处、科技文献中心、科技咨询中心、技术培训中心（研究生部）。服务保障—技术服务单位 4 个：综合服务中心（基建办公室）、离退休职工管理处、物业管理中心、北京市瑞德石油新技术有限公司。虚设机构 9 个：四川盆地研究中心、准噶尔盆地研究中心、塔里木盆地研究中心、鄂尔多斯盆地研究中心、迪拜技术支持分中心、阿布扎比技术支持分中心、能源战略综合研究部、廊坊科技园区管理委员会、国家油气重大专项项目管理专项秘书处。京外单位 2 个：西北分院、杭州地质研究院。以及海外研究中心。

二、发展战略及成效

2014 年以来，勘探院始终坚持党的领导、加强党的建设，坚持以习近平新时代中国特色社会主义思想武装头脑、指导实践、推动工作，确保勘探院始终沿着正确方向前进。始终坚持高质量发展，全面贯彻新发展理念，积极融入集团公司发展战略，立足"一部三中心"职责定位，对标世界一流发展目标，持之以恒固根基、扬优势、补短板，切实增强科技支撑当前发展、引领未来发展的能力。始终坚持深化改革创新，持续优化业务发展布局，破解体制机制障碍，推进治理体系和治理能力现代化，增强创新体系效能，激发创新动力活力。始终坚持以人为本，全心全意依靠职工群众，打造爱国爱党、矢志创新的科技人才和科研管理队伍，不断为石油精神、科学家精神注入新时代内涵，汇聚推动高质量发展的强大合力。勘探院取得了跨越式发展，为推进油气科技进步和集团公司上游业务稳健发展做出了重要贡献。

站位高远、战略决策支撑彰显新高度。勘探院汇聚国内油公司研究力量，组建国家油气战略研究中心，出色完成国家能源局、中国工程院等委托的多项油气重大发展战略、重要规划、产业政策和体制机制改革等方面研究任务。完善决策建议编报流程和奖励机制，向国家部委报送《决策建议》39 篇，5 篇研究报告获得中央领导重要批示，向集团公司编报《决策参考》285 篇，36 篇获集团公司领导批示，连续 4 年发布《全球油气勘探开发形势及油公司动态》报告，战略决策参谋部地位和作用进一步提升。

厚积薄发、理论技术创新取得新进展。坚持创新核心地位，牵头承担国家油气重大专项项目 34 项、集团公司重大科技项目 109 项，在陆上常规油气勘探开发、油气井工程、非常规油气与地下储库等领域取得丰硕成果，创新古老碳酸盐岩、凹陷区砾岩油藏等勘探理论，发展了高含水老油田"二三结合"、低渗透和稠油油田高效开采等开发技术，研发了精细分层注水工具、新一代测井软件和油藏数值模拟软件等技术利器，创建了中东典型巨厚碳酸盐岩油藏高效开发技术，页岩油气和致密油气勘探开发关键技术取得重要突破，新能源新业务和信息化发展稳步推进，有效助推高效勘探、低成本开发和转型发展。获得国家科技奖 11 项、中国专利奖 4 项、集团公司科技奖

123 项、其他省部级科技奖 283 项，授权专利 1718 件，制修订标准 148 项。

主动靠前、技术支持服务开创新局面。立足国内增储上产重点探区，成立四川盆地研究中心、准噶尔盆地研究中心、鄂尔多斯盆地研究中心和塔里木盆地研究中心 4 个盆地研究中心，抽调科研骨干长期驻扎油气生产一线，瞄准关键生产难题，提供精准技术支撑和服务保障，助力长庆油田、塔里木油田年油气产量当量分别攀上 6000 万吨和 3000 万吨新高峰，西南油气田建成 300 亿立方米战略大气区。建立高效的海外业务技术支持体系，与中油国际共建海外研究中心，成立迪拜、阿布扎比技术支持中心，不断加强海外支持力量，全方位支撑海外油气勘探、开发方案编制调整和新项目评价工作，努力发挥龙头和主力军作用，全面推动集团公司国内外油气产量当量"三个 1 亿吨"目标实现，筑牢我国油气供应安全的"压舱石"。

多措并举、人才队伍建设呈现新气象。持续实施石油科学家、国际化人才和青年科技英才培养"三大工程"，举办三期国际化青年英才能力提升班，选派数十名科研骨干到国外深造。拓展人才引进通道，引入 365 名优秀毕业生。推进三项制度改革，实施双序列职级体系，做实科技成果创效激励机制，开辟青年成长成才绿色通道，多名青年专业技术人员晋升高级职称，有效激发创新活力。一批先进典型脱颖而出，3 人当选两院院士，1 人获李四光地质科学奖，1 人获孙越崎能源大奖，1 人获何梁何利科技奖，4 人获黄汲清青年地质科学技术奖—地质科技研究者奖，2 人获全国劳动模范。

蹄疾步稳、深化改革创新实现新突破。大力实施综合改革，积极推进"一院两区"调整，按照"特色突出、资源共享、优势互补"的原则，打造"一体两翼"发展格局，持续优化调整业务布局，统筹规划各板块的职责定位和方向目标，重新构建勘探、油田开发、工程、天然气与新能源、海外、信息与决策支持六大板块，对交叉重复设置的专业和机构进行重组整合，形成了面向上游、扎根国内、布局全球的业务架构，筑牢了持续健康发展的基石。

三、党的建设工作

2014 年 1 月，勘探院召开党的群众路线教育实践活动总结大会，全面总结教育实践活动整体情况、经验做法、阶段成效，并对下一步工作提出要求。此后，勘探院坚持抓整改方案落实，进一步巩固活动成果，全面建立反"四风"、转作风的长效机制。2015年5月，勘探院印发《勘探开发研究院"三严三实"专题教育实施方案》和计划运行表，全面部署和安排专题教育工作。举办"书记讲党课"活动，院处两级领导共讲授97次专题党课，3200多人次听课学习。2015年7月，举办"三严三实"劳模先进宣讲暨"七一"表彰大会。2015年7月至11月，各级党组织认真开展了"三严三实"三个专题学习研讨。2016年1月，召开院领导班子专题民主生活会，突出问题导向，强化问题整改，查找整改问题597项，达到了对症去病的效果。通过查改问题和建章立制，提高了党要管党、从严治党意识，增强了合规依法管理观念，强化了遵章守纪行为，"严实"的优良传统进一步回归。2016年3月，按照《中国石油天然气集团公司"四风"问题整治情况"回头看"工作方案》要求，启动"四风"问题整治情况"回头看"工作。通过开展党的群众路线教育实践活动，严格落实中央八项规定精神和集团公司二十条要求，党员干部进一步坚定了理想信念，凝聚了发展共识，正风肃纪见到明显成效。2016年4月，勘探院党委印发《中国石油勘探开发研究院开展"学党章党规、学系列讲话，做合格党员"学习教育实施方案》，推动党内教育从"关键少数"向广大党员拓展、从集中性教育向经常性教育延伸。

2017年1月，召开中共中国石油勘探开发研究院第二次代表大会，审议并通过了党委工作报告和纪委工作报告，民主选举产生了勘探院新一届党的委员会和纪律检查委员会。2018年，勘探院首次将"落实意识形态工作责任制专项检查"纳入内部巡视内容，在开展的两轮巡察中，对18家二级单位进行了专项检查。2019年，勘探院党委深入把握落实主体责任的重大意义、精神实质和深刻内涵，坚持问题导向、聚焦顶层设计，扎实推进"三加一"关键举措。"三"就是成立三个小组：成立以党委书记为组长、党委委员等担任成员的党风廉政建设和反腐败工作领导小组，全面领导勘探院反腐倡廉相关工作；成立党风廉政建设和反腐败工作协调小组，协助院党委抓好党风廉政建设具体工作，积极推进全面从严治党向纵深发展；成立联合监督小组，定期召开联合监督会议，开展联合监督检查，初步构建了"大监督"工作格局。"一"是首次设立了党风廉政建设室，院党委先行先试，种好责任田，守好主阵地，在落实主体责任方面走到了集团公司纪检监察体制改革的前列。通过"三加一"模式挂图作战，自上而下狠抓落实，层层签订党风廉政建设责任书916份，为全面从严治党提供了坚强的组织保障。

2020年，勘探院聚焦贯彻落实习近平总书记对中国石油的重要批示指示精神，聚焦"战严冬、转观念、勇担当、上台阶"主题教育活动，聚焦提质增效和高质量发展等加强政治监督，确保令行禁止、步调一致。全年共组织完成党委中心组学习12次、专题讲座4次、党支部书记例会4次，发放学习参考12期、学习图书700余册，确保理论学习全面覆盖，使各级党员领导干部始终在政治立场、政治方向、政治原则、政治道路上同党中央保持高度一致。

党的十八大以来，勘探院新一届党委传承院党建工作光辉灿烂的历史，着力加强思想发动、组织推动和监督保障，形成了具有勘探院特色的党建与思想政治工作体系，续写了勘探院党建发展的新篇章。具体做法可概括为"六个围绕"：

围绕长远布局抓党建，把方向管大局，实现党建工作与中心工作同频共振。院党委站在事关勘探院未来长远可持续发展高度，从保长远布局、保创新后劲与保人才辈出出发，让党建工作和科研生产中心工作同谋划、同部署、同推进、同考核，形成了党建与科研相互促进、相互融合的大格局，"围绕科研抓党建，抓好党建促科研"已成为勘探院党建工作的一张靓丽名片。

围绕规定动作抓党建，抓执行抓落实，实现党组织战斗力与党员先锋模范作用同步齐升。勘探院党委坚决贯彻中央全面从严治党的战略部署和集团公司党组加强党建工作的部署安排，扎实开展党的群众路线教育实践活动、"三严三实"专题教育、"两学一做"学习教育，深入开展重塑形象大讨论，持续加强基层基础建设，党组织战斗力和党员先锋模范作用明显增强。

围绕团队特点抓党建，转观念强意识，实现思想发动与责任担当同步发力。勘探院党委针对党员队伍高职称、高学历特点，量身定制有效的工作方法，坚持用细雨润物的真情感化打动人，激发积极向上、团结进取正能量，涌现出全国劳动模范、全国工人先锋号等一批先进典型和团队。

围绕突出问题抓党建，重预防抓惩治，实现作风建设与制度建设同驱并进。针对勘探院党建工作存在的主要风险，勘探院党委认真贯彻从严治党、依法治企精神，不断推进"两个责任"落实，促进作风建设和制度建设的稳步推进，为构建党建和反腐倡廉长效机制奠定了基础。

围绕党管人才抓党建，选对人育好才，实现专业人才与干部队伍建设同谐发展。勘探院党委坚持党管干部、党管人才原则，按照"科技立院、人才立院"宗旨和"把业务骨干培养成党员，把党员培养成业务骨干"的"双培养"方针，积极推进专业人才与基层干部两支队伍建设，不断健全人才资源向专业化岗位和科研生产一线流动的机制体制，进一步筑牢勘探院发展根基。

围绕构建和谐抓党建，建纽带架桥梁，实现心灵和谐与环境和谐同建共享。勘探院党委致力于发挥群团组织桥梁纽带作用，形成各级党组织纵向联结、机关基层党员干部合力服务的工作格局，同心共筑民主、友爱、温馨、融洽的精神家园和宜居、宜研、优美、舒适的石油家园，进一步夯实了和谐稳定发展的根基。

7 年来，勘探院深入学习贯彻习近平新时代中国特色社会主义思想，扎实开展"两学一做"学习教育和"不忘初心、牢记使命"主题教育，切实增强"四个意识"、坚定"四个自信"、做到"两个维护"，持续推动党建工作融入中心、创新实践。坚持全面从严治党，深入开展违反中央八项规定精神和"四风"问题专项整治，配合完成中央办公厅专项督查和集团公司巡视，扎实推进院内巡察和问题整改，加强廉洁教育和监督执纪，推动政治生态持续向好。抓实意识形态责任制，弘扬石油精神和优秀文化，增强了发展软实力。

第一章　领导机构

中国石油勘探开发研究院（RIPED）是中国石油面向全球石油天然气勘探开发的综合性研究机构，成立于1958年，先后经历石油科学研究院、石油勘探开发规划研究院、石油勘探开发科学研究院、中国石油勘探开发研究院等发展阶段，一直是中国石油工业上游领域最主要的科研单位，与中国石油集团科学技术研究院是一套班子、两块牌子。

截至2014年1月1日，勘探院领导班子由8人组成：

赵文智任党委书记、院长、纪委书记，负责党政全面工作。

周海民任党委副书记、常务副院长，负责日常科研业务工作，负责风险勘探工作，负责外事、保密、信息、公益和基建工作。

刘玉章任党委委员、副院长、安全总监，负责安全环保、质量及节能管理和公司业务工作，负责辽河、华北、冀东油田服务及业务联系工作，负责廊坊分院党政全面工作。

雷群任党委委员、副院长，负责工程业务工作和部分天然气业务工作，负责长庆油田服务及业务联系工作。

宋新民任党委委员、副院长、总工程师，负责开发业务工作和大庆、吉林油田服务及业务联系工作。

邹才能任党委委员、副院长、总地质师，负责勘探业务工作，负责全院学科建设、技术培训与研究生教育和塔里木油田、大港油田、西南油气田服务及业务联系工作。

穆龙新任党委委员、副院长，负责海外业务工作和中国石油各海外油气田公司服务及业务联系工作。

朱开成任党委委员、工会主席，负责群团工作、离退休工作、后勤工作和矿区工作。

2014年10月，集团公司党组决定，胡素云任勘探院党委委员。股份公司决定，胡素云任勘探院总地质师；免去邹才能的勘探院总地质师职务。

2014年12月，领导班子成员分工调整如下：

　　党委书记、院长、纪委书记赵文智负责党政全面工作并侧重公司海外业务扩张产生的全院技术支撑的组织协调。分管院办公室、党委办公室、党委组织部、党委宣传部、纪监审办公室、人事劳资处、计划财务处、总工程师办公室和全球战略选区评价与风险勘探。

　　党委副书记、常务副院长周海民协助院长抓日常管理，负责科研、国内风险勘探、保密、信息和基建等工作。分管专家室、科研管理处（信息管理处）、企管法规处、基建办公室、计算机应用技术研究所和科技文献中心。协助院长分管计划财务处。

　　党委委员、副院长、安全总监刘玉章负责外事、安全环保、质量及节能管理和公司业务工作。分管国际合作处、安全环保处、采油采气装备研究所、石油工业标准化研究所、档案处和北京市瑞德石油新技术公司。负责廊坊分院压裂酸化技术服务中心技术管理，分管海外工程技术支持工作。

　　党委委员、副院长雷群负责分管工程一路工作和天然气业务工作。分管采油工程研究所、油田化学研究所、鄂尔多斯分院、勘探与生产工程监督中心、工程技术研究所。

　　党委委员、副院长、总工程师宋新民负责开发一路工作。分管油气田开发研究所、油气开发战略规划研究所、石油采收率研究所、热力采油研究所、油气开发计算机软件工程研究中心、提高采收率国家重点实验室、海塔勘探开发研究中心。分管海外提高采收率与非常规效益开发有关的基础研究和特色项目组织。

　　党委委员、副院长兼廊坊分院院长、党委书记邹才能负责廊坊分院党政全面工作。分管国家油气重大专项秘书处。

　　党委委员、副院长穆龙新负责海外研究中心工作，协调海外新任务向全院相关研究所的及时转移与推进。分管海外综合管理办公室、全球油气资源与勘探规划研究所、海外战略与开发规划研究所、国际项目评价研究所、中亚俄罗斯研究所、中东研究所、非洲研究所、美洲研究所、亚太研究所。

　　党委委员、工会主席朱开成负责群团工作、离退休工作、后勤工作和矿区卫生。分管工会、党委青年工作部（团委）、离退休职工管理处、物业管理中心、梦溪宾馆、大院居民管理委员会。

　　党委委员、总地质师胡素云负责勘探一路和培训工作。分管石油地质研究所、油气资源规划研究所、石油地质实验研究中心、物探技术研究所、测井与遥感技术研究所、塔里木分院及技术培训中心（研究生部）。协助院长分管全球战略选区评价与海外风险勘探。

2016年1月，股份公司决定，刘玉章、朱开成退休。

2016年7月，集团公司党组决定，吴忠良任勘探院党委委员、纪委书记；免去赵文智的勘探院纪委书记职务。

2016年12月，集团公司党组决定，免去周海民的勘探院党委副书记、委员职务。股份公司决定，免去周海民的勘探院常务副院长职务，辞职。

2017年4月，集团公司党组决定，郭三林任勘探院党委委员、副书记、工会主席；胡永乐任勘探院党委委员。股份公司决定，胡永乐任勘探院总工程师。

2017年5月，集团公司党组决定，设立党组纪检组驻勘探院纪检组，履行党的纪律检查、监察职能，综合监督勘探院、规划总院、休斯敦技术研究中心等3家单位，吴忠良任党组纪检组驻勘探院纪检组组长。勘探院不再设立纪委及本级纪检监察机构，有关人员相应领导职务自然免除。随后，调整部分领导班子成员分工：

党委书记、院长赵文智负责党政全面工作，以及勘探院业务走向全球化的组织、协调和推进。具体分管办公室（党委办公室）、人事处（党委组织部）、计划财务处、总工程师办公室（专家室）。

党委委员、副院长雷群负责工程一路、公司经营及标准化等工作。具体分管工程技术中心、压裂酸化技术服务中心、采油采气工程研究所、采油采气装备研究所、油田化学研究所、石油工业标准化研究所、北京市瑞德石油新技术公司。

党委委员、副院长、总工程师宋新民负责国内与中东地区油田开发及国际合作等工作。具体分管油田开发研究所、油气开发战略规划研究所、采收率研究所、热力采油研究所、数模与软件中心、提高采收率国家重点实验室、中东研究所和迪拜技术支持分中心、国际合作处。

党委委员、副院长邹才能负责廊坊院区日常管理与天然气勘探开发工作，以及勘探院离退休、保密管理工作。具体分管廊坊院区综合管理部、天然气地质研究所、气田开发研究所、非常规研究所、新能源研究所、渗流流体力学研究所、地下储库研究所、离退休职工管理处。

党委委员、副院长穆龙新负责中东地区以外的海外技术支持组织与档案文献管理，以及海外业务发展需求向全院其他研究所转移的协调推进工作。具体分管全球油气资源与勘探规划研究所、海外战略规划研究所、国际项目评价研究所、中亚俄罗斯研究所、非洲研究所、美洲研究所、亚太研究所、档案处。

党委委员、总地质师胡素云负责勘探一路工作和技术培训工作。具体分管石油地质研究所、油气资源规划研究所、石油地质实验研究中心、油气地球物理研究所、测井与遥感技术研究所、技术培训中心。协助院长分管国内外风险勘探工作。

党组纪检组驻勘探院纪检组组长、党委委员吴忠良负责院纪检监察、审计、企管法规和京内外协调等工作。具体分管纪检监察处（审计处）、企管法规处。协助院长协调西北分院和杭州地质研究院相关工作。

党委副书记、工会主席郭三林负责党建一路工作，协助院长分管党群、基建和后勤一路工作。具体分管党群工作处、基建办公室、综合服务中心、物业管理中心（石油大院社区居民委员会）。协助院长分管办公室（党委办公室）相关工作。

党委委员、总工程师胡永乐负责全院科研信息与质量安全环保等工作。具体分管科研管理处（信息管理处）、质量安全环保处、计算机应用技术研究所、科技文献中心。协助院长抓战略规划研究与推送工作。

2017年11月，集团公司批复同意中国石油集团科学技术研究院改制为一人有限责任公司，名称为中国石油集团科学技术研究院有限公司。公司设执行董事1人。同月，集团公司决定，赵文智任中国石油集团科学技术研究院有限公司执行董事、总经理。中国石油集团科学技术研究院领导班子成员行政领导职务相应变更为中国石油集团科学技术研究院有限公司相应领导职务。

2018年1月，调整领导班子成员分工：

党委书记、院长赵文智负责党政全面工作，以及业务走向全球化的组织、协调和推进。具体分管办公室（党委办公室）、人事处（党委组织部）、计划财务处、总工程师办公室（专家室）。分管四川盆地研究中心重大事项协调管理。

党委委员、副院长雷群负责工程一路、经营及标准化等工作。具体分管工程技术中心、压裂酸化技术服务中心、采油采气工程研究所、采油采气装备研究所、油田化学研究所、石油工业标准化研究所、北京市瑞德石油新技术有限公司。

党委委员、副院长、总工程师宋新民负责国内与中东地区油田开发等工作。具体分管油田开发研究所、油气开发战略规划研究所、采收率研究所、热力采油研究所、数模与软件中心、提高采收率国家重点实验室、中东研究所和迪拜技术支持分中心。

党委委员、副院长邹才能负责廊坊院区日常管理与天然气勘探开发工作，以及勘探院离退休、保密管理工作。具体分管廊坊院区综合管理部、天然气地质研究所、气田开发研究所、非常规研究所、新能源研究所、渗流流体力学研究所、地下储库研究所、离退休职工管理处。负责四川盆地研究中心气田开发与页岩气开发业务管理，并协调保障天然气开发相关人员支持。

党委委员、副院长穆龙新负责科研信息管理、国际合作与档案文献管理等工作。具体分管科研管理处（信息管理处）、国际合作处、计算机应用技术研究所、科技文献中心、档案处。

党委委员、总地质师胡素云负责全院勘探一路工作和院技术培训工作。具体分管石油地质研究所、油气资源规划研究所、石油地质实验研究中心、油气地球物理研究所、测井与遥感技术研究所、技术培训中心。归口管理四川盆地研究中心的日常运行，负责中心勘探相关业务管理，并协调保障勘探相关人员支持。协助院长分管国内外风险勘探工作。

党组纪检组驻勘探院纪检组组长、党委委员吴忠良负责派驻纪检组全面工作，分管院纪检监察、企管法规、审计等工作。具体分管企管法规处、审计处。

党委副书记、工会主席郭三林负责党群一路、基建后勤和安全环保等工作。具体分管党群工作处、基建办公室、综合服务中心、物业管理中心（石油大院社区居民委员会）、质量安全环保处。协助院长分管办公室（党委办公室）相关工作，协调京外各分院相关工作。

党委委员、总工程师胡永乐负责协调与组织海外一路和院战略规划研究相关工作。具体分管海外研究中心综合管理办公室、生产运营研究所、油气资源勘探研究所、开发战略规划研究所、项目评价研究所、中亚俄罗斯研究所、非洲研究所、美洲研究所、亚太研究所、工程技术研究所。协助院长抓战略规划研究与高端决策参考推送工作。

2019 年 11 月，集团公司党组决定，马新华任勘探院党委委员、书记；免去赵文智的勘探院党委书记、委员职务，继续从事专项工作。股份公司决定，马新华任勘探院院长；免去赵文智的勘探院院长职务。集团公司决定，马新华任中国石油集团科学技术研究院执行董事、总经理；免去赵文智的中国石油集团科学技术研究院有限公司执行董事、总经理职务。

2019 年 12 月，领导班子成员分工调整：

党委书记、院长马新华负责院党政全面工作。作为第一责任人负责院党建、意识形态与全面从严治党工作。具体分管办公室（党委办公室）、人事处（党委组织部）、审计处、总工程师办公室（专家室）。

党委委员、副院长雷群负责分管各单位党建、意识形态与党风廉政建设工作。负责工程一路、公司经营及标准化等工作。具体分管工程技术中心、压裂酸化技术服务中心、采油采气工程研究所、采油采气装备研究所、油田化学研究所、石油工业标准化研究所、北京市瑞德石油新技术公司。

党委委员、副院长、总工程师宋新民负责分管各单位党建、意识形态与党风廉政建设工作。负责国内与中东地区油田开发等工作。具体分管油田开发研究所、油气开发战略规划研究所、采收率研究所、热力采油研究所、数模与软件中心、提高采收率国家重点实验室、中东研究所和迪拜技术支持分中心、阿布扎比技术支持分中心。

党委委员、副院长邹才能负责分管各单位党建、意识形态与党风廉政建设工作。负责廊坊院区日常管理与天然气勘探开发工作，离退休、保密管理工作。具体分管廊坊院区综合管理部、天然气地质研究所、气田开发研究所、非常规研究所、新能源研究所、渗流流体力学研究所、地下储库研究所、离退休职工管理处。归口管理鄂尔多斯盆地研究中心、塔里木盆地研究中心的日常运行。负责四川盆地研究中心气田开发与页岩气开发业务管理。

党委委员、副院长穆龙新负责分管各单位党建、意识形态与党风廉政建设工作。负责全院科研信息管理、质量安全环保、国际合作与档案文献管理等工作。具体分管科研管理处（信息管理处）、质量安全环保处、国际合作处、计算机应用技术研究所、科技文献中心、档案处。

党委委员、总地质师胡素云负责分管各单位党建、意识形态与党风廉政建设工作。负责全院勘探一路和院技术培训工作。具体分管石油地质研究所、油气资源规划研究所、石油地质实验研究中心、油气地球物理研究所、测井与遥感技术研究所、技术培训中心。归口管理四川盆地研究中心、准噶尔盆地研究中心的日常运行，负责四川盆地中心勘探相关业务管理，并协调保障勘探相关人员支持。分管国内外风险勘探工作。

党委委员、党组驻勘探院纪检组组长吴忠良负责派驻纪检组全面工作。负责派驻纪检组党建、意识形态、党风廉政建设与反腐败工作。分管院党风廉政建设、纪律检查等工作。

党委副书记、工会主席郭三林作为直接责任人负责院党建、意识形态与全面从严治党工作。负责分管各单位党建与党风廉政建设工作。负责计划财务、党群工作、企管法规、基建后勤等工作。具体分管计划财务处、党群工作处、企管法规处、基建办公室、综合服务中心、物业管理中心。协助院长分管人事处（党委组织部）相关工作，协调京外各分院相关工作。

党委委员、总工程师胡永乐负责分管各单位党建、意识形态与党风廉政建设工作。负责协调与组织海外一路和院战略规划研究相关工作。具体分管海外研究中心综合管理办公室、生产运营研究所、油气资源勘探研究所、开发战略规划研究所、项目评价研究所、中亚俄罗斯研究所、非洲研究所、美洲研究所、亚太研究所、工程技术研究所。协助院长抓战略规划研究与高端决策参考推送工作。

2020年3月，集团公司党组决定，曹建国任勘探院党委委员。股份公司决定，曹建国任勘探院总会计师。

2020年10月，股份公司决定，胡永乐退休。

2020年12月，股份公司决定，穆龙新退休。

2020年12月，集团公司党组决定，窦立荣任勘探院党委委员。股份公司决定，窦立荣任勘探院常务副院长（一级副）。

截至2020年12月31日，勘探院领导班子由9人组成：

马新华任党委书记、院长，负责院党政全面工作；兼任国家油气战略研究中心主任。分管办公室（党委办公室）、人事处（党委组织部）、审计处。

窦立荣任党委委员、常务副院长，负责科研管理、信息化建设、质量安全环保、国际合作、科技文献、档案工作，负责海外研究中心新项目和勘探工作。分管科研管理处、信息化管理处、质量安全环保处、国际合作处；联系信息技术中心、人工智能研究中心、科技文献中心、档案处，联系油气资源勘探研究所、项目评价研究所、非洲研究所、生产运营研究所。

雷群任党委委员、副院长，负责工程、标准化工作。分管中国石油物探钻井工程造价管理中心、勘探与生产工程监督中心、石油工业标准化研究所；联系采油采气工程研究所、采油采气装备研究所、压裂酸化技术中心、油田化学研究所。协调鄂尔多斯盆地研究中心工作。

宋新民任党委委员、副院长、总工程师，负责国内油田开发、国外油气开发工作；兼任提高采收率国家重点实验室主任。联系油田开发研究所、提高采收率研究中心（中科院渗流流体力学研究所）、热力采油研究所、致密油研究所，联系海外综合管理办公室、开发战略规划研究所、中亚俄罗斯研究所、中东研究所、美洲研究所、亚太研究所、工程技术研究所。协调迪拜技术支持中心、阿布扎比技术支持分中心工作。

邹才能任党委委员、副院长，负责天然气开发、新能源、储气库、科技咨询、离退休、保密管理工作；兼任科技咨询中心（国家重大专项秘书处）主任。分管保密办、离退休职工管理处、能源战略综合研究部。协助院长分管国家油气战略研究中心。联系气田开发研究所、地下储库研究中心（储气库库容评估分中心）、页岩气研究所、煤层气研究所、新能源研究中心。协调四川盆地研究中心工作。

曹建国任党委委员、总会计师，负责计划财务、企业管理工作。分管计划财务处、企管法规处。协助院长分管审计工作。联系北京市瑞德石油新技术有限公司。

胡素云任党委委员、总地质师，负责国内油气勘探工作。联系石油天然气地质研究所（风险勘探研究中心）（油气田环境遥感监测中心）、油气资源规划研究所（矿权与储量研究中心）、石油地质实验研究中心、油气地球物理研究所、测井技术研究所。协调塔里木盆地研究中心、准噶尔盆地研究中心工作。

吴忠良任党委委员、派驻纪检组组长，负责派驻纪检组全面工作。协助党委书记负责巡察工作。分管党风廉政建设与反腐败工作。

郭三林任党委副书记、工会主席，作为直接责任人负责院党建、群团、意识形态、教育培训、基建后勤工作；兼任机关党委书记。分管党群工作处（党委宣传部、工会、团委、机关党委）。协助院长分管人事处（党委组织部）。联系技术培训中心、综合服务中心（基建办公室）、物业管理中心和廊坊科技园区管理委员会。协调京外分院相关工作。

第一节 勘探院党委（2014.1—2020.12）

截至 2013 年 12 月 31 日，勘探院党委由 8 人组成：赵文智任书记，周海民任副书记，刘玉章、雷群、宋新民、邹才能、穆龙新、朱开成任委员。

2014 年 10 月，集团公司党组决定，胡素云任勘探院党委委员。

2016 年 7 月，集团公司党组决定，吴忠良任勘探院党委委员。

2016 年 12 月，集团公司党组决定，免去周海民的勘探院党委副书记、委员职务。

2017 年 1 月，中共勘探开发研究院第二次代表大会在北京召开，148 名党员代表参加会议。会议选举产生中共勘探开发研究院第二届委员会，由邹才能、吴忠良、宋新民、赵文智、胡素云、雷群、穆龙新等 7 人组成（以姓氏笔画为序），赵文智为党委书记。勘探院党委下属基层党委 2 个、党总支 4 个、党支部 101 个。

2017 年 4 月，集团公司党组决定，郭三林任勘探院党委委员、副书记；胡永乐任勘探院党委委员。

2019 年 11 月，集团公司党组决定，马新华任勘探院党委委员、书记；免去赵文智的勘探院党委书记、委员职务，继续从事专项工作。

2020 年 3 月，集团公司党组决定，曹建国任勘探院党委委员。

2020 年 12 月，集团公司党组决定，窦立荣任勘探院党委委员。股份公司决定：穆龙新退休。

截至 2020 年 12 月 31 日，勘探院党委由 9 人组成：马新华任书记，郭三林任副书记，窦立荣、雷群、宋新民、邹才能、胡素云、吴忠良、曹建国任党委委员。

　书　　　记　赵文智（2014.1—2019.11）

　　　　　　　马新华（2019.11—2020.12）

　副　书　记　周海民（2014.1—2016.12，辞职）

　　　　　　　郭三林（2017.4—2020.12）

　委　　　员　刘玉章（2014.1—2016.1，退休）

　　　　　　　雷　群（2014.1—2020.12）

　　　　　　　宋新民（2014.1—2020.12）

　　　　　　　邹才能（2014.1—2020.12）

　　　　　　　穆龙新（2014.1—2020.12，退休）

　　　　　　　朱开成（2014.1—2016.1，退休）

　　　　　　　胡素云（2014.10—2020.12）

　　　　　　　吴忠良（2016.7—2020.12）

　　　　　　　胡永乐（2017.4—2020.10，退休）

　　　　　　　曹建国（2020.3—12）

　　　　　　　窦立荣（2020.12）

第二节　勘探院行政领导机构
（2014.1—2020.12）

截至 2013 年 12 月 31 日，勘探院行政领导班子由 7 人组成：赵文智任院长，周海民任常务副院长，刘玉章任副院长、安全总监，雷群任副院长，宋新民任副院长、总工程师，邹才能任副院长、总地质师，穆龙新任副院长。

2014 年 10 月，股份公司决定，胡素云任勘探院总地质师，免去邹才能的勘探院总地质师职务。

2016年12月，股份公司决定，免去周海民的勘探院常务副院长职务，辞职。

2017年4月，股份公司决定，胡永乐任勘探院总工程师。

2017年11月，集团公司决定，中国石油集团公司科学技术研究院由全民所有制改制为一人有限责任公司，公司名称变更为中国石油集团公司科学技术研究院有限公司，赵文智任中国石油集团科学技术研究院有限公司执行董事、总经理。中国石油集团科学技术研究院领导班子成员行政领导职务相应变更为中国石油集团科学技术研究院有限公司相应领导职务。

2017年12月，勘探院党委决定，王建强任勘探院工会常务副主席（享受副总师待遇）。

2019年11月，股份公司决定，马新华任勘探院院长；免去赵文智的勘探院院长职务。集团公司决定，马新华任中国石油集团科学技术研究院执行董事、总经理；免去赵文智的中国石油集团科学技术研究院有限公司执行董事、总经理职务。

2020年3月，股份公司决定，曹建国任勘探院总会计师。

2020年12月，股份公司决定，窦立荣任勘探院常务副院长（一级副）；穆龙新退休。

截至2020年12月31日，勘探院行政领导班子由7人组成：马新华任院长，窦立荣任常务副院长，雷群任副院长，宋新民任副院长、总工程师，邹才能任副院长，胡素云任总地质师，曹建国任总会计师。

其间，勘探院对助理、副总师及享受副总师级待遇人员进行调整：

截至2013年12月31日，勘探院副总师级领导1人，胡永乐任副总工程师。享受副总师级待遇领导2人，吴振民、陈蟒蛟任安全副总监。

2014年6月，集团公司人事部批复，原大庆油田副总工程师刘合任勘探院副总工程师；原青海油田副总地质师陈志勇任勘探院副总地质师。

2014年6月，勘探院决定，陈蟒蛟任勘探院副总经济师，胡素云、潘校华任勘探院副总地质师，熊春明任勘探院副总工程师。

2014年9月，勘探院决定，免去陈蟒蛟勘探院副总经济师、安全副总监职务。

2015年4月，勘探院决定，靳久强任勘探院副总工程师，陈健任勘探院副总经济师。

2017 年 4 月，勘探院决定，魏国齐任勘探院副总地质师，丁云宏、欧阳永林、李熙喆任勘探院副总工程师。

2017 年 12 月，勘探院决定，张研任勘探院副总地质师，范子菲、田炳昌任勘探院副总工程师；王新民任勘探院安全副总监（享受副总师待遇）。

2018 年 1 月，勘探院决定，李忠任勘探院副总会计师。

2018 年 6 月，勘探院决定，李建忠兼任准噶尔盆地研究中心主任（享受副总师待遇）、贾爱林任鄂尔多斯盆地研究中心主任（享受副总师待遇）；裴晓含任中国石油集团科学技术研究院阿布扎比技术支持分中心经理（享受副总师待遇）。勘探院党委决定，马德胜兼任准噶尔盆地研究中心党支部书记（享受副总师待遇）。

2018 年 12 月，勘探院决定，王新民不再兼任安全副总监职务；撤销勘探院安全副总监岗位。李建忠、马德胜、贾爱林、裴晓含等 4 人不再享受副总师待遇。

2019 年 12 月，勘探院决定，免去刘合、熊春明、丁云宏、李熙喆、范子菲、田昌炳的勘探院副总工程师职务；免去陈志勇、魏国齐、张研的勘探院副总地质师职务。

2020 年 3 月，勘探院决定，免去陈健的勘探院副总经济师职务。

2020 年 11 月，勘探院决定，李忠、王盛鹏、曹宏任院长助理，免去李忠的勘探院副总会计师职务。

截至 2020 年 12 月 31 日，勘探院院长助理 3 人：李忠、王盛鹏、曹宏。

一、中国石油勘探开发研究院行政领导名录（2014.1—2020.12）

院　　　长　赵文智（2014.1—2019.11）

马新华（2019.11—2020.12）

常务副院长　周海民（2014.1—2016.12，辞职）

窦立荣（一级副，2020.12）

副　院　长　刘玉章（2014.1—2016.1，退休）

雷　群（2014.1—2020.12）

宋新民（2014.1—2020.12）

邹才能（2014.1—2020.12）

穆龙新（2014.1—2020.12，退休）

总 地 质 师　邹才能（2014.1—10）

　　　　　　　胡素云（2014.10—2020.12）

总 工 程 师　宋新民（2014.1—2020.12）

　　　　　　　胡永乐（2017.4—2020.10，退休）

总 会 计 师　曹建国（2020.3—12）

安 全 总 监　刘玉章（兼任，2014.1—2016.1）

二、中国石油集团科学技术研究院—中国石油集团科学技术研究院有限公司（2014.1—2020.12）

（一）中国石油集团科学技术研究院领导名录（2014.1—2017.11）

　　院　　　长　赵文智（2014.1—2017.11）

（二）中国石油集团科学技术研究院有限公司领导名录（2017.11—2020.12）

　　执 行 董 事　赵文智（2017.11—2019.11）

　　　　　　　　马新华（2019.11—2020.12）

　　总 　 经 　 理　赵文智（2017.11—2019.11）

　　　　　　　　马新华（2019.11—2020.12）

三、中国石油勘探开发研究院院长助理名录（2014.1—2020.12）

　　院 长 助 理　李　　忠（2020.11—12）

　　　　　　　　王盛鹏（2020.11—12）

　　　　　　　　曹　宏（2020.11—12）

四、中国石油勘探开发研究院副总师名录（2014.1—2020.12）

　　副总地质师　胡素云（2014.6—10）

　　　　　　　　潘校华（2014.6—2016.11，调离）

　　　　　　　　陈志勇（2014.6—2019.12）

　　　　　　　　魏国齐（2017.4—2019.12）

　　　　　　　　张　研（2017.12—2019.12）

　　副总工程师　胡永乐（2014.1—2017.4）

　　　　　　　　刘　合（2014.6—2019.12）

熊春明（2014.6—2019.12）

靳久强（2015.4—2017.9，退休）

丁云宏（2017.4—2019.12）

李熙喆（2017.4—2019.12）

欧阳永林（2017.4—2018.10，退休）

范子菲（2017.12—2019.12）

田昌炳（2017.12—2019.12）

副总经济师　陈蟒蛟（2014.6—9）

陈　健（2015.4—2020.3，退出领导岗位）

副总会计师　李　忠（2018.1—2020.11）

五、中国石油勘探开发研究院享受副总师待遇干部名录（2014.1—2020.12）

安　全　副　总　监　吴振民（2014.1—2017.11，退休）

陈蟒蛟（2014.1—9）

王新民（2017.12—2018.12）

工　会　常　务　副　主　席　王建强（2017.12—2018.12）

准噶尔盆地研究中心主任　李建忠（2018.6—12）

准噶尔盆地研究中心党支部书记　马德胜（2018.6—12）

鄂尔多斯盆地研究中心主任　贾爱林（2018.6—12）

阿布扎比技术支持分中心经理　裴晓含（2018.6—12）

第三节　勘探院纪委（2014.1—2017.5）

截至 2013 年 12 月 31 日，赵文智任勘探院纪委书记。

2016 年 7 月，集团公司党组决定，吴忠良任勘探院纪委书记；免去赵文智的勘探院纪委书记职务。

2017 年 1 月，中共勘探开发研究院第二次代表大会在北京召开，148 名党员代表参加会议。会议选举产生中共勘探开发研究院纪律检查委员会，由 7 人组成（以姓氏笔画为序），吴忠良为书记，宁宁为副书记。

2017 年 5 月，集团公司党组决定，设立党组纪检组驻勘探院纪检组，勘探院不再设立纪委及本级纪检监察机构，有关人员相应领导职务自然免除。

书　　　记　赵文智（2014.1—2016.7）

　　　　　　吴忠良（2016.7—2017.5）

副 书 记　宁　宁（廊坊分院副院长，2017.1—5）

第四节　勘探院工会委员会
（2014.1—2020.12）

截至 2013 年 12 月 31 日，朱开成任勘探院工会主席，郭强任勘探院工会常务副主席，吴虹任勘探院工会副主席。

2014 年 9 月，勘探院党委决定，孟明任勘探院工会常务副主席，免去郭强勘探院工会常务副主席职务。

2017 年 4 月，勘探院党委决定，免去孟明勘探院工会常务副主席职务，免去吴虹勘探院工会副主席职务。

2017 年 4 月，集团公司党组决定，郭三林任勘探院工会主席。

2017 年 4 月，勘探院党委决定，王新民任勘探院工会常务副主席，尹月辉任勘探院工会副主席。

2017 年 11 月，中国石油集团科学技术研究院有限公司召开工会会员代表大会。选举由于凤云、王晖、王继强、王蓉、王新民、王拥军、尹月辉、方立春、韦东洋、冯进千、刘为公、刘仁和、闫继红、陈春、陈东、李秀峦、吴世昌、杨晓宁、赵海涛、郭三林、唐萍、梅立红、韩彬、敬爱军、雷丹妮、蔡萍等 26 人组成中国石油集团科学技术研究院工会第三届委员会，郭三林任工会主席，王新民任工会常务副主席，尹月辉任工会副主席；选举产生中国石油集团科学技术研究院有限公司第三届经费审查委员会，同意由王新民任第三届经费审查委员会主任。

2017 年 12 月，勘探院党委决定，王建强任勘探院工会常务副主席，免去王新民勘探院工会常务副主席职务。

2018 年 12 月，勘探院党委决定，撤销工会常务副主席岗位。

2020 年 3 月，勘探院党委决定，王建强任勘探院工会副主席，免去尹月辉勘探院工会副主席职务。

截至 2020 年 12 月 31 日，勘探院工会委员会由郭三林任主席，王建强任副主席。

主　　　席　朱开成（2014.1—2016.1，退休）

　　　　　　郭三林（2017.4—2020.12）

常务副主席　郭　强（2014.1—9）

　　　　　　孟　明（2014.9—2017.4）

　　　　　　王新民（2017.4—12）

　　　　　　王建强（2017.12—2018.12）

副　主　席　吴　虹（2014.1—2017.4）

　　　　　　尹月辉（2017.4—2020.3）

　　　　　　王建强（2020.3—12）

第五节　党组纪检组驻勘探院纪检组—党组驻勘探院纪检组（2017.5—2020.12）

2017 年 5 月，集团公司党组决定，设立党组纪检组驻勘探院纪检组，履行党的纪律检查、监察职能，综合监督勘探院、规划总院、休斯顿技术研究中心等 3 家单位，吴忠良任党组纪检组驻勘探院纪检组组长。勘探院不再设立纪委及本级纪检监察机构，有关人员相应领导职务自然免除。

党组纪检组驻勘探院纪检组主要职责是：

（一）负责督促驻在单位和综合监督单位（以下简称驻在单位）党组织全面落实从严治党主体责任，履行对驻在单位的监督责任；

（二）负责检查驻在单位领导班子及其成员遵守党章党规，贯彻落实党的理论和路线方针政策及集团公司党组决策部署，遵守政治纪律和政治规矩，以及贯彻执行民主集中制、选拔任用干部、加强作风建设、依法依规行使职权和廉洁从业等情况；

（三）按照监督权限，负责处置和核查反映驻在单位下属机构领导班子和非党组管理干部的问题线索，受理对驻在单位党组织和党员违反党纪行为的检举、控告以及不服处分的申诉；

（四）负责贯彻落实党的作风建设、廉洁自律等相关制度规定，组织开展落实中央八项规定精神、反对"四风"的监督检查、合规管理监察及廉洁风险防控等工作；

（五）负责派驻纪检组干部的日常管理和监督，协助驻在单位党委做好巡察和落实党风廉政建设、责任制建设和考核工作。

2017年10月，刘明锐、宁宁任党组纪检组驻勘探院纪检组副组长。

2017年10月，党组纪检组驻勘探院纪检组由吴忠良任组长，刘明锐、宁宁任副组长。分工情况如下：吴忠良主持组内全面工作；刘明锐负责信访与案件监督管理、执纪审查组织等工作；宁宁负责党风监督、履职监督、巡视巡察等工作。

2017年12月，张瑞雪任党组纪检组驻勘探院纪检组正处级纪检员，王子龙任副处级纪检员。

2017年12月，宁宁任党组纪检组驻勘探院纪检组党支部书记。

2018年1月，成立党组纪检组驻勘探院纪检组党支部，支部隶属勘探院党委管理。驻勘探院纪检组党支部委员会由3人组成，宁宁任党支部书记，张瑞雪任组织委员，彭建春任宣传委员。

2019年1月，郑海新任党组纪检组驻勘探院纪检组副组长。

2019年1月，党组纪检组更名为纪检监察组，派驻纪检组由党组纪检组派驻调整为纪检监察组派驻；2019年12月，调整为集团公司党组派驻，党组纪检组驻勘探院纪检组更名为党组驻勘探院纪检组。

2020年5月，党组纪检组驻勘探院纪检组党支部更名为党组驻勘探院纪检组党支部。

2020年11月，勘探院党委决定，免去张瑞雪的党组驻勘探院纪检组正处级纪检员职务。

截至2020年12月31日，在册职工7人，其中：男职工6人，女职工1人；硕士6人，学士1人；高级工程师7人；36～45岁2人，46～55岁4人，56岁及以上1人。中共党员7人。

党组纪检组驻勘探院纪检组由吴忠良任组长，宁宁、郑海新任副组长。

王子龙任副处级纪检员。

党组驻勘探院纪检组党支部委员会由 2 人组成，宁宁任党支部书记，彭建春任宣传委员。

一、党组纪检组驻勘探院纪检组领导名录（2017.5—2019.12）

组　　　长　吴忠良（2017.5—2019.12）

副　组　长　刘明锐（2017.10—2019.12）

宁　宁（2017.10—2019.12）

郑海新（2019.1—12）

正处级纪检员　张瑞雪（2017.12—2019.12）

副处级纪检员　王子龙（2017.12—2019.12）

二、党组驻勘探院纪检组领导名录（2019.12—2020.12）

组　　　长　吴忠良（2019.12—2020.12）

副　组　长　刘明锐（2019.12—2020.11，调离）

宁　宁（2019.12—2020.12）

郑海新（2019.12—2020.12）

正处级纪检员　张瑞雪（2019.12—2020.11）

副处级纪检员　王子龙（2019.12—2020.12）

三、党组纪检组驻勘探院纪检组党支部—党组驻勘探院纪检组党支部领导名录（2018.1—2020.12）

书　　　记　宁　宁（2017.12—2020.12）

委　　　员　张瑞雪（2018.1—2020.11）

彭建春（2018.1—2020.12）

第六节　海外研究中心（2017.12—2020.12）①

2017年12月，股份公司下发《关于组建海外研究中心有关事项的批复》文件，同意组建海外研究中心，同时挂中油国际技术研究中心牌子，对内称海外研究中心。2018年7月，勘探院与中油国际共同举行海外研究中心揭牌仪式，海外研究中心正式挂牌成立。海外研究中心机构规格为副局级，接受勘探院与中油国际双重领导。

海外研究中心主要职责是：

（一）负责为中油国际本部及所属地区公司提供新项目评价、计划规划支持、经营策略与战略研究、储量管理、动态分析等技术支持；

（二）负责海外项目生产技术支持；

（三）牵头组织海外油气基础理论研发及关键技术攻关、重大开发方案编制等工作。

截至2017年12月31日，海外研究中心下设11个二级机构：综合管理办公室、生产运营研究所、油气资源勘探研究所、开发战略规划研究所、项目评价研究所、中亚俄罗斯研究所、中东研究所、非洲研究所、美洲研究所、亚太研究所、工程技术研究所。

2018年10月，股份公司决定，胡永乐兼任海外研究中心主任。

2018年10月，集团公司党组决定，史卜庆任海外研究中心党委书记。

2020年3月，勘探院下发《关于部分基层党组织设立和调整的通知》文件，成立中共勘探开发研究院海外研究中心委员会，同时成立中共勘探开发研究院海外研究中心纪律检查委员会。

2020年6月，范子菲、郑小武任海外研究中心副主任。

2020年7月，股份公司批复海外研究中心所属11个机构参照勘探院二级机构管理。

2020年11月，张兴阳任海外研究中心副主任。

---

① 根据海外研究中心体制特点，以及其所属机构参照勘探院二级机构管理的情况，将其编排在领导机构下。

2020 年 11 月，张瑞雪任海外研究中心纪委书记。

一、海外研究中心领导名录（2017.12—2020.12）

主　　　任　胡永乐（兼任，2018.10—2020.10，退休）

副　主　任　范子菲（2020.6—12）

　　　　　　郑小武（2020.6—12）

　　　　　　张兴阳（2020.11—12）

二、海外研究中心党委领导名录（2017.12—2020.12）

书　　　记　史卜庆（2018.10—2020.12）

三、海外研究中心纪委领导名录（2020.3—12）

书　　　记　张瑞雪（女，2020.11—12）

第二章　机关职能部门

第一节　院办公室—办公室（党委办公室）
（2014.1—2020.12）

1958年11月，石油工业部石油科学研究院成立，于院机关设立职能部门院办公室。

截至2013年12月31日，院办公室为勘探院行政机关7个职能部门之一。

院办公室的主要职责是：

（一）负责院领导日常办公和公务活动安排，日常事务管理；

（二）负责院重要会议及活动的组织、筹备和接待工作；

（三）负责院重大决策、重要工作情况的检查和督办；

（四）负责院重要文件、领导讲话和工作总结等文字材料的起草；

（五）负责院研究类信息和政务类信息编审报送工作；

（六）负责院文电处理、公文核稿、文件发放以及院印章管理工作；

（七）负责院与上级部门、友邻单位、地方及院各部门之间的协调沟通；

（八）负责院日常值班工作；

（九）负责院机要、保密工作；

（十）负责领导接待日的安排及全院信访工作；

（十一）负责院办公楼、职工住宅楼的管理和分配工作；

（十二）负责院年鉴的编写出版工作；

（十三）上级部门及院领导交办的其他工作。

院办公室下设5个科室：生产调度科、秘书科、接待管理科、房地产管理科、保密管理科。院政策研究室、院房改办公室、院保密办公室、院信访办公室挂靠在院办公室。在册职工21人，其中：男职工15人，女职工6人；高级工程师10人，工程师8人，助理工程师及以下3人；博士4人，硕士

6人，学士及以下11人；35岁及以下6人，36～45岁6人，46～55岁9人。中共党员17人。

院办公室领导班子由3人组成，陈蟒蛟任主任，于凤云、吴克伟任副主任。分工情况如下：陈蟒蛟负责全面工作，分管生产调度科、接待管理科工作；于凤云负责党务工作，分管秘书科、房地产管理科、保密管理科工作；吴克伟负责政策研究工作，分管院政策研究室工作。

院办公室党支部委员会由3人组成，于凤云任党支部书记，吴克伟任宣传委员，陈蟒蛟任纪检委员。

2014年3月，刘志舟任院办公室副主任兼政策研究室主任。

2014年5月，田作基任院办公室副主任（正处级）。

2014年9月，王建强任院办公室主任，免去陈蟒蛟的院办公室主任职务。

2014年9月，院办公室领导班子由4人组成，王建强任主任，于凤云、刘志舟、田作基任副主任。分工情况如下：王建强主持全面工作，分管秘书科、接待科工作；于凤云负责党务工作，分管房产科工作；刘志舟负责政策研究、保密工作，分管政策研究室、保密科工作；田作基分管海外综合办公室、值班室工作。

院办公室党支部委员会由5人组成，于凤云任党支部书记，刘晓任组织委员，刘志舟任宣传委员，王建强任纪检委员，史立勇任青年委员。

2015年8月，免去于凤云院办公室副主任职务。

2015年8月，刘志舟任院办公室党支部副书记，免去于凤云党支部书记职务。

2015年8月，院办公室领导班子由3人组成，王建强任主任，刘志舟、田作基任副主任。分工情况如下：王建强主持全面工作，分管秘书科、接待科、房产科工作；刘志舟分管政策研究室、保密科工作；田作基分管海外综合办公室、值班室工作。

院办公室党支部委员会由4人组成，刘志舟任党支部副书记兼宣传委员，刘晓任组织委员，王建强任纪检委员，史立勇任青年委员。

2017年3月，按照"一院两区"调整管理规定，党委办公室、原廊坊分院院办公室并入院办公室，成立新的办公室（党委办公室）。

2017 年 3 月，办公室（党委办公室）主要职责调整：

（一）负责院领导日常办公和公务活动安排，日常事务管理；

（二）负责院、院党委重要会议及活动的组织、筹备和接待工作；

（三）负责院、院党委重大决策、重要工作情况的检查和督办；

（四）负责院、院党委重要文件、领导讲话和工作总结等文字材料的起草；

（五）负责院研究类信息和政务类信息编审报送工作；

（六）负责院"三重一大"重要会议的组织召开以及院"三重一大"决策和监管体系建设工作；

（七）负责院、院党委文电处理、公文核稿、文件发放以及印章管理；

（八）负责院与上级部门、友邻单位、地方及院各部门之间的协调沟通；

（九）负责院日常值班工作；

（十）负责院机要、保密工作；

（十一）负责领导接待日的安排及全院信访工作；

（十二）负责院办公楼、职工住宅楼的管理和分配工作；

（十三）负责院年鉴的编写出版工作；

（十四）负责上级部门及院领导交办的其他工作。

2017 年 4 月，王建强任办公室（党委办公室）主任，免去其院办公室主任职务；刘志舟任办公室（党委办公室）副主任，免去其院办公室副主任、政策研究室主任职务；田作基任办公室（党委办公室）副主任（正处级），免去其院办公室副主任职务；李芬、熊波任办公室（党委办公室）副主任；张红超任办公室（党委办公室）政策研究室主任（副处级）。

2017 年 4 月，院办公室党支部更名为办公室（党委办公室）党支部。刘志舟任办公室（党委办公室）党支部书记，免去其院办公室党支部副书记职务；王建强任办公室（党委办公室）党支部副书记。

2017 年 4 月，办公室（党委办公室）领导班子由 5 人组成，王建强任主任，刘志舟、田作基、李芬、熊波任副主任。分工情况如下：王建强主持全面工作，分管秘书一科、接待管理科工作；刘志舟负责党务工作，分管政策研究室、保密管理科工作；田作基负责信访接待、维稳工作，分管生产调度科工作；李芬负责党委办公室工作，分管秘书二科工作；熊波负责廊坊院区综合管理部工作，分管综合管理科工作。

办公室（党委办公室）党支部委员会由6人组成，刘志舟任党支部书记，曹锋、徐斌任组织委员，田作基任宣传委员，王建强任纪检委员，史立勇任青年委员。

2017年12月，张宇任办公室（党委办公室）主任，免去王建强主任职务。

2017年12月，李芬任办公室（党委办公室）党支部副书记，免去王建强党支部副书记职务。

2018年4月，张红超任办公室（党委办公室）副主任，免去田作基副主任职务。

2018年9月，张士清任办公室（党委办公室）副主任（正处级）。

2018年9月，办公室（党委办公室）领导班子由6人组成，张宇任主任，刘志舟、李芬、熊波、张士清、张红超任副主任。分工情况如下：张宇负责全面工作，分管秘书一科、接待管理科工作；刘志舟作为第一责任人负责办公室（党委办公室）党建、意识形态与全面从严治党工作，负责院重要文件起草、综合性材料组织、深化改革推进、院保密管理等工作，分管保密管理科工作；张士清负责日常值班和维稳信访工作，分管生产调度科工作；李芬作为直接责任人负责办公室（党委办公室）党建、意识形态与全面从严治党工作，负责党委办公室、党风廉政建设工作，分管秘书二科工作；熊波负责廊坊院区日常管理工作，分管综合管理科工作；张红超任副主任，负责院重要文件、领导讲话和工作总结等文字材料起草以及年鉴编纂等工作，分管政策研究室工作。

办公室（党委办公室）党支部委员会由6人组成，刘志舟任党支部书记，李芬任党支部副书记，徐斌任组织委员，张宇任宣传委员，熊波任纪检委员，史立勇任青年委员。

2020年3月，免去熊波办公室（党委办公室）副主任职务。

2020年3月，免去刘志舟办公室（党委办公室）党支部书记职务，免去李芬党支部副书记职务。

2020年6月，徐斌任办公室（党委办公室）副主任，免去刘志舟副主任职务。

2020 年 6 月，办公室（党委办公室）内设政策研究室、秘书一科、秘书二科、保密管理科、接待管理科、生产调度科、房产科等 7 个科室撤销，全面推行岗位管理，设政研岗、党务岗、文秘岗、综合岗、信访岗等 5 个岗位。

2020 年 11 月，赵玉集任办公室（党委办公室）主任，免去张宇主任职务；史立勇任办公室（党委办公室）副主任，免去张士清副主任职务。

2020 年 12 月，办公室（党委办公室）领导班子由 5 人组成，赵玉集任主任，李芬、张红超、史立勇、徐斌任副主任。分工情况如下：赵玉集负责全面工作；李芬作为直接责任人负责办公室（党委办公室）党建、意识形态与全面从严治党工作，负责党委办公室和党风廉政建设工作，分管党务岗工作；张红超负责重要文件、领导讲话和工作总结等文字材料的起草以及年鉴编纂和保密管理工作，分管政研岗工作；史立勇负责重要会议及活动的组织筹备、接待以及日常值班、维稳信访工作，分管综合岗和信访岗工作；徐斌负责文电管理、印章管理，院重大决策、重要工作的督察督办，分管文秘岗工作。

办公室（党委办公室）党支部委员会由 5 人组成，赵玉集任党支部书记，李芬任组织委员，徐斌任宣传委员，张红超任纪检委员，史立勇任青年委员。

截至 2020 年 12 月 31 日，办公室（党委办公室）下设 5 个岗位：政研岗、党务岗、文秘岗、综合岗、信访岗。在册职工 15 人，其中：男职工 10 人，女职工 5 人；高级工程师 5 人、高级政工师 3 人，工程师 2 人、政工师 3 人，助理政工师及以下 2 人；博士 1 人，硕士 13 人，学士 1 人；35 岁及以下 5 人，36～45 岁 7 人，46～55 岁 3 人。中共党员 13 人。

一、院办公室（2014.1—2017.3）

（一）院办公室领导名录（2014.1—2017.3）

主　　任　　陈蟒蛟（2014.1—9）

王建强（2014.9—2017.4）

副 主 任　　于凤云（女，2014.1—2015.8）

吴克伟（2014.1—2，去世）

刘志舟（2014.3—2017.4）

田作基（正处级，2014.5—2017.4）

（二）院办公室党支部领导名录（2014.1—2017.4）

　　书　　记　于凤云（女，2014.1—2015.8）

　　副书记　刘志舟（2015.8—2017.4）

二、办公室（党委办公室）（2017.3—2020.12）

（一）办公室（党委办公室）领导名录（2017.3—2020.12）

　　主　　任　王建强（2017.4—12）

　　　　　　　张　宇（2017.12—2020.11）

　　　　　　　赵玉集（2020.11—12）

　　副主任　刘志舟（2017.4—2020.6）

　　　　　　　田作基（正处级，2017.4—2018.4）

　　　　　　　李　芬（女，瑶族，2017.4—2020.12）

　　　　　　　熊　波（2017.4—2020.3）

　　　　　　　张红超（2018.4—2020.12）

　　　　　　　张士清（正处级，2018.9—2020.11）

　　　　　　　徐　斌（2020.6—12）

　　　　　　　史立勇（2020.11—12）

（二）办公室（党委办公室）党支部领导名录（2017.4—2020.3）

　　书　　记　刘志舟（2017.4—2020.3）

　　副书记　王建强（2017.4—12）

　　　　　　　李　芬（女，瑶族，2017.12—2020.3）

第二节　党委办公室（2014.1—2017.3）

　　1958年11月，石油科学研究院机关设立党委办公室。1971年8月至1978年9月，勘探院机关设政工组，政工组下设办公室。1978年9月，石油勘探开发科学研究院正式成立，下设院部，院部包括政治部、办公室等。1980年，院部将下属政治部划分为办公室等。1985年，勘探院党委机关设党委办公室。1986年3月，政治部办公室更名为党委办公室。1989年4月，确定党委办公室为勘探院党委下属单位。

截至 2013 年 12 月 31 日，党委办公室的工作职责是：

（一）按照院党委的决定，组织安排院党委的各种会议、学习和重要活动；

（二）负责院"三重一大"重要会议的组织召开以及院"三重一大"决策和监管体系建设工作；

（三）负责院党委各类文件（工作计划、总结、报告通知）的起草印制；

（四）协调和检查督促有关单位和部门贯彻执行院党委决议的情况及进程；

（五）根据院党委的工作意图和要求，深入实际调查研究，总结经验，分析、研究并提出带有政策性、倾向性的问题，为院党委决策提供有价值的咨询意见；

（六）根据院党委的要求，负责有关重大问题的归口报告，认真做好上情下达、下情上达的工作；

（七）负责党内各类文件、杂志、简报、机要函件的分发、上报、传阅、保管、催办和收集、整理、归档等机要工作；

（八）协助院党委负责接待群众来访，密切党群关系，沟通院党委和群众联系渠道；

（九）负责院党委印鉴的保管、使用；

（十）完成院党委和院党委领导临时交办的各项任务。

党委办公室在册职工 3 人，其中：男职工 2 人，女职工 1 人；高级工程师 1 人，工程师 2 人；博士 2 人，学士及以下 1 人；35 岁及以下 1 人，36～45 岁 1 人，46 岁～55 岁 1 人。中共党员 3 人。

党委办公室领导班子由 1 人组成，王建强任主任，负责全面工作。

2014 年 9 月，王新民兼任党委办公室主任，免去王建强主任职务。

2014 年 12 月，李芬任党委办公室副主任。

2015 年 8 月，严开涛任党群机关党支部书记，免去王新民党群机关党支部书记职务。

2017 年 3 月，按照"一院两区"调整管理规定，党委办公室、廊坊分院院办公室并入院办公室，成立新的办公室（党委办公室）。

截至 2017 年 3 月 31 日，在册职工 3 人，其中：男职工 2 人，女职工 1 人；

高级工程师1人，工程师2人；博士2人，学士及以下1人；35岁及以下1人，36～45岁1人，46岁～55岁1人。中共党员3人。

2017年4月，免去王新民党委办公室主任职务，免去李芬副主任职务。

一、党委办公室领导名录（2014.1—2017.3）

　　　主　　　任　王建强（2014.1—9）

　　　　　　　　　王新民（兼任，2014.9—2017.4）

　　　副　主　任　李　芬（女，瑶族，2014.12—2017.4）

二、党群机关党支部领导名录（2014.1—2017.4）

　　　书　　　记　王新民（2014.9—2015.8）

　　　　　　　　　严开涛（2015.8—2017.4）

　　　副　书　记　王子龙（2016.11—2017.4）

第三节　科研管理处（信息管理处）—科研管理处（2014.1—2020.12）

石油科学研究院成立于1958年，1978年更名为石油勘探开发科学研究院，生产办公室更名为业务处，负责全院科学技术研究组织领导工作。1980年6月，根据文件精神，业务处更名为科研管理处，负责编制全院科研计划和组织协调工作。2007年12月，为统筹优化院信息化力量，加强信息化工作，勘探院设立信息管理处。2008年10月，科研管理处与信息管理处合署办公。

截至2013年12月31日，科研管理处（信息管理处）主要职责是：

（一）负责院科技发展规划和年度科研计划的编制；

（二）负责科研项目的组织、协调与管理，科研经费的落实、使用与监督；

（三）负责科研成果的鉴定、验收与评奖，成果转化、知识产权保护与技术产品推介；

（四）信息化工作的组织与管理；

（五）科研装备规划及年度计划的制定与实施，科研装备与重点实验室管理；

（六）科技政策、管理办法的制订、修订等科技管理工作；

（七）院领导交办的其他工作。

科研管理处（信息管理处）下设 6 个室：综合管理室、项目管理室、条件管理室、信息管理室、国家重大专项管理室、成果管理室。在册职工 21 人，其中：男职工 17 人，女职工 4 人；教授级高级工程师 2 人，高级工程师 13 人，工程师 6 人；博士 8 人，硕士 8 人，学士 5 人；35 岁及以下 3 人，36～45 岁 6 人，46 岁及以上 12 人。中共党员 17 人。

科研管理处（信息管理处）领导班子由 6 人组成，靳久强任处长，王家禄、关德师、李长山、赵力民、燕庚任副处长。分工情况如下：靳久强负责科研经费计划管理、HSE 体系管理与保密安全等工作，分管综合管理室；王家禄负责党支部工作，负责开发、工程业务的科研管理，分管项目管理室；关德师负责勘探业务的科研管理工作，负责科研项目合同审查、科研设备计划和重点实验室的科研管理工作，分管条件管理室；李长山负责信息业务的日常管理工作，与信息化建设相关业务的组织与管理工作，分管信息管理室；赵力民负责国家专项项目管理工作，负责国家重大专项秘书处的日常工作，分管国家重大专项管理室、国家重大专项秘书处；燕庚负责海外业务的科研管理工作，负责学术交流、国际合作项目、成果与知识产权的管理和技术有形化的组织与管理工作，分管成果管理室。

科研管理处（信息管理处）党支部委员会由 3 人组成，王家禄任党支部书记，孙作兴任组织委员，姚子修任青年委员。

2014 年 9 月，韩永科任科研管理处（信息管理处）处长，免去靳久强处长职务。

2015 年 12 月，免去赵力民的科研管理处（信息管理处）副处长职务。

2016 年 11 月，韩永科任科研管理处（信息管理处）党支部副书记。

2017 年 3 月，勘探院决定，按照"一院两区"模式将勘探院机关职能处室整合，对廊坊院区采取"纵向垂直"管理，廊坊院区科技管理处划归科研管理处（信息管理处）。

2017 年 4 月，王家禄任科研管理处（信息管理处）党支部书记，韩永科任党支部副书记。

2017 年 4 月，陈建军任科研管理处（信息管理处）常务副处长（正处级）。

2017 年 12 月，赵明清任科研管理处（信息管理处）副处长（正处级），免去李长山副处长职务。

2018 年 9 月，免去王家禄、燕庚科研管理处（信息管理处）副处长职务。

2018 年 9 月，免去王家禄科研管理处党支部书记职务。

2020 年 3 月，熊波任科研管理处（信息管理处）副处长，免去关德师副处长（正处级）职务，免去陈建军常务副处长职务。

2020 年 3 月，免去韩永科科研管理处（信息管理处）党支部副书记职务。

2020 年 5 月，撤销综合管理室、项目管理室、实验管理室、知识产权管理室和信息管理室 5 个科室，全面推行岗位管理，设置科研综合管理岗、项目管理岗、条件管理岗、成果管理岗、标准管理岗 5 个岗位。

2020 年 6 月，将隶属办公室（党委办公室）的采购办公室职能调整至科研管理处，将隶属科研管理处的信息化相关职能转移至信息化管理处。

2020 年 6 月，韩永科任科研管理处处长，免去其科研管理处（信息管理处）处长职务；李辉任科研管理处副处长，免去赵明清、熊波科研管理处（信息管理处）副处长职务。

2020 年 11 月，曹宏兼任科研管理处处长，免去韩永科处长职务。

2020 年 12 月，科研管理处（信息管理处）党支部更名为科研信息联合党支部。

截至 2020 年 12 月 31 日，科研管理处下设 4 个岗位：科研综合管理岗、项目管理岗、条件管理岗、成果管理岗。在册职工 13 人，其中：男职工 8 人，女职工 5 人；教授级高级工程师 1 人，高级工程师 9 人，工程师 3 人；博士 6 人，硕士 6 人，学士 1 人；35 岁及以下 2 人，36～45 岁 7 人，46 岁及以上 4 人。中共党员 10 人。

一、科研管理处（信息管理处）（2014.1—2020.6）

（一）科研管理处（信息管理处）领导名录（2014.1—2020.6）

处　　　长　靳久强（2014.1—9）

韩永科（2014.9—2020.6）

常务副处长　陈建军（正处级，2017.4—2020.3）

副　处　长　王家禄（正处级，2014.1—2018.9）

关德师（正处级，2014.1—2020.3，退出领导岗位）

李长山（正处级，2014.1—2017.12，退出领导岗位）

赵刀民（正处级，2014.1—2015.12）

燕　庚（2014.1—2018.9）

赵明清（正处级，2017.12—2020.6）

熊　波（2020.3—6）

（二）科研管理处（信息管理处）党支部领导名录（2014.1—2020.3）

书　　记　王家禄（2014.1—2018.9）

副　书　记　韩永科（2016.11—2020.3）

二、科研管理处领导名录（2020.6—2020.12）

处　　长　韩永科（2020.6—11）

曹　宏（2020.11—12）

副　处　长　李　辉（女，2020.6—12）

第四节　信息化管理处（2020.6—12）

2020年6月，勘探院下发《关于成立信息化管理处的通知》，为进一步贯彻落实国家和集团公司网络安全与信息化的方针政策和工作部署，推进集团公司和我院数字化转型、智能化发展，不断提高我院信息化水平，经研究决定，成立信息化管理处。

信息化管理处主要承担勘探院信息业务计划与组织、管理与协调、培训与监督、联络与服务，数字化转型与智能化发展政策的贯彻落实以及领导决策的督促执行等，主要职责是：

（一）负责组织编写勘探院数字化转型与智能化发展规划并负责组织推动落实，协调院内外信息化建设相关事务；

（二）负责制定勘探院信息化相关管理制度、实施细则、标准和规范；

（三）负责编制勘探院信息化工作年度计划、经费预算；

（四）负责勘探院信息项目的组织、协调、管理和监督工作；

（五）负责勘探院信息业务招标组织管理工作；

（六）负责勘探院信息化软硬件设备统筹管理工作；

（七）负责勘探院网络安全组织工作；

（八）负责勘探院信息技术交流、对外合作和业务培训组织工作；

（九）负责勘探院所属各单位信息化工作考核、评优工作；

（十）承担勘探院网络与信息化工作领导小组办公室职责，执行勘探院信息化工作领导小组的决策，完成上级领导交办的其他工作任务。

信息化管理处作为院属机关职能部门，下设 3 个岗位：信息综合管理岗、基础通用信息管理岗和勘探开发信息管理岗。定员 10 人，二级管理人员职数为 3 人。

2020 年 6 月，赵明清任信息化管理处处长，乔德新任副处长。

2020 年 11 月，张娜任信息化管理处副处长。

信息化管理处领导班子由 3 人组成，赵明清任处长，乔德新、张娜任副处长。分工情况如下：赵明清负责全面工作，落实院网络安全与信息化工作领导小组的各项工作部署，主管党建群团、人事、财务、关键绩效指标落实等工作，分管基础通用信息化管理方面的工作；乔德新协助处长开展本处各项工作，主管安全保密、培训、信息化项目及成果管理等工作，分管勘探开发信息化管理工作；张娜协助处长开展本处各项工作，主管规划计划、信息经费管理等工作，分管综合管理工作。

2020 年 12 月，科研管理处（信息管理处）党支部更名为科研信息联合党支部，赵明清任副书记兼纪检委员，乔德新任宣传委员。

截至 2020 年 12 月 31 日，信息化管理处在册职工 3 人，其中：男职工 2 人，女职工 1 人；博士 1 人，硕士 1 人，学士 1 人；教授级高级工程师 1 人，高级工程师 2 人；36～45 岁 1 人，46～55 岁 1 人，55 岁以上 1 人。中共党员 3 人。

处　　　长　赵明清（2020.6—12）

副　处　长　乔德新（2020.6—12）

张　娜（女，2020.11—12）

第五节 人事劳资处—人事处（党委组织部）
（2014.1—2020.12）

1999年11月，勘探院机关部门进行改革，行政机关部门设置包含人事劳资处在内的7个处级单位。2011年11月，根据勘探院实际工作需要，勘探院与廊坊分院人事劳资处合署办公。

截至2013年12月31日，人事劳资处主要职责是：

（一）负责贯彻落实国家和集团公司有关人事劳资方面的方针政策和制度规定，制定相关的规章制度、管理办法和实施细则，并组织实施、监督、检查；

（二）负责院干部人事、劳动用工、薪酬福利、社会保险、员工培训、绩效考核和企业保险福利等人事劳资工作，研究制定相关政策并组织实施；

（三）负责院所处领导班子、员工队伍、管理体制和机构编制的管理，制订并组织实施院员工总量、工资总额、员工培训等方面的工作规划和年度计划；

（四）负责院干部人事制度改革，牵头组织领导干部业绩考核指标的确定，业绩合同的签订，并负责组织实施业绩考核工作；

（五）协助做好院领导班子建设的有关工作，负责所管干部培养、选拔、考核、奖惩等有关工作，做好后备干部队伍建设和基层领导班子建设工作；

（六）负责专业技术人才队伍建设；

（七）负责高级专家、学科技术带头人的培养、选拔和管理，组织职称评聘工作；

（八）负责员工总量控制，人员编制调控，改革和完善用工制度，指导各单位开展减员增效等工作；

（九）负责员工管理，包括员工调动、退休审批、劳动合同、员工奖惩和劳动纪律管理；

（十）负责建立基本工资制度和薪酬分配的决定机制，制订考核奖惩办法，调控年度工资总额，指导搞活内部分配；

（十一）负责员工薪酬福利政策的制订及薪酬福利的发放；

（十二）负责员工社会保险、企业年金、补充医疗保险和住房公积金等福利的管理工作；

（十三）负责中国石油人力资源系统相关信息的维护，人事劳资报表统计和上报，以及人工成本等相关信息的收集整理与分析应用；

（十四）负责员工人事档案的保管、使用及材料归档等工作。

人事劳资处下设5个岗位：干部管理岗、工资管理岗、社会保险管理岗、人事统计管理岗、档案管理岗。在册职工11人，其中：男职工6人，女职工5人；高级工程师6人，工程师3人，助理工程师2人；硕士6人，学士及以下5人；35岁及以下5人，36～45岁2人，46岁及以上4人。中共党员11人。

人事劳资处领导班子由4人组成，陈健任处长，王盛鹏任副处长兼廊坊分院人事劳资处处长，张德强、陈东任副处长。分工情况如下：陈健负责全面工作；王盛鹏分管廊坊分院人事劳资处；张德强分管干部管理、技术干部业绩考核、员工培训等；陈东分管员工薪酬、保险、组织机构和人员编制等。

人事计财联合党支部委员会由5人组成，严开涛任党支部书记，张德强任党支部副书记兼青年委员，华山任组织委员，李忠任宣传委员，陈健任纪检委员。

2014年5月，停止人事劳资处与廊坊分院人事劳资处合署办公，免去王盛鹏人事劳资处副处长职务。

2014年7月，撤销人事计财联合党支部，分别设立人事劳资处党支部和计划财务处党支部。张德强任人事劳资处党支部副书记，免去张德强人事计财联合党支部副书记职务。

2014年7月，人事劳资处党支部委员会由5人组成，张德强任党支部副书记，陈东任组织委员，江珊任宣传委员，陈健任纪检委员，王叶任青年委员。

2016年11月，王盛鹏任人事劳资处处长，免去陈健兼任的人事劳资处处长职务。

2017年3月，根据"一院两区"模式，将勘探院机关和廊坊分院机关整合为包含人事处（党委组织部）在内的9个职能处室。勘探院人事劳资处、党委组织部，廊坊分院人事劳资处三个机构整合为人事处（党委组织部）。

人事处（党委组织部）新增职责：

（一）负责贯彻落实中央、集团公司党组及院党委关于党的组织建设决策部署，牵头协调党的组织建设工作，组织开展党的组织建设顶层设计、相关制度制修订等，并负责统筹指导院属各级党组织党的组织建设工作；

（二）负责协调推动院党委关于加强党建工作的决策部署落实，履行勘探院党的建设工作领导小组办公室职能；

（三）负责指导督促各级党组织落实党建工作责任制，加强基层党组织建设和党员队伍建设，统筹党建工作责任制和落实全面从严治党主体责任考核，会同党委办公室、党委宣传部做好党建信息化平台的推广、使用工作；

（四）负责党员发展、教育和管理工作，负责勘探院党组织关系接转、党费收缴、党组织经费管理等工作；

（五）牵头做好勘探院领导班子民主生活会的组织协调工作，指导基层党组织做好民主生活会的组织工作，指导基层党组织健全"三会一课"等党的组织生活制度；

（六）负责牵头做好勘探院党代会的组织筹备和上级党代会代表的酝酿选举工作，负责指导基层党组织做好换届工作。

2017年4月，人事劳资处党支部更名为人事处（党委组织部）党支部。

2017年4月，王盛鹏任人事处（党委组织部）处长（部长），免去王盛鹏人事劳资处处长职务；于凤云、张德强、陈东任人事处（党委组织部）副处长（副部长），免去张德强、陈东人事劳资处副处长职务。

2017年4月，于凤云任人事处（党委组织部）党支部书记，王盛鹏任人事处（党委组织部）党支部副书记。

2017年4月，人事处（党委组织部）完成"一院两区"机构整合，设置综合科（廊坊人事科）、党建科、干部管理科、技术干部管理科、教育培训科、薪酬管理科、劳动组织科、保险管理科等8个科室，并对相关人员做调整。

2017年12月，王晓梅任人事处（党委组织部）副处长（副部长）（正科级），免去于凤云副处长（副部长）职务。

2017年12月，张德强任人事处（党委组织部）党支部书记，免去于凤云党支部书记职务。

2018年4月，姚子修任人事处（党委组织部）副处长（副部长）；免去陈东副处长（副部长）职务。

2018年5月，院巡视巡察工作领导小组下设办公室，与人事处（党委组织部）合署办公，巡视巡察办公室主任由张德强兼任。

2019年1月，王晓梅任人事处副处长。

2020年3月，严开涛任人事处（党委组织部）巡察专员（二级正），杨遂发任巡察副专员（二级副）；免去张德强人事处（党委组织部）党支部书记职务，免去王盛鹏党支部副书记职务。

2020年11月，张宇任人事处（党委组织部）处长（部长），免去王盛鹏处长（部长）职务；杨晶任人事处（党委组织部）副处长（副部长）。

截至2020年12月31日，人事处（党委组织部）下设6个岗位：干部与人才引进管理岗、党建与干部监督管理岗、巡察管理岗、技术干部与培训管理岗、薪酬与保险管理岗、档案与综合管理岗。在册职工19人，其中：男职工10人，女职工9人；博士后2人，硕士11人，学士6人；正高级工程师1人，高级工程师2人、高级经济师3人，工程师2人、政工师8人、经济师2人，助理经济师1人；35岁及以下14人，36～45岁2人，46～55岁3人。中共党员18人。

一、人事劳资处（2014.1—2017.3）

（一）人事劳资处领导名录（2014.1—2017.3）

处　　　长　　陈　健（2014.1—2016.11）

王盛鹏（2016.11—2017.4）

副 处 长　　王盛鹏（2014.1—5）

张德强（2014.1—2017.4）

陈　东（2014.1—2017.4）

（二）人事计财联合党支部—人事劳资处党支部（2014.1—2017.4）

1.人事计财联合党支部领导名录（2014.1—7）

副 书 记　　张德强（2014.1—7）

2. 人事劳资处党支部领导名录（2014.7—2017.4）

    副　书　记　张德强（2014.7—2017.4）

二、人事处（党委组织部）（2017.3—2020.12）

（一）人事处（党委组织部）领导名录（2017.3—2020.12）

    处 长（部 长）　王盛鹏（2017.4—2020.11）

                 张　宇（2020.11—12）

    副处长（副部长）　张德强（2017.4—2020.12）

                 陈　东（2017.4—2018.4）

                 于凤云（女，2017.4—12，退出领导岗位）

                 王晓梅（女，正科级，2017.12—2019.1；

                        2019.1—2020.12）

                 姚子修（2018.4—2020.7，调离）

                 杨　晶（女，2020.11—12）

（二）巡视巡察办公室领导名录（2018.5—2020.12）

    主　　　任　张德强（兼任，2018.5—2020.12）

    专　　　员　严开涛（2020.3—12）

    副　专　员　杨遂发（2020.3—12）

（三）人事处（党委组织部）党支部领导名录（2017.4—2020.3）

    书　　　记　于凤云（女，2017.4—12，退出领导岗位）

            张德强（2017.12—2020.3）

    副　书　记　张德强（2017.4—12）

            王盛鹏（2017.4—2020.3）

第六节　党委组织部（2014.1—2017.4）

    1999 年，经过改革，勘探院机关党群系统精简为包含党委组织部在内的 6 个处室，党委组织部负责党建工作。

    截至 2013 年 12 月 31 日，党委组织部工作职责是：

（一）按照院党委的指示，结合基层党组织的实际情况，提出院党建工作的实施意见；

（二）检查、督促基层党组织贯彻党的路线、方针、政策和院党委的决定，抓好典型，适时总结、交流党支部建设的经验，发现问题，及时向党委报告并提出改进意见和措施；

（三）结合形势和院中心工作，对党员进行马列主义基本理论、党的基本知识、党风、党纪和社会主义法制教育，不断提高党员的政治素质，发现和宣传优秀党员及他们的事迹，不断增强党组织的凝聚力；

（四）协助院党委按照有关规定建立、健全院党的各级组织，为其开展活动提供信息和条件；

（五）抓好党员的日常管理，落实"三会一课"制度，抓好新党员的教育及发展工作，把好"入口"关；

（六）贯彻执行"党管干部"原则，会同有关职能部门调查了解干部队伍现状，参与干部考核工作，对基层班子组建、干部选拔、任免提出建议和意见，负责基层党支部改选、换届的预审和报批；

（七）搞好党员统计工作、党员组织关系接转、党费的收缴管理和使用；

（八）受理党员、干部的申诉，做好来信、来访工作；

（九）负责党的组织工作文件的起草、印发，检查、督促贯彻执行情况，做好院党委交办的其他工作。

党委组织部下设干部管理岗和组织建设岗。在册职工3人，其中：男职工2人，女职工1人；博士1人，硕士1人，学士1人；教授级高级工程师1人，高级工程师1人，工程师1人；35岁及以下1人，46岁及以上2人。中共党员3人。

党委组织部领导班子由1人组成，王新民任部长，负责全面工作。

2015年8月，于凤云任党委组织部部长，免去王新民部长职务。

党委组织部领导班子由1人组成，于凤云任部长，负责全面工作。

截至2017年3月31日，在册职工3人，其中：女职工3人；硕士3人；高级政工师1人，政工师2人；35岁及以下2人，46岁及以上1人。中共党员3人。

2017年4月，免去于凤云党委组织部部长职务。

2017 年 4 月，按照"一院两区"模式将勘探院机关和廊坊分院机关整合为 9 个机关职能处室，党委组织部合并到人事处（党委组织部）。至此，党委组织部不作为单独机构设立。

部　　　长　王新民（2014.1—2015.8）

于凤云（2015.8—2017.4）

第七节　计划财务处（2014.1—2020.12）

1986 年 1 月，计划财务处成立，编制定员 24 人。

截至 2013 年 12 月 31 日，计划财务处的主要职责是：

（一）负责勘探院总体规划、基建计划、综合统计、综合计划的编制和组织实施；

（二）负责勘探院基建及维修工程的方案审定和预算、决算的审核和管理；

（三）负责勘探院年度经费预算、决算的编制和上报，具体实施预算的控制、分析和考核，加强管理，降低成本，提高效益；

（四）按照《会计法》《财务会计报告条例》《会计准则》《会计制度》的要求，负责会计核算账务处理，汇总、编制会计报表，并按要求上报；

（五）按当年上级批准的资金预算计划，及时申请拨款，按资金渠道和科研处拨款通知向各单位及时拨款；

（六）负责勘探院财务管理制度、规定和办法的制定与落实；

（七）按资金管理规定，加强现金和银行存款的管理与结算，保障资金安全；

（八）负责勘探院财务人员业务培训、岗位考核与职称评定；

（九）依照《会计档案管理规定》，建立健全和保管好会计档案，并及时整理移交院档案处；

（十）完成上级业务部门和院领导交办的其他工作和任务。

计划财务处下设十科、一室、一部：计划科、财务一科、财务二科、会计科、资产科、成本科、稽查科、综合科、矿区财务科、公司财务科、清欠办公室、梦溪宾馆财务资产部。在册职工 39 人，其中：男职工 11 人，女职工 28 人；高级经济师 1 人、高级会计师 10 人，经济师 1 人、会计师 9 人，助理工程师及以下 18 人；博士 1 人，硕士 10 人，学士及以下 28 人；35 岁及以下 13 人，36～45 岁 13 人，46～55 岁 11 人，56 岁及以上 2 人。中共党员 36 人。

计划财务处领导班子由 4 人组成，李忠任处长，严开涛、华山任副处长，赵清任副处长兼廊坊分院计划财务处处长。分工情况如下：李忠主持全面工作，分管会计科、综合科、公司财务科、梦溪宾馆财务资产部；严开涛分管计划科；赵清分管廊坊分院计划财务处；华山分管财务一科、财务二科、资产科、成本科、稽查科、矿区财务科、清欠办公室。

人事计财联合党支部委员会由 5 人组成，严开涛任党支部书记，张德强任党支部副书记兼青年委员，华山任组织委员，李忠任宣传委员，陈健任纪检委员。

2014 年 5 月，停止计划财务处与廊坊分院计划财务处合署办公。免去赵清计划财务处副处长职务。

2014 年 7 月，撤销人事计财联合党支部，分别设立人事劳资处党支部和计划财务处党支部。严开涛任计划财务处党支部书记，免去严开涛人事计财联合党支部书记职务。

2015 年 8 月，李东堂任计划财务处副处长（正处级），免去严开涛副处长职务。

2015 年 8 月，李东堂任计划财务处党支部书记，免去严开涛党支部书记职务。

2016 年 11 月，李忠任计划财务处党支部副书记。

2016 年 11 月，计划财务处党支部委员会由 5 人组成，李东堂任党支部书记，李忠任党支部副书记兼任纪检委员，苏艳琪任组织委员，华山任宣传委员，展坤任青年委员。

2017 年 3 月，勘探院机关和廊坊分院机关进行重组整合，计划财务处对廊坊院区采取"纵向垂直"管理，计划财务处承担的公司财务、矿区财务等业务划归相应单位，计划财务处对其进行业务指导和监管。

2017 年 4 月，赵清任计划财务处常务副处长（正处级），高利生任副处长。

2017年6月，计划财务处完成"一院两区"机构整合，科室及人员进行了相应的调整。调整后，计划财务处下设八科、一室，分别为：综合科、计划科、财务一科、财务二科、会计科、资产科、稽查科、资金科、清欠办公室。

2017年6月，计划财务处党支部委员会由7人组成，李东堂任党支部书记，李忠任党支部副书记，苏艳琪任组织委员，华山任宣传委员，赵清任纪检委员，高利生任文体委员，展坤任青年委员。

2018年9月，经过重组整合后，计划财务处的主要职责是：

（一）研究制定勘探院基本建设规划计划、综合统计、预算、会计、资产、资金、税价等业务规章制度，并组织实施；

（二）统筹负责勘探院基本建设、总体规划和投资计划管理工作；

（三）负责编制下达勘探院投资和大修计划，并组织执行情况考核工作；

（四）负责投资项目前期工作管理，组织权限内投资项目可行性研究报告、最终投资决策报告的审查，以及需核准、备案投资项目的报批报备工作；

（五）负责勘探院基本建设项目及大修项目的方案审定，工程预算审核和管理；

（六）负责基本建设项目和大修项目跟踪实施，组织实施项目后评价分析工作，确保工程质量；

（七）负责总部下达投资计划的综合统计管理，编制综合统计信息报告，组织开展统计分析和评价工作；

（八）负责财务预算管理，组织编制年度预算，开展预算执行情况分析和预算考核；

（九）负责会计核算与管理，规范会计科目，组织编制报送财务会计报告，组织开展年度决算、财务分析及经济活动分析工作，为领导决策提供财务数据；

（十）负责资产价值管理，组织实施资产划转、评估、处置、报废（核销）工作；

（十一）负责封闭结算、关联交易管理和结算工作；

（十二）负责应收款项管理，维护单位信息，组织应收款项清欠管理工作，完成应收款项清欠指标；

（十三）负责资金计划、资金收支运行管理工作，定期分析资金计划执行情况，组织资金配置、运行和控制，确保资金使用高效、安全；

（十四）负责银行账户开设、撤并及监督管理工作；

（十五）负责商业保险管理工作，制定商业保险方案并组织实施；

（十六）负责担保管理工作；

（十七）负责特殊资金监督管理工作；

（十八）负责税收管理工作，包括纳税申报、所得税汇算清缴、税收筹划、税收风险管理工作；

（十九）负责财务管理信息系统的维护和管理运行工作；

（二十）负责财务系统内部稽查管理，监控资金运行；

（二十一）负责开源节流降本增效工作；

（二十二）配合勘探院内控、审计、巡察工作，监督各单位对问题进行整改落实。

2018 年 9 月，免去李忠计划财务处处长、党支部副书记职务。

2018 年 10 月，计划财务处领导班子由 4 人组成，李东堂任书记、副处长，赵清任常务副处长，高利生、华山任副处长。分工情况如下：李东堂主持全面工作，负责工会管理、青年管理、规划计划管理、统计管理、造价管理、后评价管理等，分管综合科、计划科；赵清负责廊坊院区计划财务管理工作、支部党风廉政建设，西北分院、杭州地质研究院计划财务重大事项协调管理工作及廊坊万科公司财务业务的协调工作，分管廊坊分院计划财务科；高利生负责信息化管理工作及海外财务管理工作，协助李东堂书记分管计划管理工作，分管迪拜技术支持中心财务管理工作；华山负责支部宣传工作，负责资金管理、财务核算管理、资产管理、稽查税价管理及物业和公司财务业务的协调工作，分管资金科、财务一科、财务二科、资产科、稽查科。

2020 年 3 月，李东堂任计划财务处负责人（二级正），免去赵清常务副处长职务。

2020 年 3 月，免去李东堂计划财务处党支部书记职务。

2020 年 3 月，调整王小勇等 10 人到廊坊科技园区管理委员会工作。

2020 年 5 月，撤销综合科、计划科、财务一科、财务二科、会计科、稽查科、清欠办公室、资产科、资金科等 9 个科室；全面推行岗位管理，设置政策研究与预算管理岗、综合管理岗、综合计划与造价管理岗、股份业务财务管理岗、集团业务财务管理岗、会计与系统管理岗、稽查与内控管理岗、资产与清欠管理岗、资金与商业保险管理岗等 9 个岗位。

2020 年 11 月，苏艳琪任计划财务处副处长。

2020 年 12 月，计划财务处领导班子由 4 人组成，李东堂任计划财务处党支部书记、负责人，高利生、华山、苏艳琪任副处长。分工情况如下：李东堂主持全面工作，负责支部工作、支部党风廉政建设工作，负责工会管理、青年管理、规划计划管理、统计管理、造价管理、后评价管理，负责西北分院、杭州院计划财务重大事项协调管理等工作，分管综合管理岗、综合计划与造价管理岗；高利生负责海外财务管理工作及信息化管理工作，分管迪拜技术支持中心、北迪石油科技公司财务管理工作；华山负责支部纪检工作，负责预算管理、资金管理、资产管理、稽查税价管理及廊坊科技园区管理委员会、物业和公司财务业务的协调工作，协助李东堂书记分管计划管理工作，分管政策研究与预算管理岗、资金与商业保险管理岗、资产与清欠管理岗、会计与系统管理岗、稽查与内控管理岗；苏艳琪负责支部组织工作，负责财务核算管理工作，分管股份业务财务管理岗、集团业务财务管理岗。

截至 2020 年 12 月 31 日，计划财务处在册职工 26 人，其中：男职工 4 人，女职工 22 人；硕士 9 人，学士及以下 17 人；高级经济师 1 人、高级会计师 8 人，经济师 2 人、会计师 4 人、工程师 1 人，助理工程师及以下 10 人；35 岁及以下 11 人，36～45 岁 3 人，46～55 岁 10 人，56 岁及以上 2 人。中共党员 20 人。

一、计划财务处领导名录（2014.1—2020.12）

处　　长　李　忠（2014.1—2018.9）

负 责 人　李东堂（2020.3—12）

常务副处长　赵　清（正处级，2017.4—2020.3）

副 处 长　严开涛（正处级，2014.1—2015.8）

　　　　　赵　清（2014.1—5）

李东堂（正处级，2015.8—2020.3）

华　山（女，2014.1—2020.12）

高利生（2017.4—2020.12）

苏艳琪（女，2020.11—12）

二、人事计财联合党支部—计划财务处党支部（2014.1—2020.12）

（一）人事计财联合党支部领导名录（2014.1—7）

书　　记　严开涛（2014.1—7）

副 书 记　张德强（2014.1—7）

（二）计划财务处党支部领导名录（2014.7—2020.3）

书　　记　严开涛（2014.7—2015.8）

李东堂（2015.8—2020.3）

副 书 记　李　忠（2016.11—2018.9）

第八节　企管法规处—企管法规处（审计处）
（2014.1—2020.12）

1999 年 7 月，集团公司下发《关于石油勘探院重组方案的批复》，同意勘探院成立企管法规处。

截至 2013 年 12 月 31 日，企管法规处主要职责是：

（一）企业管理政策研究：协助对院内发展战略、体制、机制、管理等方面进行研究，为院领导提供决策参考；

（二）内部控制体系建设及管理：按照股份公司内控体系建设、维护、管理的要求，负责编制院内控体系建设、维护、管理、测试等实施方案，编制及定期修订院内控手册，并在全院组织实施；

（三）法律事务管理：负责为院属各单位提供法律咨询和服务，组织开展法律宣传教育，负责办理相关事务报批、授权、统计分析上报及资料归档等工作，参与项目的法律论证、谈判及法律纠纷的处理等工作，加强法律风险防范控制和化解工作，全面推进依法治企；

（四）合同管理：负责院合同管理规章制度的制定和实施，办理院法定负责人授权委托手续，协助招标谈判，负责对院所属各单位的合同管理工作进行指导、监督、检查、考核以及法律法规审查，负责院合同管理信息系统的管理、维护、建档以及履行情况的统计分析和合同归档等工作；

（五）资本运营管理：负责制定院属公司发展政策和管理办法，负责院属公司股权处置及公司董事会的日常工作，协助院属公司制定发展规划和年度计划及公司的组织、管理、协调等工作，负责相关信息的收集、统计、上报等工作；

（六）工商事务管理：负责与相关政府行政机关联系，办理有关证照、资质及其他行政许可文件的申报、变更、年检等手续，负责相关统计分析及上报等工作，并为院属各单位及个人提供相关服务；

（七）规章制度管理：负责编制规章制度规划和年度计划，组织重要规章制度起草论证，审核规章制度草案，协助相关部门制定规章制度并整理汇编，负责院规章制度信息系统的管理；

（八）风险管理：负责组织风险评估，制定风险管理方案，编制风险管理报告并组织实施；

（九）合规管理：负责组织全员合规管理培训，建立合规档案，合规登记报告，合规管理信息系统管理。

企管法规处下设 5 个岗位：综合管理岗、资本运营管理岗、法律事务岗、合同管理岗、招标管理岗。在册职工 8 人，其中：男职工 3 人，女职工 5 人；教授级高级工程师 1 人，高级经济师 6 人，经济师 1 人；博士后、博士 2 人，硕士 2 人，学士及以下 4 人；36～45 岁 2 人，46～55 岁 6 人。中共党员 4 人。

企管法规处领导班子由 4 人组成，李永铁任处长，邹冬平、敬爱军、田春志任副处长。分工情况如下：李永铁负责全面工作，分管政策、规章制度、资本运营管理和工商管理工作；邹冬平分管内控工作、法律事务；敬爱军负责合同管理、招标管理；田春志负责合规、风险管理工作。

企管法规处未设立党支部，党员属于外事企管联合党支部。

2016 年 11 月，李永铁任外事企管联合党支部副书记。

2017 年 3 月，按照股份公司《关于勘探开发研究院组织机构设置方案的批复》的文件精神，勘探院机关设立企管法规处。企管法规处由勘探院企管法规处与廊坊分院经营管理法规处整合重组后成立。

2017年4月，成立企管法规处党支部，撤销外事企管联合党支部。张士清任企管法规处党支部书记，免去李永铁外事企管联合党支部副书记职务。

2017年4月，张士清任企管法规处处长，免去李永铁处长职务；王德建任企管法规处副处长，免去田春志副处长职务。

2018年4月，陈东任企管法规处副处长，免去敬爱军副处长职务。

2018年4月，陈东任企管法规处党支部书记，张士清任党支部副书记；免去张士清企管法规处党支部书记职务。

2018年9月，王家禄任企管法规处处长、党支部副书记，免去张士清处长、党支部副书记职务。

2020年3月，免去王德建、陈东企管法规处副处长职务。

2020年3月，免去陈东企管法规处党支部书记职务，免去王家禄党支部副书记职务。

2020年5月，撤销企管法规处党支部，整合成立国际企管联合党支部。

2020年6月，企管法规处与审计处合署办公，组建企管法规处（审计处）。

2020年7月，企管法规处（审计处）全面推行岗位管理，设置综合管理岗、合同管理岗、法律事务岗、资本运营管理岗、招标管理岗、审计管理岗，撤销内设的综合管理科、合同管理科、法律事务科、资本运营管理科、招标管理科。

截至2020年12月31日，企管法规处（审计处）下设6个岗位：综合管理岗、资本运营管理岗、法律事务岗、合同管理岗、招标管理岗、审计岗。在册职工13人，其中：男职工5人，女职工8人；教授级高级工程师1人，高级经济师5人，经济师5人，助理经济师及以下2人；博士2人，硕士7人，学士及以下4人；35岁及以下5人，36～45岁2人，46～55岁6人。中共党员7人。

一、企管法规处（2014.1—2020.6）

（一）企管法规处领导名录（2014.1—2020.6）

处　　长　李永铁（2014.1—2017.4，退出领导岗位）

　　　　　张士清（2017.4—2018.9）

　　　　　王家禄（2018.9—2020.6）

　副　处　长　邹冬平（2014.1—2020.6）

　　　　　敬爱军（女，2014.1—2018.4）

　　　　　田春志（2014.1—2017.4）

　　　　　王德建（2017.4—2020.3）

　　　　　陈　东（2018.4—2020.3）

（二）外事企管联合党支部—企管法规处党支部（2014.7—2020.5）

　1. 外事企管联合党支部领导名录（2014.7—2017.4）

　副　书　记　李永铁（2016.11—2017.4）

　2. 企管法规处党支部领导名录（2017.4—2020.3）

　书　　记　张士清（2017.4—2018.4）

　　　　　陈　东（2018.4—2020.3）

　副　书　记　张士清（2018.4—9）

　　　　　王家禄（2018.9—2020.3）

二、企管法规处（审计处）领导名录（2020.6—12）

　处　　长　王家禄（2020.6—12）

　副　处　长　邹冬平（2020.6—12）

第九节　国际合作处（2014.1—2020.12）

　　1978 年 5 月，勘探院成立技术交流处，正处级。1989 年 5 月，技术交流处更名为国际合作处。

　　截至 2013 年 12 月 31 日，国际合作处主要职责是：

　　（一）负责制定院涉外规章制度并组织实施；

　　（二）负责院因公出国（境）计划制定、立项、审核和综合管理，以及因公出国（境）人员防恐培训的组织；

　　（三）负责国外重要来访团组的申报、接待，来访外国人员邀请及相关管理；

（四）负责院国际科技合作研究项目的组织和管理；

（五）负责院国际人才引进外事支持、业务出访组织和管理，境内外举办国际会议和展览的报批管理；

（六）负责院各项人才工程相关的国际交流及培训工作；

（七）负责院人员参加国际学术组织的协调和管理；

（八）负责院支撑公司间战略合作伙伴关系建设工作的协调和管理，负责院国外战略合作伙伴关系建设的组织和管理；

（九）负责审核院涉外信函、对外宣传材料、各类外文备忘录和涉外协议、合同等；

（十）负责院涉外安全与保密工作的外事支持；

（十一）负责国家油气勘探开发国际科技合作基地运行管理。

国际合作处下设外事管理科。在册职工7人，其中：男职工1人，女职工6人；高级工程师4人，高级经济师2人，助理翻译1人；硕士4人，学士3人；35岁及以下2人，36～45岁3人，46～55岁2人。中共党员4人。

国际合作处领导班子由3人组成，王玉萍、张朝晖、李莹任副处长。分工情况如下：王玉萍负责全面工作，分管日常行政管理、院公务出国（境）业务管理、院来访外国团组的组织接待工作；张朝晖分管院国际学术交流与合作管理、国际科技合作项目管理、院级对外宣传材料的外文审核；李莹分管院海外一路公务出国（境）业务管理、院来访外国团组的组织接待工作。

国际合作处日常党务工作由科研管理处党支部管理。

2014年7月，国际合作处和企管法规处组成外事企管联合党支部，王玉萍任外事企管联合党支部书记。外事企管联合党支部委员会由4人组成，其中国际合作处王玉萍任党支部书记，于爱丽任组织委员兼青年委员。

2014年12月，免去李莹国际合作处副处长职务，保留副处级待遇。

调整后，国际合作处领导班子由2人组成，王玉萍、张朝晖任副处长。分工情况如下：王玉萍负责全面工作及党务工作、工会工作，分管日常行政管理、院公务出国（境）业务管理、院来访外国团组的组织接待工作；张朝晖分管院国际学术交流与合作管理、国际科技合作项目管理、院级对外宣传材料的外文审核。

2016年11月，外事企管联合党支部委员会由3人组成，王玉萍任党支部书记，于爱丽任组织委员，吴颖任宣传委员兼青年委员。

2017年3月，勘探院机关和廊坊分院机关进行重组整合，廊坊分院国际合作处并入勘探院国际合作处。

2017年4月，张兴阳任国际合作处处长，夏永江任副处长，免去张朝晖、王玉萍国际合作处副处长职务。

2017年4月，成立国际合作处党支部，撤销外事企管联合党支部。张兴阳任国际合作处党支部书记，免去王玉萍外事企管联合党支部书记职务。

国际合作处领导班子由2人组成，张兴阳任处长，夏永江任副处长。分工情况如下：张兴阳负责全面工作和党务工作，分管人才国际化与业务全球化相关的外事支持工作；夏永江负责保密与安全工作，分管因公出国、外宾来访、合作项目、国际组织等工作。

调整后，国际合作处党支部委员会由4人组成，张兴阳任党支部书记，于爱丽任组织委员，吴颖任宣传委员兼青年委员，夏永江任纪检委员。

2020年3月，免去张兴阳国际合作处党支部书记职务。

2020年5月，撤销国际合作处党支部、企管法规处党支部，整合成立国际企管联合党支部。国际企管联合党支部委员会由3人组成，张兴阳任党支部书记，于爱丽任组织委员，夏永江任纪检委员。

2020年5月，撤销国际合作处下设的综合管理科、出国管理科、对外交流科、项目管理科等4个科室，全面推行岗位管理，设置综合管理岗、因公出国管理岗、国际科技合作管理岗、国际交流管理岗等4个岗位。

2020年6月，李莹任国际合作处副处长。

调整后，国际合作处领导班子由3人组成，张兴阳任处长，夏永江、李莹任副处长。分工情况如下：张兴阳负责全面工作，分管党建群团、人事、财务、国际科技合作；夏永江负责保密、安全、信息，分管因公出国、国际交流、战略合作伙伴、国际组织；李莹负责法规工作，分管全球业务发展外事支持、国际化人才培养支持。

2020年11月，夏永江任国际合作处处长，免去张兴阳处长职务。

国际企管联合党支部委员会由3人组成，其中国际合作处夏永江任党支部书记，于爱丽任组织委员，李莹任纪检委员。

截至 2020 年 12 月 31 日，国际合作处下设 4 个岗位：综合管理岗、因公出国管理岗、国际科技合作管理岗、国际交流管理岗。在册职工 11 人，其中：男职工 4 人，女职工 7 人；高级工程师 4 人、高级经济师 2 人，经济师 3 人、翻译 2 人；博士后、博士 2 人，硕士 8 人，学士 1 人；35 岁及以下 2 人，36～45 岁 7 人，46～55 岁 2 人。中共党员 8 人。

一、国际合作处领导名录（2014.1—2020.12）

处　　　长　张兴阳（2017.4—2020.11）

夏永江（满族，2020.11—12）

副　处　长　王玉萍（女，2014.1—2017.4，退出领导岗位）

张朝晖（女，2014.1—2017.4）

李　莹（女，2014.1—12；2020.6—12）

夏永江（满族，2017.4—2020.11）

二、外事企管联合党支部—国际合作处党支部（2014.7—2020.5）

（一）外事企管联合党支部领导名录（2014.7—2017.4）

书　　　记　王玉萍（女，2014.7—2017.4，退出领导岗位）

副　书　记　李永铁（2016.11—2017.4）

（二）国际合作处党支部领导名录（2017.4—2020.3）

书　　　记　张兴阳（2017.4—2020.3）

三、国际合作处享受处级待遇领导名录（2014.1—2020.6）

副处级干部　李　莹（女，2014.12—2020.6）

第十节　安全环保处—质量安全环保处
（2014.1—2020.12）

1999 年 7 月，根据集团公司《关于对石油勘探开发科学研究院重组方案的批复》，石油勘探开发科学研究院成立安全环保处。

截至 2013 年 12 月 31 日，安全环保处主要职责：

（一）负责组织贯彻执行国家有关安全、环境、质量、计量、标准化和节能等方面的法律、法规和集团公司相关要求；

（二）组织制定院级与安全、环境、质量、计量、标准化和节能相关的规章制度和规划计划；

（三）负责组织、协调质量管理体系、HSE 管理体系在建立、实施和保持过程中的相关事宜；

（四）负责建立、维护和保持全院安全管理网络、应急反应系统，确保其正常运行，对基层安全环保工作进行协调、指导和帮助，定期召开各种安全生产会议，加强安全基础工作建设；

（五）负责节假日和大型会议、外事活动的安全保卫工作，预防突发事件及各种破坏活动的发生；

（六）负责组织勘探院安全生产大检查，督促消除安全隐患、纠正违章作业、处理突发事件、维护正常科研生产秩序；

（七）负责社会治安综合治理和安防监控系统日常维护和保养，负责组织调查处理重大质量、安全、环保事故，协助公安机关处理院内的政治、刑事案件调查，及时查处有关违法案件；

（八）参与新建、改建、扩建工程的"三同时"监督、审查，对基建工程消防竣工验收，负责组织、协调节能管理过程中的相关事宜并进行环境保护监督检查；

（九）负责质量、安全、环保和消防知识的教育培训工作，协助基建办公室和物业管理中心对特种作业人员的进行安全技术培训和考核，对特种设备的日常监督管理；

（十）监督检查院属各单位对危险化学品、消防监控系统、消防设备、灭火器材日常维护和保养的管理，负责工作区网络设备间、地下空间的日常监测、管理，负责工作区人员和车辆出入管理、集体户户口管理。

安全环保处下设 6 个岗位：办公室管理岗、安全生产管理岗、消防安全管理岗、交通安全管理岗、HSE 体系管理岗、内保应急维稳及社会治安综合管理岗。在册职工 10 人，其中：男职工 8 人，女职工 2 人；高级政工师 1 人、高级工程师 1 人，经济师 2 人、工程师 3 人，助理工程师及以下 3 人；硕士 1 人，学士及以下 9 人;35 岁及以下 3 人，36～45 岁 2 人，46 岁及以上 5 人。中共党员 8 人。

安全环保处领导班子由 2 人组成，处长吴振民负责全面工作，副处长史建立协助处长完成各项工作。

安全环保处党支部委员会由 3 人组成，吴振民任党支部书记，史建立任组织委员，宋清源任宣传委员。

2014 年 9 月，宋清源任安全环保处副处长（正科级），免去史建立副处长职务。

2015 年 12 月，宋清源任安全环保处副处长。

2016 年 10 月，安全环保处党支部委员会由 3 人组成，吴振民任党支部书记，杨静波任组织委员，宋清源任纪检委员。

2017 年 3 月，安全环保处更名为质量安全环保处，廊坊分院院办公室安全保卫科并入质量安全环保处。

2017 年 4 月，田春志任质量安全环保处处长，宋清源、张宝林任质量安全环保处副处长，免去宋清源安全环保处副处长职务；免去吴振民兼任的安全环保处处长职务。

2017 年 4 月，安全环保处党支部更名为质量安全环保处党支部。宋清源任质量安全环保处党支部副书记，免去吴振民安全环保处党支部书记职务。

2017 年 5 月，质量安全环保处党支部委员会由 5 人组成，宋清源任副书记，杨静波任组织委员，张宝林任宣传委员，田春志任纪检委员，刘姝任青年委员。

2017 年 12 月，王新民任质量安全环保处处长，免去田春志处长职务。

2017 年 12 月，王新民兼任质量安全环保处党支部书记，免去宋清源党支部副书记职务。

2018 年 2 月，质量安全环保处党支部委员会由 5 人组成，王新民任党支部书记，杨静波任组织委员，张宝林任宣传委员，宋清源任纪检委员，刘姝任青年委员。

2018 年，质量安全环保处领导班子由 3 人组成，王新民任处长，张宝林、宋清源任副处长。分工情况如下：王新民协助院主管领导负责院质量安全环保工作，负责处党务工作；张宝林负责廊坊院区质量安全环保管理工作；宋清源协助处长处理日常工作和工会活动，侧重负责北京院区质量安全环保管理工作。

2020 年 3 月，路金贵任质量安全环保处处长，免去王新民处长职务；曹锋任质量安全环保处副处长，免去宋清源、张宝林副处长职务。

2020 年 3 月，免去王新民质量安全环保处党支部书记职务。

2020 年 5 月，质量安全环保处内设综合管理科、安全生产科、体系管理科、节能环保科、治安维稳科等 5 个科室撤销，全面推行岗位管理，设综合管理岗、安全生产与体系管理岗、节能环保岗等 3 个岗位。

2020 年 5 月，撤销质量安全环保处党支部，整合成立质量安全环保审计联合党支部，路金贵任党支部书记，审计处赵清任党支部副书记，曹锋任组织委员，冯进千任宣传委员。

截至 2020 年 12 月 31 日，质量安全环保处下设 3 个管理岗：综合管理岗、安全生产与体系管理岗、节能环保质量岗。在册职工 8 人，其中：男职工 7 人，女职工 1 人；教授级高级工程师 1 人，高级工程师 2 人、高级经济师 1 人，工程师 3 人，工人 1 人；博士 2 人，硕士 3 人，学士及以下 3 人；35 岁及以下 3 人，36～45 岁 2 人，56 岁及以上 3 人。中共党员 8 人。

一、安全环保处（2014.1—2017.3）

（一）安全环保处领导名录（2014.1—2017.3）

处　　长　吴振民（2014.1—2017.4，退出领导岗位）

副 处 长　史建立（2014.1—9）

宋清源（正科级，2014.9—2015.12；

2015.12—2017.4）

（二）安全环保处党支部领导名录（2014.1—2017.4）

　　书　　　记　吴振民（2014.1—2017.4）

二、质量安全环保处（2017.3—2020.12）

（一）质量安全环保处领导名录（2017.3—2020.12）

　　处　　　长　田春志（2017.4—12）

　　　　　　　　王新民（2017.12—2020.3，退出领导岗位）

　　　　　　　　路金贵（2020.3—12）

　　副　处　长　宋清源（2017.4—2020.3）

　　　　　　　　张宝林（2017.4—2020.3）

　　　　　　　　曹　　锋（2020.3—12）

（二）质量安全环保处党支部领导名录（2017.4—2020.5）

　　书　　　记　王新民（2017.12—2020.3）

　　副　书　记　宋清源（2017.4—12）

第十一节　纪监审办公室—纪检监察处（审计处）—审计处（2014.1—2020.6）

　　1989年，石油勘探开发科学研究院成立审计室。1994年，审计室更名为审计处。1999年，纪检办公室、监察室和审计处3个单位合并，成立纪监审办公室。

　　截至2013年12月31日，纪监审办公室主要职责是：

　　（一）贯彻落实上级机关关于加强党风廉政建设的部署和要求，协助院党委和院领导抓好院党风廉政建设和领导干部廉洁从业工作；

　　（二）查办违纪违规案件，搞好信访工作；

　　（三）组织开展效能监察、源头治理和专项检查工作；

　　（四）制定并组织实施审计工作计划，对单位内部的经济活动、财务活动进行审计监督和评价。

　　纪监审办公室在册职工5人，其中：男职工1人，女职工4人；高级工程师2人，工程师1人、审计师2人；硕士2人，学士3人;35岁及以下1人，

46～55 岁 4 人。中共党员 5 人。

纪监审办公室领导班子由 2 人组成，孔祥亮任主任，吴雅静任副主任。分工情况如下：孔祥亮主持全面工作，分管纪检监察业务；吴雅静分管审计业务。

2014 年 7 月，免去吴雅静纪监审办公室副主任职务。

2015 年 8 月，严开涛任纪监审办公室副主任、党群机关党支部书记。

2016 年 11 月，党群机关党支部委员会由 5 人组成，严开涛任党群机关党支部书记，王子龙任副书记，王承卫任组织委员，郗桐迪任宣传委员，孟明任纪检委员。

2016 年 12 月，宁宁任纪监审办公室主任，免去孔祥亮主任职务。

2017 年 3 月，根据股份公司《关于勘探开发研究院组织机构设置方案的批复》文件精神，按照"一院两区"模式将勘探院机关和廊坊分院机关纪检和审计业务整合为纪检监察处（审计处）。

纪检监察处（审计处）主要职责是：

（一）贯彻落实上级机关关于加强党风廉政建设的部署和要求，协助院党委和院领导抓好院党风廉政建设和领导干部廉洁从业工作；

（二）查办违纪违规案件，搞好信访工作；

（三）组织开展院内巡察和专项检查工作；

（四）制定并组织实施审计工作计划，对单位内部的经济活动、财务活动进行审计监督和评价。

2017 年 4 月，宁宁任纪检监察处（审计处）处长，免去其纪监审办公室主任职务；张瑞雪、王子龙任纪检监察处（审计处）副处长，免去严开涛纪监审办公室副主任职务，免去孙福平纪监审办公室副处级监察员职务；李永铁、龙道江任纪检监察处（审计处）正处级巡查员，林英姬、孙福平任副处级巡察员。

2017 年 4 月，成立纪检监察处（审计处）党支部，撤销党群机关党支部。张瑞雪任纪检监察处（审计处）党支部书记，宁宁任副书记，免去严开涛党群机关党支部书记职务。

调整后，纪检监察处（审计处）领导班子由 3 人组成，宁宁任处长，张瑞雪、王子龙任副处长。分工情况如下：宁宁主持全面工作，分管纪检监察业务、人事、财务、计划、信息与安全保密等工作，协助书记开展党群工作；张瑞雪负责党群工作，分管审计业务；王子龙协助处长开展各项工作。

纪检监察处（审计处）党支部委员会由3人组成，张瑞雪任党支部书记，宁宁任党支部副书记，王承卫任组织委员。

2017年5月，集团公司党组决定，设立党组纪检组驻勘探院纪检组，勘探院不再设立纪委及本级纪检监察机构，有关人员相应领导职务自然免除。

2017年10月，免去宁宁纪检监察处（审计处）处长、党支部副书记职务。

2018年1月，按照股份公司《关于纪检监察处（审计处）更名为审计处的通知》，纪检监察处（审计处）更名为审计处，业务职能相应调整。

2017年12月，陈春任审计处处长，严开涛任副处长。

2017年12月，严开涛任审计处党支部书记，陈春任副书记。

2018年1月，正式成立审计处党支部。

调整后，审计处领导班子由2人组成，陈春任处长，严开涛任副处长。分工情况如下：陈春负责全面工作，主管经济责任审计、人事、财务、计划、信息与安全保密等工作，协助书记开展党群工作；严开涛负责党群工作，协助处长开展审计业务，主管工程建设项目、信息化项目审计。

审计处党支部委员会由3人组成，严开涛任党支部书记，陈春任党支部副书记，王承卫任组织委员。

审计处主要职责是：

（一）贯彻执行国家有关法律法规和上级有关规章制度，制定内部审计管理制度、实施细则及工作规范；

（二）独立行使审计监督权，对院负责并报告工作；

（三）负责编制年度审计项目计划，并组织实施；

（四）负责与集团公司、股份公司审计部门的业务联系，做好上级审计部门对院各审计项目的配合工作及内部迎审协调工作；

（五）负责与院各有关部门进行沟通，做好审计成果的转化工作；

（六）负责院对外委托审计项目的管理与实施；

（七）负责组织对院所属单位进行的各类审计工作，及时向有关领导和业务部门反馈重要审计信息；

（八）负责下达审计整改决定，并对审计整改决定的执行情况进行监督；

（九）负责院内部审计人员培训计划的制定与实施；

（十）负责审计信息系统的维护和管理工作；

（十一）负责履行本处的质量安全环保保密管理工作；

（十二）负责本处的党风廉政建设工作；

（十三）完成院领导交办的其他工作。

2020年3月，赵清任审计处处长；免去陈春审计处处长职务，免去严开涛副处长职务。

2020年3月，免去严开涛审计处党支部书记职务，免去陈春党支部副书记职务。

2020年5月，撤销审计处党支部，整合成立质量安全环保审计联合党支部。经选举，审计处赵清任联合党支部副书记，张力文任纪检委员。

2020年6月，企管法规处与审计处合署办公，组建企管法规处（审计处）。

截至2020年6月，企管法规处（审计处）在册职工3人，其中：男职工1人，女职工2人；高级工程师1人，审计师1人，助理会计师1人；博士1人，硕士1人，学士1人；35岁及以下1人，46～55岁2人。中共党员3名。

一、纪监审办公室（2014.1—2017.3）

（一）纪监审办公室领导名录（2014.1—2017.3）

   主 任 孔祥亮（2014.1—2016.12）

        宁 宁（2016.12—2017.4）

  副 主 任 吴雅静（女，2014.1—7）

        严开涛（2015.8—2017.4）

  副处级监察员 孙福平（女，2014.1—2017.4）

（二）党群机关党支部领导名录（2014.1—2017.4）

   书 记 严开涛（2015.8—2017.4）

  副 书 记 王子龙（2016.11—2017.4）

二、纪检监察处（审计处）（2017.3—2018.1）

（一）纪检监察处（审计处）领导名录（2017.3—2018.1）

处　　　　长　宁　宁（2017.4—10）

副　处　长　张瑞雪（女，2017.4—12）

王子龙（2017.4—12）

正处级巡察员　李永铁（2017.4—2018.1）

龙道江（2017.4—2018.1）

副处级巡察员　林英姬（2017.4—2018.1）

孙福平（女，2017.4—2018.1，退休）

（二）纪检监察处（审计处）党支部领导名录（2017.4—12）

书　　　记　张瑞雪（女，2017.4—12）

副　书　记　宁　宁（2017.4—10）

三、审计处（2018.1—2020.6）

（一）审计处领导名录（2018.1—2020.6）

处　　　　长　陈　春（2017.12—2020.3）

赵　清（2020.3—6）

副　处　长　严开涛（2017.12—2020.3）

正处级巡察员　李永铁（2018.1—10，退休）

龙道江（2018.1—3，退休）

副处级巡察员　林英姬（2018.1—2，退休）

（二）审计处党支部领导名录（2018.1—2020.3）

书　　　记　严开涛（2017.12—2020.3）

副　书　记　陈　春（2017.12—2020.3）

第十二节　党委宣传部（2014.1—2017.3）

1986年3月，勘探院撤销政治部，成立党群各部门，宣传处更名为党委宣传部。1989年5月，勘探院召开第一次党代会，确定党委宣传部是院党委的下属单位，是院党委的宣传职能机构，负责全院职工的马列主义理论学习和辅导工作，围绕党的中心工作宣传党的方针政策和决议，开展经常性、多种形式的宣传教育，及时宣传本院的先进人物和模范事迹。

截至 2013 年 12 月 31 日，党委宣传部的主要工作职责是：

（一）调研、了解党员干部和职工群众的思想动态，及时地、有针对性地提出相应的思想政治工作意见，为党委当好参谋；

（二）围绕党的中心工作，有目的、有组织、有计划、有步骤地组织安排党员干部和群众的政治理论学习；

（三）负责政工人员管理和培训工作，配合组织、纪检部门对党员进行新时期党的理论知识教育，加强党的思想建设和党风建设，提高党员的政治觉悟；

（四）抓好典型，大力宣传院"一部三中心"的进展、科研成果和先进人物事迹；

（五）组织思想政治工作研究会的活动，总结新时期思想政治工作的经验和规律，加强和改善党的思想政治工作；

（六）组织精神文明建设方面的宣传教育活动；

（七）做好统战工作；

（八）宣传贯彻执行党和国家、集团公司和勘探院有关 HSE 管理的方针、政策、法律、法规和标准；

（九）建设研究院 HSE 文化，做好 HSE 管理的宣传教育工作，提高全体员工的 HSE 意识。

党委宣传部在册职工 3 人，其中：男职工 2 人，女职工 1 人；博士后 1 人，硕士 2 人；高级工程师 2 人，工程师 1 人；35 岁及以下 1 人，46 岁及以上 2 人。中共党员 3 人。

党委宣传部领导班子由 2 人组成，汪端任部长，闫建文任副部长。分工情况如下：汪端主持全面工作，负责思想政治教育、企业文化建设、思想教育工作；闫建文负责党委宣传部对内外宣传报道、统战工作、政研会科研分会工作。

2015 年 6 月，免去汪端党委宣传部部长职务。

2015 年 8 月，张士清任党委宣传部部长。

截至 2017 年 3 月，党委宣传部在册职工 2 人，其中：男职工 2 人；博士后 1 人，硕士 1 人；高级工程师 2 人；46～55 岁 2 人。中共党员 2 人。

2017 年 3 月，按照股份公司《关于勘探开发研究院组织机构设置方案的批复》，勘探院设立党群工作处。党群工作处由勘探院党委宣传部、工会、团委（党委青年工作部）、廊坊分院党群工作整合重组后成立。

2017 年 4 月，免去张士清党委宣传部部长职务。

部　　　长　汪　端（2014.1—2015.6，退休）

张士清（2015.8—2017.4）

副　部　长　闫建文（2014.1—2017.4）

第十三节　工会（2014.1—2017.3）

1988 年 12 月之前，群众工作处是政工组下设的一个兼职机构，政治部期间，取消群众工作处名称，单独成立工会。工会是群众工作的职能机构，主要任务是配合全院各单位解决职工生活困难及伤残病死的生活待遇问题，组织职工疗养，负责院内职工的计划生育和女职工工作，负责俱乐部和院体育协会的日常管理，组织全院各项群众文艺、体育活动，并负责家属工作及学生校外教育等。此后，工会一直延续下来。

截至 2013 年 12 月 31 日，工会的主要职责是：

（一）执行院党委和上级工会的决定，组织职工参与民主管理和民主监督；

（二）切实维护职工的合法权益，对有关涉及职工合法权益的问题进行调研，向院党委反映职工群众的思想、愿望和要求，提出意见和建议；

（三）参与涉及职工切身利益的政策、措施、制度的拟定；

（四）组织开展劳动竞赛、合理化建议、岗位练兵等群众性技术创新活动；

（五）参与组织评选、表彰先进，做好劳动模范的日常管理工作；

（六）对职工进行思想道德教育，组织职工学习文化、科学和业务知识，开展丰富健康的文化体育活动，全面提高职工素质；

（七）办好职工集体福利，做好困难职工帮扶救助和病困职工的慰问工作，为职工办实事、做好事、解难事；

（八）做好劳动安全卫生工作，参与职工重大伤亡事故的调查处理；

（九）维护女职工的特殊利益；

（十）加强工会自身建设，健全工会组织，开展职工之家创建活动，做好会员会籍管理工作，收好、管好、用好工会经费，管理好工会资产；

（十一）完成院党委交办的其他事项。

工会在册职工 5 人，其中：男职工 2 人，女职工 3 人；硕士 1 人，学士及以下 4 人；高级工程师 1 人，政工师 3 人、工程师 1 人；36～45 岁 1 人，46 岁及以上 4 人。中共党员 5 人。

工会领导班子由 3 人组成，朱开成任院工会主席，郭强任院工会常务副主席，吴虹任院工会副主席。

2014 年 9 月，孟明任院工会常务副主席，免去郭强院工会常务副主席职务。

截至 2017 年 3 月，工会下设 2 个科室：工会办公室、计划生育办公室。在册职工 4 人，其中：男职工 2 人，女职工 2 人；高级工程师 2 人，工程师 2 人；硕士 1 人，学士及以下 3 人；35 岁及以下 1 人，46～55 岁 3 人。中共党员 4 人。

2017 年 3 月，按照股份公司《关于勘探开发研究院组织机构设置方案的批复》，勘探院设立党群工作处。党群工作处由勘探院党委宣传部、工会、团委（党委青年工作部）、廊坊分院党群工作整合重组后成立。

2017 年 4 月，免去孟明院工会常务副主席职务，免去吴虹院工会副主席职务。

常务副主席 郭　强（2014.1—9）

　　　　　　　孟　明（2014.9—2017.4）

副　主　席 吴　虹（2014.1—2017.4）

第十四节　团委（党委青年工作部）
（2014.1—2017.3）

2000年5月，勘探院成立党委青年工作部。党委青年工作部与团委合署办公，是勘探院主管青年工作的职能部门。

截至2013年12月31日，团委（党委青年工作部）的主要职责是：

（一）在勘探院党委和上级团组织的领导下，落实"服务青年、服务科研"的工作理念；

（二）通过开展思想性活动、技能性活动、娱乐性活动，实现全院青年"组织起来、活动起来、激发起来"的目标；

（三）有效引导青年为勘探院事业发展贡献青春与力量。

团委（党委青年工作部）在册职工3人，其中：男职工3人；博士1人，硕士1人，双学士1人；高级工程师1人，政工师2人；35岁及以下2人，36～45岁1人。中共党员3人。

团委领导班子由2人组成：王子龙任团委（党委青年工作部）副书记（副部长），主持全面工作；闫伟鹏兼任团委（党委青年工作部）副书记（副部长）。

2015年8月，免去闫伟鹏团委副书记、党委青年工作部副部长职务。

截至2017年3月，团委（党委青年工作部）在册职工3人，其中：男职工3人；高级政工师1人，政工师1人、工程师1人；硕士2人，学士及以下1人；35岁及以下3人。中共党员3人。

2017年3月，按照股份公司《关于勘探开发研究院组织机构设置方案的批复》文件精神，勘探院设立党群工作处。党群工作处由勘探院党委宣传部、工会、团委（党委青年工作部）、廊坊分院党群工作部整合重组后成立。

2017年4月，免去王子龙党群机关党支部副书记职务。

2017年4月，免去王子龙团委（党委青年工作部）副书记（副部长）职务。

一、团委（党委青年工作部）领导名录（2014.1—2017.3）

副书记（副部长）　王子龙（2014.1—2017.4）

闫伟鹏（兼任，2014.1—2015.8）

二、党群机关党支部领导名录（2014.1—2017.4）

副　书　记　王子龙（2016.11—2017.4）

第十五节　党群工作处—党群工作处（党委宣传部、工会、青年工作部/团委）（2017.3—2020.12）

2017 年 3 月，根据股份公司《关于勘探开发研究院组织机构设置方案的批复》，勘探院设立党群工作处。党群工作处由勘探院党委宣传部、工会、团委（党委青年工作部）、廊坊分院党群工作部整合重组后成立。

党群工作处的主要职责是：

（一）研究制定院思想政治、新闻宣传、企业文化、基层建设、统战、群团等业务规章制度，并组织实施；

（二）负责全院意识形态工作，落实意识形态工作责任制；

（三）负责组织安排和实施院党委中心组学习，指导院属各党组织的理论研究、学习和宣传；

（四）负责组织全院党员的思想政治学习和形势教育，引导正确的舆论方向；

（五）负责内外宣传工作；

（六）负责对党的路线方针政策、重要会议精神和集团公司党组、院党委重大决策的宣传工作；

（七）负责结合勘探院实际组织开展弘扬石油精神、传承研究院优秀文化以及上级部署的其他主题教育活动工作；

（八）负责院新闻发布、电子屏与视频的宣传管理工作；

（九）对外开展与石油主流媒体的联络、合作，负责科研成果和典型人物事迹的对外报道以及通讯员队伍建设工作；

（十）负责勘探院党建网站、公众号和新媒体的建设、组织运维、统筹管理工作；

（十一）负责勘探院网络媒体信息联动、舆情管理和监控工作；负责院企业文化建设工作；

（十二）负责统一战线相关工作；

（十三）负责政研会科研分会和勘探院政研会党建分会的统筹组织工作；

（十四）负责工会相关工作，制定工作计划、活动方案，负责推进民主监督管理、员工健康管理、帮扶救助等工作；

（十五）负责国家计划生育政策落实、计生工作管理和女工发展健康等工作；

（十六）负责青年及共青团工作。

党群工作处下设 7 个科室：综合科、思想教育（舆情）科、计划生育办公室、工会办公室、企业文化科、宣传（统战）科、团委办公室。在册职工 11 人，其中：男职工 8 人，女职工 3 人；教授级高级工程师 1 人，高级工程师 5 人，工程师 5 人；博士后、博士 2 人，硕士 5 人，学士及以下 4 人；35 岁及以下 4 人，36～45 岁 2 人，46～55 岁 4 人，56 岁及以上 1 人。中共党员 11 人。

2017 年 4 月，王新民任党群工作处处长、院工会常务副主席，尹月辉任党群工作处副处长、院工会副主席，梁忠辉、闫建文任党群工作处副处长，韦东洋任党群工作处副处长兼团委副书记。

2017 年 4 月，成立党群工作处党支部。尹月辉任党群工作处党支部书记，王新民任党支部副书记。

调整后，党群工作处领导班子由 5 人组成，王新民任处长、院工会常务副主席，尹月辉任副处长兼院工会副主席，梁忠辉任副处长、闫建文任副处长兼党委宣传部副部长，韦东洋任副处长兼团委副书记。分工情况如下：王新民主持全面工作，分管综合科、思想教育（舆情）科、计划生育办公室；尹月辉负责院工会日常业务及支部工作，分管工会办公室；梁忠辉负责思想政治教育、企业文化建设及廊坊院区相关工作，分管企业文化科；闫建文负责对内外宣传报道、统战工作、新媒体、政研会科研分会等相关工作，分管宣传（统战）科；韦东洋负责共青团和青年工作，分管团委办公室。

党群工作处党支部委员会由 5 人组成，尹月辉任党支部书记，王新民任党支部副书记，郗桐笛任组织委员，李晨成任宣传委员兼纪检委员，翟振宇任青年委员。

2017 年 12 月，王建强任党群工作处处长、院工会常务副主席、党委宣传部部长、党支部副书记，免去王新民党群工作处处长、院工会常务副主席、党支部副书记职务；闫建文任党委宣传部副部长。

2018 年 1 月，党群工作处加挂党委宣传部、工会、青年工作部 / 团委三个牌子，机构名称为：党群工作处（党委宣传部、工会、青年工作部 / 团委），简称党群工作处。因机构更名，党群工作处领导班子成员转任为党群工作处（党委宣传部、工会、青年工作部 / 团委）相应职务。

2018 年 4 月，党群工作处（党委宣传部、工会、青年工作部 / 团委）党支部委员会由 5 人组成，尹月辉任党支部书记，王建强任党支部副书记，郗桐笛任组织委员，张磊任宣传委员兼纪检委员，翟振宇任青年委员。

2018 年 12 月，勘探院党委决定，撤销勘探院工会常务副主席岗位。

2020 年 3 月，王建强任院工会副主席，免去其党群工作处（党委宣传部、工会、青年工作部 / 团委）党支部副书记职务；免去尹月辉党群工作处（党委宣传部、工会、青年工作部 / 团委）党支部书记、院工会副主席、副处长职务。

2020 年 4 月，党群工作处（党委宣传部、工会、青年工作部 / 团委）党支部委员会由 5 人组成，王建强任党支部书记，辛海燕任组织委员，闫建文任宣传委员，梁忠辉任纪检委员，韦东洋任青年委员。

2020 年 5 月，撤销综合科、思想教育（舆情）科、宣传统战科、企业文化科、工会办公室、计划生育办公室、团委办公室 7 个科室，全面推行岗位管理，设置综合与计划生育管理岗、宣传思想文化管理岗、工会事务管理岗、团委事务管理岗 4 个岗位。

2020 年 10 月，根据共青团勘探院第六次代表大会及第六届委员会第一次全体会议选举结果，经院党委研究决定，第六届委员由韦东洋、林腾飞、邓峰、田明智、孙猛、武瑾、庞正炼、韩小强、蔚涛等 9 人组成，韦东洋任书记，林腾飞任副书记。

截至 2020 年 12 月 31 日，党群工作处（党委宣传部、工会、青年工作部/团委）下设5个岗位：综合管理岗、宣传思想文化事务管理岗、工会事务管理岗、计划生育管理岗、团委事务管理岗。在册职工12人，其中：男职工8人，女职工4人；高级工程师6人，工程师6人；博士后、博士2人，硕士5人，学士及以下5人；35岁及以下3人，36～45岁5人，46～55岁4人。中共党员12人。

一、党群工作处领导名录（2017.3—2018.1）

处　长（工会常务副主席）　王新民（2017.4—12）

副处长（工会副主席）　尹月辉（2017.4—2018.1）

副　　处　　长　梁忠辉（2017.4—2018.1）

副处长（副部长）　闫建文（2017.4—12）

副处长（团委副书记）　韦东洋（2017.4—2018.1）

二、党群工作处（党委宣传部、工会、青年工作部/团委）领导名录（2018.1—2020.12）

处长（工会常务副主席、部长）　王建强（2017.12—2018.12）

处　长（部　长）　王建强（2018.12—2020.3）

处长（工会副主席、部长）　王建强（2020.3—12）

副处长（工会副主席）　尹月辉（2018.1—2020.3）

副　　处　　长　梁忠辉（2018.1—2020.12）

副处长（副部长）　闫建文（2017.12—2020.12）

副处长（团委副书记）　韦东洋（2018.1—2020.10）

副处长（团委书记）　韦东洋（2020.10—12）

三、党群工作处党支部领导名录（2017.4—2020.3）

书　　　　记　尹月辉（2017.4—2020.3）

副　书　记　王新民（2017.4—12）

王建强（2017.12—2020.3）

第十六节 机关党委（2020.3—2020.12）

2020年3月，勘探院下发《关于部分基层党组织设立和调整的通知》的文件，经院党委审批，设立机关党委。

机关党委主要职责是：

（一）负责宣传和执行党的路线方针政策，宣传和执行党中央、上级组织和勘探院党委的决议，充分发挥党组织的战斗堡垒作用和党员的先锋模范作用；

（二）负责机关党的组织建设、制度建设和队伍建设，结合机关实际情况，完善规章制度、制定活动计划、组织相关活动；

（三）负责机关党员发展、教育、管理和服务，监督机关支部，党员履行义务，参加活动的同时，保障党员的权利不受侵犯；

（四）负责机关作风、党风廉政、安全和信息化，以及党员阵地建设等相关工作；

（五）负责做好机关工作人员的思想政治工作，了解和反映群众的意见，维护职工正当权益，帮助解决实际困难，推进机关社会主义精神文明建设与和谐机关建设；

（六）协助勘探院党委管理机关基层党组织和群众组织中的干部；

（七）对机关党组织进行考核和民主评议；

（八）对机关评先选优等工作提出意见和建议；

（九）指导机关工会、共青团等群众组织依照各自的章程开展工作；

（十）做好上级交办的其他各项工作。

机关党委作为院属机关党务职能部门，下设办公室综合管理岗，定员4人，其中二级管理人员1人。

2020年3月，陈东任机关党委副书记。

2020年5月，勘探院党委组织部下发《关于同意机关党委组成人员的批复》文件，院党委副书记、工会主席郭三林兼任机关党委书记，陈东任专职副书记。

机关党委领导班子由 2 人组成，郭三林履行党建工作第一责任人职责，全面主持机关党委工作；陈东负责协助机关党委书记做好机关党委各项工作。

2020 年 5 月，勘探院党委组织部下发《关于同意勘探院机关党委委员组成及分工的批复》文件，确定机关党委由 5 名委员组成，增补 3 名机关党委委员：张宇负责组织工作，王盛鹏负责纪检工作，王建强负责宣传工作。

2020 年 5 月，机关党委对机关基层党组织进行整合，整合后机关党委包含 9 个基层党组织（含 3 个联合党支部），正式党员 131 人。

2020 年 5 月，在机关党委设置综合管理岗 1 个岗位。

截至 2020 年 12 月 31 日，机关党委下设综合管理岗。在册职工 3 人，其中：男职工 3 人；硕士 2 人，学士 1 人；高级工程师 3 人；36～45 岁 1 人，46～55 岁 2 人。中共党员 3 人。

书　　　记　郭三林（兼任，2020.5—12）

副 书 记　陈　东（2020.3—12）

委　　　员　张　宇（2020.5—12）

王盛鹏（2020.5—12）

王建强（2020.5—12）

第三章 科研单位

第一节 石油地质研究所—石油天然气地质研究所 （风险勘探研究中心）（油气田环境遥感监测中心） （2014.1—2020.12）

1959年，石油科学研究院成立北京石油地质综合研究所。先后更名为石油科学研究院石油地质综合研究所（简称地质二线）、石油地质研究所。

截至2013年12月31日，石油地质研究所主要职责是：

（一）负责做好重大勘探领域与目标评价；

（二）负责做好勘探技术支持与技术服务；

（三）负责做好石油天然气地质理论的研发与集成。

石油地质研究所下设7个研究室：所办公室、东部研究室、中部研究室、西部研究室、风险勘探室、油气藏综合研究室、矿权室。在册合同化职工83人，其中：男职工49人，女职工34人；博士后、博士48人，硕士17人，学士及以下18人；教授级高级工程师8人，高级工程师46人，工程师21人，助理工程师及以下8人；35岁及以下23人，36～45岁23人，46～55岁37人。中共党员50人，九三学社社员1人。

石油地质研究所领导班子由5人组成，胡素云任所长，张义杰、汪泽成、侯连华任副所长，陶士振任总地质师。分工情况如下：胡素云负责全面工作；张义杰负责党务和工会工作，分管风险勘探室和油气藏综合研究室；汪泽成负责碳酸盐岩国家专项和四川盆地技术支撑，分管东部研究室和中部研究室；侯连华负责岩性地层国家专项和准噶尔盆地技术支撑，分管西部研究室；陶士振负责岩性国家专项和学科建设，分管矿权室。

石油地质研究所党支部委员会由3人组成，张义杰任党支部书记，赵长毅任组织委员，张天舒任宣传委员。

2014 年 5 月，王红军任石油地质研究所副所长，免去张义杰、侯连华副所长职务。

2014 年 5 月，王红军任石油地质研究所党支部书记，免去张义杰党支部书记职务。

2015 年 8 月，李建忠任石油地质研究所所长，柳少波、闫伟鹏任副所长；免去胡素云兼任的石油地质研究所所长职务，免去王红军副所长职务。

2015 年 8 月，闫伟鹏任石油地质研究所党支部副书记，免去王红军党支部书记职务。

调整后，石油地质研究所领导班子由 5 人组成，李建忠任所长，闫伟鹏、汪泽成、柳少波任副所长，陶士振任总地质师。分工如下：李建忠负责全面工作，分管西部研究室；闫伟鹏负责党支部工作，分管风险勘探室；汪泽成负责科研工作，分管中部研究室；柳少波负责 HSE/QHSE 管理工作，分管东部研究室；陶士振任总地质师，负责保密管理工作，分管油气藏综合研究室、矿权室。

石油地质研究所党支部委员会由 5 人组成，闫伟鹏任党支部副书记，白斌任组织委员，卞从胜任宣传委员，李建忠任纪检委员，赵忠英任青年委员。

2017 年 4 月，侯连华任石油地质研究所副所长，段书府任副所长（正处级）；免去柳少波、闫伟鹏石油地质研究所副所长职务；免去曹正林石油地质研究所副处级干部职务，免去陶士振总地质师职务，其二人均保留原行政级别。

2017 年 4 月，调整领导分工：侯连华负责保密管理、HSE/QHSE 管理工作；段书府负责生产研究、软硬件管理工作；汪泽成负责科研管理工作；其他领导分工不变。

2017 年 4 月，侯连华任石油地质研究所党支部书记，李建忠任党支部副书记，免去闫伟鹏石油地质研究所党支部副书记职务。

2017 年 4 月，塔里木分院整体并入石油地质研究所，成立塔里木研究室；鄂尔多斯分院油气勘探室并入石油地质研究所，成立鄂尔多斯研究室；石油地质研究所矿权研究室划转至油气资源规划研究所。

调整后，石油地质研究所领导班子由 4 人组成，李建忠任所长，侯连华、段书府、汪泽成任副所长。分工情况如下：李建忠负责全面工作，分管西部研究室、中东勘探二室、油气藏综合研究室；侯连华负责党支部、保密管理、HSE/QHSE 管理工作，分管东部研究室、风险勘探研究室；段书府负责生产研究、软硬件管理工作，分管塔里木研究室、鄂尔多斯研究室；汪泽成负责科研管理工作，分管中部研究室、超前领域研究室、区域成藏室。

石油地质研究所党支部委员会由 7 人组成，侯连华任党支部书记，李建忠任党支部副书记，白斌任组织委员，卞从胜任宣传委员，赵振宇仟保密委员，赵忠英任青年委员，杨敏任生活委员。

石油地质研究所主要职责是：

（一）立足国内、着眼全球，以深化油气成藏条件与分布规律理论认识为纽带开展重大勘探领域、有利区带和勘探目标评价；

（二）推动油气勘探战略发现与储量增长。

2017 年 12 月，王居峰、王铜山（正科级）任石油地质研究所副所长，免去段书府、汪泽成副所长职务。

2018 年，石油地质研究所领导班子由 4 人组成，李建忠任所长，侯连华、王铜山、王居峰任副所长。分工情况如下：李建忠负责全面工作，分管办公室、风险勘探研究室、西部研究室、中东勘探二室、新领域综合研究室；侯连华负责党支部、保密管理、HSE/QHSE 管理工作，分管塔里木研究室、页岩油项目组；王铜山负责科研管理工作，分管超前领域研究室、碳酸盐岩成藏研究室、中部研究室；王居峰负责风险勘探、生产研究、软硬件管理工作，分管渤海湾研究室、松辽研究室、鄂尔多斯研究室。

2019 年 1 月，王铜山任石油地质研究所副所长。

2020 年 3 月，免去侯连华石油地质研究所副所长、党支部书记职务。

2020 年 6 月，石油地质研究所更名为石油天然气地质研究所，原属于天然气地质研究所的天然气风险勘探业务及人员划归石油天然气地质研究所，原属于测井与遥感研究所的遥感业务及人员划归石油天然气地质研究所。石油天然气地质研究所加挂"风险勘探研究中心"和"中国石油天然气股份有限公司油气田环境遥感监测中心"两块牌子，按照"一个机构、三块牌子"运行。

2020 年 6 月，李建忠任石油天然气地质研究所（风险勘探研究中心）（油气田环境遥感监测中心）所长，免去其石油地质研究所所长职务；王居峰、王铜山任石油天然气地质研究所（风险勘探研究中心）（油气田环境遥感监测中心）副所长，免去其石油地质研究所副所长职务。

2020年6月，杨威、易士威任石油天然气地质研究所（风险勘探研究中心）（油气田环境遥感监测中心）副所长。

2020年6月，石油地质研究所党支部更名为石油天然气地质研究所（风险勘探研究中心）（油气田环境遥感监测中心）党支部。杨威任石油天然气地质研究所（风险勘探研究中心）（油气田环境遥感监测中心）党支部书记；李建忠任石油天然气地质研究所（风险勘探研究中心）（油气田环境遥感监测中心）党支部副书记，免去其石油地质研究所党支部副书记职务。

调整后，石油天然气地质研究所领导班子由5人组成，李建忠任所长，杨威、易士威、王铜山、王居峰任副所长。分工情况如下：李建忠负责全面工作，分管办公室、风险勘探室、西部研究室、新领域综合研究室；杨威负责党支部工作，分管塔里木研究室、遥感室；易士威负责风险勘探工作，分管中部研究室、中东勘探二室；王铜山负责科研管理工作，分管超前领域研究室、碳酸盐岩成藏室；王居峰负责风险勘探、生产研究、软硬件管理工作，分管渤海湾室、松辽室、鄂尔多斯研究室。

石油天然气地质研究所党支部委员会由7人组成，杨威任党支部书记，李建忠任党支部副书记，赵振宇任组织委员，王铜山任宣传委员，王居峰任纪检委员，易士威任保密委员，杨敏任青年委员。

石油天然气地质研究所（风险勘探研究中心）（油气田环境遥感监测中心）主要职责是：

（一）以寻求油气勘探战略突破为己任；

（二）突出"油气风险勘探、基础理论技术研发、重点探区技术服务、团队建设与人才培养"四大工作重点，坚持"强化基础、创新认识、发展技术"有效做法，形成有影响力的创新成果；

（三）为勘探新突破和优质储量发现做出重要贡献。

截至2020年12月31日，石油天然气地质研究所（风险勘探研究中心）（油气田环境遥感监测中心）下设12个科室：所办公室、渤海湾研究室、中部研究室、西部研究室、新领域综合研究室、风险勘探研究室、塔里木研究室、鄂尔多斯研究室、中东勘探二室、松辽研究室、碳酸盐岩成藏研究室、超前领域研究室。在册职工 123 人，其中：男职工 73 人，女职工 50 人；博士后、博士 84 人，硕士 28 人，学士及以下 11 人；正高级（含教授级）工程师 11 人，高级工程师 78 人，工程师 28 人，助理工程师及以下 6 人；35 岁及以下 24 人，36～45 岁 48 人，46～60 岁 51 人。中共党员 93 人，九三学社社员 3 人。

一、石油地质研究所（2014.1—2020.6）

（一）石油地质研究所领导名录（2014.1—2020.6）

  所 长 胡素云（兼任，2014.1—2015.8）

        李建忠（2015.8—2020.6）

  副 所 长 张义杰（2014.1—5）

        王红军（2014.5—2015.8）

        汪泽成（2014.1—2017.12，进入专家岗位）

        侯连华（2014.1—5；2017.4—2020.3）

        柳少波（2015.8—2017.4）

        闫伟鹏（2015.8—2017.4）

        段书府（正处级，2017.4—12）

        王居峰（2017.12—2020.6）

        王铜山（正科级，2017.12—2019.1；2019.1—2020.6）

  总 地 质 师 陶士振（回族，2014.1—2017.4，进入专家岗位）

（二）石油地质研究所党支部领导名录（2014.1—2020.6）

  书 记 张义杰（2014.1—5）

        王红军（2014.5—2015.8）

        侯连华（2017.4—2020.3）

  副 书 记 闫伟鹏（2015.8—2017.4）

        李建忠（2017.4—2020.6）

（三）石油地质研究所处级干部领导名录（2015.11—2017.4）

  副处级干部 曹正林（2015.11—2017.4，进入专家岗位）

（四）石油地质研究所享受处级待遇领导名录（2017.4—2018.8）

  正处级待遇 王振彪（2017.4—2018.8）

二、石油天然气地质研究所（风险勘探研究中心）（油气田环境遥感监测中心）（2020.6—12）

（一）石油天然气地质研究所（风险勘探研究中心）（油气田环境遥感监测中心）领导名录（2020.6—12）

所　　长　李建忠（2020.6—12）

副 所 长　王居峰（2020.6—12）

　　　　　王铜山（2020.6—12）

　　　　　杨　威（2020.6—12）

　　　　　易士威（2020.6—12）

（二）石油天然气地质研究所（风险勘探研究中心）（油气田环境遥感监测中心）党支部领导名录（2020.6—12）

书　　记　杨　威（2020.6—12）

副 书 记　李建忠（2020.6—12）

第二节　天然气地质研究所
（2017.4—2020.6）

2017年4月，勘探院对院39个直属机构和廊坊分院15个直属机构按照"一院两区"模式进行优化和重组，廊坊分院天然气地质研究所划归勘探院直接管理。

天然气地质研究所主要职责是：

（一）开展天然气地质研究和天然气勘探重大决策支撑工作，编制国家及公司天然气勘探战略规划；

（二）开展天然气地质理论与勘探技术研究，重点开展基础地质研究与特色实验技术开发等领域研究，成为天然气地质理论的领创者；

（三）发挥重点盆地勘探研究主力攻关作用，开展重大领域与目标评价工作，推动天然气重点探区重大发现与储量快速增长。

2017年4月，李剑任天然气地质研究所所长，杨威、张福东、易士威任副所长。

2017 年 4 月，廊坊分院天然气地质研究所党支部更名为天然气地质研究所党支部。杨威任天然气地质研究所党支部书记，李剑任党支部副书记。

截至 2017 年 12 月 31 日，天然气地质研究所下设 12 个科室：综合管理室、区域勘探一室、区域勘探二室、区域勘探三室、区域勘探四室、区域勘探五室、天然气地化与资评室、天然气成藏研究室、天然气气质实验室、天然气勘探规划室、油气储量研究室、勘探项目评价室。在册职工 75 人，其中：博士、博士后 29 人，硕士 31 人，学士 15 人；教授级高级工程师 3 人，高级工程师 37 人，工程师 30 人，助理工程师及以下 5 人；35 岁及以下 18 人，36～45 岁 30 人，46 岁及以上 27 人。中共党员 48 人。

天然气地质研究所领导班子由 4 人组成，李剑任所长，杨威、张福东、易士威任副所长。分工情况如下：李剑负责全面工作，分管综合管理室、区域勘探一室、天然气地化与资评室、天然气成藏研究室、天然气气质实验室工作；杨威负责党务、工会和青年工作，分管区域勘探二室、区域勘探五室工作；张福东负责科研管理工作，分管天然气勘探规划室、油气储量研究室、区域勘探三室、区域勘探四室工作；易士威分管勘探项目评价室工作。

天然气地质研究所党支部委员会由 5 人组成，杨威任党支部书记，李剑任党支部副书记，张福东任组织委员，林世国任宣传委员，谢增业任纪检委员。

2017 年 12 月，李五忠任天然气地质研究所副所长，免去张福东副所长职务。

2018 年 4 月，天然气地质研究所党支部委员会由 5 人组成，杨威任党支部书记，李剑任党支部副书记，李五忠任组织委员，林世国任宣传委员，谢增业任纪检委员。

2018 年 6 月，天然气地质研究所领导班子由 4 人组成，李剑任所长，杨威、易世威、李五忠任副所长。分工情况如下：李剑负责全面工作，分管办公室、天然气地球化学与资源评价室、天然气盖层与成藏研究室、气质检测中心、塔里木盆地天然气研究室工作；杨威负责党务、工会和青年工作，分管四川盆地天然气研究室、松辽盆地天然气研究室、渤海湾盆地天然气研究室、含气盆地构造沉积研究室工作；易士威分管天然气勘探战略规划室、天然气地质综合研究与风险勘探室工作；李五忠负责科研管理工作，分管鄂尔多斯盆地天然气研究室、柴达木盆地天然气研究室工作。

2020年6月，撤销天然气地质研究所，属于原天然气地质研究所的成藏与地球化学以及相关实验研究业务及人员划归石油地质实验研究中心，天然气风险勘探业务及人员划归石油天然气地质研究所，天然气战略规划、项目评价、储量研究与管理等业务及人员划归油气资源规划研究所。

2020年6月，免去李剑天然气地质研究所所长职务，免去杨威、易士威、李五忠副所长职务。

2020年6月，撤销天然气地质研究所党支部。免去杨威天然气地质研究所党支部书记职务，免去李剑党支部副书记职务。

截至2020年6月，天然气地质研究所科室无变化。在册职工63人，其中：博士、博士后25人，硕士28人，学士及以下10人；教授级高级工程师3人，高级工程师38人，工程师21人，助理工程师及以下1人；35岁及以下13人，36～45岁25人，46岁及以上25人。中共党员42人。

一、天然气地质研究所领导名录（2017.4—2020.6）

    所　　　长　李　剑（2017.4—2020.6，进入专家岗位）

    副 所 长　杨　威（2017.4—2020.6）

             张福东（2017.4—2017.12）

             易士威（2017.4—2020.6）

             李五忠（2017.12—2020.6）

二、天然气地质研究所党支部领导名录（2017.4—2020.6）

    书　　　记　杨　威（2017.4—2020.6）

    副 书 记　李　剑（2017.4—2020.6）

第三节　油气资源规划研究所—油气资源规划研究所 （矿权与储量研究中心）（2014.1—2020.12）

2003 年 3 月，为进一步优化勘探院资源配置，更好地发挥对公司上游发展的决策支持作用，股份公司研究决定，同意将石油地质研究所规划研究业务并入储量管理研究室。业务调整后，储量管理研究室更名为油气资源规划研究所。

截至 2013 年 12 月 31 日，油气资源规划研究所的主要职责是：

（一）负责做好油气资源评价；

（二）负责重大战略研究、中长期规划；

（三）负责做好储量评估与管理；

（四）负责做好年度勘探部署。

油气资源规划研究所下设 6 个科室：所办公室、资源评价研究室、战略规划研究室、勘探部署研究室、新能源研究室、油气储量评价与管理室。在册职工 43 人，其中：男职工 30 人，女职工 13 人；教授级高级工程师 4 人，高级工程师 22 人，工程师 10 人，助理工程师及以下 7 人；博士 16 人，硕士 18 人，学士及以下 9 人；35 岁及以下 13 人，36～45 岁 13 人，46～55 岁 17 人。中共党员 30 人。

油气资源规划研究所领导班子由 3 人组成，李建忠任所长，杨涛、杨桦任副所长。分工情况如下：李建忠负责全面工作，分管资源评价研究室、油气储量评价与管理室、所办公室工作；杨涛负责党务和工会工作，负责科研管理，分管勘探部署研究室、战略规划研究室工作；杨桦分管新能源研究室，协助做好海外储量研究工作。

油气资源规划研究所党支部委员会由 5 人组成，杨涛任党支部书记，瞿辉任组织委员，李登华任宣传委员，黄旭楠任纪检委员，闫伟鹏任青年委员。

2014 年 5 月，免去杨桦油气资源规划研究所副所长职务。

2014 年 7 月，张国生任油气资源规划研究所副所长。

调整后，油气资源规划研究所领导班子由 3 人组成，李建忠任所长，杨涛、张国生任副所长。分工情况如下：李建忠主持全面工作，分管资源评价室和所办公室；杨涛主管党支部全面工作，分管勘探部署室和油气储量评价与管理室；张国生负责科研管理工作，分管战略规划室和新能源研究室。

油气资源规划研究所党支部委员会由 5 人组成，杨涛任党支部书记，郑民任组织委员，黄福喜任宣传委员，李欣任纪检委员，梁坤任青年委员。

2015 年 8 月，张兴阳任油气资源规划研究所所长，免去李建忠所长职务。

调整后，油气资源规划研究所领导班子由 3 人组成，张兴阳任所长，杨涛任党支部书记、副所长，张国生任副所长。分工情况如下：张兴阳主持部门全面工作，分管资源评价室和所办公室；杨涛主管党支部全面工作，分管勘探部署室和储量研究室；张国生负责科研管理工作，分管战略规划室和新领域评价研究室。

2016 年 11 月，张兴阳任油气资源规划研究所党支部副书记。油气资源规划研究所党支部委员会由 6 人组成，杨涛任党支部书记，张兴阳任副书记，梁坤任组织委员，黄金亮任宣传委员，王淑芳任纪检委员，宋涛任青年委员。

2017 年 4 月，石油地质研究所矿权研究室并入油气资源规划研究所。

2017 年 4 月，杨涛任油气资源规划研究所所长，免去张兴阳所长职务；免去瞿辉油气资源规划研究所总地质师职务，保留原级别待遇。

2017 年 4 月，免去张兴阳油气资源规划研究所党支部副书记职务。

调整后，油气资源规划研究所领导班子由 2 人组成，杨涛任所长，张国生任副所长。分工情况如下：杨涛负责党政全面工作，主管安全环保、保密、工会、青年工作站，分管资源评价室、勘探部署室、新领域评价室和所办公室工作；张国生负责科研管理及相关工作，分管战略规划室、矿权研究室和储量研究室工作。

2017 年 12 月，张国生任油气资源规划研究所党支部书记；杨涛任油气资源规划研究所党支部副书记，免去其党支部书记职务。

2017 年 12 月，李欣任油气资源规划研究所副所长（正科级）。

2018 年 2 月，李欣任油气资源规划研究所副所长。

调整后，油气资源规划研究所领导班子由3人组成，杨涛任所长，张国生、李欣任副所长。分工情况如下：杨涛负责全面工作，主管安全环保、保密工作，分管勘探部署室、新领域评价室和所办公室；张国生负责党务，主管工会、青年工作站工作，分管战略规划室和储量研究室；李欣负责所科研管理及相关工作，分管资源评价室和矿权研究室。

2020年3月，免去张国生油气资源规划研究所副所长、党支部书记职务。

2020年6月，免去李欣油气资源规划研究所副所长职务。

2020年6月，油气资源规划研究所加挂"矿权与储量研究中心"牌子。油气资源规划研究所党支部更名为油气资源规划研究所（矿权与储量研究中心）党支部。

2020年6月，杨涛任油气资源规划研究所（矿权与储量研究中心）所长、党支部副书记，免去其油气资源规划研究所所长职务、党支部副书记职务；张福东任油气资源规划研究所（矿权与储量研究中心）副所长、党支部书记；梁坤任油气资源规划研究所（矿权与储量研究中心）副所长。

调整后，油气资源规划研究所（矿权与储量研究中心）领导班子由3人组成，杨涛任所长，张福东、梁坤任副所长。分工情况如下：杨涛负责行政工作，主管人事、财务、法规、外事、安全环保、保密等工作，分管勘探部署室、储量评价室和所办公室；张福东负责党务，主管群团、党建、党风廉政建设、工会、青年工作站等工作，分管资源评价室和新领域研究室；梁坤负责所科研管理及相关工作，分管战略规划室和矿权研究室。

油气资源规划研究所（矿权与储量研究中心）党支部委员会由5人组成，张福东任党支部书记，杨涛任党支部副书记，王淑芳任组织委员，高阳任宣传委员，梁坤任纪检委员。

截至2020年12月31日，油气资源规划研究所（矿权与储量研究中心）下设8个科室：资源评价研究室、战略规划研究室、勘探部署研究室、新领域研究室、油气储量评价室、矿权评价室、院士工作室、所办公室。在册职工60人，其中：男职工41人，女职工19人；正高级（含教授级）工程师3人，高级工程师37人，工程师17人，助理工程师及以下3人；博士27人，硕士24人，学士及以下9人；35岁及以下17人，36～45岁21人，46～

55 岁 22 人。中共党员 39 人，九三学社社员 1 人。

一、油气资源规划研究所（2014.1—2020.6）

（一）油气资源规划所领导名录（2014.1—2020.6）

所　　　长　李建忠（2014.1—2015.8）

张兴阳（2015.8—2017.4）

杨　涛（2017.4—2020.6）

副　所　长　杨　涛（2014.1—2017.4）

杨　桦（女，2014.1—5）

张国生（2014.7—2020.3）

李　欣（正科级，2017.12—2018.2；2018.2—2020.6）

总 地 质 师　瞿　辉（2014.1—2017.4）

（二）油气资源规划研究所党支部领导名录（2014.1—2020.6）

书　　　记　杨　涛（2014.1—2017.12）

张国生（2017.12—2020.3）

副　书　记　张兴阳（2016.11—2017.4）

杨　涛（2017.12—2020.6）

（三）油气资源规划研究所享受处级待遇领导名录（2017.4—2018.3）

副处级待遇　瞿　辉（2017.4—2018.3，调离）

二、油气资源规划研究所（矿权与储量研究中心）（2020.6—12）

（一）油气资源规划研究所（矿权与储量研究中心）领导名录
（2020.6—12）

所　　　长　杨　涛（2020.6—12）

副　所　长　张福东（2020.6—12）

梁　坤（2020.6—12）

（二）油气资源规划研究所（矿权与储量研究中心）党支部领导名录
（2020.6—12）

书　　　记　张福东（2020.6—12）

副　书　记　杨　涛（2020.6—12）

第四节　石油地质实验研究中心
（2014.1—2020.12）

2003 年 5 月，按照股份公司要求，勘探院对勘探一路各专业研究所的业务进行整合，并相应变更有关机构名称，实验中心变更为石油地质实验研究中心。

截至 2013 年 12 月 31 日，石油地质实验研究中心主要职责是：

（一）负责石油地质应用基础理论研究和地质实验技术研发；

（二）负责国家能源致密油气研发中心和油气地球化学、油气储层、盆地构造与油气成藏集团公司三个重点实验室的运行和维护等工作；

（三）负责对外开展分析技术服务。

石油地质研究中心下设 10 个科室：中心办公室、油气地球化学研究室、沉积研究室、储层研究室、油区构造研究室、油气成藏研究室、地层古生物研究室、有机分析实验室、纳米油气工作室、技术研发室。在册职工 90 人，其中：男职工 65 人，女职工 25 人；教授级高级工程师 8 人，高级工程师 36 人，工程师 36 人，助理工程师及以下 10 人；博士后、博士 48 人，硕士 20 人，学士及以下 22 人；35 岁及以下 30 人，36～45 岁 21 人，46～55 岁 29 人，56 岁以上 10 人。中共党员 59 人，九三学社社员 2 人。

石油地质实验研究中心领导班子由 7 人组成，张水昌任主任，李伟、赵孟军、朱如凯任副主任，袁选俊任总地质师，柳少波、刘可禹任总工程师。分工情况如下：张水昌负责全面工作，分管油气地球化学研究室、技术研发室和中心办公室；李伟负责党务、干部管理、宣传、安全环保、计划生育等工作，负责四川项目部、风险勘探研究工作，分管地层古生物研究室和油区构造研究室；赵孟军负责油气重大专项管理、技术有形化、标准化、一体化组织工作，负责青年及研究生管理，分管重大专项秘书处和油气成藏研究室；朱如凯负责科研工作和学科建设，包括理论有形化、研究动态、石油地质标准化、学术交流、工会、年鉴等，分管储层研究室和纳米油气工作室；袁选俊负责沉积学科组建及生产应用性研究（勘探与生产分公司、油气田横向项目等）、信息、保密、培训、决策参考等工作，分管沉积研究室；柳少波负责实验室建设，兼管油气成藏研究室、有机分析实验室；刘可禹负责技术研发、标准化、专利技术等工作，兼管油气成藏研究室、技术研发室。

石油地质实验研究中心党支部委员会由5人组成，李伟任党支部书记，朱如凯任组织委员，高志勇任宣传委员，张水昌任纪检委员，姜林任青年委员。

2015年8月，免去柳少波石油地质实验研究中心总工程师职务，其分管业务由朱如凯接管。

2016年5月，石油地质实验研究中心党支部委员会由5人组成，李伟任党支部书记，朱如凯任组织委员，高志勇任宣传委员，张水昌任纪检委员，孟庆洋任青年委员。

2016年7月，免去朱如凯石油地质实验研究中心副主任职务，其分管业务由赵孟军副主任接管。

2016年11月，张水昌任石油地质实验研究中心党支部副书记。

2016年11月，石油地质实验研究中心党支部委员会由5人组成，李伟任党支部书记兼保密委员，张水昌任副书记兼纪检委员，高志勇任组织委员，孟庆洋任宣传委员，赵孟军任青年委员。

2017年4月，柳少波、袁选俊任石油地质实验研究中心副主任，免去赵孟军副主任职务，免去袁选俊总地质师职务。

随后，调整部分领导分工。李伟负责党工青、干部管理（包括职称、考评与考核、双序列、文件、档案等）、安全环保、宣传、办公和仪器设备购置与招投标；负责中心质量安全组工作，主管构造室和地层古生物室。柳少波负责实验技术与实验室建设，包括地质实验有形化、标准化、信息化（大数据）、生产服务、质量管理与认证、仪器设备管理、国际交流、合作与外事活动等，负责中心技术组工作；主管国家重点实验室/国家研发中心和盆地构造与油气成藏重点实验室。袁选俊负责科研管理和学科建设，包括科研项目组织、检查、验收等过程管理及成果有形化；学术交流、培训、保密、决策参考、学生管理、年鉴、研究项目招投标等，负责中心学术组工作；主管沉积储层重点实验室；其他领导分工不变。

2017年6月，石油地质实验研究中心党支部委员会由7人组成，李伟任党支部书记，张水昌任副书记，高志勇任组织委员，孟庆洋任宣传委员，毕丽娜任纪检委员，王晓梅任保密委员，金旭任青年委员。

2017年12月，免去李伟石油地质实验研究中心党支部书记职务。

2017年12月，张斌任石油地质实验研究中心副主任，免去李伟副主任职务。张斌负责学科建设与成果转化，包括油田项目与技术服务、生产服务、信息化、学生管理，协助做好科研管理与学术组工作，协管油气地球化学重点实验室。

2018年4月，闫伟鹏任石油地质实验研究中心副主任、党支部书记。闫伟鹏负责党支部、工会、青年工作站、干部管理（包括职称、考评与考核、双序列、文件、档案等）、HSE、宣传、培训，负责中心安全环保组工作，主管纳米油气工作室和地层古生物室，协助中心主任管理油区构造研究室。

2020年3月，侯连华任石油地质实验研究中心主任、党支部副书记；免去张水昌石油地质实验研究中心主任、党支部副书记职务，免去闫伟鹏副主任、党支部书记职务。侯连华负责党政全面工作，主管中心科研、生产、安全管理、党支部、工会、青年工作站等工作（包括科研、实验室、规划、制度、安全、人事、财务、纪检、HSE、宣传、培训等），分管中心办公室和廊坊院区科室。其他领导分工不变。

调整后，石油地质实验研究中心党支部委员会由5人组成，侯连华任党支部副书记，孟庆洋任宣传委员，张斌任纪检委员，苏劲任青年委员，陈竹新任保密委员。

2020年5月，因机构重组，调原天然气地质研究所21人、石油地质研究所4人、新能源研究所2人到石油地质实验研究中心工作。

截至2020年12月31日，石油地质实验中心下设10个科室：中心办公室、油气地球化学研究室、沉积研究室、储层研究室、盆地构造研究室、油气成藏研究室、地层古生物研究室、有机分析实验室、纳米油气工作室、标准化与技术支持室。在册职工94人，其中：男职工59人，职工女35人；正高级（含教授）工程师8人，高级工程师50人，工程师28人，助理工程师及以下8人；博士56人，硕士24人，学士及以下14人；35岁及以下27

人，36～45岁36人，46～55岁18人，56岁及以上13人。中共党员62人，九三学社社员2人。

一、石油地质实验研究中心领导名录（2014.1—2020.12）

主　　任　张水昌（2014.1—2020.3，退出领导岗位）
　　　　　侯连华（2020.3—12）

副 主 任　李　伟（2014.1—2017.12）
　　　　　赵孟军（2014.1—2017.4）
　　　　　朱如凯（2014.1—2016.7）
　　　　　闫伟鹏（2018.4—2020.3）
　　　　　张　斌（土家族，2017.12—2020.12）
　　　　　袁选俊（2017.4—2020.12）
　　　　　柳少波（2017.4—2020.12）

总 地 质 师　袁选俊（2014.1—2017.4）
总 工 程 师　柳少波（2014.1—2015.8）
　　　　　　刘可禹（2014.1—2017.12，解聘）

二、石油地质实验研究中心党支部领导名录（2014.1—2020.12）

书　　记　李　伟（2014.1—2017.12）
　　　　　闫伟鹏（2018.4—2020.3）
副 书 记　张水昌（2016.11—2020.3）
　　　　　侯连华（2020.3—12）

第五节　物探技术研究所—油气地球物理研究所
（2014.1—2020.12）

1989年7月，按照《关于成立地震横向预测研究中心的通知》要求，成立地震横向预测研究中心。1991年5月，地震横向预测研究中心更名为石油地球物理研究所。2003年3月，为了进一步优化资源配置，更好的发挥勘探院上游发展的决策支持作用，股份公司决定，将石油地球物理研究所更名物探技术研究所。

截至 2013 年 12 月 31 日，物探技术研究所主要职责是：

（一）负责跟踪物探前沿技术，研发以复杂圈闭成像、复杂储层预测和流体检测为主体的特色技术；

（二）负责勘探生产技术支持。

物探技术研究所下设 8 个科室：综合办公室、物探规划研究室、地震处理技术研究室、储层地震技术研究室、油藏地球物理研究室、物探方法研究室、综合物化探研究室、地震岩石物理研究室。在册职工 57 人，其中：男职工 41 人，女职工 16 人；教授级高级工程师 6 人，高级工程师 31 人，工程师 16 人，助理工程师及以下 4 人；博士后、博士 31 人，硕士 15 人，学士及以下 11 人；35 岁及以下 18 人，36～45 岁 16 人，46～55 岁 22 人，56 岁及以上 1 人。中共党员 37 人，九三学社社员 1 人。

物探技术研究所领导班子由 4 人组成，张研任所长，韩永科、姚逢昌、谢占安任副所长。分工情况如下：张研主持全面工作，分管储层地震技术研究室和综合物化探研究室；韩永科负责党建、科研、工会和青年工作站工作，分管地震处理技术研究室、地震岩石物理研究室和综合办公室；姚逢昌负责技术研发、培训和对外协作等工作，分管物探方法研究室；谢占安负责物探技术规划计划及总部技术支撑工作，分管油藏地球物理研究室和物探规划研究室。

物探技术研究所党支部委员会由 3 人组成，韩永科任党支部书记，孙夕平任组织委员，李劲松任宣传委员。

2014 年 9 月，曹宏任物探技术研究所副所长、党支部副书记，免去韩永科副所长、党支部书记职务。

调整后，物探技术研究所领导班子由 3 人组成，张研任所长，曹宏、谢占安任副所长。分工情况如下：张研负责全面工作，分管综合办公室；曹宏负责党建、科研、工会和青年工作站工作，分管地震岩石物理研究室；谢占安分管地震处理技术研究室。

物探技术研究所党支部委员会由 3 人组成，曹宏任党支部副书记兼纪检委员，孙夕平任组织委员，高银波任宣传委员。

2015 年 12 月，董世泰任物探技术研究所副所长，免去姚逢昌副所长职务。

调整后，物探技术研究所领导班子由 4 人组成，张研任所长，曹宏、谢占安、董世泰任副所长。分工情况如下：张研负责全面工作，负责人事、决策支持、西部油田和海外技术支持以及处理解释能力建设等工作，分管综合办公室、地震资料处理技术研究室；曹宏负责党务、工会、青年工作站，负责全所科研管理，分管股份公司重点实验室、地球物理技术研发与支持研究室，物探技术研发和技术有形化以及中部油田技术应用等工作；谢占安负责全所科研条件管理工作，负责东部油田技术应用，分管地球物理资料解释技术研究室；董世泰负责科研和战略规划，分管物探规划研究室。

2016 年 11 月，谢占安任物探技术研究所党支部副书记，免去曹宏党支部副书记职务。

调整后，物探技术研究所党支部委员会由 4 人组成，谢占安任党支部副书记，孙夕平任组织委员，高银波任宣传委员兼青年委员，张研任纪检委员。

2017 年 4 月，物探技术研究所更名为油气地球物理研究所。廊坊分院地球物理与信息研究所物探人员并入油气地球物理研究所，定员 80 人，干部职数 4 人。

油气地球物理研究所主要职责是：

（一）负责石油天然气勘探、开发业务相关的地球物理技术研究与应用，围绕中国石油主营业务发展目标和油气勘探生产需求，跟踪物探前缘技术，研发以复杂圈闭成像、复杂储层预测和流体检测为主体的特色技术，为勘探生产提供技术支持；

（二）承载应用基础研究引领、瓶颈技术攻关攻坚克难、重点领域技术应用示范、战略研究与决策支持和复合型人才培养等历史使命，重点开展地震资料特色处理与精细成像、储层与流体地震定量解释、区带目标地震精细评价、重磁电震综合解释等领域的基础理论、特色技术研发、集成配套与有形化，为油公司决策部署与效益勘探提供技术保障；

（三）重点发展基础研究、特色技术研发和重点探区技术应用三位一体的学科与团队，推动油气地球物理理论技术创新发展，为重大接替领域及风险勘探目标评价、重点探区关键物探技术攻关与应用、总部技术决策提供强有力的技术支撑，成为国家和公司地球物理新技术的孵化中心、地震资料处理解释中心和数据中心。

2017 年 4 月，张研任油气地球物理研究所所长，曾庆才、谢占安、董世泰任油气地球物理研究所副所长；免去张研物探技术研究所所长职务，免去曹宏、谢占安、董世泰物探技术研究所副所长职务。

2017 年 4 月，物探技术研究所党支部更名为油气地球物理研究所党支部。杨遂发任油气地球物理研究所党支部副书记，免去谢占安物探技术研究所党支部副书记职务。

调整后，油气地球物理研究所领导班子由 5 人组成，张研任所长，曾庆才、谢占安、董世泰任副所长，杨遂发任党支部副书记。分工情况如下：张研负责全面工作，主管科研、人事、财务和 QHSE 等工作，分管地震资料处理一室和地震软件研发室；曾庆才负责廊坊院区科研工作，协助所长分管廊坊院区财务、资料处理软硬件建设等工作，分管地震资料处理二室、天然气地震技术研究室和非常规地震技术研究室；谢占安负责北京院区地震解释方面的工作，协助所长组织资料解释软硬件建设等工作，分管综合办公室和综合解释技术研究室；董世泰负责技术研发与支持方面的工作，协助所长组织科研、培训和学术交流工作，分管战略研究与规划支持室和岩石物理与方法研究室；杨遂发负责党群方面的工作，协助所长组织 QHSE 等工作。

油气地球物理研究所党支部委员会由 7 人组成，杨遂发任党支部副书记，谢占安任组织委员，曾庆才任宣传委员，张研任纪检委员，董世泰任保密委员，陈胜任文体委员，于豪任青年委员。

2017 年 12 月，曹宏任油气地球物理研究所所长，免去张研所长职务。

2018 年 7 月，免去谢占安油气地球物理研究所副所长职务。

随后，调整领导班子分工：曹宏负责所全面工作，主管人事、财务、科研、重点实验室和 QHSE 等工作，分管岩石物理与方法研究室、地震软件研发室和天然气地震技术研究室；董世泰分管综合解释技术研究室；其他领导分工不变。

调整后，油气地球物理研究所党支部委员会由 7 人组成，杨遂发任党支部副书记，曹宏任组织委员，曾庆才任宣传委员，董世泰任纪检委员，徐光成任青年委员，杨志芳任保密委员，郭宏伟任文体委员。

2020年3月，曹宏任油气地球物理研究所党支部副书记，免去杨遂发党支部副书记职务。曹宏负责党建群团等工作，主管党支部、工会、青年工作站和统战等工作，分管综合办公室。

2020年11月，韩永科任油气地球物理研究所所长、党支部副书记，免去曹宏所长、党支部副书记职务。韩永科负责党政全面工作，主管人事、财务、党群、重点实验室、学科建设、人工智能、软件研发等工作，分管综合办公室、技术研发部。

截至2020年12月31日，油气地球物理研究所下设5个科室：综合办公室、物探战略规划部、技术研发部、地震资料处理部、物探资料综合解释部。在册职工70人，其中：男职工47人，女职工23人；教授级高级工程师7人，高级工程师40人，工程师17人、经济师1人，助理工程师及以下5人；博士后、博士34人，硕士27人，学士及以下9人；35岁及以下19人，36～45岁28人，46～55岁17人，56岁及以上6人。中共党员43人。

一、物探技术研究所（2014.1—2017.4）

（一）物探技术研究所领导名录（2014.1—2017.4）

    所　　长　张　研（2014.1—2017.4）

    副 所 长　韩永科（2014.1—9）

           曹　宏（2014.9—2017.4，进入专家岗位）

           姚逢昌（2014.1—2015.12，退休）

           谢占安（2014.1—2017.4）

           董世泰（2015.12—2017.4）

（二）物探技术研究所党支部领导名录（2014.1—2017.4）

    书　　记　韩永科（2014.1—9）

    副 书 记　曹　宏（2014.9—2016.11）

           谢占安（2016.11—2017.4）

二、油气地球物理研究所（2017.4—2020.12）

（一）油气地球物理研究所领导名录（2017.4—2020.12）

    所　　长　张　研（2017.4—12）

           曹　宏（2017.12—2020.11）

           韩永科（2020.11—12）

副　所　长　曾庆才（2017.4—2020.12）

　　　　　　谢占安（2017.4—2018.7）

　　　　　　董世泰（2017.4—2020.12）

（二）油气地球物理研究所党支部领导名录（2017.4—2020.12）

副　书　记　杨遂发（2017.4—2020.3）

　　　　　　曹　宏（2020.3—11）

　　　　　　韩永科（2020.11—12）

第六节　测井与遥感技术研究所—测井技术研究所
（2014.1—2020.12）

2003年3月，为进一步优化资源配置，更好地发挥勘探院上游发展的决策支持作用，股份公司批复，同意将石油地球物理研究所测井技术研究业务并入遥感地质研究所，并将石油遥感地质研究所更名为测井与遥感技术研究所。

截至2013年12月31日，测井与遥感技术研究所下设8个科室：办公室、碎屑岩测井研究室、复杂岩性测井研究室、测井软件研究室、测井技术支撑工作室、遥感油气地质研究室、遥感工程环境研究室、遥感信息处理研究室。在册职工51人，其中：男职工36人，女职工15人；教授级高级工程师3人，高级工程师31人，工程师14人，助理工程师3人；博士后、博士28人，硕士7人，学士及以下16人；35岁及以下12人，36～45岁22人，46～55岁13人，56岁及以上4人。中共党员28人，九三学社社员1人。

测井与遥感技术研究所领导班子由4人组成，周灿灿任所长，陈春、张友焱、李宁任副所长。分工情况如下：周灿灿负责全面工作，分管办公室、碎屑岩测井研究室和测井技术支撑工作室；陈春负责党务工作，负责党支部、工会和青年工作站管理；张友焱分管遥感油气地质研究室、遥感工程环境研究室、遥感信息处理研究；李宁分管复杂岩性测井研究室、测井软件研究室。

测井与遥感技术研究所党支部委员会由5人组成，陈春任党支部副书记，王文志任组织委员，周红英任宣传委员，王才志任纪检委员，周灿灿任青年委员。

2014年12月，免去张友焱测井与遥感技术研究所副所长职务。

2016年10月，陈春任测井与遥感技术研究所党支部书记。

2016年11月，周灿灿任测井与遥感技术研究所党支部副书记。

2017年4月，免去李宁测井与遥感技术研究所副所长职务。

2017年12月，李潮流、王才志任测井与遥感技术研究所副所长，免去陈春副所长职务。

2017年12月，周灿灿任测井与遥感技术研究所党支部书记，免去陈春党支部书记职务。

2019年3月，根据集团公司《关于部分机构加挂公司油气田高风险装置设施检测评价机构拍的通知》，为统筹油气田高风险装置设施检测评价资源配置，确保油气开发重点领域、关键装置、要害部位的重大安全环保风险受控，经研究决定，测井与遥感技术研究所加挂"中国石油天然气股份有限公司油气田环境遥感监测中心"牌子。

2020年3月，陈春任测井与遥感技术研究所所长、党支部副书记，免去周灿灿所长、党支部书记职务。

2020年6月，根据勘探需要，测井与遥感技术研究所更名为测井技术研究所。原属于测井与遥感技术研究所的遥感业务及16人划归石油天然气地质研究所，将隶属原渗流流体力学研究所的核磁测井业务及人员并入测井技术研究所。

2020年6月，陈春任测井技术研究所所长，免去其测井与遥感技术研究所所长职务；王才志任测井技术研究所副所长，免去其测井与遥感技术研究所副所长职务；免去李潮流测井与遥感技术研究所副所长职务。

2020年6月，测井与遥感技术研究所党支部更名为测井技术研究所党支部。陈春任测井技术研究所党支部副书记，免去其测井与遥感技术研究所党支部副书记职务。

截至2020年12月31日，测井技术研究所在册职工35人，其中：男职工29人，女职工6人；教授级高级工程师3人，高级工程师27人，工程师5人；博士后、博士24人，硕士8人，学士及以下3人；35岁及以下5

人，36～45岁12人，46～55岁15人，56岁及以上3人。中共党员26人，九三学社社员1人。

一、测井与遥感技术研究所（2014.1—2020.6）

（一）测井与遥感技术研究所领导名录（2014.1—2020.6）

所　　　长　周灿灿（2014.1—2020.3，退出领导岗位）

　　　　　　陈　春（2020.3—6）

副　所　长　陈　春（2014.1—2017.12）

　　　　　　张友焱（正处级，2014.1—12）

　　　　　　李　宁（2014.1—2017.4）

　　　　　　李潮流（2017.12—2020.6，进入专家岗位）

　　　　　　王才志（2017.12—2020.6）

（二）测井与遥感技术研究所党支部领导名录（2014.1—2020.6）

书　　　记　陈　春（2016.10—2017.12）

　　　　　　周灿灿（2017.12—2020.3）

副　书　记　陈　春（2014.1—2016.10）

　　　　　　周灿灿（2016.11—2017.12）

　　　　　　陈　春（2020.3—6）

二、测井技术研究所（2020.6—12）

（一）测井技术研究所领导名录（2020.6—12）

所　　　长　陈　春（2020.6—12）

副　所　长　王才志（2020.6—12）

（二）测井技术研究所党支部领导名录（2020.6—12）

副　书　记　陈　春（2020.6—12）

第七节　塔里木分院（2014.1—2017.4）

1994年，勘探院开始筹建塔里木分院。1995年1月，勘探院和塔里木石油勘探开发指挥部签订科研工作一体化协议，成立科研工作一体化管理委员会，确定科研工作一体化的具体实现模式，决定在勘探院成立塔里木分院；7月，总公司批复，同意勘探院设立塔里木分院；9月，塔里木分院在勘探院和塔里木石油勘探开发指挥部正式挂牌。

塔里木分院是隶属勘探院的处级研究机构，按照科研与生产紧密结合的要求，承担塔里木盆地与勘探开发有关的基础研究、综合研究、中长期规划、开发方案编制及现场提出的重大生产课题。根据塔里木盆地油气发展形势，立足新区、新领域区带研究与风险目标评价，在石油地质综合研究中加强和完善学科建设与人才培养，在服务生产中突出理论创新和技术创新。

截至2013年12月31日，塔里木分院主要职责是：

（一）负责股份公司及油田预探项目，新领域与区带评价、油田生产项目、单井评价与探井后评估等；

（二）负责物探技术集成应用推广，物探资料解释，储层地震预测，风险井位论证，设备管理维护；

（三）负责石油地质基础研究，优选风险区带，国家、股份公司重大专项研究等；

（四）负责油藏描述与评价、生产服务、风险目标评价。

塔里木分院下设5个科室：办公室、综合研究室、物探研究室、地质基础研究室和新区评价室。在册职工28人，其中：男职工18人，女职工10人；教授级高级工程师5人，高级工程师9人，工程师5人，助理工程师及以下8人，工人1人；博士、博士后15人，硕士6人，学士及以下7人；35岁及以下10人，36～45岁5人，46岁及以上13人。

塔里木分院领导班子由5人组成，李明任分院院长，段书府、李启明、罗平、王振彪任副院长。分工情况如下：李明主持全面工作，负责财务、人事，分管办公室、物探研究室；段书府负责党务和安全、保密、工会、计划生育，分管新区评价；李启明负责科研工作，负责塔里木分院（项目部）科研管理及协调，分管综合研究室；罗平负责分院学科建设、学术交流、人才培养、对外合作，分管地质基础研究室；王振彪在塔里木油田挂职。

塔里木分院党支部委员会由3人组成，段书府任党支部书记，曹颖辉任组织委员，王成林任宣传委员。

2014年5月，张义杰任塔里木分院院长，免去李明院长职务。

2014 年 12 月，免去李启明塔里木分院副院长职务，保留正处级待遇。

2016 年 11 月，张义杰任塔里木分院党支部副书记。

2017 年 4 月，勘探院决定撤销塔里木分院。免去张义杰塔里木分院院长职务，免去段书府副院长职务；免去王振彪塔里木分院副院长职务，保留原级别待遇；免去朱光有塔里木分院副处级干部职务。

2017 年 4 月，撤销塔里木分院党支部。免去段书府塔里木分院党支部书记职务，免去张义杰党支部副书记职务。

截至 2017 年 4 月 12 日，塔里木分院下设 4 个科室：办公室、油藏工程室、开发地质室、油藏评价室。在册职工 22 人，其中：男职工 13 人，女职工 9 人；教授级高级工程师 2 人，高级工程师 5 人，工程师 10 人，助理工程师 5 人；博士后、博士 11 人，硕士 11 人；35 岁及以下 15 人，36～45 岁 3 人，46～55 岁 4 人。中共党员 17 人。

一、塔里木分院领导名录（2014.1—2017.4）

院　　　长　李　明（2014.1—5）

张义杰（2014.5—2017.4）

副　院　长　段书府（2014.1—2017.4）

王振彪（正处级，2014.1—2017.4）

李启明（正处级，2014.1—12）

罗　平（2014.1—2017.4，退休）

二、塔里木分院党支部领导名录（2014.1—2017.4）

书　　　记　段书府（2014.1—2017.4）

副　书　记　张义杰（2016.11—2017.4）

三、塔里木分院处级干部领导名录（2014.1—2017.4）

副处级干部　朱光有（2014.1—2017.4，进入专家岗位）

四、塔里木分院享受处级待遇领导名录（2014.12—2016.1）

正处级待遇　李启明（2014.12—2016.1，辞职）

第八节 油气田开发研究所—油田开发研究所
（2014.1—2020.12）

1978 年 6 月，按照石油工业部文件精神，在油气田开发规划研究室的基础上，勘探院成立油气田开发研究所，定员 180 人。

截至 2013 年 12 月 31 日，油气田开发研究所主要职责是：

（一）综合研究国内外油气田开发的重大问题，进一步丰富和提高我国油气田开发理论；

（二）发展油气层内流体渗流的基础理论，提高和完善油气田地质研究、开发设计和动态分析方法；

（三）研究测定油层基本物性的新方法，设计和试制新仪器，统一全国测定方法和规程；

（四）研究适合我国油气田特点的提高采收率新方法和新技术；

（五）参加重点油气田和特殊油气田的开发相关研究工作。

油气田开发研究所下设 8 个科室：办公室、油田地质研究室、岩石地球物理研究室、油藏工程研究一室、油藏工程研究二室、油藏工程研究三室、油藏评价与经济研究室、鲁迈拉项目部。在册职工 54 人，其中：男职工 36 人，女职工 18 人；教授级高级工程师 4 人，高级工程师 26 人，工程师 17 人，助理工程师及以下 7 人；博士后、博士 32 人，硕士 14 人，学士及以下 8 人；35 岁及以下 22 人，36～45 岁 13 人，46～55 岁 18 人，56 岁及以上 1 人。中共党员 43 人。

油气田开发研究所领导班子由 5 人组成，田昌炳任所长，石成方、朱怡翔、李保柱任副所长，叶继根任总工程师。分工情况如下：田昌炳负责全面工作，分管办公室、油田地质研究室、油藏评价与经济研究室；石成方负责高含水油田开发研究的组织与协调，负责党务和 HSE，分管油藏工程研究二室；朱怡翔负责仪器设备、技术培训，分管鲁迈拉项目部、岩石地球物理研究室；李保柱负责科研管理，分管油藏工程研究三室；叶继根协助所长做好科技交流，分管油藏工程研究一室。

油气田开发研究所党支部委员会由 5 人组成，石成方任党支部书记，刘文岭任组织委员，胡水清任宣传委员，彭缓缓任纪检委员，王锦芳任青年委员。

2014 年 3 月，储层研究所筹备组撤销，机构及相关业务职能并入油气田开发研究所。

2014 年 3 月，高兴军任油气田开发研究所副所长。

截至 2014 年 4 月 30 日，油气田开发研究所下设 9 个科室：办公室、岩石地球物理研究室、油藏工程研究一室、油藏工程研究二室、油藏工程研究三室、油气地质研究一室、油气地质研究二室、油藏评价与经济研究室、鲁迈拉项目部。在册职工 77 人，其中：男职工 48 人，女职工 29 人；教授级高级工程师 5 人，高级工程师 32 人，工程师 30 人，助理工程师及以下 10 人；博士后、博士 43 人，硕士 26 人，学士及以下 8 人；35 岁及以下 33 人，36～45 岁 19 人，46～55 岁 24 人，56 岁及以上 1 人。中共党员 56 人。

油气田开发研究所领导班子由 6 人组成，田昌炳任所长，石成方、朱怡翔、李保柱、高兴军任副所长，叶继根任总工程师。分工情况如下：田昌炳负责全面工作，分管办公室、油藏评价与经济研究室工作；高兴军负责高含水国家重大专项课题的组织与协调，分管油气地质研究一室、油气地质研究二室工作；其他领导分工不变。

2016 年 11 月，田昌炳任油气田开发研究所党支部副书记。

调整后，油气田开发研究所党支部委员会由 7 人组成，石成方任党支部书记，田昌炳任党支部副书记，刘天宇任组织委员，张晶任宣传委员，李保柱任纪检委员，周新茂任青年委员，胡水清任生活委员。

2017 年 4 月，油气田开发研究所更名为油田开发研究所。田昌炳任油田开发研究所所长，石成方、朱怡翔、李保柱、高兴军任油田开发研究所副所长；免去田昌炳油气田开发研究所所长职务，免去石成方、朱怡翔、李保柱、高兴军油气田开发研究所副所长职务；免去叶继根油气田开发研究所总工程师职务。

2017 年 4 月，油气田开发研究所党支部更名为油田开发研究所党支部。石方成任油田开发研究所党支部书记，免去其油气田开发研究所党支部书记职务；田昌炳任油田开发研究所党支部副书记，免去其油气田开发研究所党支部副书记职务。

2017 年 7 月，油田开发研究所领导班子由 5 人组成，田昌炳任所长，石成方、朱怡翔、李保柱、高兴军任副所长。分工情况调整如下：田昌炳负责全面工作，分管办公室、经济评价室；石成方负责高含水油田开发研究的组织与协调，负责党务和 HSE 工作，分管油藏工程研究一室、油藏工程研究二室；其他领导分工不变。

2017 年 12 月，李保柱任油田开发研究所所长，李勇任副所长，免去田昌炳所长职务。

2017 年 12 月，李保柱任油田开发研究所党支部副书记，免去田昌炳党支部副书记职务。

2018 年 1 月，油田开发研究所领导班子由 5 人组成，李保柱任所长，石成方、朱怡翔、高兴军、李勇任副所长。分工情况如下：李保柱负责全面工作，分管油藏工程研究三室、经济评价室；石成方负责高含水油田开发研究的组织与协调，负责党务、工会和 HSE 工作，分管办公室、油藏工程研究一室、油藏工程研究二室；朱怡翔负责仪器设备、技术培训工作，分管鲁迈拉项目部、岩石地球物理研究室；高兴军负责科研管理，分管开发地质研究一室、开发地质研究二室；李勇负责塔里木油田开发方案编制的组织与协调，分管塔里木油田开发研究室。

2020 年 3 月，免去石成方、朱怡翔油田开发研究所副所长职务。

2020 年 3 月，免去石成方油田开发研究所党支部书记职务。

2020 年 6 月，油气开发战略规划研究所撤销，其油田开发、经济评价相关业务及人员划归油田开发研究所。

2020 年 6 月，张虎俊任油田开发研究所副所长、党支部书记，免去李勇副所长职务。

调整后，油田开发研究所领导班子由 3 人组成，李保柱任所长，张虎俊、高兴军任副所长。分工情况如下：李保柱负责全面工作，分管油藏工程研究三室、岩石地球物理室、开发地质研究一室、开发地质研究二室、塔里木油田开发研究室、产能评价研究室工作；张虎俊负责公司规划计划编制研究的组织与协调、决策参考编写组织工作，负责党务工作，分管办公室、原油开发规划一室、原油开发规划二室、经济评价室工作；高兴军负责科研管理，分管油藏工程研究一室、油藏工程研究二室、鲁迈拉项目部、阿布扎比项目部工作。

油田开发研究所党支部委员会由 7 人组成，张虎俊任党支部书记，李保柱任党支部副书记，赵亮任组织委员，刘天宇任宣传委员，高兴军任纪检委员，张宏洋任保密委员，蔚涛任青年委员。

截至 2020 年 12 月 31 日，油田开发研究所下设 14 个科室：办公室、原油开发规划一室、原油开发规划二室、油藏工程研究一室、油藏工程研究二室、油藏工程研究三室、岩石地球物理室、开发地质研究一室、开发地质研究二室、经济评价室、产能评价研究室、鲁迈拉项目部、塔里木油田开发研究室、阿布扎比项目部。在册职工 95 人，其中：男职工 56 人，女职工 39 人；教授级高级工程师 4 人，高级工程师 58 人，工程师 29 人，助理工程师及以下 4 人；博士后、博士 48 人，硕士 38 人，学士及以下 9 人；35 岁及以下为 27 人，36～45 岁 33 人，46～55 岁 31 人，56 岁及以上 4 人。中共党员 65 人，九三学社社员 1 人。

一、油气田开发研究所（2014.1—2017.4）

（一）油气田开发研究所领导名录（2014.1—2017.4）

所　　　长　田昌炳（2014.1—2017.4）

副　所　长　石成方（2014.1—2017.4）

朱怡翔（2014.1—2017.4）

李保柱（2014.1—2017.4）

高兴军（2014.3—2017.4）

总 工 程 师　叶继根（2014.1—2017.4，进入专家岗位）

（二）油气田开发研究所党支部领导名录（2014.1—2017.4）

书　　　记　石成方（2014.1—2017.4）

副　书　记　田昌炳（2016.11—2017.4）

二、油田开发研究所（2017.4—2020.12）

（一）油田开发研究所领导名录（2017.4—2020.12）

所　　　长　田昌炳（2017.4—12）

李保柱（2017.12—2020.12）

    副 所 长　石成方（2017.4—2020.3，退出领导岗位）

             朱怡翔（2017.4—2020.3，退出领导岗位）

             李保柱（2017.4—12）

             高兴军（2017.4—2020.12）

             李　勇（2017.12—2020.6）

             张虎俊（2020.6—12）

（二）油田开发研究所党支部领导名录（2017.4—2020.12）

    书　　记　石成方（2017.4—2020.3）

             张虎俊（2020.6—12）

    副 书 记　田昌炳（2017.4—12）

             李保柱（2017.12—2020.12）

（三）油田开发研究所享受处级待遇领导名录（2020.6—12）

    副处级待遇　沈　楠（2020.6—12）

第九节　储层研究所筹备组（2014.1—3）

2010年12月，成立储层研究所筹备组。

截至2013年12月31日，储层研究所筹备组主要职责是：

（一）为集团公司、股份公司宏观战略提供技术支持；

（二）为集团公司、股份公司和各油田公司提供技术服务，承担主要热点和难点地区新老油气田的开发和地质研究项目；

（三）开展相关学科基础研究和前沿技术攻关，力求在高含水、低渗透、砾岩以及特殊岩性储层技术研究方向，特殊岩性储层技术研究方向，打造特色技术；

（四）以油气田开发地质研究及技术应用为主要发展方向，主要研究领域有开发地质、层序地层和储层预测、油气藏描述、全国重点油气田评价和开发方案设计等。

储层研究所筹备组下设4个科室：办公室、高含水储层研究室、低渗透储层研究室、储层地质基础研究室。在册职工17人，其中：男职工10人，女职工 7 人；教授级高级工程师 2 人，高级工程师 6 人，工程师 4 人，助理工程师及以下 5 人；博士后、博士 8 人，硕士 7 人，学士及以下 2 人；35 岁及以下 7 人，36～45 岁 4 人，46～55 岁 6 人。中共党员 12 人。

储层研究所筹备组领导班子由 3 人组成，赵应成任所长，张虎俊、高兴军任副所长。分工情况如下：赵应成负责全面工作，分管办公室、低渗透储层研究室；张虎俊协助所长做好科研管理和行政管理工作；高兴军负责科研管理，分管高含水储层研究室、储层地质基础研究室。

储层研究所筹备组党支部会员会由 5 人组成，张虎俊任党支部书记，高兴军任组织委员，章寒松任宣传委员，陈欢庆任纪检委员，何辉任青年委员。

2014 年 3 月，撤销储层研究所筹备组，领导班子成员职务一并免去。

2014 年 3 月，免去张虎俊储层研究所筹备组党支部书记职务。

一、储层研究所筹备组领导名录（2014.1—3）

所　　　长　赵应成（2014.1—3）

副　所　长　张虎俊（2014.1—3）

高兴军（2014.1—3）

二、储层研究所筹备组党支部领导名录（2014.1—3）

书　　　记　张虎俊（2014.1—3）

第十节　油气开发战略规划研究所
（2014.1—2020.6）

2003 年 8 月，经股份公司批准，成立油气开发战略规划研究所，整合与加强油气开发战略规划研究力量。油气开发战略规划研究所定员 30 人。

截至 2013 年 12 月 31 日，油气开发战略规划研究所主要职责是：

（一）负责油气开发战略研究和规划部署研究工作；

（二）负责公司油气开发中长期规划及年度计划编制的决策支持工作。

油气开发战略规划研究所下设 5 个科室：办公室、规划计划室、储量产能室、经济评价室、综合评价室。在册职工 30 人，其中：男职工 17 人，女职工 13 人；教授级高级工程师 1 人，高级工程师 19 人，工程师 7 人，助理工程师及以下 3 人；博士后、博士 15 人，硕士 11 人，学士及以下 4 人；35 岁及以下 7 人，36～45 岁 13 人，46～55 岁 10 人。中共党员 19 人，九三学社社员 1 人。

油气开发战略规划研究所领导班子由 3 人组成，王国辉任所长，于立君、潘志坚任副所长。分工情况如下：王国辉负责全面工作，分管办公室；于立君负责公司规划计划编制研究的协调与管理，分管规划计划室、综合评价室；潘志坚负责科研管理，分管储量产能室、经济评价室。

油气开发战略规划研究所党支部委员会由 3 人组成，于立君任党支部书记，王国辉任组织委员，窦宏恩任纪检委员。

2014 年 3 月，胡永乐兼任油气开发战略规划研究所所长，张虎俊任副所长（正处级），免去王国辉所长职务。

2014 年 3 月，油气开发战略规划研究所领导班子由 4 人组成，胡永乐任所长，于立君、张虎俊、潘志坚任副所长。分工情况如下：胡永乐负责全面工作，分管办公室；于立君负责公司规划计划编制研究的协调与管理，分管规划计划室；张虎俊负责集团公司科技规划编制研究的协调与管理，分管综合评价室；潘志坚负责科研管理，分管储量产能室、经济评价室。

2014 年 11 月，油气开发战略规划研究所党支部委员会由 3 人组成，于立君任党支部书记，李丰任组织委员兼青年委员，窦宏恩任宣传委员兼纪检委员。

2016 年 10 月，免去于立君油气开发战略规划研究所副所长职务。

2016 年 10 月，张虎俊任油气开发战略规划研究所党支部书记，免去于立君党支部书记职务。

调整后，油气开发战略规划研究所领导班子由 3 人组成，胡永乐任所长，张虎俊、潘志坚任副所长。分工情况如下：胡永乐负责全面工作，分管办公室、油藏开发室；张虎俊负责集团公司科技规划编制研究的协调与管理，负责党务工作，分管经济评价室、综合评价室；潘志坚负责科研管理，分管规划计划室、储量产能室。

2016 年 11 月，油气开发战略规划研究所党支部委员会由 5 人组成，张虎俊任党支部书记，赵亮任组织委员，张宏洋任宣传委员，胡永乐任纪检委员，诸鸣任青年委员。

2017年4月，冉启全任油气开发战略规划研究所所长，陆家亮任常务副所长（正处级），免去胡永乐兼任的所长职务；免去沈楠油气开发战略规划研究所副处级干部职务，保留原级别待遇。

2017年4月，冉启全任油气开发战略规划研究所党支部副书记。

2017年4月，廊坊院区天然气开发所战略规划等业务及人员并入油气开发战略规划研究所。

油气开发战略规划研究所领导班子调整，由4人组成，冉启全任所长，陆家亮任常务副所长，张虎俊、潘志坚任副所长。分工情况如下：冉启全负责全面工作，分管办公室、原油规划计划室、储量产能室；陆家亮负责科研管理，分管天然气战略室、天然气规划计划室、气田动态跟踪与评价室；张虎俊负责集团公司科技规划的协调与管理、决策参考编写组织工作，分管经济评价室、综合评价室、油藏开发室；潘志坚负责迪拜分中心中东地区科研与技术支持。

2017年5月，油气开发战略规划研究所党支部委员会由7人组成，张虎俊任党支部书记，冉启全任副书记，赵亮任组织委员，张宏洋任宣传委员，陆家亮任纪检委员，杨玉凤任保密委员，诸鸣任青年委员。

2017年12月，免去陆家亮油气开发战略规划研究所常务副所长职务，免去潘志坚副所长职务。

2018年1月，唐玮任油气开发战略规划研究所副所长。

调整后，油气开发战略规划研究所领导班子由3人组成，冉启全任所长，张虎俊、唐玮任副所长。分工情况如下：冉启全负责全面工作，分管办公室、天然气战略室、天然气规划计划室、气田动态跟踪与评价室；张虎俊负责集团公司科技规划的协调与管理、决策参考编写组织工作，分管经济评价室、综合评价室、油藏开发室；唐玮负责科研管理，分管原油规划计划室、储量产能室。

截至2019年12月31日，油气开发战略规划研究所下设9个科室：办公室、天然气战略室、天然气规划计划室、气田动态跟踪与评价室、经济评价室、综合评价室、油藏开发室、原油规划计划室、储量产能室。在册职工 51 人，其中：博士后、博士 23 人，硕士 20 人，学士及以下 8 人；教授级高级工程师 2 人，高级工程师 34 人，工程师 14 人，助理工程师及以下 1 人；35 岁及以下 11 人，36～45 岁 15 人，46～55 岁 22 人，55 岁以上 3 人。中共党员 32 人。

2020 年 3 月，免去唐玮油气开发战略规划研究所副所长职务。

2020 年 6 月，撤销油气开发战略规划研究所，其气田开发、经济评价相关业务及人员划归气田开发研究所。

2020 年 6 月，撤销油气开发战略规划研究所党支部。

2020 年 6 月，免去冉启全油气开发战略规划研究所所长、党支部副书记职务，免去张虎俊副所长、党支部书记职务。

一、油气开发战略规划研究所领导名录（2014.1—2020.6）

所　　　长　王国辉（2014.1—3，辞职）

胡永乐（兼任，2014.3—2017.4）

冉启全（2017.4—2020.6，进入专家岗位）

常务副所长　陆家亮（彝族，正处级，2017.4—12，进入专家岗位）

副　所　长　于立君（女，2014.1—2016.10）

潘志坚（2014.1—2017.12）

张虎俊（正处级，2014.3—2020.6）

唐　玮（2018.1—2020.3）

二、油气开发战略规划研究所党支部领导名录（2014.1—2020.6）

书　　　记　于立君（女，2014.1—2016.10）

张虎俊（2016.10—2020.6）

副　书　记　冉启全（2017.4—2020.6）

三、油气开发战略规划研究所处级干部领导名录（2014.1—2017.4）

副处级干部　沈　楠（2014.1—2017.4）

四、油气开发战略规划研究所享受处级待遇领导名录（2017.4—2020.6）

副处级待遇　沈　楠（2017.4—2020.6）

第十一节　石油采收率研究所—采收率研究所—提高采收率研究中心（中科院渗流流体力学研究所）（2014.1—2020.12）

1985 年 8 月，油层物理采收率研究室由油气田开发研究所分出，成立油田开发测试中心。1986 年 3 月，勘探院下发《关于油田化学研究室等单位更名的通知》，将油田开发测试中心更名为石油采收率研究所。

截至 2013 年 12 月 31 日，石油采收率研究所主要职责是：

（一）负责"提高石油采收率国家重点实验室""国家能源 CO_2 驱油与埋存研发中心"和集团公司"油层物理与渗流力学重点实验室""三次采油重点实验室"的日常运营；

（二）负责油气田提高采收率和油层物理与渗流力学领域的基础理论和应用技术研究；

（三）为集团公司和股份公司三次采油决策进行技术支持；

（四）为中国石油所属各油田在储层及流体物性测试、三次采油技术应用等方面提供技术咨询、技术培训和技术服务等。

石油采收率研究所下设 5 个科室：办公室、油层物理与渗流力学研究室、流体相态研究室、化学驱研究室、注气研究室。在册职工 71 人，其中：男职工 52 人，女职工 19 人；教授级高级工程师 4 人，高级工程师 25 人，工程师 26 人，助理工程师及以下 16 人；博士后、博士 32 人，硕士 16 人，学士及以下 23 人；35 岁及以下 30 人，36～45 岁 21 人，46～55 岁 17 人，56 岁及以上 3 人。中共党员 45 人。

石油采收率研究所领导班子由 5 人组成，马德胜任所长，秦积舜、朱友益、王强任副所长，杨思玉任总工程师。分工情况如下：马德胜负责全面工作，分管所办公室；秦积舜负责党务工作，负责党工团工作管理，分管流体相态研究室、油层物理与渗流力学研究室；朱友益负责三次采油重点实验室，分管化学驱研究室的驱油用剂研制、评价及应用技术研发；王强负责所中长期发展战略规划制定和海外提高采收率项目的组织协调工作，分管化学驱研究室在油藏工程和化学驱新技术新方法方面的科研工作；杨思玉负责所日常科研管理工作，分管注气研究室。

石油采收率研究所党支部委员会由 5 人组成，秦积舜任党支部书记，张善严任组织委员，罗文利任宣传委员，马德胜任纪检委员，张帆任青年委员。

2016 年 11 月，马德胜任石油采收率研究所党支部副书记。

2016 年 11 月，石油采收率研究所进行科室调整，新增前沿技术研究室，由马德胜分管，其他领导分工不变。

调整后，石油采收率研究所党支部委员会由 7 人组成，秦积舜任党支部书记，马德胜任党支部副书记，吕伟峰任组织委员，张群任宣传委员，周体尧任纪检委员，江航任青年委员，林庆霞任保密委员。

2017 年 4 月，勘探院下发《关于中国石油勘探开发研究院直属机构调整的通知》，石油采收率研究所更名为采收率研究所。

2017 年 4 月，马德胜任采收率研究所所长，朱友益、王强任采收率研究所副所长，免去马德胜石油采收率研究所长职务，免去朱友益、王强、秦积舜石油采收率研究所副所长职务；免去杨思玉石油采收率研究所总工程师职务，免去张善严石油采收率研究所副处级干部职务。

调整后，采收率研究所领导班子由 3 人组成，马德胜任所长，朱友益、王强任副所长。分工情况如下：马德胜任负责全面工作，分管油层物理与渗流研究室和流体相态研究室；朱友益负责化学驱油用剂的研制和评价工作，分管化学驱研究室；王强负责地质油藏工程及方案工作，分管注气开发研究室。

2017 年 4 月，石油采收率研究所党支部更名为采收率研究所党支部。吴康云任采收率研究所党支部副书记，免去秦积舜石油采收率研究所党支部书记职务，免去马德胜石油采收率研究所党支部副书记职务。吴康云负责采收率研究所党支部、工会、青年工作站、安全、保密、外事、对外合作交流、档案等工作，分管所办公室、前沿技术研究室。

2018 年 4 月，吕伟峰任采收率研究所党支部副书记。

2018 年 6 月，采收率研究所领导班子由 4 人组成，马德胜任所长，朱友益、王强任副所长，吕伟峰任党支部副书记。分工情况如下：马德胜负责全面工作，协助主管副院长管理国家重点实验室建设与运行、发展战略规划等工作，分管油层物理与渗流研究室、流体相态研究室；朱友益负责化学驱油用剂的研制和评价工作，分管化学驱研究室；王强负责所科研管理，以及地质、油藏工程和方案工作，分管综合研究室和注气开发研究室；吕伟峰负责党务工作，以及工会、青年工作站、外事、对外合作交流、HSE 和 QHSE、安全、保密、档案等工作，分管所办公室、前沿技术研究室。

2019 年 7 月，采收率研究所党支部委员会由 5 人组成，吕伟峰任党支部副书记，张可任组织委员，林庆霞任宣传委员，张群任纪检委员，王璐任青年委员。

截至 2020 年 5 月 31 日，采收率研究所下设 7 个科室：办公室、油层物理与渗流力学研究室、流体相态研究室、化学驱研究室、注气研究室、前沿技术研究室和综合研究室。在册职工 65 人，其中：男职工 45 人，女职工 20 人；教授级高级工程师 5 人，高级工程师 34 人，工程师 19 人，助理工程师及以下 7 人；博士后、博士 34 人，硕士 18 人，学士及以下 13 人；35 岁及以下 15 人，36～45 岁 25 人，46～55 岁 20 人，56 岁及以上 5 人。中共党员 44 人。

2020 年 6 月，勘探院下发《关于撤销天然气地质研究所等机构的通知》，整合渗流流体力学研究所和采收率研究所的业务，组建提高采收率研究中心（中科院渗流流体力学研究所），渗流流体力学研究所的职责随之并入。

2020 年 6 月，刘先贵任提高采收率研究中心（中科院渗流流体力学研究所）主任，朱友益、熊伟、王强、吕伟峰任提高采收率研究中心（中科院渗流流体力学研究所）副主任；免去马德胜采收率研究所所长职务，免去朱友益、王强采收率研究所副所长职务。

2020 年 6 月，采收率研究所党支部更名为提高采收率研究中心（中科院渗流流体力学研究所）党支部。刘先贵任提高采收率研究中心（中科院渗流流体力学研究所）党支部副书记，免去吕伟峰采收率研究所党支部副书记职务。

调整后，提高采收率研究中心（中科院渗流流体力学研究所）下设 9 个科室：中心办公室、综合管理室、提高采收率战略规划研究室、油层物理研究室、渗流力学研究室、化学驱研究室、注气研究室、微生物采油研究室、前沿技术研究室。在册职工95人，其中：男职工68人，女职工27人；教授级高级工程师7人，高级工程师51人，工程师26人，助理工程师及以下11人；博士、博士后45人，硕士29人，学士及以下21人；35岁及以下16人，36～45岁36人，46～55岁34人，56岁及以上9人。中共党员62人，民主建国会会员1人，九三学社社员1人。

提高采收率研究中心（中科院渗流流体力学研究所）领导班子由5人组成，刘先贵任主任，朱友益、熊伟、王强、吕伟峰任副主任。分工情况如下：刘先贵负责全面工作，分管中心办公室；朱友益负责集团公司三次采油重点实验室运行工作，分管化学驱研究室；熊伟负责中心在廊坊院区部分的管理工作，分管油层物理研究室、渗流力学研究室；王强分管提高采收率战略规划研究室、注气研究室、流体相态研究室；吕伟峰负责中心科研管理、外事、对外合作交流等工作，协助重点实验室主任做好国家重点实验室、集团公司重点实验室的建设及运行管理工作，分管微生物采油研究室、前沿技术研究室。

截至2020年12月31日，提高采收率研究中心（中科院渗流流体力学研究所）下设9个科室：中心办公室、综合管理室、提高采收率战略规划研究室、油层物理研究室、渗流力学研究室、化学驱研究室、注气研究室、微生物采油研究室、前沿技术研究室。在册职工89人，其中：男职工64人，女职工25人；正高级（含教授级）工程师7人，高级工程师49人，工程师23人，助理工程师及以下10人；博士、博士后44人，硕士26人，学士及以下19人；35岁及以下14人，36～45岁34人，46～55岁33人，56岁及以上8人。中共党员59人，民主建国会会员1人，九三学社社员1人。

一、石油采收率研究所（2014.1—2017.4）

（一）石油采收率研究所领导名录（2014.1—2017.4）

所　　　长　马德胜（2014.1—2017.4）

副　所　长　秦积舜（2014.1—2017.4，退出领导岗位）

朱友益（2014.1—2017.4）

王　强（2014.1—2017.4）

总 工 程 师　杨思玉（女，2014.1—2017.4，进入专家岗位）

（二）石油采收率研究所党支部领导名录（2014.1—2017.4）

书　　记　秦积舜（2014.1—2017.4）

副　书　记　马德胜（2016.11—2017.4）

（三）石油采收率研究所副处级干部（2014.1—2017.4）

副处级干部　张善严（2014.1—2017.4，进入专家岗位）

二、采收率研究所（2017.4—2020.6）

（一）采收率研究所领导名录（2017.4—2020.6）

所　　长　马德胜（2017.4—2020.6，进入专家岗位）

副　所　长　朱友益（2017.4—2020.6）

　　　　　　王　强（2017.4—2020.6）

（二）采收率研究所党支部领导名录（2017.4—2020.6）

副　书　记　吴康云（2017.4—2018.4，去世）

　　　　　　吕伟峰（2018.4—2020.6）

三、提高采收率研究中心（中科院渗流流体力学研究所）（2020.6—12）

（一）提高采收率研究中心（中科院渗流流体力学研究所）领导班子名录（2020.6—12）

主　　任　刘先贵（2020.6—12）

副　主　任　朱友益（2020.6—12）

　　　　　　熊　伟（2020.6—12）

　　　　　　王　强（2020.6—12）

　　　　　　吕伟峰（2020.6—12）

（二）提高采收率研究中心（中科院渗流流体力学研究所）党支部领导名录（2020.6—12）

副　书　记　刘先贵（2020.6—12）

第十二节　渗流流体力学研究所
（2017.4—2020.6）

2017年4月，勘探院下发《关于中国石油勘探开发研究院直属机构调整的通知》，廊坊分院渗流流体力学研究所划归勘探院直接管理。

渗流流体力学研究所主要职责是：

（一）发挥全国油气渗流力学学科牵头作用和我国微生物采油、油气评价核磁共振新技术核心攻关作用，引领新型采油采气与评价技术快速发展，推动低品位油气资源提高采收率与经济有效开发；

（二）负责低渗油气、非常规油气渗流理论、技术、方法与模式的研究创新工作，重点开展油气藏开发渗流机理、提高采收率、微生物采油、核磁共振等四大领域研究，成为非常规油气渗流理论未来发展的探索者、提高采收率先进技术的原创者和国内核磁共振技术发展的领航者。

渗流流体力学研究所下设9个科室：办公室、综合研究室（重点实验室）、油藏工程研究室、气藏工程研究室、油气层物理研究室、渗流流体研究室、微生物研究室、非常规油气渗流研究室、核磁共振研究室。在册职工47人，其中：男职工35人，女职工12人；教授级高级工程师1人，高级工程师25人，工程师15人，助理工程师及以下6人；博士后、博士16人，硕士18人，学士及以下13人；35岁及以下15人，36～45岁9人，46～55岁21人，56岁及以上2人。中共党员29人，民主建国会会员1人，九三学社社员1人。

2017年4月，刘先贵任渗流流体力学研究所所长、党支部副书记；赵玉集任副所长、党支部书记；熊伟任副所长。

渗流流体力学研究所领导班子由3人组成，刘先贵任所长，赵玉集、熊伟任副所长。分工情况如下：刘先贵负责全面工作，分管油藏工程研究室、非常规油气渗流研究室、渗流流体研究室、核磁共振研究室；赵玉集负责党务工作，负责党工团工作管理，分管办公室、微生物研究室；熊伟任负责科研管理工作，分管综合研究室（重点实验室）、气藏工程研究室、油气层物理研究室。

渗流流体力学研究所党支部委员会由 5 人组成,赵玉集任党支部书记,刘先贵任党支部副书记,熊伟任组织委员,修建龙任宣传委员兼青年委员,杨正明任纪检委员。

2020 年 3 月,免去赵玉集渗流流体力学研究所副所长、党支部书记职务。

截至 2020 年 5 月 31 日,渗流流体力学研究所下设 9 个科室:办公室、综合研究室(重点实验室)、油藏工程研究室、气藏工程研究室、油气层物理研究室、渗流流体研究室、微生物研究室、非常规油气渗流研究室、核磁共振研究室。在册职工 44 人,其中:男职工 34 人,女职工 10 人;教授级高级工程师 2 人,高级工程师 26 人,工程师 11 人,助理工程师及以下 5 人;博士后、博士 17 人,硕士 17 人,学士及以下 10 人;35 岁及以下 6 人,36 ～ 45 岁 14 人,46 ～ 55 岁 19 人,56 岁及以上 5 人。中共党员 28 人,民主建国会会员 1 人,九三学社社员 1 人。

2020 年 6 月,勘探院下发《关于撤销天然气地质研究所等机构的通知》,整合渗流流体力学研究所和采收率研究所的业务,组建提高采收率研究中心(中国科学院渗流流体力学研究所)。

2020 年 6 月,勘探院人事处下发《关于调部分员工到提高采收率研究中心(中科院渗流流体力学研究所)工作的通知》,调原渗流流体力学研究所董汉平等 29 人到提高采收率研究中心(中科院渗流流体力学研究所)工作;勘探院人事处下发《关于调部分员工到测井研究所工作的通知》,调原渗流流体力学研究所孙威等 4 人到测井研究所工作;勘探院人事处下发《关于调部分员工到气田开发研究所工作的通知》,调原渗流流体力学研究所叶礼友等 5 人到气田开发研究所工作;勘探院人事处下发《关于调部分员工到页岩气研究所工作的通知》,调原渗流流体力学研究所胡志明等 3 人到页岩气研究所工作;勘探院人事处下发《关于调部分员工到油田化学研究所工作的通知》,调原渗流流体力学研究所刘卫东到油田化学研究所工作。

2020 年 6 月,免去刘先贵渗流流体力学研究所所长职务,免去熊伟副所长职务。

2020 年 6 月,撤销渗流流体力学研究所党支部。免去刘先贵渗流流体力学研究所党支部副书记职务。

一、渗流流体力学研究所领导名录（2017.4—2020.6）

　　所　　　长　刘先贵（2017.4—2020.6）

　　副 所 长　赵玉集（2017.4—2020.3）

　　　　　　　熊　伟（2017.4—2020.6）

二、渗流流体力学研究所党支部领导名录（2017.4—2020.6）

　　书　　　记　赵玉集（2017.4—2020.3）

　　副 书 记　刘先贵（2017.4—2020.6）

第十三节　热力采油研究所
（2014.1—2020.12）

　　1989年5月，为适应我国稠油开发的需要，经总公司批复同意，在采油工程研究所热采研究室的基础上，成立热力采油研究所。

　　截至2013年12月31日，热力采油研究所主要职责是：

　　（一）负责稠油热采的基础理论、油藏工程和稠油地质等方面的研究工作，包括全国稠油开采技术综合性及规划决策研究、复杂稠油油藏开发方案及先导试验方案设计、热力采油技术的基础研究、稠油开采新方法和新工艺等重大技术研究、油田技术服务；

　　（二）负责发展稠油热采学科，提升稠油开发技术研发能力，提高稠油开发技术水平；

　　（三）配套和完善研究手段，发展实验新方法，培养稠油开发人才队伍。

　　热力采油研究所下设5个科室：所办公室、油藏工程研究室、综合研究室、热采实验室、热采工艺研究室。在册职工31人，其中：男职工21人，女职工10人；教授级高级工程师1人，高级工程师13人，工程师11人，助理工程师及以下6人；博士后、博士13人，硕士6人，学士及以下12人；35岁及以下9人，36～45岁10人，46～55岁12人。中共党员18人。

　　热力采油研究所领导班子由3人组成，王红庄任所长，李秀峦、蒋有伟任副所长。分工情况如下：王红庄负责全面工作，分管热采实验室；李秀峦负责党务、工会、青年工作站、职工培训和国际交流工作，分管油藏工程研究室和所办公室；蒋有伟负责热力采油研究所科研管理、安全、保密和国际合作工作，分管热采工艺研究室和综合研究室。

热力采油研究所党支部委员会由4人组成，李秀峦任党支部副书记，蒋有伟任组织委员，沈德煌任宣传委员，王红庄仕纪检委员。

2014年7月，李秀峦任热力采油研究所党支部书记。

2016年11月，王红庄任热力采油研究所党支部副书记。

2016年11月，热力采油研究所党支部委员会由5人组成，李秀峦任党支部书记，王红庄任党支部副书记兼纪检委员，席长丰任组织委员，关文龙任宣传委员，蒋有伟任青年委员。

截至2020年12月31日，热力采油研究所下设5个科室：办公室、油藏工程研究室、综合研究室、热采实验室、热采工艺研究室。在册职工36人，其中：男职工24人，女职工12人；教授级高级工程师4人，高级工程师12人，工程师10人，助理工程师及以下10人；博士后、博士17人，硕士12人，学士及以下7人；35岁及以下18人，36～45岁5人，46岁及以上13人。中共党员23人。

一、热力采油研究所领导名录（2014.1—2020.12）

　　所　　　长　王红庄（2014.1—2020.12）

　　副　所　长　李秀峦（女，2014.1—2020.12）

　　　　　　　　蒋有伟（2014.1—2020.12）

二、热力采油研究所党支部领导名录（2014.1—2020.12）

　　书　　　记　李秀峦（2014.7—2020.12）

　　副　书　记　李秀峦（2014.1—7）

　　　　　　　　王红庄（2016.11—2020.12）

第十四节　致密油研究所（2020.6—12）

2020年6月，为进一步实现多专业一体化协同研究，建立致密油、页岩油效益开发模式，促进公司致密油、页岩油持续规模有效开发，勘探院下发《关于成立致密油研究所的通知》，成立致密油研究所。

致密油研究所主要职责是：

（一）发展致密油、页岩油开发技术，建立效益开发模式；

（二）负责重点地区致密油、页岩油藏评价、地质工程一体化方案设计与实施研究；

（三）支撑集团公司致密油、页岩油规模效益开发，保障集团公司长期稳产和上产。

2020年6月，肖毓祥任致密油研究所所长，白斌任副所长。

2020年6月，成立致密油研究所党支部。肖毓祥任致密油研究所党支部书记。

致密油研究所领导班子由2人组成，肖毓祥任所长，白斌任副所长。分工情况如下：肖毓祥负责全面工作，负责党建群团、人事、财务、法规、资产、保密、宣传、QHSE、工会、青年工作站、所办公室工作；白斌负责科研、合同、培训、外事、档案管理工作。

致密油研究所党支部委员会由3人组成，肖毓祥任党支部书记，刘立峰任组织委员，白斌任纪检委员。

截至2020年12月31日，在册职工24人，其中：男职工14人，女职工10人；教授级高级工程师1人，高级工程师10人，工程师5人，助理工程师及以下8人；博士后、博士12人，硕士9人，学士及以下3人；35岁及以下13人，36～45岁4人，46～55岁7人。中共党员16人。

一、致密油研究所领导名录（2020.6—12）

所　　　长　肖毓祥（2020.6—12）

副　所　长　白　斌（2020.6—12）

二、致密油研究所党支部领导名录（2020.6—12）

书　　　记　肖毓祥（2020.6—12）

第十五节　海塔勘探开发研究中心
（2014.1—2017.4）

2008年9月，为贯彻落实集团公司党组扩大会议指示精神，积极参与海塔盆地增储上产工程建设，为大庆油田4000万吨持续稳产战略部署的顺利实施提供有力技术支持，勘探院决定成立海塔勘探开发研究中心，人员由勘探院本部、廊坊分院、西北分院抽调组成。

截至2013年12月31日，海塔勘探开发研究中心的主要职责是：

（一）开展低品位致密油藏勘探评价研究：包括区域勘探评价、油气成藏规律和模式研究、有利勘探目标和油气富集区块优选及评价井位部署等；

（二）开展低品位致密油藏勘探开发技术研究，开展海塔盆地油藏描述技术和开发调整技术研究；

（三）开发关键技术攻关研究，开展低品位油藏规模有效开发的关键技术研究；

（四）技术支撑和技术服务。

海塔勘探开发研究中心下设4个科室：中心办公室、油藏工程室、开发地质室、油藏评价室。在册职工15人，其中：男职工9人，女职工6人；教授级高级工程师1人，高级工程师5人，工程师4人，助理工程师及以下5人；博士后、博士7人，硕士6人，学士及以下2人；35岁及以下8人，36～45岁2人，46岁及以上5人。中共党员10人。

海塔勘探开发研究中心领导班子由3人组成，李莉任主任，张爱卿、肖毓祥任副主任。分工情况如下：李莉负责全面工作，分管科研、财务、人事；张爱卿负责党务、安全、保密、宣传工作；肖毓祥协助主任负责科研工作。

海塔勘探开发研究中心临时党支部委员会由5人组成，张爱卿任党支部书记，李莉任组织委员，肖毓祥任宣传委员，杨志祥任纪检委员，甘俊奇任青年委员。

2016年2月，海塔勘探开发研究中心临时党支部更名为海塔勘探开发研究中心党支部，张爱卿任党支部书记。

2016年11月，李莉任海塔勘探开发研究中心党支部副书记。

调整后，海塔勘探开发研究中心党支部委员会由5人组成，张爱卿任党支部书记，李莉任党支部副书记，肖毓祥任组织委员，任康绪任宣传委员，吴忠宝任纪检委员。

2017年4月，勘探院决定撤销海塔勘探开发研究中心，归并到油气开发计算机软件工程研究中心，并更名为数模与软件中心。免去李莉海塔勘探开发研究中心主任职务，免去张爱卿、肖毓祥副主任职务。

2017年4月，撤销海塔勘探开发研究中心党支部。免去张爱卿海塔勘探开发研究中心党支部书记职务，免去李莉党支部副书记职务。

截至2017年4月12日，海塔勘探开发研究中心下设4个科室：中心办公室、油藏工程室、开发地质室、油藏评价室。在册职工22人，其中：男职工13人，女职工9人；教授级高级工程师2人，高级工程师5人，工程师10人，助理工程师5人；博士后、博士11人，硕士11人；35岁及以下15人，36～45岁3人，46～55岁4人。中共党员17人。

一、海塔勘探开发研究中心领导名录（2014.1—2017.4）

    主　　　　任　李　莉（女，2014.1—2017.4）

    副　主　任　张爱卿（2014.1—2017.4）

              肖毓祥（2014.1—2017.4）

二、海塔勘探开发研究中心临时党支部领导名录（2014.1—2016.2）

    书　　　　记　张爱卿（2014.1—2016.2）

三、海塔勘探开发研究中心党支部领导名录（2016.2—2017.4）

    书　　　　记　张爱卿（2016.2—2017.4）

    副　书　记　李　莉（2016.11—2017.4）

第十六节　鄂尔多斯分院（2014.1—2017.4）

2001 年 11 月，股份公司下发《关于同意组建中国石油天然气股份有限公司勘探开发研究院鄂尔多斯分院的批复》，同意组建勘探院鄂尔多斯分院，级别为处级。2002 年 1 月，勘探院下发《关于成立鄂尔多斯分院筹备组的通知》，设立鄂尔多斯分院筹备组。2002 年 3 月，勘探院下发《关于成立鄂尔多斯分院筹备组的通知》，正式成立鄂尔多斯分院，设院长 1 人，副院长 2 ～ 3 人，总工程师 1 ～ 2 人，定员 15 人。

截至 2013 年 12 月 31 日，鄂尔多斯分院主要职责是：

（一）负责鄂尔多斯盆地西部边缘风险勘探、油气预探研究；

（二）负责苏里格气田提高采收率及开发方案研究，鄂尔多斯盆地致密气评价研究；

（三）复杂类型天然气藏开发配套技术，天然气业务发展决策支持体系。

鄂尔多斯分院下设 8 个科室：项目管理室、油气勘探室、油气田地质室、油气田开发室、油气藏评价室、苏里格研究室、综合办公室、鄂尔多斯分院项目部。在册职工 43 人，其中：男职工 27 人，女职工 16 人；教授级高级工程师 1 人，高级工程师 16 人，工程师 19 人，助理工程师及以下 7人；博士后、博士 25 人，硕士 10 人，学士及以下 8 人；35 岁及以下 23 人，36 ～ 45 岁 10 人，46 岁及以上 10 人。中共党员 32 人。

鄂尔多斯分院领导班子由 5 人组成，贾爱林任院长，郭彦如、何东博、王凤江任副院长，李成在任总工程师。分工情况如下：贾爱林主持全面工作，分管综合办公室、鄂尔多斯分院项目部；郭彦如主管勘探，负责软件设备、规章制度建设、学术交流，分管油气勘探室；何东博主管开发、人才培养、研究生管理和档案管理，分管油气田地质室、油气田开发室、油气藏评价室、苏里格研究室；王凤江主管硬件设备，协助主管院长工作；李成在负责外聘职工的管理。

鄂尔多斯分院党支部委员会由 6 人组成，贾爱林任党支部书记，郭彦如任党支部副书记，韩品龙任组织委员，冀光任宣传委员，徐旺林任纪检委员，赵昕任青年委员。

2014 年 7 月，郭彦如任鄂尔多斯分院党支部书记，免去贾爱林党支部书记职务。

2014 年 9 月，免去王凤江鄂尔多斯分院副院长职务。

2015 年 1 月，鄂尔多斯分院领导班子由 4 人组成，贾爱林任院长，郭彦如、何东博任副院长，李成在任总工程师。分工情况如下：贾爱林负责全面工作；郭彦如分管勘探项目的科研，主管设备（软件和硬件）、规章制度建设、学术交流；何东博主管开发项目科研、人才培养、研究生管理和档案管理；李成在负责分院外聘职工的管理。

鄂尔多斯分院党支部委员会由 6 人组成，郭彦如任党支部书记，甯波任组织委员，冀光任宣传委员，徐旺林任纪检委员，赵振宇任保密委员，金亦秋任青年委员。

2016 年 11 月，贾爱林任鄂尔多斯分院党支部副书记。

调整后，鄂尔多斯分院党支部委员会由 5 人组成，郭彦如任党支部书记，贾爱林任党支部副书记，赵振宇任组织委员，金亦秋任宣传委员，甯波任纪检委员。

截至 2017 年 3 月 31 日，鄂尔多斯分院下设 9 个科室：综合办公室、项目管理室、油气勘探室、油气田地质室、油气田开发室、油气藏评价室、苏里格研究室、海外天然气研究室、鄂尔多斯分院项目部。在册职工 50 人，其中：男职工 35 人，女职工 15 人；教授级高级工程师 3 人，高级工程师 18 人，工程师 18 人，助理工程师及以下 11 人；博士后、博士 28 人，硕士 16 人，学士及以下 6 人；35 岁及以下 23 人，36～45 岁 18 人，46～55 岁 9 人。中共党员 40 人。

2017 年 4 月，根据《关于中共中国石油勘探开发研究院直属基层党组织调整及设置情况的通知》文件精神，勘探院决定按照"一院两区"模式优化和调整勘探院基层党组织，撤销鄂尔多斯分院党支部，免去郭彦如鄂尔多斯分院党支部书记职务，免去贾爱林党支部副书记职务。

2017 年 4 月，勘探院下发《关于中国石油勘探开发研究院直属机构调整的通知》，撤销鄂尔多斯分院。免去贾爱林鄂尔多斯分院院长职务，免去郭彦如、何东博副院长职务。

一、鄂尔多斯分院领导名录（2014.1—2017.4）

院　　　长　贾爱林（2014.1—2017.4）

副　院　长　郭彦如（2014.1—2017.4）

何东博（2014.1—2017.4）

王凤江（2014.1—9）

总 工 程 师　李成在（2014.1—2016.12，退休）

二、鄂尔多斯分院党支部领导名录（2014.1—2017.4）

书　　　记　贾爱林（2014.1—7）

郭彦如（2014.7—2017.4）

副　书　记　郭彦如（2014.1—7）

贾爱林（2016.11—2017.4）

第十七节　气田开发研究所
（2017.4—2020.12）

2017 年 4 月，根据股份公司《关于勘探开发研究院组织机构设置方案的批复》，勘探院对 39 个直属机构和廊坊分院所属 15 个直属机构按照 "一院两区" 模式进行优化和重组；将原鄂尔多斯分院开发人员、原廊坊分院天然气开发研究所部分人员合并，组成气田开发研究所。

气田开发研究所主要职责是：

（一）负责公司重点气区的开发评价、开发技术攻关、开发方案编制、气田稳产与提高采收率等研究工作，为公司天然气效益开发提供技术支撑；

（二）负责发挥气田开发理论技术创新引领作用，建立不同类型气田开发模式、开发数据库、经济评价体系和相关技术标准，成为国内天然气开发理论创新者、前沿技术研发者和大型气田开发方案设计者。

气田开发研究所下设 13 个科室、1 个项目部：气田地质一室、气田地质二室、气田开发一室、气田开发二室、气藏评价室、气藏动态室、开发实验室、苏里格研究室、数值模拟室、开发地球物理室、经济评价室、提高采收率室、综合办公室、鄂尔多斯项目部。

2017年4月，贾爱林任气田开发研究所所长，郭彦如、韩永新任副所长。

2017年4月，成立气田开发研究所党支部。郭彦如任气田开发研究所党支部书记，贾爱林任党支部副书记。

气田开发研究所领导班子由3人组成，贾爱林任所长，郭彦如、韩永新任副所长。分工情况如下：贾爱林负责全面工作，负责所内学术委员会、安全、环保、保密、财务、人员等重大事项的组织，负责国家与公司重大科技项目、长庆项目的协调与组织，分管气田地质一室、气田地质二室、气田开发一室、气田开发二室、气藏评价室、综合办公室、鄂尔多斯项目部；郭彦如负责党务、工会、青年工作站工作，分管职工劳动纪律考核、企管法规、档案管理、安全和HSE工作；韩永新负责科研工作，分管职工培训、科研保密、重点实验室的建设与管理、塔里木项目的协调与管理、廊坊院区所内日常全面管理工作，分管气藏动态室、开发实验室、苏里格研究室、数值模拟室、开发地球物理室、经济评价室、提高采收率室。

气田开发研究所党支部委员会由7人组成，郭彦如任党支部书记，贾爱林任党支部副书记，甯波任组织委员，金亦秋任宣传委员，韩永新任纪检委员，黄伟岗任青年委员，万玉金任保密委员。

2017年12月，位云生任气田开发研究所副所长。

截至2017年12月31日，气田开发研究所在册职工78人，其中：男职工52人，女职工26人；教授级高级工程师3人，高级工程师35人，工程师30人，助理工程师及以下10人；博士、博士后38人，硕士27人，学士及以下13人；35岁及以下30人，36～45岁27人，46～55岁21人。中共党员54人。

气田开发研究所领导班子由4人组成，贾爱林任所长，郭彦如、韩永新、位云生任副所长。分工情况如下：贾爱林负责全面工作，负责所内学术委员会、安全、环保、保密、财务、人员等重大事项的组织，负责国家与公司重大科技项目、长庆项目的协调与组织，分管综合办公室、鄂尔多斯项目部；位云生负责天然气开发国家项目的执行、所内软硬件设备的引进与管理、下所研究生（含博士后）的管理、学术交流与人才引进，重要材料编写及人员与技术的组织，青海及其他非四大气区项目的协调与管理，分管气田地质一室、气田地质二室、气田开发一室、气田开发二室、气藏评价室；其他领导分工同 2017 年 4 月调整时。

2018 年 4 月，气田开发研究所党支部委员会由 7 人组成，郭彦如任党支部书记，贾爱林任党支部副书记，甯波任组织委员，王泽龙任宣传委员，韩永新任纪检委员，路琳琳任青年委员，黄伟岗任保密委员。

2018 年 7 月，领导班子分工调整：贾爱林所长负责全面工作，分管综合办公室、鄂尔多斯项目部；其他领导分工不变。

2020 年 6 月，何东博任气田开发研究所所长、党支部副书记，免去贾爱林所长、党支部副书记职务，免去郭彦如副所长、党支部书记职务。

2020 年 6 月，为进一步贯彻落实集团公司人事劳动分配制度改革，勘探院决定，撤销油气开发战略规划研究所，气田开发、经济评价相关业务及人员划归气田开发研究所；整合渗流流体力学研究所和采收率研究所的业务过程中，致密气业务及人员并入气田开发研究所。

2020 年 7 月，气田开发研究所领导班子由 3 人组成，何东博任所长，韩永新、位云生任副所长。分工情况如下：何东博负责全面工作，主管人事、财务、法规、外事、党务、学术委员会等工作，分管工会、青年工作站、安全环保、保密工作；韩永新负责廊坊院区所内日常管理，负责所内职工培训、学科和信息化建设、重点实验室的建设与管理，分管企管法规、档案、安全和 HSE 工作、重点气区、重大科研项目组织与运行；位云生负责科研工作组织、软硬件设备的引进与管理、知识产权管理，负责研究生（含博士后）的管理、学术交流与人才引进，分管重大科研项目组织与运行、重要材料编写及人员与技术的组织。

2020 年 11 月，魏铁军任气田开发研究所党支部副书记。魏铁军协助党支部书记做好所内党务、工会、青年工作站工作，派驻鄂尔多斯盆地研究中心，负责气田开发所与鄂尔多斯盆地研究中心的协调工作、党风廉政建设和监督检查工作；其他领导分工不变。

截至 2020 年 12 月 31 日，气田开发研究所在册职工 71 人，其中：男职工 46 人，女职工 25 人；教授级高级工程师 1 人，高级工程师 44 人，工程师 20 人，助理工程师及以下 6 人；博士及博士后 30 人，硕士 31 人，学士及以下 10 人；35 岁及以下 19 人，36～45 岁 30 人，46～55 岁 21 人，56 岁及以上 1 人。中共党员 42 人，民盟盟员 1 人。

一、气田开发研究所领导名录（2017.4—2020.12）

所　　　长　贾爱林（2017.4—2020.6，进入专家岗位）

何东博（2020.6—12）

副　所　长　郭彦如（2017.4—2020.6，退出领导岗位）

韩永新（2017.4—2020.12）

位云生（2017.12—2020.12）

二、气田开发研究所党支部领导名录（2017.4—2020.12）

书　　　记　郭彦如（2017.4—2020.6）

副　书　记　贾爱林（2017.4—2020.6）

何东博（2020.6—12）

魏铁军（2020.11—12）

三、气田开发研究所享受处级待遇领导名录（2017.4—2020.12）

副处级待遇　周兆华（2017.4—2020.12）

第十八节　地下储库研究所—地下储库研究中心（储气库库容评估分中心）（2017.4—2020.12）

2017 年 4 月，勘探院下发《关于中国石油勘探开发研究院直属机构调整的通知》，将廊坊分院地下储库设计与工程技术研究中心更名为地下储库研究所，改列勘探院科研单位序列。

截至 2017 年 4 月 11 日，地下储库研究所主要职责是：

（一）负责地下储气库发展战略与规划研究工作，维护储气库信息化管理平台；

（二）负责盐穴型储气库建库与评价技术攻关、盐穴造腔的基础理论与实验方法研究、造腔方案的编制、注气排卤跟踪分析等工作；

（三）负责枯竭油气藏与含水层型地下储库目标的建设方案设计、运行优化方案设计、储气库气藏工程方法理论研究和中石油储气库运行动态跟踪评价等工作；

（四）负责油气藏型、盐穴型、含水层型各类储气库库址目标评价与选址研究工作；

（五）负责集团公司储库重点实验室的运行、管理工作；

（六）负责油气藏型、盐穴型、含水层型各类储气库建库与运行的实验设备研发与技术攻关工作。

地下储库研究所下设 6 个科室：综合管理室、战略与规划室、选区与评价室、方案与动态室、盐穴评价室、工程实验室。在册职工 29 人，其中：男职工 19 人，女职工 10 人；高级工程师 10 人，工程师 16 人，助理工程师及以下 3 人；博士后、博士 13 人，硕士 11 人，学士及以下 5 人；35 岁及以下 17 人，36～45 岁 4 人，46 岁及以上 8 人。中共党员 24 人。

2017 年 4 月，郑得文任地下储库研究所所长，丁国生、王皆明任副所长。

2017 年 4 月，廊坊分院地下储库设计与工程技术研究中心党支部更名为地下储库研究所党支部。丁国生任地下储库研究所党支部书记，郑得文任党支部副书记。

调整后，地下储库研究所领导班子由 3 人组成，郑得文任所长，丁国生、王皆明任副所长。分工情况如下：郑得文负责全面工作，分管综合管理室、战略与规划室；丁国生负责党务、工会工作，分管选区与评价室、盐穴评价室；王皆明分管方案与动态室、工程实验室。

地下储库研究所党支部委员会由 5 人组成，丁国生任党支部书记，郑得文任党支部副书记兼纪检委员，王皆明任组织委员，郑雅丽任宣传委员，完颜祺琪任青年委员。

2019 年 2 月，地下储库研究所领导班子由 3 人组成，郑得文任所长，丁国生、王皆明任副所长。分工情况如下：郑得文负责全面工作，分管综合管理室、战略与规划室、库存评价室；丁国生负责党务、工会工作，分管实验技术室、盐穴评价室；王皆明分管气藏工程室、地质评价室。

2019 年 9 月，根据集团公司《关于成立中国石油天然气集团有限公司储气库评估中心有关事项的通知》，经研究决定，地下储库研究所加挂"集团公司储气库库容评估分中心"牌子。

2020年6月，免去郑得文地下储库研究所所长职务。

2020年6月，根据勘探院《关于非常规研究所等机构更名的通知》，地下储库研究所更名为地下储库研究中心（储气库库容评估分中心）。丁国生任地下储库研究中心（储气库库容评估分中心）主任，免去其地下储库研究所副所长职务；王皆明、完颜祺琪任地下储库研究中心（储气库库容评估分中心）副主任，免去王皆明地下储库研究所副所长职务。

2020年6月，地下储库研究所党支部更名为地下储库研究中心（储气库库容评估分中心）党支部。丁国生任地下储库研究中心（储气库库容评估分中心）党支部书记，免去其地下储库研究所党支部书记职务；免去郑得文地下储库研究所党支部副书记职务。

2020年7月，地下储库研究中心（储气库库容评估分中心）领导班子由3人组成，丁国生任主任，王皆明、完颜祺琪任副主任。分工情况如下：丁国生负责全面工作，分管综合管理室、战略规划室和实验技术室；王皆明分管气藏工程室、地质评价室；完颜祺琪分管盐穴评价室和库存评估室。

2020年10月，地下储库研究中心（储气库库容评估分中心）党支部委员会由5人组成，丁国生任党支部书记，唐立根任组织委员，李春任宣传委员，完颜祺琪任纪检委员，王皆明任群工委员。

截至2020年12月31日，地下储库研究中心（储气库库容评估分中心）下设8个科室：综合办公室、盐穴评价部、库存评估部、气藏工程部、战略规划部、选址评价部、实验技术部、钻采工程部。在册职工34人，其中：男职工22人，女职工12人；高级工程师22人，工程师11人，助理工程师及以下1人；博士后、博士13人，硕士15人，学士及以下6人；35岁及以下11人，36～45岁15人，46岁及以上8人。中共党员26人。

一、地下储库研究所（2017.4—2020.6）

（一）地下储库研究所领导名录（2017.4—2020.6）

　　所　　　长　郑得文（2017.4—2020.6，进入专家岗位）

　　副 所 长　丁国生（2017.4—2020.6）

　　　　　　　　王皆明（2017.4—2020.6）

（二）地下储库研究所党支部领导名录（2017.4—2020.6）

　　书　　记　丁国生（2017.4—2020.6）

　　副 书 记　郑得文（2017.4—2020.6）

二、地下储库研究中心（储气库库容评估分中心）（2020.6—12）

（一）地下储库研究中心（储气库库容评估分中心）领导名录
（2020.6—12）

　　主　　任　丁国生（2020.6—12）

　　副 主 任　王皆明（2020.6—12）

　　　　　　　完颜祺琪（满族，2020.6—12）

（二）地下储库研究中心（储气库库容评估分中心）党支部领导名录
（2020.6—12）

　　书　　记　丁国生（2020.6—12）

第十九节　非常规研究所—页岩气研究所
（2017.4—2020.12）

　　2017 年 4 月，按照股份公司《关于勘探开发研究院组织机构设置方案的批复》，勘探院整合原廊坊分院煤层气勘探开发研究所的全部业务和新能源研究所的非常规业务，成立非常规研究所。

　　非常规研究所主要职责是：

　　（一）负责集团公司（股份公司）煤层气、页岩（油）气等非常规油气领域研究；

　　（二）开展资源评价与经济有效开发目标筛选，编制战略规划、重大勘探部署与开发方案；

　　（三）建立非常规油气地质与开发理论，创新勘探开发评价技术；

　　（四）建设国家和集团公司非常规重点实验室，支撑集团公司（股份公司）非常规油气业务发展。

　　2017 年 4 月，孙粉锦任非常规研究所所长，何东博、李五忠、穆福元任副所长。

2017年4月，成立非常规研究所党支部。何东博任非常规研究所党支部书记，孙粉锦任党支部副书记。

非常规研究所领导班子由4人组成，孙粉锦任所长，何东博、李五忠、穆福元任副所长。分工情况如下：孙粉锦负责全面工作；何东博负责党务工作，负责党支部、工会、青年工作站工作，分管规划室、综合室；李五忠负责所科研工作，分管煤层气勘探室、实验室；穆福元负责煤层气开发业务，分管煤层气开发室。

2017年12月，王红岩任非常规研究所所长、党支部副书记，免去孙粉锦所长、党支部副书记职务。

2017年12月，董大忠任非常规研究所副所长，免去李五忠副所长职务。

截至2017年12月31日，非常规研究所下设5个科室：综合室、规划室、煤层气勘探室、实验室、煤层气开发室。在册职工32人，其中：男职工20人，女职工12人；教授级高级工程师2人，高级工程师13人，工程师14人，助理工程师及以下3人；博士后、博士16人，硕士9人，学士及以下7人；35岁及以下10人，36～45岁10人，46～55岁12人。中共党员25人。

2018年6月，免去何东博非常规研究所副所长、党支部书记职务。

调整后，非常规研究所领导班子由3人组成，王红岩任所长，董大忠、穆福元任副所长。分工情况如下：王红岩负责所党政全面工作，主管科研生产、安全保密、组织、干部、人事劳资、财务资产和业绩指标等工作，分管综合研究室、非常规成藏室；董大忠负责页岩气业务、实验室建设、科研信息管理、学科建设、QHSE管理体系和档案管理等工作，分管页岩气勘探室、页岩气开发室和非常规实验室；穆福元负责煤层气业务、非常规规划、国际合作和技术培训等工作，分管煤层气勘探室、煤层气开发室和非常规规划室。

非常规研究所党支部委员会由7人组成，王红岩任党支部副书记，刘德勋任组织委员，陈振宏任宣传委员，赵群任纪检委员，武瑾任青年委员，董大忠任保密委员，穆福元任统战委员。

2020年6月，非常规研究所更名为页岩气研究所。王红岩任页岩气研究所所长，免去其非常规研究所所长职务；赵群、张晓伟任页岩气研究所副所长；免去董大忠、穆福元非常规研究所副所长职务。

2020年6月，非常规研究所党支部更名为页岩气研究所党支部。王红岩任页岩气研究所党支部书记，免去其非常规研究所党支部副书记职务。

页岩气研究所主要职责是：

（一）负责集团公司（股份公司）页岩气领域研究；

（二）开展资源评价与经济有效开发目标筛选，编制战略规划、重大勘探部署与开发方案；

（三）建立页岩气地质与开发理论，创新勘探开发评价技术；

（四）建设国家和集团公司非常规重点实验室，支撑集团公司（股份公司）非常规油气业务发展。

页岩气研究所领导班子由3人组成，王红岩任所长，赵群、张晓伟任副所长。分工情况如下：王红岩负责全面工作，主管科研生产、安全保密、组织、干部、人事劳资、财务资产和业绩指标等工作，分管办公室；赵群负责页岩气勘探业务、科研信息管理、学科建设和档案管理等工作，分管成藏研究室、勘探评价室、开发地质研究室、规划研究室；张晓伟负责页岩气开发业务、实验室建设、QHSE管理体系、国际合作和技术培训等工作，分管开发方案研究室、开发动态研究室、实验室。

页岩气研究所党支部委员会由5人组成，王红岩任党支部书记，李贵中任组织委员，武瑾任宣传委员兼青年委员，赵群任纪检委员，张晓伟任保密委员。

截至2020年12月31日，页岩气研究所下设8个科室：办公室、成藏研究室、勘探评价室、开发地质研究室、规划研究室、开发方案研究室、开发动态研究室、实验室。在册职工40人，其中：男职工27人，女职工13人；教授级高级工程师2人，高级工程师24人，工程师13人，助理工程师及以下1人；博士后、博士20人，硕士12人，学士及以下8人；35岁及以下12人，36～45岁19人，46～55岁8人，56岁及以上1人。中共党员30人。

一、非常规研究所（2017.4—2020.6）

（一）非常规研究所领导名录（2017.4—2020.6）

　　　所　　　长　　孙粉锦（2017.4—12）

　　　　　　　　　　王红岩（2017.12—2020.6）

　　副　所　长　何东博（2017.4—2018.6）

　　　　　　　　董大忠（2017.12—2020.6，退出领导岗位）

　　　　　　　　李五忠（2017.4—12）

　　　　　　　　穆福元（2017.4—2020.6）

（二）非常规研究所党支部领导名录（2017.4—2020.6）

　　书　　　记　何东博（2017.4—2018.6）

　　副　书　记　孙粉锦（2017.4—12）

　　　　　　　　王红岩（2017.12—2020.6）

二、页岩气研究所（2020.6—12）

（一）页岩气研究所领导名录（2020.6—12）

　　所　　　长　王红岩（2020.6—12）

　　副　所　长　赵　群（2020.6—12）

　　　　　　　　张晓伟（2020.6—12）

（二）页岩气研究所党支部领导名录（2020.6—12）

　　书　　　记　王红岩（2020.6—12）

第二十节　煤层气研究所（2020.6—12）

　　2020年6月，为进一步加强煤层气相关领域开发支持与研究，勘探院下发《关于成立煤层气研究所的通知》，整合全院从事煤层气、煤炭地下气化研究资源，成立煤层气研究所。

　　煤层气研究所主要职责是：

　　（一）负责公司煤层气、煤炭地下气化等领域理论与技术研究；

　　（二）负责开展煤层气、煤炭地下气化资源评价与经济有效开发目标筛选，编制战略规划、重大勘探部署与开发方案；

　　（三）负责开展煤炭地下气化燃烧控制机理研究，形成中深层地下原位煤气化一体化控制技术体系；

　　（四）负责筹建煤炭地下气化重点实验室，支撑公司重要业务发展。

2020 年 6 月，孙粉锦任煤层气研究所所长，陈艳鹏、李五忠、穆福元任副所长。

2020 年 6 月，成立煤层气研究所党支部。孙粉锦任煤层气研究所党支部书记。

煤层气研究所领导班子由 4 人组成，孙粉锦任所长，李五忠、穆福元、陈艳鹏任副所长。分工情况如下：孙粉锦主持全面工作，主管党建群团、人事、财务、法规和质量安全环保等工作，分管综合研究室；李五忠负责煤层气勘探工作，协管党务、工会、团青、宣传、企业文化、计划生育等工作，分管煤层气勘探室、实验室；穆福元负责煤层气开发工作，主管廉政建设、科技文献、知识产权、档案文献、煤层气专业学组和技术培训等工作，分管煤层气开发室、规划室；陈艳鹏负责煤炭地下气化工作，主管科研管理、成果管理、信息化、国际合作、外事等工作，分管煤炭地下气化勘探室、煤炭地下气化开发室和煤炭地下气化工艺室，协助管理实验室。

煤层气研究所党支部委员会由 5 人组成，孙粉锦任党支部书记，李五忠任组织委员，陈艳鹏任宣传委员，穆福元任纪检委员，刘颖任保密委员。

截至 2020 年 12 月 31 日，煤层气研究所下设 6 个科室：综合研究室、煤层气勘探室、煤层气开发室、规划室、实验室、煤炭地下气化项目组。在册职工 25 人，其中：男职工 15 人，女职工 10 人；教授级高级工程师 1 人，高级工程师 12 人，工程师 12 人；博士后、博士 11 人，硕士 10 人，学士及以下 4 人；35 岁及以下 10 人，36～45 岁 12 人，46～55 岁 3 人。中共党员 20 人。

一、煤层气研究所领导名录（2020.6—12）

所　　　长　孙粉锦（2020.6—12）

副 所 长　李五忠（2020.6—12）

　　　　　　穆福元（2020.6—12）

　　　　　　陈艳鹏（2020.6—12）

二、煤层气研究所党支部领导名录（2020.6—12）

书　　　记　孙粉锦（2020.6—12）

第二十一节　采油工程研究所—采油采气工程研究所
（2014.1—2020.12）

1978 年 9 月，石油勘探开发科学研究院正式成立，同时设立采油工艺研究所，人员编制 150 人。1980 年采油工艺研究所并入油气田开发研究所。1985 年 7 月，采油工程研究所成立。

截至 2013 年 12 月 31 日，采油工程研究所主要职责是：

（一）负责采油采气工程战略研究；

（二）负责重大采油采气工程方案设计；

（三）负责采油采气新工艺新技术新产品研究；

（四）负责采油采气基础理论和应用研究。

采油工程研究所下设 6 个科室：所办公室、综合规划研究室、机械采油研究室、采气工艺研究室、堵水调剖研究室、地应力与裂缝研究室。在册职工 50 人，其中：男职工 34 人，女职工 16 人；教授级高级工程师 6 人，高级工程师 25 人，工程师 15 人，助理工程师及以下 4 人；博士后、博士 25 人，硕士 17 人，学士及以下 8 人；35 岁及以下 16 人，36～45 岁 16 人，46～55 岁 15 人，56 岁及以上 3 人。中共党员 39 人。

采油工程研究所领导班子由 4 人组成，熊春明任所长，李文魁、张建军任副所长，周广厚任总工程师。分工情况如下：熊春明负责全面工作，主抓人事、财务、技术培训、采油采气重点实验室、国有资产管理工作，分管所办公室、堵水调剖研究室；李文魁负责党务工作、科研管理、国际合作、信息化、宣传、维稳工作，分管采气工艺研究室；张建军负责工会、安全保卫环保、计划生育、青年工作站工作，分管机械采油研究室、地应力与裂缝研究室；周广厚负责综合规划决策、保密、档案管理一路工作，分管综合规划研究室。

采油工程研究所党支部委员会由 6 人组成，李文魁任党支部书记，张建军任党支部副书记，李宜坤任组织委员，叶正荣任宣传委员，唐孝芬任纪检委员，金娟任青年委员。

2014年6月，杨贤友等4人由压裂酸化技术服务中心划归采油工程研究所，经勘探院人事劳资处批准，采油工程研究所成立储层保护与酸化研究室。

2014年11月，采油工程研究所党支部委员会由6人组成，李文魁任党支部书记，张建军任党支部副书记，才程任组织委员，金娟任宣传委员，刘猛任纪检委员，刘翔任青年委员。

2014年12月，免去李文魁采油工程研究所副所长职务。

2014年12月，张建军任采油工程研究所党支部书记，免去李文魁党支部书记职务。

调整后，采油工程研究所领导班子由3人组成，熊春明任处长，张建军任副所长，周广厚任总工程师。分工情况如下：熊春明负责全面工作，主抓人事、财务，分管采油采气重点实验室、所办公室、堵水调剖研究室、储层保护与酸化研究室；张建军负责党务、科研、工会、青年工作站、维稳工作，分管机械采油研究室、地应力与裂缝研究室、采气工艺研究室；周广厚负责综合规划决策、安全环保、保密、档案、国有资产、招议标、信息化、宣传工作，分管综合规划研究室。

2015年8月，采油工程研究所领导班子分工调整如下：熊春明负责全面工作，主管人事、财务、采油采气重点实验室、综合规划决策、安全环保、保密、宣传工作，分管所办公室、堵水调剖研究室、储层保护与酸化研究室、综合规划研究室；张建军负责党务、档案、国有资产、招议标、信息化、党务、科研、工会、青年工作站、维稳工作，分管机械采油研究室、地应力与裂缝研究室、采气工艺研究室；周广厚分工不变。

2015年12月，师俊峰任采油工程研究所所长助理（正科级），为所领导班子成员；免去周广厚总工程师职务。

2016年1月，采油工程研究所领导班子由3人组成，熊春明任所长，张建军任副所长，师俊峰任所长助理。分工情况如下：熊春明负责全面工作，主管人事、财务、职工培训与技术交流工作，分管所办公室、堵水调剖研究室、储层保护与酸化研究室；张建军负责党群与维稳、保密、档案、固定资产工作，分管地应力与裂缝研究室、采气工艺研究室；师俊峰负责科研、海外业务、安全环保与质量、招议标工作，分管综合规划研究室、机械采油研究室。

2016 年 5 月，采油工程研究所党支部委员会由 5 人组成，张建军任党支部书记，才程任组织委员，舒勇任宣传委员，熊春明任纪检委员，师俊峰任青年委员。

2017 年 4 月，采油工程研究所更名为采油采气工程研究所。采油采气工程研究所人员编制 60 人，其中领导职数 4 人。

采油采气工程研究所主要职责是：

（一）国内外采油采气工程战略与规划研究、重大采油采气工程方案设计与编制；

（二）机械采油、采气工艺、储气库注采工程、采油采气节能降耗、油气藏地质力学新理论、新技术、新工艺、新产品研究；

（三）提供采油采气工程技术服务、技术咨询与技术培训。

2017 年 4 月，张建军任采油采气工程研究所所长，李文魁、蒋卫东任采油采气工程研究所副所长，师俊峰任采油采气工程研究所所长助理（正科级）；免去熊春明兼任的采油工程研究所所长职务，免去张建军采油工程研究所副所长职务，免去师俊峰采油工程研究所所长助理职务。

2017 年 4 月，采油工程研究所党支部更名为采油采气工程研究所党支部。李文魁任采油采气工程研究所党支部书记；张建军任采油采气工程研究所党支部副书记，免去张建军采油工程研究所党支部书记职务。

调整后，采油采气工程研究所领导班子由 4 人组成，张建军任所长，李文魁、蒋卫东任副所长，师俊峰任所长助理。分工情况如下：张建军负责全面工作，主管人事、财务、职工培训工作，分管所办公室；李文魁负责党群与维稳、宣传、保密工作，分管党支部、工会、青年工作站；蒋卫东协助所长负责科研、海外业务（国际合作）、规划与决策支持、档案、技术交流、QHSE 工作，分管综合规划研究室、采油采气地质研究室；师俊峰协助所长负责信息化与标准化、计划与采购、资产与重点实验室，分管机械采油研究室、采气工艺研究室。

2017 年 6 月，采油采气工程研究所党支部委员会由 5 人组成，李文魁任党支部书记，张建军任党支部副书记，裴智超任组织委员，舒勇任宣传委员，师俊峰任纪检委员。

2017年12月，师俊峰任采油采气工程研究所副所长（正科级）。

2018年3月，采油采气工程研究所党支部委员会由5人组成，李文魁任党支部书记，张建军任党支部副书记，裘智超任组织委员，张义任宣传委员，师俊峰任纪检委员。

2019年1月，师俊峰任采油采气工程研究所副所长。

2020年8月，采油采气工程研究所党支部委员会由5人组成，李文魁任党支部书记，张建军任党支部副书记，张娜任组织委员，师俊峰任宣传委员，蒋卫东任纪检委员。

截至2020年12月31日，采油采气工程研究所下设5个科室：办公室、综合规划研究室、机械采油研究室、采气工艺研究室、采油采气地质研究室。在册职工40人，其中：男职工29人，女职工11人；正高级（含教授级）工程师4人，高级工程师23人，工程师10人，助理工程师及以下3人；博士后、博士18人，硕士15人，学士及以下7人；35岁及以下12人，36～45岁10人，46～55岁15人，56岁及以上3人。中共党员29人。

一、采油工程研究所（2014.1—2017.4）

（一）采油工程研究所领导名录（2014.1—2017.4）

所　　　长　熊春明（2014.1—2017.4）

副　所　长　张建军（正处级，2014.1—2017.4）

　　　　　　李文魁（苗族，2014.1—12）

总 工 程 师　周广厚（2014.1—2015.12，退休）

所 长 助 理　师俊峰（正科级，2015.12—2017.4）

（二）采油工程研究所党支部领导名录（2014.1—2017.4）

书　　　记　李文魁（苗族，2014.1—12）

　　　　　　张建军（2014.12—2017.4）

副 书 记　张建军（2014.1—12）

二、采油采气工程研究所（2017.4—2020.12）

（一）采油采气工程研究所领导名录（2017.4—2020.12）

所　　　长　张建军（2017.4—2020.12）

副　所　长　李文魁（苗族，2017.4—2020.12）

蒋卫东（2017.4—2020.12）

师俊峰（正科级，2017.12—2019.1；2019.1—2020.12）

所 长 助 理　师俊峰（正科级，2017.4—12）

（二）采油采气工程研究所党支部领导名录（2017.4—2020.12）

书　　　记　李文魁（苗族，2017.4—2020.12）

副 书 记　张建军（2017.4—2020.12）

第二十二节　采油采气装备研究所
（2014.1—2020.12）

1958 年 11 月，石油工业部石油科学研究院成立，分为石油地质研究和石油炼制研究两个部分，钻井机械室是地质研究部分四个研究室之一，也是采油采气装备研究所的前身。1971 年 8 月，石油化工科学研究院兼六二一厂成立初期，设石油机械规划研究所。1972 年 5 月，石油勘探开发规划研究院正式成立，成立初期设工艺装备室。1973 年 9 月，工艺装备室的石油机械规划研究业务划出单独成立机械装备室。1976 年 3 月，机械装备室与规划院直属单位北京石油机械厂合并成立石油机械规划研究所，主要职责是承担石油勘探、开发、钻井、采油装备的研究、设计、开发和综合发展规划研究。1978 年以后石油机械规划研究所转为石油机械研究所。

2006 年 9 月，按照股份公司《关于同意组建工程技术研究所和采油采气装备研究所的批复》文件精神，勘探院印发《关于组建成立采油采气装备研究所的通知》，以原石油机械研究所为基础，组建成立采油采气装备研究所。

截至 2013 年 12 月 31 日，采油采气装备研究所主要职责是：

（一）负责跟踪国内外油气开采技术发展趋势，为集团公司油气开采装备规划与发展提供决策支持；

（二）负责对事关全局的共性技术、重大关键技术和超前储备技术和装备进行创新研发；

（三）负责紧紧围绕中国石油勘探开发生产业务，对油气田生产中的瓶颈技术进行攻关研究。

采油采气装备研究所下设 7 个科室：办公室、完井技术研究室、井筒控制技术研究室、仿生工程研究室、采油机械研究室、综合研究室、实验室。在册职工 46 人，其中：男职工 38 人，女职工 8 人；教授级高级工程师 2 人，高级工程师 14 人，工程师 18 人，助理工程师及以下 12 人；博士 12 人，硕士 16 人，学士及以下 18 人；35 岁及以下 22 人，36 ~ 45 岁 11 人，46 ~ 55 岁 10 人，56 岁及以上 3 人。中共党员 30 人。

采油采气装备研究所领导班子由 3 人组成，裴晓含任所长，沈泽俊、李益良任副所长。分工情况如下：裴晓含负责全面工作，分管办公室、综合研究室、仿生工程研究室；沈泽俊负责科研工作，分管井筒控制技术研究室、采油机械研究室；李益良负责技术有型化、安全生产、工会工作，分管完井技术研究室和实验室。

采油采气装备研究所党支部委员会由 5 人组成，裴晓含任党支部书记，王新忠任组织委员，沈泽俊任宣传委员，李益良任纪检委员，孙福超任青年委员。

2015 年 11 月，根据赵文智院长关于加强海外工程技术支持的指示，成立海外技术支持研究室。

2016 年 10 月，采油采气装备研究所党支部委员会由 5 人组成，裴晓含任党支部书记，王新忠任组织委员，孙福超任宣传委员，李益良任纪检委员，沈泽俊任青年委员。

2017 年 4 月，张朝晖任采油采气装备研究所党支部书记，裴晓含任党支部副书记，免去裴晓含党支部书记职务。

2017 年 4 月，张朝晖任采油采气装备研究所副所长。

2017 年 6 月，根据业务整合和上级安排，采油机械研究室更名为采油装备研究室。

2018 年 6 月，免去裴晓含采油采气装备研究所所长、党支部副书记职务。

2020 年 3 月，李益良任采油采气装备研究所所长、党支部副书记。

2020 年 8 月，采油采气装备研究所党支部委员会由 5 人组成，张朝晖任党支部书记，李益良任党支部副书记，廖成龙任组织委员，俞佳庆任宣传委员，沈泽俊任纪检委员。

截至 2020 年 12 月 31 日，采油采气装备研究所下设 8 个科室：办公室、完井技术研究室、井筒控制技术研究室、仿生工程研究室、采油装备研究室、海外技术支持研究室、综合研究室、实验室。在册职工 44 人，其中：男职工 38 人，女职工 6 人；教授级高级工程师 2 名，高级工程师 27 名，工程师 5 名，助理工程师及以下 10 人；博士 16 人，硕士 16 人，学士及以下 12 人；35 岁及以下 15 人，36 ～ 45 岁 17 人，46 ～ 55 岁 8 人，56 岁及以上 4 人。中共党员 28 人。

一、采油采气装备研究所领导名录（2014.1—2020.12）

所　　　长　　裴晓含（2014.1—2018.6）

　　　　　　　李益良（2020.3—12）

副　所　长　　李益良（2014.1—2020.3）

　　　　　　　沈泽俊（2014.1—2020.12）

　　　　　　　张朝晖（女，2017.4—2020.12）

二、采油采气装备研究所党支部领导名录（2014.1—2020.12）

书　　　记　　裴晓含（2014.1—2017.4）

　　　　　　　张朝晖（2017.4—2020.12）

副　书　记　　裴晓含（2017.4—2018.6）

　　　　　　　李益良（2020.3—12）

第二十三节　压裂酸化技术服务中心—压裂酸化技术中心
（2017.4—2020.12）

2017 年 4 月，根据股份公司《关于勘探开发研究院组织机构设置方案的批复》文件精神，经研究决定，勘探院对 39 个直属机构和廊坊分院所属 15 个直属机构按照"一院两区"模式进行优化和重组。廊坊分院压裂酸化技术服务中心划归勘探院直接管理，名称保持不变。

压裂酸化技术服务中心主要职责是：

（一）面对国内外油气田储层改造的生产需要，从事压裂酸化应用基础理论、应用技术和新材料的研究攻关，解决技术瓶颈和生产难题；

（二）为决策部门提供综合性、长远性、战略性的压裂酸化技术信息与科学依据；

（三）为油气勘探与开发提出压裂酸化新理论、新方法、新技术和新材料；

（四）为国内外油气田提供技术服务、技术咨询和技术培训。

截至 2017 年 12 月 31 日，压裂酸化技术服务中心下设 8 个科室：办公室、规划研究室、压裂研究一室、压裂研究二室、压裂研究三室、酸化研究室、液体研究室、工程实验室。在册职工 64 人，其中，男职工：38 人，女职工 26 人；教授级高级工程师 2 人，高级工程师 26 人，工程师 22 人，助理工程师及以下 14 人；博士 11 人，硕士 36 人，学士及以下 17 人；35 岁及以下 27 人，36～45 岁 14 人，46 岁及以上 23 人。中共党员 41 人。

2017 年 4 月，王永辉、毕国强、管保山任压裂酸化技术服务中心副主任。

2017 年 4 月，毕国强任压裂酸化技术服务中心党支部书记。

压裂酸化技术服务中心领导班子由 3 人组成，毕国强、王永辉、管保山任副主任。分工情况如下：毕国强负责党务工作，主管安全环保、保密、工会、青年工作站工作，分管压裂研究一室、压裂研究三室；王永辉分管压裂研究二室、酸化研究室；管保山负责实验室管理、HSE 和认证认可工作，分管液体研究室和工程实验室。

压裂酸化技术服务中心党支部委员会由 4 人组成，毕国强任党支部书记，王永辉任组织委员，李素珍任宣传委员，翁定为任青年委员。

2017 年 12 月，王欣任压裂酸化技术服务中心主任，翁定为任副主任，免去毕国强、王永辉副主任职务。

2017 年 12 月，管保山任压裂酸化技术服务中心党支部书记，王欣任党支部副书记，免去毕国强党支部书记职务。

2018 年 4 月，才博任压裂酸化技术服务中心副主任。

2018 年 8 月，王永辉兼任压裂酸化技术服务中心副主任。

2018 年 9 月，卢拥军任压裂酸化技术服务中心副主任、党支部书记，免去管保山副主任、党支部书记职务。

2018 年 10 月，压裂酸化技术服务中心领导班子由 5 人组成，王欣任主任，卢拥军、王永辉、翁定为、才博任副主任。分工情况如下：王欣负责全面工作，分管财务、人事、行政、资产、安全等工作，分管办公室、地质工程一体化研究室；卢拥军负责党建、党风廉政建设和意识形态、产品研发和认证认可工作，分管液体研究室、油气藏改造重点实验室；王永辉负责页岩气改造技术攻关与发展，四川盆地中心相关工作，分管压裂研究二室、页岩气研发（实验）中心增产改造技术研发部；翁定为负责项目管理、科研条件、成果申报、知识产权、重复压裂液等技术攻关与发展工作，协助油气藏改造重点实验平台建设常务工作，分管规划研究室、压裂研究三室、致密油气研发中心压裂改造技术研发部；才博负责储层改造力学机理、致密油与深层改造技术攻关与发展，分管压裂研究一室、酸化酸压研究室、工程实验室。

2018 年 10 月，压裂酸化技术服务中心党支部委员会由 7 人组成，卢拥军任党支部书记，王欣任党支部副书记，翁定为任组织委员，高睿任宣传委员，才博任纪检委员，付海峰任青年委员，谢宇任保密委员。

2020 年 6 月，压裂酸化技术服务中心更名为压裂酸化技术中心；压裂酸化技术服务中心党支部更名为压裂酸化技术中心党支部。因机构更名，原压裂酸化技术服务中心领导班子成员转任为压裂酸化技术中心相应职务。

2020 年 10 月，压裂酸化技术中心党支部委员会由 5 人组成，卢拥军任党支部书记，王欣任党支部副书记，翁定为任组织委员，韩秀玲任宣传委员，才博任纪检委员。

截至 2020 年 12 月 31 日，压裂酸化技术中心下设 9 个科室：办公室、规划研究室、压裂研究一室、压裂研究二室、压裂研究三室、酸化研究室、地质工程一体化研究室、液体研究室、工程实验室。在册职工 58 人，其中：男职工 37 人，女职工 21 人；正高级（含教授级）工程师 2 人，高级工程师 31 人，工程师 22 人，助理工程师及以下 3 人；博士后、博士 13 人，硕士 32 人，学士及以下 13 人；35 岁及以下 19 人，36～45 岁 16 人，46～55 岁 19 人，56 岁及以上 4 人。中共党员 36 人，九三学社社员 1 人。

一、压裂酸化技术服务中心（2017.4—2020.6）

（一）压裂酸化技术服务中心领导名录（2017.4—2020.6）

　　主　　任　王　欣（女，2017.12—2020.6）

　　副　主　任　毕国强（2017.4—12）

　　　　　　　　王永辉（2017.4—12；兼任，2018.8—2020.6）

　　　　　　　　管保山（2017.4—2018.9）

　　　　　　　　卢拥军（2018.9—2020.6）

　　　　　　　　翁定为（2017.12—2020.6）

　　　　　　　　才　博（2018.4—2020.6）

（二）压裂酸化技术服务中心党支部领导名录（2017.4—2020.6）

　　书　　记　毕国强（2017.4—12）

　　　　　　　　管保山（2017.12—2018.9）

　　　　　　　　卢拥军（2018.9—2020.6）

　　副　书　记　王　欣（2017.12—2020.6）

二、压裂酸化技术中心（2020.6—12）

（一）压裂酸化技术中心领导名录（2020.6—12）

　　主　　任　王　欣（2020.6—12）

　　副　主　任　卢拥军（2020.6—12）

　　　　　　　　王永辉（2020.6—12）

　　　　　　　　翁定为（2020.6—12）

　　　　　　　　才　博（2020.6—12）

（二）压裂酸化技术中心党支部领导名录（2020.6—12）

　　书　　记　卢拥军（2020.6—12）

　　副　书　记　王　欣（2020.6—12）

第二十四节　油田化学研究所
（2014.1—2020.12）

1984年，北京石油化工科学研究院油田化学研究室划归石油勘探开发科学研究院。1986年3月，油田化学研究室更名为油田化学研究所。

油田化学研究所专门从事油田用聚合物、表面活性剂、堵水调剖剂、破乳剂等油田化学品的开发，为中石油国内外各油田提供技术咨询和服务。

截至2013年12月31日，油田化学研究所的主要职责是：

（一）负责三次采油用表面活性剂和聚合物的研制，并参与油田化学驱现场试验工作；

（二）从事特殊油气藏相关化学剂和配套工艺技术与标准的研究及应用；

（三）从事油井清防蜡剂、防砂剂、原油破乳剂的研发；

（四）从事油田污水处理剂及处理工艺的研发；

（五）负责油田化学剂的质量监督检验、产品质量认证、纠纷仲裁及相关标准的制定。

油田化学研究所下设7个科室：办公室、聚合物研究室、表面活性剂研究室、特殊油气藏化学研究室、集输化学剂研究室、水处理研究室、油田化学剂质量监督检验中心。在册职工36人，其中：男职工24人，女职工12人；教授级高级工程师3人，高级工程师18人，工程师8人，助理工程师及以下7人；博士后、博士14人、硕士7人，学士及以下15人；35岁及以下9人，36～45岁10人，46～55岁11人，56岁及以上6人。中共党员22人。

油田化学研究所领导班子由3人组成，欧阳坚任所长，罗健辉任副所长，赵振兴任总工程师。分工情况如下：欧阳坚负责全面工作；罗健辉负责党务、工会及行政管理工作；赵振兴负责科研生产管理工作。

油田化学研究所党支部委员会由4人组成，罗健辉任党支部书记，朱卓岩任组织委员，郭东红任宣传委员，欧阳坚任纪检委员。

2016年10月，耿东士任油田化学研究所副所长。

2016年11月，欧阳坚任油田化学研究所党支部副书记。

2016年11月，油田化学研究所党支部委员会由5人组成，罗健辉任党支部书记，欧阳坚任副书记，彭宝亮任组织委员，侯庆锋任宣传委员，马君涵任青年委员。

2017年4月，罗健辉任油田化学研究所所长、党支部副书记，免去罗健辉党支部书记职务；卢拥军任油田化学研究所副所长、党支部书记；免去欧阳坚油田化学研究所所长、党支部副书记职务。

2017年5月，油田化学研究所党支部委员会由5人组成，卢拥军任党支部书记，罗健辉任副书记兼纪检委员，彭宝亮任组织委员，侯庆锋任宣传委员，马君涵任青年委员。

2017年6月，根据勘探院专业重组和综合改革要求，新成立井筒化学研究室、油田化学开发工程研究室和堵水调剖化学研究室，表面活性剂研究室和聚合物研究室合并成为驱油化学研究室，油气集输及水处理研究室更名为采出液化学研究室，特殊油气藏化学研究室更名为纳米技术与新材料研究室。调整后设8个科室：所办公室、纳米技术与新材料研究室、驱油化学研究室、采出液化学研究室、油田化学剂质量监督检验中心、堵水调剖化学研究室、油田化学开发工程研究室、井筒化学研究室。

2018年3月，油田化学研究所党支部委员会由7人组成，卢拥军任党支部书记，罗健辉任副书记，彭宝亮任组织委员，侯庆锋任宣传委员，耿东士任纪检委员，魏发林任保密委员，马君涵任青年委员。

2018年9月，管保山任油田化学研究所所长、党支部副书记，王胜启任副所长、党支部书记；免去罗健辉油田化学研究所所长、党支部副书记职务，免去卢拥军副所长、党支部书记职务。

2020年6月，勘探院决定，整合渗流流体力学研究所和采收率研究所的业务，组建提高采收率研究中心，同时挂"中国科学院渗流流体力学研究所"牌子，按照一个机构、两块牌子运行；将隶属原渗流流体力学研究所的堵水调剖业务及人员并入油田化学研究所。调整后，油田化学研究所下设1个科室、7个项目组和1个中心。

2020年6月，油田化学研究所党支部委员会由5人组成，王胜启任党支部书记，管保山任副书记，彭宝亮任组织委员，侯庆锋任宣传委员，耿东士任纪检委员。

　　截至 2020 年 12 月 31 日，油田化学研究所下设 1 个科室、7 个项目组和 1 个中心：办公室、驱油化学剂研究项目组、井筒化学工作液研究项目组、纳米化学与新材料研究项目组、非常规驱采新材料研究项目组、水平井找堵水研究项目组、油气井化学调驱研究项目组、稠油降黏提高采收率研究项目组、石油工业油田化学剂质量监督检验中心。在册职工 47 人，其中：男职工 31 人，女职工 16 人；教授级高级工程师 1 人，高级工程师 26 人，工程师 15 人，助理工程师及以下 5 人；博士后、博士 24 人，硕士 10 人，学士及以下 13 人；35 岁及以下 9 人，36～45 岁 13 人，46～55 岁 25 人。中共党员 32 人。

一、油田化学研究所领导名录（2014.1—2020.12）

<table>
<tr><td>所　　　长</td><td>欧阳坚（2014.1—2017.4）</td></tr>
<tr><td></td><td>罗健辉（2017.4—2018.9）</td></tr>
<tr><td></td><td>管保山（2018.9—2020.12）</td></tr>
<tr><td>副 所 长</td><td>罗健辉（2014.1—2017.4）</td></tr>
<tr><td></td><td>耿东士（2016.10—2020.12）</td></tr>
<tr><td></td><td>卢拥军（2017.4—2018.9）</td></tr>
<tr><td></td><td>王胜启（2018.9—2020.12）</td></tr>
<tr><td>总 工 程 师</td><td>赵振兴（2014.1—2015.3，去世）</td></tr>
</table>

二、油田化学研究所党支部领导名录（2014.1—2020.12）

<table>
<tr><td>书　　　记</td><td>罗健辉（2014.1—2017.4）</td></tr>
<tr><td></td><td>卢拥军（2017.4—2018.9）</td></tr>
<tr><td></td><td>王胜启（2018.9—2020.12）</td></tr>
<tr><td>副 书 记</td><td>欧阳坚（2016.11—2017.4）</td></tr>
<tr><td></td><td>罗健辉（2017.4—2018.9）</td></tr>
<tr><td></td><td>管保山（2018.9—2020.12）</td></tr>
</table>

第二十五节　石油工业标准化研究所
（2014.1—2020.12）

1985 年，石油工业部下发《关于成立"石油工业标准化研究所"的批复》，成立石油工业标准化研究所。

截至 2013 年 12 月 31 日，石油工业标准化研究所主要职责是：

（一）承担我国石油工业国家标准、行业标准体系研究，以及集团公司企业标准化和质量发展战略、技术研究，负责石油工业国家标准、行业标准及集团公司企业标准制修订、复核报批和备案等技术归口工作；

（二）承担 ISO/TC67 国内技术归口工作，负责组织相关领域国际标准草案的投票；承担石油工业标准化网站的运行和维护，负责石油工业标准化信息和咨询服务等工作，编辑出版《石油工业标准化》杂志；

（三）受集团公司质量管理与节能部委托，协助组织开展集团公司产品质量监督抽查、统计分析；

（四）承担集团公司油田化学剂产品质量监督抽查和质量认可等工作；

（五）受国家认证认可监督管理委员会委托，组织开展实验室资质认定工作。

石油工业标准化研究所下设 7 个科室：行业标准化研究室、企业标准化研究室、国际标准化及标准化信息室、计量认证室、质量管理研究室、油化剂产品质量认证管理室、所办公室。在册职工 21 人，其中：男职工 11 人，女职工 10 人；博士 3 人，硕士 7 人，学士及以下 11 人；教授级高级工程师 2 人，高级工程师 9 人，工程师 3 人，助理工程师及以下 7 人；35 岁及以下 9 人，36～45 岁 4 人，46～55 岁 5 人，56 岁及以上 3 人。中共党员 13 人。

石油工业标准化研究所领导班子由 3 人组成，高圣平任所长，张旻任党支部副书记，张玉任副所长。分工情况如下：高圣平主持全面工作；张旻负责党务、工会、安全、保密等工作，分管计量认证室、质量管理研究室、油化剂产品质量认证管理室；张玉分管行业标准化研究室、企业标准化研究室、国际标准化及标准化信息室。

石油工业标准化研究所党支部委员会由 5 人组成，张旻任党支部副书记，刘长跃任组织委员，吴颖任宣传委员，高圣平任纪检委员，张玉任青年委员。

2014 年 5 月，王华任石油工业标准化研究所党支部副书记，免去张旻党支部副书记职务。

2014 年 6 月，石油工业标准化研究所党支部委员会由 4 人组成，王华任党支部副书记，刘长跃任组织委员，高圣平任纪检委员，张玉任青年委员。

2016 年 10 月，孔祥亮任石油工业标准化研究所副所长。

2016 年 10 月，孔祥亮任石油工业标准化研究所党支部书记，免去王华党支部副书记职务。

2016 年 11 月，高圣平任石油工业标准化研究所党支部副书记。

2016 年 11 月，石油工业标准化研究所党支部委员会由 5 人组成，孔祥亮任党支部书记兼纪检委员，高圣平任党支部副书记，刘长跃任组织委员，陈俊峰任宣传委员，张玉任青年委员。

2017 年 4 月，欧阳坚任石油工业标准化研究所所长、党支部副书记，免去高圣平所长、党支部副书记职务。

2018 年 7 月，石油工业标准化研究所党支部委员会由 7 人组成，孔祥亮任党支部书记，欧阳坚任党支部副书记，刘长跃任组织委员，陈俊峰任宣传委员，卜海任纪检委员，操建平任青年委员，张玉任保密委员。

2019 年 6 月，根据集团公司文件要求，产品质量监督抽查与油化剂质量认可业务划转中国石油集团安全环保技术研究院，质量管理研究室、产品质量认证室机构及人员随之划走。

2019 年 7 月，石油工业标准化研究所党支部委员会由 6 人组成，孔祥亮任党支部书记，欧阳坚任党支部副书记，唐爽任组织委员，陈俊峰任宣传委员，卜海任纪检委员，张玉任保密委员。

2020 年 3 月，张玉任石油工业标准化研究所所长、党支部副书记，免去欧阳坚所长、党支部副书记职务。

2020 年 7 月，石油工业标准化研究所党支部委员会由 3 人组成，孔祥亮任党支部书记，张玉任副书记，唐爽任组织委员、宣传委员、纪检委员。

　　截至 2020 年 12 月 31 日，石油工业标准化研究所下设 6 个科室：行业标准化研究室、企业标准化研究室、国际标准化室、标准化信息室、计量认证室、所办公室。在册职工 22 人，其中：男职工 10 人，女职工 12 人；教授级高级工程师 1 人，高级工程师 9 人，工程师 12 人；博士后、博士 4 人，硕士 10 人，学士及以下 8 人；35 岁及以下 6 人，36～45 岁 9 人，46～55 岁 4 人，56 岁及以上 3 人。中共党员 13 人。

　　一、石油工业标准化研究所领导名录（2014.1—2020.12）

　　　　所　　　长　高圣平（2014.1—2017.4）

　　　　　　　　　欧阳坚（2017.4—2020.3，退出领导岗位）

　　　　　　　　　张　玉（女，2020.3—12）

　　　　副 所 长　张　玉（2014.1—2020.3）

　　　　　　　　　孔祥亮（2016.10—2020.12）

　　二、石油工业标准化研究所党支部领导名录（2014.1—2020.12）

　　　　书　　　记　孔祥亮（2016.10—2020.12）

　　　　副 书 记　张　旻（女，2014.1—5）

　　　　　　　　　王　华（女，2014.5—2016.10，退休）

　　　　　　　　　高圣平（2016.11—2017.4）

　　　　　　　　　欧阳坚（2017.4—2020.3）

　　　　　　　　　张　玉（女，2020.3—12）

第二十六节　工程技术研究所
（2014.1—2017.4）

　　2006 年 8 月，为更好地履行勘探院"一部三中心"的职能定位，本着不与集团公司钻井工程技术研究院业务重复、各有侧重的原则，股份公司同意勘探院组建工程技术研究所，调整优化工程一路的科研资源配置。2007 年 12 月，为进一步加强勘探院工程技术研究力量，全面推进"一部三中心"建设，经研究决定，成立工程技术研究所。

截至 2013 年 12 月 31 日，工程技术研究所的主要职责是：

（一）承担公司工程技术发展规划研究，国内外重要工程技术动态跟踪，重大工程技术引进评估，新技术、新工艺试验和推广应用，为公司总部提供工程技术决策支持和服务；

（二）承担公司重要钻井工程设计和技术方案优选，解决处理公司范围重大工程技术难题和现场事故，为确保公司重要工程技术项目的优质、安全实施，提供技术监督和服务；

（三）承担工程技术领域相关课题研究和其他技术服务。

工程技术研究所下设 5 个科室：所办公室、东部研究室、西部研究室、试油研究室、综合研究室。在册职工 22 人，其中：男职工 18 人，女职工 4 人；博士 5 人，硕士 8 人，学士及以下 9 人；教授级高级工程师 1 人，高级工程师 12 人，工程师 5 人，助理工程师及以下 4 人；35 岁及以下职工 8 人，36～45 岁 4 人，46 岁及以上 10 人。中共党员 15 人。

工程技术研究所领导班子由 4 人组成，刘新云任所长，孟庆昆任副所长，耿东士、于文华任总工程师。分工情况如下：刘新云负责全面工作；孟庆昆负责党务、工会、纪检、科研项目管理及机械专业技术工作；耿东士协助所长管理海外科研项目和与钻井液有关的技术工作；于文华协助所长管理国内科研项目工作。

工程技术研究所党支部委员会由 3 人组成，孟庆昆任党支部书记，刘新云、张希文任委员。

2014 年 5 月，免去孟庆昆工程技术研究所副所长、党支部书记职务。

2014 年 7 月，耿东士、于文华任工程技术研究所副所长，免去耿东士、于文华总工程师职务。

2014 年 9 月，李文魁任工程技术研究所副所长、党支部书记。

2015 年 1 月，工程技术研究所领导班子由 4 人组成，刘新云任所长，李文魁、耿东士、于文华任副所长。分工情况如下：刘新云负责全面工作，主管人事、财务和合同工作；李文魁负责党群工作，主管党支部、工会、青年工作站、纪检审工作；耿东士协助所长管理科研和培训工作，分管科研项目和职工培训；于文华协助所长管理生产安全工作，分管质量安全环保和保密工作。

工程技术研究所党支部委员会由 5 人组成，李文魁任党支部书记，张希文、殷洋溢、徐鹏、孔璐琳任委员。

2016 年 10 月，免去耿东士工程技术研究所副所长职务。

2016 年 11 月，刘新云任工程技术研究所党支部副书记。

2017 年 4 月，免去李文魁工程技术研究所副所长、党支部书记职务。

2017 年 4 月，工程技术研究所并入工程技术中心。工程技术研究所党支部并入工程技术中心党总支。

一、工程技术研究所领导名录（2014.1—2017.4）

所　　　长　刘新云（2014.1—2017.4）

副 所 长　孟庆昆（2014.1—5）

　　　　　　耿东士（2014.7—2016.10）

　　　　　　于文华（2014.7—2017.4）

　　　　　　李文魁（2014.9—2017.4）

总 工 程 师　耿东士（2014.1—7）

　　　　　　于文华（2014.1—7）

二、工程技术研究所党支部领导名录（2014.1—2017.4）

书　　　记　孟庆昆（2014.1—5）

　　　　　　李文魁（2014.9—2017.4）

副 书 记　刘新云（2016.11—2017.4）

第二十七节　勘探与生产工程监督中心
（2014.1—2017.4；2020.3—12）

2002 年 4 月，股份公司下发《关于同意组建股份公司勘探与生产工程监督中心的批复》。2002 年 5 月，成立勘探与生产工程监督中心。

截至 2013 年 12 月 31 日，勘探与生产工程监督中心主要职责是：

（一）协助股份公司勘探与生产分公司制订勘探与生产工程监督管理的各项规章制度，并组织实施；

（二）负责组织股份公司工程监督培训、资格评审、注册、发证和业绩考核管理，负责股份公司工程监督网络管理；

（三）负责对油田公司工程监督管理业务工作的检查指导；

（四）受油田公司委托，向股份公司勘探与生产重点工程项目选派工程监督，对现场工程监督管理提供技术支持；

（五）负责组织工程监督管理经验交流及表彰优秀工程监督项目和工程监督。

勘探与生产工程监督中心下设6个科室：办公室、监督项目部、监督管理部、监督支持部、监督培训部、中国石油工程监督杂志编辑部。在册职工28人，其中：男职工17人，女职工11人；教授级高级工程师1人，高级工程师15人，工程师6人，助理工程师及以下6人；博士后、博士2人，硕士11人，学士及以下15人；35岁及以下4人，36～45岁7人，46～55岁16人，56岁及以上1人。中共党员13人，九三学社社员1人。

勘探与生产工程监督中心领导班子由3人组成，高志强任主任，王胜启、杨姝任副主任。分工情况如下：高志强主持全面工作，分管办公室、监督管理部；王胜启负责监督技术管理工作，分管监督项目部、监督支持部；杨姝负责工会工作，分管监督培训部、中国石油工程监督杂志编辑部。

勘探与生产工程监督中心党支部委员会由5人组成，高志强任党支部书记，王丽华任组织委员，杨姝任宣传委员，王胜启任纪检委员，张绍辉任青年委员。

2014年5月，孟庆昆任勘探与生产工程监督中心主任，免去高志强主任职务。

2014年5月，王胜启任勘探与生产工程监督中心党支部书记，杨姝任党支部副书记，免去高志强党支部书记职务。

2016年11月，孟庆昆任勘探与生产工程监督中心党支部副书记。

2017年4月，勘探与生产工程监督中心并入工程技术中心。

2020年3月，工程技术中心更名为勘探与生产工程监督中心。于文华、杨姝、黄伟和任勘探与生产工程监督中心副主任。

2020年3月，工程技术中心党总支调整为勘探与生产工程监督中心党支部。黄伟和任勘探与生产工程监督中心党支部书记。

2020年8月，勘探与生产工程监督中心党支部委员会由5人组成，黄伟和任党支部书记，毕国强任党支部副书记，殷洋溢任组织委员，于文华任宣传委员，杨姝任纪检委员。

2020年11月，毕国强任勘探与生产工程监督中心主任、党支部副书记。

截至2020年12月31日，勘探与生产工程监督中心下设7个科室：办公室、监督管理部、监督培训部、监督信息部、监督规划部、期刊文献部、风险探井钻井部。在册职工34人，其中：男职工26人，女职工8人；高级工程师22人，工程师8人，助理工程师及以下4人；博士后、博士7人，硕士11人，学士及以下16人；35岁及以下2人，36~45岁9人，46~55岁14人，56岁及以上9人。中共党员21人，九三学社社员1人。

一、勘探与生产工程监督中心领导名录（2014.1—2017.4；2020.3—12）

主　　　任　高志强（2014.1—5）

　　　　　　孟庆昆（2014.5—2017.4）

　　　　　　毕国强（2020.11—12）

副　主　任　王胜启（2014.1—2017.4）

　　　　　　于文华（2020.3—12）

　　　　　　杨　姝（2014.1—2017.4；2020.3—12）

　　　　　　黄伟和（2020.3—12）

二、勘探与生产工程监督中心党支部领导名录（2014.1—2017.4；2020.3—12）

书　　　记　高志强（2014.1—5）

　　　　　　王胜启（2014.5—2017.4）

　　　　　　黄伟和（2020.3—12）

副　书　记　杨　姝（2014.5—2017.4）

　　　　　　孟庆昆（2016.11—2017.4）

　　　　　　毕国强（2020.11—12）

第二十八节 工程技术中心（2017.4—2020.3）

2017年4月，勘探院将工程技术研究所、勘探与生产工程监督中心、海外工程技术研究所、中国石油工程造价管理中心廊坊分部4个单位合并成立工程技术中心。

工程技术中心主要职责是：

（一）负责勘探与生产分公司和中油国际工程技术研发与技术支持，承担勘探与生产分公司风险探井钻井工程方案审核、重点井跟踪评价及重点区块钻井提速提效工作；

（二）承担海外钻完井工程、采油采气、储层改造、试油修井技术日常管理、方案规划、项目评价、难点攻关等工作；

（三）负责勘探与生产工程监督管理，承担股份公司和海外勘探与生产工程监督的管理、培训、资格评审、注册、发证、考评跟踪及规章制度的制定与实施等工作；

（四）负责公司工程造价管理，承担集团、股份公司钻完井工程计价规则管理、计价依据编审、重大勘探开发项目钻完井投资审查、造价信息管理、造价人员培训和资格认定等工作。

2017年4月，刘合兼任工程技术中心主任，刘新云、孟庆昆、崔明月、黄伟和任副主任。

2017年4月，成立工程技术中心党总支。高圣平任工程技术中心党总支书记。

2017年5月，王胜启任工程技术中心副主任（正处级），姚飞、于文华、杨姝、司光任副主任。

截至2017年12月31日，工程技术中心下设1个办公室和17个研究室：综合办公室、海外钻井技术研究室、钻井项目研究室、钻井技术支持室、钻井液技术研究室、国内工程监督管理室、重点井跟踪评价室、工程监督期刊编辑室、工程监督技术支持室、工程监督培训室、海外综合规划研究室、海外生产技术研究室、海外完井修井研究室、海外工程监督管理室、海外增产技术研究室、造价综合管理室、工程造价审查室、工程造价信息室。在册职工 82 人，其中：男职工 58 人，女职工 24 人；教授级高级工程师 3 人，高级工程师 42 人，工程师 28 人，助理工程师及以下 9 人；博士后、博士 18 人，硕士 31 人，学士及以下 33 人；35 岁及以下 20 人，36～45 岁 20 人，46～55 岁 38 人，56 岁及以上 4 人。中共党员 57 人，九三学社社员 1 人。

工程技术中心领导班子由 10 人组成，刘合任中心主任，刘新云、孟庆昆、崔明月、黄伟和、王胜启、姚飞、于文华、杨姝、司光任中心副主任。分工如下：刘合负责全面工作；刘新云协助主任管理中心科研工作，主管工程部（原工程技术研究所）工作；孟庆昆主管监督部（原勘探与生产工程监督中心）工作；崔明月主管海外工程部（原海外工程技术研究所）工作；黄伟和主管造价部（原中国石油工程造价管理中心廊坊分部）工作；王胜启协助孟庆昆副主任管理监督部工作，同时负责风险探井审核项目；姚飞协助崔明月副主任管理海外工程部工作；于文华 2017 年 5 月赴玉门油田公司挂职；杨姝兼任工会主席，协助孟庆昆副主任管理监督部工作；司光协助黄伟和副主任管理造价部工作。

工程技术中心党总支委员会由 7 人组成，高圣平任党总支书记，张希文任组织委员，王胜启任宣传委员，刘新云任纪检委员，司光任青年委员，姚飞任保密委员，杨姝任群工委员。

2017 年 12 月，毕国强任工程技术中心副主任（正处级），免去刘合工程技术中心主任职务，免去孟庆昆副主任职务。

2018 年 9 月，免去王胜启工程技术中心副主任职务。

2018 年 10 月，将原工程技术研究所、海外工程技术研究所整体划转，成立新的工程技术研究所，隶属勘探院海外研究中心。免去刘新云、崔明月、姚飞工程技术中心副主任职务。

调整后，工程技术中心下设 1 个办公室和 8 个研究室：综合办公室、国内工程监督管理室、重点井跟踪评价室、工程监督期刊编辑室、工程监督技术支持室、工程监督培训室、造价综合管理室、工程造价审查室、工程造价信息室。

工程技术中心领导班子由 6 人组成，高圣平任党总支书记并主持工作，毕国强、黄伟和、于文华、杨姝、司光任副主任。

2019 年 7 月，工程技术中心党总支委员会由 7 人组成，高圣平任党总支书记，殷洋溢任组织委员，于文华任宣传委员，黄伟和任纪检委员，毕国强任保密委员，杨姝任群工委员，司光任青年委员。

2019年9月，工程技术中心中国石油工程造价管理中心廊坊分部更名为物探钻井工程造价管理中心。

2020年3月，工程技术中心更名为勘探与生产工程监督中心。免去于文华、杨姝、毕国强、黄伟和、司光工程技术中心副主任职务。

2020年3月，将工程技术中心党总支调整为勘探与生产工程监督中心党支部。免去高圣平工程技术中心党总支书记职务。

截至2020年3月31日，工程技术中心下设1个办公室和8个研究室：综合办公室、国内工程监督管理室、重点井跟踪评价室、工程监督期刊编辑室、工程监督技术支持室、工程监督培训室、造价综合管理室、工程造价审查室、工程造价信息室。在册职工37人，其中：男职工28人，女职工9人；高级工程师24人，工程师9人，助理工程师及以下4人；博士后、博士4人，硕士14人，学士及以下19人；35岁及以下2人，36～45岁10人，46～55岁15人，56岁及以上10人。中共党员24人，九三学社社员1人。

一、工程技术中心领导名录（2017.4—2020.3）

主　　　任　刘　合（兼任，2017.4—12）

副　主　任　刘新云（2017.4—2018.10）

　　　　　　孟庆昆（2017.4—12，退出领导岗位）

　　　　　　崔明月（2017.4—2018.10）

　　　　　　黄伟和（2017.4—2020.3）

　　　　　　王胜启（正处级，2017.5—2018.9）

　　　　　　姚　飞（2017.5—2018.10）

　　　　　　于文华（2017.5—2020.3）

　　　　　　杨　姝（2017.5—2020.3）

　　　　　　司　光（2017.5—2020.3）

　　　　　　毕国强（正处级，2017.12—2020.3）

二、工程技术中心党总支领导名录（2017.4—2020.3）

书　　　记　高圣平（2017.4—2020.3）

第二十九节　工程技术研究所筹备组—工程技术研究所
（2018.10—2020.12）

按照集团公司下发的《关于组建海外研究中心有关事项的批复》文件要求，2018年10月勘探院下发《关于成立海外研究中心所属综合管理办公室、生产运营研究所、工程技术研究所的通知》，成立工程技术研究所筹备组，崔明月任筹备组负责人，人员主要由原廊坊分院海外中心部分人员和勘探院工程技术研究所部分人员组成。2020年6月，工程技术研究所成立，隶属海外研究中心。

工程技术研究所主要职责是：

（一）负责对海外油气勘探开发提供工程技术支持和研究；

（二）负责对中油国际本部提供工程技术方面决策参谋；

（三）负责对各海外项目工程技术进行综合研究与技术支持；

（四）负责海外工程监督管理；

（五）负责协调组织工程技术培训。

2020年6月，崔明月任工程技术研究所所长，免去崔明月工程技术研究所筹备组负责人职务；姚飞、刘新云任工程技术研究所副所长。

2020年6月，成立海外研究中心工程技术研究所党支部。刘新云任工程技术研究所党支部书记，崔明月任党支部副书记。

工程技术研究所领导班子由3人组成，崔明月任所长，刘新云、姚飞任副所长。分工情况如下：崔明月负责全面工作，分管所办公室、材料质控研究室、海外监督管理科；刘新云负责党务工作，分管钻井工程研究室、完井试油研究室、井下作业研究室；姚飞分管注采工程研究室、增产技术研究室、综合规划研究室。

工程技术研究所党支部委员会由5人组成，刘新云任党支部书记，崔明月任副书记，张希文任组织委员，温晓红任宣传委员，姚飞任纪检委员。

截至2020年12月31日，工程技术研究所下设9个科室：所办公室、钻井工程研究室、完井试油研究室、注采工程研究室、增产技术研究室、井下作业研究室、材料质控研究室、综合规划研究室、海外监督管理科。在册职工36人，其中：男职工27人，女职工9人；教授级高级工程师2人，高级工程师19人，工程师15人；博士11人，硕士18人，学士7人；35岁及以下8人，36～45岁12人，46岁及以上16人。中共党员31人。

一、工程技术研究所筹备组领导名录（2018.10—2020.6）

负　责　人　崔明月（2018.10—2020.6）

二、工程技术研究所领导名录（2020.6—12）

所　　　长　崔明月（2020.6—12）

副　所　长　刘新云（2020.6—12）

姚　飞（2020.6—12）

三、工程技术研究所党支部领导名录（2020.6—12）

书　　　记　刘新云（2020.6—12）

副　书　记　崔明月（2020.6—12）

第三十节　物探钻井工程造价管理中心
（2019.9—2020.12）

2019年8月，集团公司下发《关于成立物探钻井工程造价管理中心的批复》。9月，勘探院下发《关于成立物探钻井工程造价管理中心的通知》，将中国石油工程造价管理中心原廊坊分部和中国石油工程造价管理中心涿州分部人员组建成立物探钻井工程造价管理中心。

物探钻井工程造价管理中心主要职责是：

（一）贯彻国家有关工程定额和造价管理的政策规定；

（二）负责物探钻井工程计价依据和日常管理；

（三）负责组织物探钻井造价专业人员培训和资质管理；

（四）负责物探钻井造价基础理论研究；

（五）负责公司物探钻井投资成本决策支持研究；

（六）参与重大项目的前期论证和物探钻井投资审查工作；

（七）指导地区公司物探钻井造价管理业务。

截至 2019 年 12 月 31 日，物探钻井造价管理中心下设 3 个科室：综合管理科、钻井造价科、物探造价科。在册职工 10 人，其中：男职工 8 人，女职工 2 人；高级工程师 6 人，工程师 4 人；博士 1 人，硕士 3 人，学士及以下 6 人；35 岁及以下 1 人，36～45 岁 6 人，46～55 岁 2 人，56 岁及以上 1 人。中共党员 8 人。

2020 年 3 月，司光任物探钻井工程造价管理中心主任，高圣平任副主任。

2020 年 3 月，将中国石油工程造价管理中心廊坊分部党支部更名为物探钻井工程造价管理中心党支部。高圣平任物探钻井工程造价管理中心党支部书记，司光任党支部副书记。

调整后，物探钻井工程造价管理中心领导班子由 2 人组成，司光任主任，高圣平任副主任。分工情况如下：司光负责全面工作，分管钻井造价科、物探造价科工作；高圣平负责党务工作，分管综合管理科工作。

物探钻井工程造价管理中心党支部委员会由 3 人组成，高圣平任党支部书记兼纪检委员，司光任党支部副书记兼宣传委员，刘海任组织委员。

截至 2020 年 12 月 31 日，物探钻井工程造价管理中心下设 3 个科室：综合管理科、钻井造价科、物探造价科。在册职工 11 人，其中：男职工 9 人，女职工 2 人；高级工程师 5 人，工程师 5 人，助理工程师及以下 1 人；博士 1 人，硕士 3 人，学士及以下 7 人；35 岁及以下 3 人，36～45 岁 6 人，46～55 岁 1 人，56 岁及以上 1 人。中共党员 9 人。

一、物探钻井工程造价管理中心领导名录（2019.9—2020.12）

  主　　　任　司　光（2020.3—12）

  副　主　任　高圣平（2020.3—12）

二、物探钻井工程造价管理中心党支部领导名录（2020.3—12）

  书　　　记　高圣平（2020.3—12）

  副　书　记　司　光（2020.3—12）

第三十一节 海外综合业务部筹备组
（2014.1—9）

2010年12月，根据工作需要，经研究决定，成立海外综合业务部筹备组。

截至2013年12月31日，海外综合业务部筹备组主要职责是：开展国家、集团公司和股份公司重大科技专项海外项目综合研究、全球常规油气资源和勘探潜力评价、海外五大油气合作区勘探开发规划计划研究和储量管理以及研究院海外一路IT管理和公共事务协调，为中国石油海外油气勘探开发提供技术支持和决策支持。

海外综合业务部筹备组下设6个科室：办公室、综合协调室、勘探规划室、开发规划室、储量办公室和IT管理室。在册职工26人，其中：男职工18人，女职工8人；博士后、博士9人，硕士13人，学士及以下4人；教授级高级工程师3人，高级工程师10人，工程师11人，助理工程师2人；35岁及以下10人，36～45岁9人，46岁及以上7人。中共党员19人。

海外综合业务部筹备组领导班子由5人组成，潘校华任组长，田作基、张建英任副组长，计智锋任总地质师，翟光华任总工程师。分工情况如下：潘校华负责全面工作，分管海外勘探项目综合研究、勘探规划计划和风险勘探工作，协助主管院领导和科研处完成海外一路综合性科研工作；田作基负责党务工作，分管办公室和IT管理室，同时负责全球常规油气资源评价工作；张建英负责工会工作、开发综合性科研业务和开发规划计划工作，分管储量办公室，协助组长完成海外储量管理工作；计智锋分管勘探规划室与综合协调室，负责勘探规划计划研究、技术支持工作和风险勘探工作，协助组长完成海外一路勘探综合科研业务；翟光华负责培训工作，分管开发规划室，负责开发规划计划研究与技术支持工作，协助组长完成海外一路开发综合科研业务。

海外综合业务部筹备组党支部委员会由5人组成，田作基任党支部书记，潘校华任组织委员，王恺任宣传委员，翟光华任纪检委员，李富恒任青年委员。

2014年5月，常毓文任海外综合业务部筹备组副组长、党支部书记，免去田作基副组长、党支部书记职务。

2014年9月，免去潘校华海外综合业务部筹备组组长职务，免去常毓文、张建英副组长职务，免去翟光华总工程师职务，免去计智峰总地质师职务。

2014年9月，免去常毓文海外综合业务部筹备组党支部书记职务。

2014年9月，撤销海外综合业务部筹备组。

一、海外综合业务部筹备组领导名录（2014.1—9）

　　组　　　长　　潘校华（正处级，2014.1—9）

　　副　组　长　　田作基（副处级，2014.1—5）

　　　　　　　　　张建英（副处级，女，2014.1—9）

　　　　　　　　　常毓文（2014.5—9）

　　总 地 质 师　　计智锋（2014.1—9）

　　总 工 程 师　　翟光华（2014.1—9）

二、海外综合业务部筹备组党支部领导名录（2014.1—9）

　　书　　　记　　田作基（2014.1—5）

　　　　　　　　　常毓文（2014.5—9）

第三十二节　海外综合管理办公室筹备组—海外综合管理办公室（2018.10—2020.12）

2018年8月，刘志舟任海外综合管理办公室筹备组负责人。

2018年9月，燕庚任海外综合管理办公室筹备组副组长。

2018年10月，勘探院下发《关于成立海外研究中心所属综合管理办公室、生产运营研究所、工程技术研究所的通知》，决定在海外研究中心设立海外综合管理办公室，先期设立海外综合管理办公室筹备组。

海外综合管理办公室主要职责是：

（一）负责海外研究中心党委、领导班子日常办公和事务的安排，重要会议及活动的组织；

（二）负责海外研究中心重大决策、重要工作的督办和落实；

（三）负责海外研究中心重要文字材料的起草；

（四）负责海外研究中心文电处理，机要、保密和信访工作；

（五）负责与上级部门、友邻单位及院各部门之间协调沟通。

截至 2018 年 12 月 31 日，海外综合管理办公室筹备组下设 5 个科室：办公室、党群工作科、文秘科、科研管理科、综合调度科。在册职工 8 人，其中：男职工 6 人，女职工 2 人；高级工程师 4 人，工程师 4 人；博士 1 人，硕士 5 人，学士及以下 2 人；35 岁及以下 2 人，36 ～ 45 岁 5 人，46 ～ 55 岁 1 人。中共党员 5 人。

海外综合管理办公室领导班子由 2 人组成，刘志舟任筹备组负责人，燕庚任副组长。分工情况如下：刘志舟负责海外综合管理办公室筹备工作，燕庚配合刘志舟筹备海外综合管理办公室。

2020 年 6 月，海外综合管理办公室正式成立。刘志舟任海外综合管理办公室主任，免去其海外综合管理办公室筹备组组长职务；燕庚任海外综合管理办公室副主任，免去其海外综合管理办公室筹备组副组长职务。

2020 年 6 月，成立海外研究中心综合管理办公室党支部。刘志舟任海外综合管理办公室党支部书记。

2020 年 11 月，高日胜、严瑾任海外研究中心综合管理办公室副主任，免去燕庚副主任职务。

截至 2020 年 12 月 31 日，下设 5 个科室：办公室、党群工作科、文秘科、科研管理科和综合调度科。在册职工 13 人，其中：男职工 8 人，女职工 5 人；高级工程师 7 人，工程师 6 人；博士 3 人，硕士 8 人，学士及以下 2 人；35 岁及以下 2 人，36 ～ 45 岁 9 人，46 ～ 55 岁 2 人。中共党员 12 人。

一、海外综合管理办公室筹备组领导名录（2018.10—2020.6）

筹 备 组 组 长　刘志舟（2018.8—2020.6）

筹备组副组长　燕　庚（2018.9—2020.6）

二、海外综合管理办公室领导名录（2020.6—12）

主　　　　任　刘志舟（2020.6—12）

副　主　任　燕　庚（2020.6—11）

　　　　　　严　瑾（2020.11—12）

　　　　　　高日胜（2020.11—12）

三、海外综合管理办公室党支部领导名录（2020.6—12）

书　　　记　刘志舟（2020.6—12）

第三十三节　全球油气资源与战略研究所—

全球油气资源与勘探规划研究所

（2014.1—2020.12）

2009 年 6 月，勘探院下发《关于成立全球油气资源与战略筹备组和国际项目评价研究筹备组的通知》，成立全球油气资源与战略研究筹备组。2010 年 4 月，勘探院下发《关于部分院属单位更名的通知》，正式成立全球油气资源与战略研究所。

截至 2013 年 12 月 31 日，全球油气资源与战略研究所主要职责是：

（一）负责全球重点含油气大区和盆地地质综合研究与战略选区；

（二）负责全球常规与非常规油气资源评价研究；

（三）负责全球油气资源数据库与评价应用系统建设；

（四）负责全球油气资源战略动向及决策建议研究；

（五）负责重点资源国投资环境培育及风险评价研究；

（六）负责国际宏观经济形势、能源经济及生态经济研究；

（七）负责集团公司海外业务发展与战略决策研究。

全球油气资源与战略研究所下设 5 个科室：办公室、盆地与资源研究室、全球资源数据库研究室、战略与合作环境研究室、能源与生态经济研究室。在册职工 38 人，其中：男职工 23 人，女职工 15 人；教授级高级工程师 2 人，高级工程师 13 人，工程师 18 人，助理工程师及以下 5 人；博士后、博士 20 人，硕士 14 人，学士及以下 4 人；35 岁及以下 22 人，36～45 岁 8 人，46～55 岁 8 人。中共党员 30 人，九三学社社员 1 人。

全球油气资源与战略研究所领导班子由 3 人组成，张光亚任所长，常毓文、王红军任副所长。分工情况如下：张光亚负责全面工作，分管全球油气资源相关业务室；常毓文负责党务工作，分管战略研究相关业务室；王红军协助所长分管全球油气资源相关业务室。

全球油气资源与战略研究所党支部委员会由 5 人组成，常毓文任党支部书记，张光亚任组织委员，彭云任宣传委员，王红军任纪检委员，赵喆任青年委员。

2014 年 5 月，侯连华、汪平任全球油气资源与战略研究所副所长，免去常毓文、王红军副所长职务。

2014 年 5 月，侯连华任全球油气资源与战略研究所党支部副书记，免去常毓文党支部书记职务。

2014 年 9 月，按照股份公司《关于勘探开发研究院部分机构调整有关问题的批复》，勘探院决定，以原全球油气资源与战略研究所为基础，分离出战略与合作环境研究室和能源与生态经济研究室 2 个科室，同时合并原海外综合业务部筹备组的勘探规划室，组建成立全球油气资源与勘探规划研究所，撤销原全球油气资源与战略研究所。

全球油气资源与勘探规划研究所主要职责是：

（一）负责全球含油气盆地油气地质综合研究与油气资源潜力评价；

（二）负责全球重点勘探领域超前战略选区研究与海外勘探类新项目评价与优选；

（三）负责海外风险勘探组织管理与目标优选；

（四）负责编制海外勘探年度计划与中长期发展规划；

（五）负责构建具有自主知识产权的全球油气资源数据库。

2014 年 9 月，万仑坤任全球油气资源与勘探规划研究所所长，计智锋任副所长，温志新任总地质师；免去张光亚全球油气资源与战略研究所所长职务，免去侯连华、汪平副所长职务。

2014 年 9 月，万仑坤任全球油气资源与勘探规划研究所党支部书记，免去侯连华全球油气资源与战略研究所党支部副书记职务。

调整后，全球油气资源与勘探规划研究所领导班子由 3 人组成，万仑坤任所长，计智锋任副所长，温志新任总地质师。分工情况如下：万仑坤负责全面工作，分管全球油气资源数据库研究室工作；计智锋分管海外风险勘探与规划研究室工作；温志新分管盆地与资源研究室工作。

全球油气资源与勘探规划研究所党支部委员会由 5 人组成，万仑坤任党支部书记，贺正军任组织委员，李富恒任宣传委员，温志新任纪检委员，巴丹任青年委员。

2016 年 11 月，温志新任全球油气资源与勘探规划研究所党支部副书记。

2016 年 11 月，全球油气资源与勘探规划研究所党支部委员会由 5 人组成，万仑坤任党支部书记，温志新任党支部副书记兼纪检委员，贺正军任组织委员，高霞任宣传委员，刘小兵任青年委员。

2017 年 4 月，温志新任全球油气资源与勘探规划研究所副所长，免去其总地质师职务。

2019 年 5 月，全球油气资源与勘探规划研究所党支部委员会由 5 人组成，万仑坤任党支部书记，温志新任党支部副书记，贺正军任组织委员，刘小兵任宣传委员，计智锋任纪检委员。

截至 2020 年 12 月 31 日，全球油气资源与勘探规划研究所下设 4 个科室：办公室、盆地与资源研究室、全球油气资源数据库研究室、海外风险勘探与规划研究室。在册职工 25 人，其中：男职工 16 人，女职工 9 人；教授级高级工程师 1 人，高级工程师 18 人，工程师 6 人；博士后、博士 14 人，硕士 10 人，学士及以下 1 人；35 岁及以下 2 人，36～45 岁 17 人，46～55 岁 6 人。中共党员 19 人，九三学社社员 1 人。

一、全球油气资源与战略研究所（2014.1—9）

（一）全球油气资源与战略研究所领导名录（2014.1—9）

　　　　所　　　长　张光亚（2014.1—9）

　　　　副 所 长　常毓文（2014.1—5）

　　　　　　　　　王红军（2014.1—5）

　　　　　　　　　侯连华（2014.5—9）

　　　　　　　　　汪　平（2014.5—9）

（二）全球油气资源与战略研究所党支部领导名录（2014.1—9）

　　　　书　　　记　常毓文（2014.1—5）

　　　　副 书 记　侯连华（2014.5—9）

二、全球油气资源与勘探规划研究所（2014.9—2020.12）

（一）全球油气资源与勘探规划研究所领导名录（2014.9—2020.12）

所　　　长　万仑坤（2014.9—2020.12）

副　所　长　计智锋（满族，2014.9—2020.12）

温志新（2017.4—2020.12）

总 地 质 师　温志新（2014.9—2017.4）

（二）全球油气资源与勘探规划研究所党支部领导名录（2014.9—2020.12）

书　　　记　万仑坤（2014.9—2020.12）

副　书　记　温志新（2016.11—2020.12）

第三十四节　海外战略与开发规划研究所— 开发战略规划研究所（2014.9—2020.12）

2014 年 9 月，勘探院下发《关于研究院部分机构调整的通知》，正式成立海外战略与开发规划研究所。

海外战略与开发规划研究所主要职责是：

（一）负责战略发展研究，开展全球能源格局、竞合伙伴动向、合作环境与风险、油价预测等研究；

（二）负责开发规划研究，开展生产动态分析、投资优化评价、年度计划与中长期开发规划等研究；

（三）负责经济评价研究，开展不同合同模式经济评价模型和数据库建设，进行项目经济评价和经营策略研究；

（四）负责储量研究，开展 SEC 及 PRMS 储量评估、储量管理、常规与非常规储量评价规范等研究。

2014 年 9 月，常毓文任海外战略与开发规划研究所所长，尹月辉、张建英任副所长，翟光华任总工程师。

2014 年 9 月，尹月辉任海外战略与开发规划研究所党支部书记。

海外战略与开发规划研究所领导班子由 4 人组成，常毓文任所长，尹月辉、张建英任副所长，翟光华任总工程师。分工情况如下：常毓文负责全面工作，主管行政、计划、财务、战略研究工作，分管支部纪检工作；尹月辉负责所党务工作，主管 HSE 管理体系、保密管理、员工培训、工会、青年工作站等工作；张建英负责科研日常管理、储量研究工作；翟光华负责科研日常管理、开发规划、经济评价研究工作。

海外战略与开发规划研究所党支部委员会由 5 人组成，尹月辉任党支部书记，彭云任组织委员，王恺任宣传委员，常毓文任纪检委员，李晨成任青年委员。

截至 2014 年 12 月 31 日，海外战略与开发规划研究所下设 4 个科室：海外战略室、开发规划室、经济评价室、储量室。在册职工 37 人，其中：男职工 16 人，女职工 21 人；博士后、博士 12 人，硕士 24 人，学士及以下 1 人；教授级高级工程师 2 人，高级工程师 15 人，工程师 16 人，助理工程师及以下 4 人；35 岁及以下 22 人，36～45 岁 8 人，46 岁及以上 7 人。中共党员 28 人。

2015 年 6 月，免去张建英海外战略与开发规划研究所副所长职务。

2015 年 8 月，杨桦任海外战略与开发规划研究所副所长。

调整后，海外战略与开发规划研究所领导班子由 4 人组成，常毓文任所长，尹月辉、杨桦任副所长，翟光华任总工程师。分工情况如下：常毓文主持全面工作，主管行政、人事、计划、财务、战略研究工作，分管支部纪检工作；尹月辉负责党务工作，主管所内 HSE 管理、工会、青年工作站以及锐思公司人事、海外一路培训等工作；杨桦负责储量研究工作、员工培训、保密管理工作；翟光华负责科研日常管理、开发规划、经济评价研究工作。

2016 年 11 月，常毓文任海外战略与开发规划研究所党支部副书记。

2016 年 11 月，海外战略与开发规划研究所党支部委员会由 5 人组成，尹月辉任党支部书记，常毓文任党支部副书记兼纪检委员，王作乾任组织委员，蔡德超任宣传委员，王子健任青年委员。

2017 年 4 月，张爱卿任海外战略与开发规划研究所副所长、党支部书记；免去尹月辉副所长、党支部书记职务；免去翟光华总工程师职务，保留原行政级别待遇。

调整后，海外战略与开发规划研究所领导班子由 3 人组成，常毓文任所长，张爱卿、杨桦任副所长。分工情况如下：常毓文主持全面工作，主管人事、财务、行政、计划、战略研究及经济评价研究工作，分管所办公室和纪检工作；张爱卿负责党务工作，主管 HSE、工会、青年工作站，分管科研日常管理、开发规划研究工作；杨桦负责储量研究工作，分管员工培训、保密管理工作。

2019 年 3 月，海外战略与开发规划研究所党支部委员会由 5 人组成，张爱卿任党支部书记，常毓文任党支部副书记兼任纪检委员，王作乾任组织委员，李嘉任宣传委员，王子健任青年委员。

2020 年 6 月，海外战略与开发规划研究所更名为开发战略规划研究所。海外战略与开发规划研究所党支部更名为开发战略规划研究所党支部。

2020 年 6 月，赵喆任开发战略规划研究所所长、党支部副书记，免去常毓文海外战略与开发规划研究所所长、党支部副书记职务。因机构更名，其他原海外战略与开发规划研究所领导班子成员转任为开发战略规划研究所相应职务。

调整后，开发战略规划研究所领导班子由 3 人组成，赵喆任所长，张爱卿、杨桦任副所长。分工情况调整如下：赵喆负责全面工作，主管人事、财务、法规、外事、科研、合同、安全、保密等工作，协助书记党建工作；张爱卿负责党支部全面工作，主管党建群团、宣传、成果归档管理等工作，协助所长日常管理工作；杨桦负责青年培养及员工培训工作，完成所长与书记交办的其他临时性工作。

2020 年 8 月，开发战略规划研究所党支部委员会由 5 人组成，张爱卿任党支部书记，赵喆任党支部副书记，王作乾任组织委员兼任纪检委员，李嘉任宣传委员，杨桦任青年委员。

截至 2020 年 12 月 31 日，开发战略规划研究所下设 5 个科室：办公室、海外战略研究室、开发规划研究室、储量研究室、经济评价研究室。在册职工 41 人，其中：男职工 17 人，女职工 24 人；教授级高级工程师 1 人，高级工程师 24 人，工程师 15 人，助理工程师及以下 1 人；博士后、博士 21 人，硕士 19 人，学士及以下 1 人；35 岁及以下 17 人，36～45 岁 16 人，46～55 岁 6 人，56 岁及以上 2 人。中共党员 33 人，九三学社社员 2 人。

一、海外战略与开发规划研究所（2014.9—2020.6）

（一）海外战略与开发规划研究所领导名录（2014.9—2020.6）

所　　　长　常毓文（2014.9—2020.6，进入专家岗位）

副　所　长　尹月辉（2014.9—2017.4）

张建英（女，2014.9—2015.6，退休）

杨　桦（女，2015.8—2020.6）

张爱卿（2017.4—2020.6）

总 工 程 师　翟光华（2014.9—2017.4，进入专家岗位）

（二）海外战略与开发规划研究所党支部领导名录（2014.9—2020.6）

书　　　记　尹月辉（2014.9—2017.4）

张爱卿（2017.4—2020.6）

副　书　记　常毓文（2016.11—2020.6）

（三）海外战略与开发规划研究所享受处级待遇领导名录（2020.1—4）

副处级待遇　翟光华（2020.1—4，调离）

二、开发战略规划研究所（2020.6—12）

（一）开发战略规划研究所领导名录（2020.6—12）

所　　　长　赵　喆（2020.6—12）

副　所　长　张爱卿（2020.6—12）

杨　桦（2020.6—12）

（二）开发战略规划研究所党支部领导名录（2020.6—12）

书　　　记　张爱卿（2020.6—12）

副　书　记　赵　喆（2020.6—12）

第三十五节　国际项目评价研究所
（2014.1—2020.12）

2009年6月，勘探院下发《关于成立全球油气资源与战略研究筹备组和国际项目评价研究筹备组的通知》，成立国际项目评价研究筹备组。

2010年4月，勘探院下发《关于部分院属单位更名的通知》，国际项目评价研究筹备组更名为国际项目评价研究所。

截至2013年12月31日，国际项目评价研究所主要职责是：

（一）组织和开展海外油气新项目技术经济评价，负责海外油气资产评价学科建设、信息化和评价方法研究，为海外油气新项目开发提供决策支持；

（二）负责发展完善全周期快速评价方法并使之有形化，建立一套海外新项目评价指标体系，形成计算方法工具软件；

（三）以地面工程和经济评价为主，完成老项目跟踪研究、可行性研究、方案编制和合资合作评价；

（四）完成海外新项目资料入库和知识信息共享平台建设。

国际项目评价研究所下设5个科室：办公室、勘探评价室、开发评价室、工程评价室、经济评价室。在册职工26人，其中：男职工15人，女职工11人；高级工程师12人，工程师10人，助理工程师及以下4人；博士后、博士11人，硕士9人，学士及以下6人；35岁及以下10人，36～45岁10人，46～55岁6人。中共党员22人。

国际项目评价研究所领导班子由4人组成，王建君任所长，尹月辉、齐梅、汪平任副所长。分工情况如下：王建君负责全面工作；尹月辉负责党务、行政、工会、培训、资产、基础管理工作；齐梅从事海外开发新项目评价管理和研究，协助所长分管日常科研管理工作，分管开发评价室和工程评价室以及资料管理等业务；汪平分管海外新项目勘探技术评价研究与管理。

国际项目评价研究所党支部委员会由5人组成，尹月辉任党支部书记，刘亚茜任组织委员，易成高任宣传委员，王建君任纪检委员，白建辉任青年委员。

2014年5月，温志新任国际项目评价研究所总地质师，免去汪平副所长职务。

2014年9月，侯连华任国际项目评价研究所副所长、党支部副书记；免去尹月辉副所长、党支部书记职务；免去温志新总地质师职务。

2015年，国际项目评价研究所党支部委员会由5人组成，侯连华任党支部副书记，刘亚茜任组织委员，李浩武任宣传委员，王建君任纪检委员，白建辉任青年委员。

2016 年，国际项目评价研究所党支部委员会由 5 人组成，侯连华任党支部副书记，白建辉任组织委员，李浩武任宣传委员，王建君任纪检委员，史洺宇任青年委员。

2017 年 4 月，闫伟鹏任国际项目评价研究所副所长、党支部副书记，免去侯连华副所长、党支部副书记职务。

2017 年，国际项目评价研究所党支部委员会由 5 人组成，闫伟鹏任党支部副书记，白建辉任组织委员，李浩武任宣传委员，王建君任纪检委员，史洺宇任青年委员。

2018 年 4 月，王青、雷占祥任国际项目评价研究所副所长，免去齐梅、闫伟鹏副所长职务。

2018 年 4 月，王建君任国际项目评价研究所党支部书记，免去闫伟鹏党支部副书记职务。

2018 年，国际项目评价研究所党支部委员会由 5 人组成，王建君任党支部书记，史洺宇任组织委员，李浩武任宣传委员，王青任纪检委员，雷占祥任青年委员。

2020 年，国际项目评价研究所党支部委员会由 5 人组成，王建君任党支部书记，张晋任组织委员，吴义平任宣传委员，王青任纪检委员，雷占祥任青年委员。

截至 2020 年 12 月 31 日，国际项目评价研究所下设 5 个科室：办公室、勘探评价室、开发评价室、工程评价室、经济评价室。在册职工 32 人，其中：男职工 18 人，女职工 14 人；正高级工程师 1 人，高级工程师 15 人，工程师 11 人，助理工程师及以下 5 人；博士后、博士 13 人，硕士 14 人，学士及以下 5 人；35 岁及以下 12 人，36～45 岁 10 人，46～55 岁 10 人。中共党员 20 人，九三学社社员 1 人。

一、国际项目评价研究所领导名录（2014.1—2020.12）

所　　　长　王建君（2014.1—2020.12）

副　所　长　尹月辉（2014.1—9）

　　　　　　齐　梅（女，2014.1—2018.4）

　　　　　　汪　平（2014.1—5）

侯连华（2014.9—2017.4）

闫伟鹏（2017.4—2018.4）

王　青（2018.4—2020.12）

雷占祥（2018.4—2020.12）

总 地 质 师　温志新（2014.5—9）

二、国际项目评价研究所党支部领导名录（2014.1—2020.12）

书　　　记　尹月辉（2014.1—9）

王建君（2018.4—2020.12）

副 书 记　侯连华（2014.9—2017.4）

闫伟鹏（2017.4—2018.4）

第三十六节　中亚俄罗斯研究所
（2014.1—2020.12）

2008 年 7 月，根据中油国际海外研究中心《关于中心组织机构调整的通知》，组建中亚俄罗斯研究部。2010 年 4 月，根据勘探院《关于部分院属单位更名的通知》，中亚俄罗斯研究部更名为中亚俄罗斯研究所。

截至 2013 年 12 月 31 日，中亚俄罗斯研究所主要职责是：

（一）负责中亚俄罗斯地区油气勘探开发特色技术科研攻关；

（二）负责中亚俄罗斯地区勘探部署和开发方案编制；

（三）负责中亚俄罗斯地区动态分析、年度计划和中长期规划；

（四）负责中亚俄罗斯地区储量评估与报批；

（五）负责中亚俄罗斯地区新项目技术经济评价；

（六）负责中亚俄罗斯地区延期退地、经营策略等可行性研究及决策支持。

中亚俄罗斯研究所下设 5 个科室：办公室、地球物理室、地质勘探室、开发地质室、油藏工程室。在册职工 42 人，其中：男职工 30 人，女职工 12 人；教授级高级工程师 2 人，高级工程师 22 人，工程师 12 人，助理工程师及以下 6 人；博士后、博士 18 人，硕士 17 人，学士及以下 7 人；35 岁及以下 17 人，36 ～ 45 岁 15 人，46 ～ 55 岁 10 人。中共党员 33 人，九三学社社员 1 人。

中亚俄罗斯研究所领导班子由 4 人组成，范子菲任所长，郑俊章、赵伦任副所长，尹继全任总地质师。分工情况如下：范子菲主持全面工作，负责中亚俄罗斯地区油气业务发展规划与重大油田开发方案编制、办公室管理、财务管理、科研管理；郑俊章负责中亚俄罗斯地区勘探科研与技术支持、HSE 管理、知识产权管理、档案管理工作，分管勘探科室；赵伦负责中亚俄罗斯地区开发科研与技术支持、合同管理、外事管理、软硬件及资产管理工作，分管开发科室；尹继全负责海外勘探新项目评价、海外勘探项目策略研究。

中亚俄罗斯研究所党支部委员会由 5 人组成，郑俊章任党支部书记，赵伦任组织委员，陈烨菲任宣传委员，范子菲任纪检委员，张明军任青年委员。

2014 年 9 月，汪平任中亚俄罗斯研究所副所长，负责中亚俄罗斯地区测井技术支持工作。

2016 年 11 月，范子菲任中亚俄罗斯研究所党支部副书记。

2016 年 12 月，中亚俄罗斯研究所党支部委员会由 7 人组成，郑俊章任党支部书记，范子菲任副书记，赵伦任组织委员，陈烨菲任宣传委员，倪军任纪检委员，王进财任青年委员，张明军任保密委员。

2017 年 4 月，免去尹继全中亚俄罗斯研究所总地质师职务。

2017 年 12 月，免去汪平中亚俄罗斯研究所副所长职务。

2018 年 4 月，赵伦任中亚俄罗斯研究所党支部书记，郑俊章任党支部副书记；免去郑俊章党支部书记职务，免去范子菲党支部副书记职务。

2018 年 4 月，郑俊章任中亚俄罗斯研究所所长，许安著任副所长，免去范子菲所长职务。

2018 年 5 月，中亚俄罗斯研究所领导班子由 3 人组成，郑俊章任所长，赵伦、许安著任副所长。分工情况如下：郑俊章负责全面工作，负责办公室管理、财务管理、科研管理、统筹中亚俄罗斯地区科研与技术支持；赵伦负责质量体系管理、安全保密管理、知识产权管理、档案管理、统筹中亚俄罗斯地区开发科研与技术支持；许安著负责科研合同管理、外事管理、软硬件及资产管理，负责中亚俄罗斯地区开发科研与技术支持。

2018年7月，中亚俄罗斯研究所党支部委员会由7人组成，赵伦任党支部书记，郑俊章任党支部副书记，王进财任组织委员，陈烨菲任宣传委员，倪军任纪检委员，许安著任青年委员，张明军任保密委员。

2020年8月，中亚俄罗斯研究所党支部委员会由5人组成，赵伦任党支部书记，郑俊章任党支部副书记，王进财任组织委员，陈烨菲任宣传委员，许安著任纪检委员。

截至2020年12月31日，中亚俄罗斯研究所下设6个科室：办公室、地球物理室、地质勘探室、开发地质室、油藏工程室、气藏工程室。在册职工52人，其中：男职工39人，女职工13人；教授级高级工程师2人，高级工程师31人，工程师15人，助理工程师及以下4人；博士后、博士25人，硕士22人，学士及以下5人；35岁及以下16人，36～45岁23人，46～55岁11人，56岁及以上2人。中共党员42人。

一、中亚俄罗斯研究所领导名录（2014.1—2020.12）

  所　　　长　范子菲（2014.1—2018.4）

      郑俊章（2018.4—2020.12）

  副　所　长　郑俊章（2014.1—2018.4）

      赵　伦（2014.1—2020.12）

      汪　平（2014.9—2017.12，退出领导岗位）

      许安著（2018.4—2020.12）

  总 地 质 师　尹继全（2014.1—2017.4，进入专家岗位）

二、中亚俄罗斯研究所党支部领导名录（2014.1—2020.12）

  书　　　记　郑俊章（2014.1—2018.4）

      赵　伦（2018.4—2020.12）

  副　书　记　范子菲（2016.11—2018.4）

      郑俊章（2018.4—2020.12）

第三十七节　中东研究所（2014.1—2020.12）

2008 年 3 月，根据中油国际要求，海外研究中心成立中东研究部。2010 年 4 月，根据工作需要，经研究决定，中东研究部更名为中东研究所。

截至 2013 年 12 月 31 日，中东研究所主要职责是：

（一）负责中东地区油气勘探开发项目技术研究与支持；

（二）负责中东地区重大油田开发方案研究；

（三）负责中东地区资源潜力评价；

（四）负责中东地区年度计划和中长期规划；

（五）负责中东地区勘探开发新项目技术评价等。

中东研究所下设 5 个科室：中东勘探研究室、中东油田地质研究室、中东油藏工程研究室、哈法亚项目部、所办公室。在册职工 35 人，其中：男职工 23 人，女职工 12 人；教授级高级工程师 2 人，高级工程师 14 人，工程师 12 人，助理工程师 7 人；博士后、博士 17 人，硕士 15 人，学士及以下 3 人；35 岁及以下 17 人，36～45 岁 12 人，46 岁及以上 6 人。中共党员 26 人。

中东研究所领导班子由 5 人组成，郭睿任所长，张庆春、冯明生、董俊昌任副所长，何鲁平任总工程师。分工情况如下：郭睿负责全面工作，负责中东地区油气业务发展规划、重大油田开发方案编制；张庆春负责党务工作、中东地区勘探项目技术研究与支持、中东地区资源潜力研究与发展规划、勘探新项目评价，分管党支部、所办公室、中东勘探研究室以及所软硬件设备管理等工作；冯明生负责伊拉克油田开发方案编制和开发新项目评价，负责中东地区油气开发项目科研与开发规划，分管中东油藏工程研究室；董俊昌负责伊朗地区油田开发技术研究与支持、伊朗油田开发方案编制和开发新项目评价，负责研究所工会、HSE、保密等工作，分管中东油田地质研究室；何鲁平负责伊拉克哈法亚项目技术支持、油田开发方案编制，以及所技术培训等工作，分管哈法亚项目部。

中东研究所党支部委员会由 5 人组成，张庆春任党支部副书记，刘辉任组织委员，董俊昌任宣传委员，郭睿任纪检委员，胡丹丹任青年委员。

2014 年 9 月，免去冯明生中东研究所副所长职务。

2015 年 8 月，冯明生任中东研究所副所长。

2016 年 10 月，张庆春任中东研究所党支部书记。

2016 年 11 月，郭睿任中东研究所党支部副书记。

调整后，中东研究所党支部委员会由 5 人组成，张庆春任党支部书记，刘辉任组织委员，胡丹丹任宣传委员，罗贝维任青年委员。

2017 年 4 月，免去董俊昌中东研究所副所长职务，免去何鲁平总工程师职务。

2020 年 6 月，李勇任中东研究所所长、党支部副书记，免去郭睿所长、党支部副书记职务。

2020 年 8 月，中东研究所党支部委员会由 5 人组成，张庆春任党支部书记，李勇任党支部副书记，卢巍任组织委员，王伟俊任宣传委员，冯明生任纪检委员。

截至 2020 年 12 月 31 日，中东研究所下设 8 个科室：所办公室、中东勘探研究室、中东测井研究室、中东油田地质研究室、中东油藏工程研究室、中东钻采工艺研究室、哈法亚项目部、艾哈代布项目部。在册职工 79 人，其中：男职工 51 人，女职工 28 人；教授级高级工程师 3 人，高级工程师 26 人，工程师 36 人，助理工程师 14 人；博士后、博士 36 人，硕士 40 人，学士及以下 3 人；35 岁及以下 47 人，36～45 岁 18 人，46～55 岁 12 人，56 岁及以上 2 人。中共党员 50 人。

一、中东研究所领导名录（2014.1—2020.12）

　　所　　　长　郭　睿（2014.1—2020.6，进入专家岗位）

　　　　　　　　李　勇（2020.6—12）

　　副 所 长　张庆春（2014.1—2020.12）

　　　　　　　　冯明生（2014.1—2014.9；2015.8—2020.12）

　　　　　　　　董俊昌（2014.1—2017.4，进入专家岗位）

　　总 工 程 师　何鲁平（女，2014.1—2017.4，进入专家岗位）

二、中东研究所党支部领导名录（2014.1—2020.12）

　　书　　　记　张庆春（2016.10—2020.12）

副 书 记 张庆春（2014.1—2016.10）

郭　睿（2016.11—2020.6）

李　勇（2020.6—12）

第三十八节　非洲研究所

（2014.1—2020.12）

2008 年 3 月，根据中油国际要求，海外研究中心成立非洲研究部。2010 年 4 月，海外研究中心非洲研究部更名为非洲研究所。

截至 2013 年 12 月 31 日，非洲研究所主要职责是：

（一）负责非洲地区油气勘探开发项目技术研究与技术支持；

（二）负责非洲地区油气资源潜力评价及发展规划；

（三）负责非洲地区油气勘探、开发新项目评价。

非洲研究所下设 6 个科室：所办公室、西非勘探室、中非勘探室、北非勘探室、油田地质室和油藏工程室。在册职工 54 人，其中：男职工 33 人，女职工 21 人；教授级高级工程师 3 人，高级工程师 29 人，工程师 17 人，助理工程师及以下 5 人；博士后、博士 24 人，硕士 19 人，学士及以下 11 人；35 岁及以下 20 人，36～45 岁 18 人，46 岁～55 岁 16 人。中共党员 39 人。

非洲研究所领导班子由 4 人组成，万仑坤任所长，吴向红、肖坤叶任副所长，赵国良任总工程师。分工情况如下：万仑坤负责全面工作；吴向红负责非洲地区油气开发项目科研与规划，分管计划生育等工作；肖坤叶分管非洲地区勘探项目科研及规划，负责党建、信息和培训工作；赵国良主要负责南北苏丹开发方案编制和集团（股份）科技攻关课题，分管工会、保密等工作。

非洲研究所党支部委员会由 5 人组成，肖坤叶任党支部副书记，万仑坤任组织委员，王瑞峰任宣传委员，程顶胜任纪检委员，马凯任青年委员。

2014 年 9 月，张光亚任非洲研究所所长，免去万仑坤所长职务。

2016 年 10 月，肖坤叶任非洲研究所党支部书记。

2016 年 11 月，张光亚任非洲研究所党支部副书记。

调整后，非洲研究所党支部委员会由 5 人组成，肖坤叶任党支部书记，张光亚任党支部副书记，雷诚任组织委员，王利任纪检委员兼宣传委员，程小岛任青年委员。

2017 年 4 月，免去赵国良非洲研究所总工程师职务。

2017 年 12 月，免去吴向红非洲研究所副所长职务。

2018 年 4 月，王瑞峰任非洲研究所副所长。

2019 年 2 月，非洲研究所党支部委员会由 5 人组成，肖坤叶任党支部书记，张光亚任党支部副书记，王瑞峰任组织委员，王利任宣传委员兼纪检委员，程小岛任青年委员。

2020 年 8 月，非洲研究所党支部委员会由 5 人组成，肖坤叶任党支部书记，张光亚任党支部副书记，廖长霖任组织委员，张新顺任宣传委员，王瑞峰任纪检委员。

2020 年 12 月，非洲研究所领导班子由 3 人组成，张光亚任所长，肖坤叶、王瑞峰任副所长。分工情况如下：张光亚负责全面工作；肖坤叶负责党群工作，主持拟定党支部、工会工作计划并组织实施，分管青年工作站、人才培养；王瑞峰负责非洲地区油气开发研究与技术支持管理工作。

截至 2020 年 12 月 31 日，非洲研究所下设 6 个科室：所办公室、勘探综合研究室、沉积储层研究室、地球物理研究室、油田地质研究室、油藏工程研究室。在册职工 46 人，其中：男职工 28 人，女职工 18 人；教授级高级工程师 2 人，高级工程师 32 人，工程师 11 人，助理工程师及以下 1 人；博士后、博士 26 人，硕士 13 人，学士及以下 7 人；35 岁及以下 12 人，36～45 岁 15 人，46～55 岁 16 人，56 岁及以上 3 人。中共党员 33 人。

一、非洲研究所领导名录（2014.1—2020.12）

| 所　　　长 | 万仑坤（2014.1—9） |
| 张光亚（2014.9—2020.12） |
| 副　所　长 | 吴向红（女，2014.1—2017.12，退出领导岗位） |
| 肖坤叶（2014.1—2020.12） |
| 王瑞峰（2018.4—2020.12） |
| 总　工　程　师 | 赵国良（2014.1—2017.4，进入专家岗位） |

二、非洲研究所党支部领导名录（2014.1—2020.12）

书　　记　肖坤叶（2016.10—2020.12）

副 书 记　肖坤叶（2014.1—2016.10）

　　　　　张光亚（2016.11—2020.12）

第三十九节　南美研究所—美洲研究所
（2014.1—2020.12）

2008 年 7 月，原海外中心南美开发室和勘探评价室的部分人员组成南美研究部。2010 年 4 月，根据勘探院《关于部分院属单位更名的通知》，在南美研究部的基础上成立南美研究所。2014 年 9 月，根据勘探院《关于研究院部分机构调整的通知》，南美研究所更名为美洲研究所。

截至 2013 年 12 月 31 日，南美研究所下设 5 个科室：办公室、勘探室、油田地质室、重油开发室、常规油开发室。在册职工 36 人，其中：男职工 23 人，女职工 13 人；教授级高级工程师 4 人，高级工程师 20 人，工程师 7 人、经济师 1 人，助理工程师 3 人、助理经济师 1 人；博士后、博士 20 人，硕士 12 人，学士及以下 4 人；35 岁及以下 15 人，36～45 岁 15 人，46～55 岁 5 人，56 岁及以上 1 人。中共党员 27 人。

南美研究所领导班子由 4 人组成，陈和平任所长，张志伟、刘尚奇任副所长，贾芬淑任总工程师。分工情况如下：陈和平负责全面工作，分管油田地质室、办公室；张志伟负责党群工作，分管勘探室；刘尚奇负责科研管理工作，分管重油开发室；贾芬淑协助科研管理工作，分管常规油开发室。

南美研究所党支部委员会由 3 人组成，张志伟任党支部副书记，谢寅符任组织委员，陈和平任纪检委员。

2014 年 9 月，根据勘探院《关于研究院部分机构调整的通知》，南美研究所更名为美洲研究所。

美洲研究所主要职责是：

（一）为集团公司美洲地区油气勘探、开发和相关新项目评价提供技术支持；

（二）研发具有美洲特色的勘探开发技术，更好地服务于集团公司美洲地区上游业务。

2014年9月，冯明生任美洲研究所副所长；因机构更名，原南美研究所领导班子成员转任为美洲研究所相应职务。

2014年10月，南美研究所党支部委员会变更为美洲研究所党支部委员会。

2015年8月，免去冯明生美洲研究所副所长职务。

2016年10月，张志伟任美洲研究所党支部书记。

2016年11月，陈和平任美洲研究所党支部副书记。

调整后，美洲研究所党支部委员会由5人组成，张志伟任党支部书记，陈和平任副书记，刘亚明任组织委员，张克鑫任宣传委员兼青年委员，刘尚奇任纪检委员。

2017年4月，免去贾芬淑美洲研究所总工程师职务。

2017年12月，免去张志伟、刘尚奇美洲研究所副所长职务。

2017年12月，免去张志伟美洲研究所党支部书记职务。

2018年4月，田作基、齐梅任美洲研究所副所长。

2018年4月，田作基任美洲研究所党支部书记。

2020年8月，美洲研究所党支部委员会由5人组成，田作基任党支部书记，陈和平任副书记，梁光跃任组织委员，张克鑫任宣传委员，齐梅任纪检委员。

截至2020年12月31日，美洲研究所下设5个科室：办公室、勘探室、油田地质室、重油开发室、常规油开发室。在册职工37人，其中：男职工23人，女职工14人；教授级高级工程师2人，高级工程师20人、高级经济师1人，工程师12人，经济师1人，助理工程师及以下1人；博士后、博士23人，硕士13人，学士及以下1人；35岁及以下11人，36～45岁16人，46～55岁9人，56岁及以上1人。中共党员28人。

一、南美研究所（2014.1—9）

（一）南美研究所领导名录（2014.1—9）

所　　　长　陈和平（2014.1—9）

副 所 长　张志伟（2014.1—9）

刘尚奇（2014.1—9）

总 工 程 师　贾芬淑（女，2014.1—9）

（二）南美研究所党支部领导名录（2014.1—10）

副 书 记　张志伟（2014.1—10）

二、美洲研究所（2014.9—2020.12）

（一）美洲研究所领导名录（2014.9—2020.12）

所　　　长　陈和平（2014.9—2020.12）

副 所 长　张志伟（2014.9—2017.12，进入专家岗位）

刘尚奇（2014.9—2017.12，进入专家岗位）

冯明生（2014.9—2015.8）

田作基（2018.4—2020.12）

齐　梅（女，2018.4—2020.12）

总 工 程 师　贾芬淑（2014.9—2017.4，进入专家岗位）

（二）美洲研究所党支部领导名录（2014.10—2020.12）

书　　　记　张志伟（2016.10—2017.12）

田作基（2018.4—2020.12）

副 书 记　张志伟（2014.10—2016.10）

陈和平（2016.11—2020.12）

第四十节　亚太研究所（2014.1—2020.12）

2008 年 3 月，根据中油国际要求，海外研究中心成立亚太研究部。2010 年 4 月，根据工作需要，经研究决定，亚太研究部更名为亚太研究所。

截至 2013 年 12 月 31 日，亚太研究所主要职责是：

（一）负责亚太、阿姆河地区油气项目和加拿大地区非常规气项目勘探开发规划，为总部经营决策提供重要参考；

（二）负责阿姆河地区井位目标优选与开发方案编制，全面支撑亚太阿姆河地区增储上产；

（三）理论技术研发，助推海外常规及非常规天然气勘探开发理论技术进步。

亚太研究所下设 5 个科室：亚太勘探室、阿姆河勘探室、开发地质室、气藏工程室、所办公室。在册职工 38 人，其中：男职工 28 人，女职工 10 人；高级工程师 15 人，工程师 16 人，助理工程师及以下 7 人；博士后、博士 19 人，硕士 17 人，学士 2 人；35 岁及以下 18 人，36～45 岁 15 人，46 及以上 5 人。中共党员 21 人，九三学社社员 1 人。

亚太研究所领导班子由 4 人组成，张兴阳任所长，杨福忠、夏朝辉任副所长，郭春秋任总工程师。分工情况如下：张兴阳负责全面工作，分管阿姆河勘探室；杨福忠负责勘探与科研管理工作，分管亚太勘探室和所办公室；夏朝辉负责党务和开发工作，分管开发地质室；郭春秋负责人才学科建设与安全保密工作，分管气藏工程室。

亚太研究所党支部委员会由 5 人组成，夏朝辉任党支部副书记，张铭任组织委员，杨福忠任宣传委员，张兴阳任纪检委员，丁伟任青年委员。

2014 年 5 月，祝厚勤任亚太研究所总地质师，免去杨福忠副所长职务。

调整后，亚太研究所领导班子由 4 人组成，张兴阳任所长，夏朝辉任副所长，郭春秋任总工程师，祝厚勤任总地质师。分工情况如下：张兴阳主持全面工作，分管所办公室和阿姆河勘探室；郭春秋负责科研管理与安全保密工作，分管气藏工程室；祝厚勤负责培训和人才学科建设工作，分管亚太勘探室。

亚太研究所党支部委员会由 6 人组成，夏朝辉任党支部副书记，张铭任组织委员，祝厚勤任宣传委员，张兴阳任纪检委员，郭春秋任保密委员，丁伟任青年委员。

2015 年 8 月，王红军任亚太研究所所长，免去张兴阳所长职务。

调整后，亚太研究所领导班子由 4 人组成，王红军任所长，夏朝辉任副所长，郭春秋任总工程师，祝厚勤任总地质师。分工情况如下：王红军主持全面工作，分管所办公室和阿姆河勘探室；夏朝辉负责党务、科研管理和开发工作，分管开发地质室，协调气藏工程室工作；郭春秋负责安全保密、人才与学科建设工作，分管气藏工程室；祝厚勤负责学术交流、对外宣传等工作，分管亚太勘探室。

亚太研究所党支部委员会由 5 人组成，夏朝辉任副书记，张铭任组织委员，郭春秋任宣传委员，王红军任纪检委员，祝厚勤任青年委员。

2016 年 10 月，夏朝辉任亚太研究所党支部书记。

2016 年 11 月，王红军任亚太研究所党支部副书记。

调整后，亚太研究所党支部委员会由 5 人组成，夏朝辉任党支部书记，王红军任党支部副书记兼纪检委员，张铭任组织委员，郭春秋任宣传委员，祝厚勤任青年委员。

2017 年 4 月，郭春秋任亚太研究所副所长，免去其总工程师职务；免去祝厚勤亚太研究所总地质师职务。

调整后，亚太研究所领导班子由 3 人组成，王红军任所长，夏朝辉、郭春秋任副所长。分工情况如下：王红军负责全面工作，主管勘探工作，重点支持阿姆河项目，分管所办公室和阿姆河勘探室；夏朝辉负责党务工作，主管科研管理、工会、青年工作站，负责印尼、澳大利亚及 SPC 等项目开发技术研究与技术支持工作，分管开发地质室，协调气藏工程室工作；郭春秋负责安全保密、设备购置与管理、人才与学科建设，负责阿姆河项目开发技术研究与技术支持工作，分管气藏工程室。

2017 年 10 月，亚太研究所党支部委员会由 5 人组成，夏朝辉任党支部书记，王红军任党支部副书记兼纪检委员，陈鹏羽任组织委员，郭春秋任宣传委员，祝厚勤任青年委员。

2018 年 9 月，亚太研究所领导班子由 3 人组成，王红军任所长，夏朝辉、郭春秋任副所长。分工情况如下：王红军分管所办公室，地质评价室；夏朝辉分管开发地质室、油气藏综合研究室，协调气藏工程室工作；郭春秋分管气藏工程室。

截至 2020 年 12 月 31 日，亚太研究所下设 5 个科室：所办公室、开发地质室、气藏工程室、地质评价室、油气藏综合评价室。在册职工 39 人，其中：男职工 24 人，女职工 15 人；正高级（含教授级）工程师 2 人，高级工程师 24 人，工程师 11 人，助理工程师及以下 2 人；博士后、博士 26 人，硕士 11 人，学士 2 人；35 岁及以下 12 人，36～45 岁 16 人，46～55 岁及以上 11 人。中共党员 30 人，九三学社社员 1 人。

一、亚太研究所领导名录（2014.1—2020.12）

　　所　　　长　张兴阳（2014.1—2015.8）

　　　　　　　　王红军（2015.8—2020.12）

　　副　所　长　杨福忠（2014.1—5）

　　　　　　　　夏朝辉（2014.1—2020.12）

　　　　　　　　郭春秋（2017.4—2020.12）

　　总 工 程 师　郭春秋（2014.1—2017.4）

　　总 地 质 师　祝厚勤（2014.5—2017.4，进入专家岗位）

二、亚太研究所党支部领导名录（2014.1—2020.12）

　　书　　　记　夏朝辉（2016.10—2020.12）

　　副　书　记　夏朝辉（2014.1—2016.10）

　　　　　　　　王红军（2016.11—2020.12）

第四十一节　生产运营研究所
（2018.10—2020.12）

　　2018年10月，勘探院下发《关于成立海外研究中心所属综合管理办公室、生产运营研究所、工程技术研究所的通知》，在海外研究中心成立生产运营研究所。

　　生产运营研究所主要职责是：

　　（一）负责协助中心领导做好海外技术支持体系的管理协调和研究质量控制；

　　（二）负责海外项目技术方案现场实施的跟踪监督；

　　（三）负责协助做好海外项目年度计划、规划编制、预可研、可研和技术方案编制等方面的协调和跟踪；

　　（四）协助中油国际和海外项目相关业务部门，开展相关事务协调服务。

　　截至2018年12月31日，生产运营研究所下设5个科室：综合管理室、勘探研究室、开发研究室、生产作业室、地面工程室。在册职工36人，其中：男职工 36 人；教授级高级工程师 1 人，高级工程师 32 人，工程师 3 人；35 岁及以下 2 人，36～45 岁 8 人，46 岁及以上 26 人。中共党员 33 人。

生产运营研究所领导班子由 1 人组成，牛嘉玉（中油国际）任生产运营研究所筹备组负责人。

2019 年 1 月，勘探院下发《关于成立海空外综合管理办公室等 3 个临时党支部的通知》的文件，成立海外研究中心生产运营研究所临时党支部，临时党支部负责人由筹备组负责人担任。

2019 年 5 月，根据勘探院《关于同意生产运营研究所临时党支部委员会组成人员的批复》文件精神，成立海外研究中心生产运营研究所临时党支部委员会，由 4 人组成，牛嘉玉任党支部书记，吴亚东任组织委员，张英利任宣传委员，杨福忠任纪检委员。

2020 年 11 月，牛嘉玉任海外研究中心生产运营研究所所长，燕庚、胡勇、吴亚东任副所长。

生产运营研究所领导班子由 4 人组成，牛嘉玉任所长，胡勇、吴亚东、燕庚任副所长。分工情况如下：牛嘉玉负责全面工作，主管党建群团、人事、财务、法规、外事等工作，分管综合管理办公室；胡勇负责开发、钻采和储量工作，分管开发研究室和生产作业室；吴亚东负责勘探和地面工程工作，分管勘探研究室和地面工程室；燕庚负责科研、信息、标准化和 QHSE 相关工作，分管标准化室。

截至 2020 年 12 月 31 日，生产运营研究所下设 6 个科室：综合管理室、勘探研究室、开发研究室、生产作业室、地面工程室、标准化室。在册职工 50 人，其中：男职工 43 人，女职工 7 人；教授级高级工程师 1 人，高级工程师 43 人，工程师 6 人；博士后、博士 14 人，硕士 21 人，学士及以下 15 人；35 岁及以下 2 人，36～45 岁 9 人，46 岁及以上 39 人。中共党员 41 人。

一、生产运营所领导名录（2018.10—2020.12）

筹备组负责人　牛嘉玉（2018.10—2020.11）

所　　　长　牛嘉玉（2020.11—12）

副　所　长　燕　庚（2020.11—12）

　　　　　　胡　勇（2020.11—12）

吴亚东（2020.11—12）

二、生产运营所临时党支部领导名录（2019.1—2020.12）

负　责　人　牛嘉玉（2019.1—5）

书　　　记　牛嘉玉（2019.5—2020.12）

第四十二节　新能源研究所—新能源研究中心
（2017.4—2020.12）

2017年4月，根据股份公司《关于勘探开发研究院组织机构设置方案的批复》，勘探院决定，对39个直属机构和廊坊分院所属15个直属机构按照"一院两区"模式进行优化和重组。廊坊分院新能源研究所划归勘探院直接管理，名称保持不变，机构规格为正处级。

新能源研究所主要职责是：

（一）重点开展页岩气、油砂和油页岩等非常规油气资源调查、勘探和评价工作；

（二）开展页岩气等非常规天然气相关理论、试井分析与产能评价、气藏动态分析与数值模拟、开发配套技术和开采工艺技术研究；

（三）页岩气、油砂、油页岩等非常规油气资源开发的工程技术跟踪和技术支持、储层保护和开采工艺技术研究；

（四）开展天然气水合物资源评价，推动水合物平台建设；

（五）非常规油气重点实验室、国家能源页岩气研发（实验）中心仪器设备研制、实验技术研究工作；

（六）加快布局新能源四大领域，开展全国铀矿资源调查与评价，优选有利目标区，提出铀矿发展规划，启动地热、储能及新材料业务研究，提出加快新能源发展战略建议。

新能源研究所下设8个科室：地质研究室、开发研究室、规划战略研究室、非常规油气沉积储层研究室、综合研究室、实验研究室、水合物研究中心、新能源研究中心。在册职工50人，其中：男职工36人，女职工14人；教授级高级工程师2人，高级工程师19人，工程师22人，助理工程师及以下 7 人；博士后、博士 23 人，硕士 21 人，学士及以下 6 人；35 岁及以下 20 人，36～45 岁 22 人，46～55 岁 7 人，56 岁及以上 1 人。中共党员 30 人。

新能源研究所领导班子由 4 人组成，王红岩任所长，刘洪林、董大忠任副所长，刘人和任总地质师。分工情况如下：王红岩负责全面工作，分管综合研究室；刘洪林负责科研工作，分管开发研究室、非常规油气沉积储层研究室、水合物研究中心；董大忠分管规划战略研究室、新能源研究中心和实验研究室；刘人和负责工会工作，分管地质研究室。

新能源研究所党支部委员会由 4 人组成，王红岩任党支部副书记，刘人和任组织委员，刘洪林任宣传委员，董大忠任纪检委员。

2017 年 12 月，孙粉锦任新能源研究所所长，免去王红岩所长职务；张福东、刘人和任新能源研究所副所长，免去董大忠、刘洪林副所长职务。

2017 年 12 月，张福东任新能源研究所党支部书记，孙粉锦任党支部副书记，免去王红岩党支部副书记职务。

2018 年 1 月，勘探院下发《关于非常规研究所和新能源研究所业务调整的通知》，新能源研究所业务、机构、人员及领导班子重组。

新能源研究所主要职责调整如下：

（一）开展公司及国家接替油气的新能源类业务发展战略、产业政策、中长期发展规划及年度工作部署研究，为公司和国家在油气接替领域重大战略问题提供决策支撑；

（二）跟踪与战略谋划公司地热、储能、新材料及铀矿等各种新能源业务与定位，为公司新能源开发利用提供技术支持与决策参考；

（三）开展天然气水合物勘探目标预测、开采方法、安全保障技术等方面的勘探研究工作，开展天然气水合物资源评价，推动水合物平台建设；

（四）开展全国铀矿资源调查与评价，优选有利目标区，提出铀矿发展规划，启动地热、储能及新材料业务研究，提出加快新能源发展战略建议；

（五）开展新能源实验室建设，为氢能制备和储存，煤炭地下气化等新能源领域实验研究提供支持。

调整后，新能源研究所领导班子由 3 人组成，孙粉锦任所长，张福东、刘人和任副所长。分工情况如下：孙粉锦负责全面工作，分管综合室；张福东负责国际合作和实验室工作，分管储能技术研究室、水合物研究室和新能源技术实验室；刘人和负责科研管理和技术培训工作，分管规划研究室、地热研究室和铀矿研究室工作。

新能源研究所党支部委员会由 4 人组成，张福东任党支部书记，孙粉锦任副书记，刘人和任组织委员，郑德温任纪检委员。

2020 年 6 月，新能源研究所更名为新能源研究中心。新能源研究所党支部更名为新能源研究中心党支部。

2020 年 6 月，将隶属石油地质实验研究中心的太阳能制氢业务及人员、采油采气装备研究所的金属电池研究业务及人员、油气资源规划研究所的地热研究业务及人员整合到新能源研究中心；将隶属新能源研究所的天然气水合物业务及人员整合到石油地质实验研究中心。

2020 年 6 月，熊波任新能源研究中心主任，免去孙粉锦新能源研究所所长职务；刘人和、金旭任新能源研究中心副主任，免去刘人和、张福东新能源研究所副所长职务。

2020 年 6 月，熊波任新能源研究中心党支部书记，免去张福东新能源研究所党支部书记职务，免去孙粉锦新能源研究所党支部副书记职务。

调整后，新能源研究中心领导班子由 3 人组成，熊波任主任，刘人和、金旭任副主任。分工情况如下：熊波主持全面工作，分管战略研究与综合管理部；刘人和主管科研管理和技术培训工作，分管地热能开发利用部、伴生资源评价部；金旭主管国际合作和材料实验工作，分管氢能与燃料电池研发部、储能新材料研发部、新能源实验建设与技术开发部。

新能源研究中心党支部委员会由 3 人组成，熊波任党支部书记，刘人和任组织委员，金旭任纪检委员。

截至 2020 年 12 月 31 日，新能源研究中心下设 6 个科室：战略研究与综合管理部、地热能开发利用部、伴生资源评价部、氢能与燃料电池研发部、储能新材料研发部、新能源实验建设与技术开发部。在册职工 29 人，其中：男职工 21 人，女职工 8 人；教授级高级工程师 1 人，高级工程师 17 人，工程师 7 人，助理工程师及以下 4 人；博士后、博士 13 人，硕士 14 人，学士及以下 2 人；35 岁及以下 9 人，36～45 岁 10 人，46～55 岁 7 人，56 岁及以上 3 人。中共党员 21 人。

一、新能源研究所（2017.4—2020.6）

（一）新能源研究所领导名录（2017.4—2020.6）

所　　　长　王红岩（2017.4—12）

孙粉锦（2017.12—2020.6）

副　所　长　刘洪林（2017.4—12，进入专家岗位）

董大忠（2017.4—12）

张福东（2017.12—2020.6）

刘人和（2017.12—2020.6）

总 地 质 师　刘人和（2017.4—12）

（二）新能源研究所党支部领导名录（2017.4—2020.6）

书　　　记　张福东（2017.12—2020.6）

副　书　记　王红岩（2017.4—12）

孙粉锦（2017.12—2020.6）

二、新能源研究中心（2020.6—12）

（一）新能源研究中心领导名录（2020.6—12）

主　　　任　熊　波（2020.6—12）

副　主　任　刘人和（2020.6—12）

金　旭（2020.6—12）

（二）新能源研究中心党支部领导名录（2020.6—12）

书　　　记　熊　波（2020.6—12）

第四章　信息—决策支持单位

第一节　计算机应用技术研究所—信息技术中心
（2014.1—2020.12）

1978 年 5 月，根据石油工业部《部领导关于建立石油勘探开发科学研究院的批示》，计算中心成立。1991 年 5 月，根据总公司《关于石油勘探开发科学研究院机构编制调整意见的批复》意见，计算中心更名为计算机应用技术研究所。

截至 2013 年 12 月 31 日，计算机应用技术研究所主要职责是：

（一）负责为勘探院科研和管理提供信息化技术支持，提升信息化建设与应用水平；

（二）按照中国石油信息化发展战略和要求，有效支持公司信息化建设；

（三）负责信息规划制定、信息技术研究、信息系统建设、信息系统运行维护、网络安全、信息标准制修订、用户热线支持服务等工作，为集团公司及勘探院主营业务提供信息技术支撑。

计算机应用技术研究所下设 8 个科室：基础设施一室、基础设施二室、基础设施三室、数据应用一室、数据应用二室、综合应用一室、综合应用二室、所办公室。在册职工 147 人，其中：男职工 97 人，女职工 50 人；高级工程师 28 人，工程师 18 人，助理工程师及以下 101 人；博士后、博士 6 人，硕士 27 人，学士及以下 114 人；35 岁及以下 86 人，36 ～ 45 岁 29 人，46 ～ 55 岁 27 人，56 岁及以上 5 人。中共党员 41 人，致公党党员 1 人。

计算机应用技术研究所领导班子由 4 人组成，赵明清任所长，胡福祥、乔德新任副所长，冯梅任总工程师。分工情况如下：赵明清负责全面工作，主管人事、财务、计划、学科建设与安全保密等工作；胡福祥负责党务工作，主管科研业务的全面工作，协助负责行政管理与队伍建设，分管所办公室、数据应用一、二室与综合应用二室；乔德新负责交通安全工作，协助负责日常科研业务的管理，分管综合应用一室；冯梅负责信息安全和规划工作，协助负责日常科研业务管理工作，分管基础设施一、二、三室。

2014年4月，计算机应用技术研究所党支部委员会由5人组成，胡福祥任党支部书记，吴世昌任组织委员，任义丽任宣传委员，赵明清任纪检委员，宋梦馨任青年委员。

2016年11月，赵明清任计算机应用技术研究所党支部副书记。

调整后，计算机应用技术研究所党支部委员会由5人组成，胡福祥任党支部书记，赵明清任党支部副书记兼任纪检委员，吴世昌任组织委员，任义丽任宣传委员，宋梦馨任青年委员。

2017年4月，因机构调整，根据工作需要，原廊坊分院天然气地球物理与信息研究所七名员工集体划转到计算机应用技术研究所。

2017年4月，免去冯梅计算机应用技术研究所总工程师职务。

调整后，计算机应用技术研究所领导班子由3人组成，赵明清任所长，胡福祥、乔德新任副所长。分工情况如下：赵明清负责全面管理工作，主管人事、财务、计划、学科建设与安全保密等工作，分管网络安全室、数据中心室、综合运维室；胡福祥负责党务工作，主管科研业务全面工作，协助负责行政管理与队伍建设，分管所办公室、数据应用室、大数据室；乔德新负责交通安全、培训工作，协助负责日常科研业务管理工作，分管办公管理室、综合应用室。

2017年12月，龚仁彬任计算机应用技术研究所所长、党支部副书记，免去赵明清所长、党支部副书记职务。

2018年1月，领导班子分工调整如下：龚仁彬分管数据应用室、大数据室；胡福祥分管网络安全室、数据中心室、综合运维室及所办公室；乔德新分管办公管理室、综合应用室；其他领导分工不变。

2020年6月，计算机应用技术研究所更名为信息技术中心。张弢任信息技术中心副主任，免去乔德新计算机应用技术研究所副所长职务。

2020年6月，计算机应用技术研究所党支部更名为信息技术中心党支部。冯梅任信息技术中心主任、党支部副书记；胡福祥任信息技术中心副主任、党支部书记，免去其计算机应用技术研究所副所长、党支部书记职务；

免去龚仁彬计算机应用技术研究所所长、党支部副书记职务。

2020年7月，信息技术中心领导班子由3人组成，冯梅任主任，胡福祥、张弢任副主任。分工情况如下：冯梅负责全面工作，主管行政、财务、资产、人事、合同、安全、保密等工作，分管项目包括办公管理、勘探开发研究云、电子邮件、标准；胡福祥负责党务工作，负责招投标、市场化用工管理等工作，分管项目包括网络桌面、视频会议、数据中心、网络、安全、门户、内控；张弢负责科研、交通安全、培训、档案的管理工作，分管项目包括综合管理平台、科研管理平台、总库、科技管理系统。

2020年8月，信息技术中心党支部委员会由5人组成，胡福祥任党支部书记，冯梅任党支部副书记，缪红萍任组织委员，帅训波任宣传委员，张弢任纪检委员。

截至2020年12月31日，信息技术中心下设13个项目组：数据中心运维、网络安全及专网、网络桌面、勘探开发研究云、电子邮件运维、门户运维、内控管理系统、标准制定、总库常态化管理、办公管理、综合管理平台、科技管理系统和中心办公室。在册职工65人，其中：男职工45人，女职工20人；教授级高级工程师1人，高级工程师19人，工程师14人，助理工程师及以下31人；博士后、博士3人，硕士20人，学士及以下42人；35岁及以下19人，36～45岁28人，46～55岁13人，56岁及以上5人。中共党员17人，致公党党员1人。

一、计算机应用技术研究所（2014.1—2020.6）

（一）计算机应用技术研究所领导名录（2014.1—2020.6）

　　所　　　长　　赵明清（2014.1—2017.12）

　　　　　　　　　龚仁彬（2017.12—2020.6，进入专家岗位）

　　副　所　长　　胡福祥（2014.1—2020.6）

　　　　　　　　　乔德新（2014.1—2020.6）

　　总工程师　　冯　梅（女，2014.1—2017.4，进入专家岗位）

（二）计算机应用技术研究所党支部领导名录（2014.1—2020.6）

　　书　　　记　　胡福祥（2014.1—2020.6）

　　副　书　记　　赵明清（2016.11—2017.12）

　　　　　　　　　龚仁彬（2017.12—2020.6）

二、信息技术中心（2020.6—12）

（一）信息技术中心领导名录（2020.6—12）

主　　任　冯　梅（2020.6—12）

副　主　任　胡福祥（2020.6—12）

　　　　　　张　弢（2020.6—12）

（二）信息技术中心党支部领导名录（2020.6—12）

书　　记　胡福祥（2020.6—12）

副　书　记　冯　梅（2020.6—12）

第二节　油气开发计算机软件工程研究中心
—数模与软件中心（2014.1—2020.6）

1997年9月，总公司为了大力发展油气田开发方面的软件技术，决定在勘探院成立油气开发计算机软件工程研究中心。10月，油气开发计算机软件工程研究中心正式成立。油气开发计算机软件工程研究中心是勘探院的处级研究机构，是中国石油唯一专门从事油气开发软件研究、自主研发、推广与应用的研究机构。

截至2013年12月31日，油气开发计算机软件工程研究中心主要职责是：

（一）油气开发软件研制，包括地质、油气藏工程、采油气工程相互结合的开发系统集成化软件；

（二）应用基础与理论、前沿与特色技术研究，为软件持续、创新发展奠定基础；

（三）为集团公司及勘探院提供软件及信息技术发展的决策参考；

（四）为集团公司及勘探院引进、推广应用国内外优秀软件提供技术支持，促进国产软件的推广和引进软件的消化、吸收和改造。

油气开发计算机软件工程研究中心下设5个研究室：中心办公室、油藏软件研发室、气藏软件研发室、油藏软件方法与应用室、气藏软件方法与应用室。在册职工26人，其中：男职工17人，女职工9人；教授级高级工程师 3 人，高级工程师 12 人，工程师 6 人，助理工程师及以下 5 人；博士后、博士 15 人，硕士 7 人，学士及以下 4 人；35 岁及以下 9 人，36～45 岁 9 人，46 岁及以上 8 人。中共党员 23 人。

油气开发计算机软件工程研究中心领导班子由 3 人组成，冉启全任主任，宋杰、吴淑红任副主任。分工情况如下：冉启全负责全面工作，分管人事、财务、行政工作；宋杰负责党群全面工作，分管安全环保、保密和对外宣传工作；吴淑红负责中心科研工作。

油气开发计算机软件工程研究中心党支部委员会由 4 人组成，宋杰任党支部书记，李巧云任组织委员，李华任宣传委员，冉启全任纪检委员。

2016 年 11 月，冉启全任油气开发计算机软件工程研究中心党支部副书记。

调整后，油气开发计算机软件工程研究中心党支部委员会由 5 人组成，宋杰任党支部书记，冉启全任党支部副书记，李华任组织委员，李心浩任宣传委员兼青年委员，王志平任纪检委员兼保密委员。

2017 年 4 月，勘探院决定撤销海塔勘探开发研究中心，归并到油气开发计算机软件工程研究中心，油气开发计算机软件工程研究中心更名为数模与软件中心。李莉任数模与软件中心主任，宋杰、吴淑红、肖毓祥任副主任；免去冉启全油气开发计算机软件工程研究中心主任职务，免去宋杰、吴淑红油气开发计算机软件工程研究中心副主任职务。

2017 年 4 月，油气开发计算机软件工程研究中心党支部更名为数模与软件中心党支部。宋杰任数模与软件中心党支部书记，免去宋杰油气开发计算机软件工程研究中心党支部书记职务；李莉任数模与软件中心党支部副书记，免去冉启全油气开发计算机软件工程研究中心党支部副书记职务。

2017 年 5 月，数模与软件中心党支部委员会由 7 人组成，宋杰任党支部书记，李莉任党支部副书记，李华任组织委员，任康绪任宣传委员，吴忠宝任纪检委员，李心浩任青年委员，王志平任保密委员。

2020 年 3 月，免去李莉数模与软件中心主任、党支部副书记职务。

2020 年 6 月，撤销数模与软件中心。免去吴淑红、肖毓祥数模与软件中心副主任职务。

2020 年 6 月，撤销数模与软件中心党支部。免去宋杰数模与软件中心副主任、党支部书记职务。

截至 2020 年 6 月，数模与软件中心下设 8 个科室：中心办公室、油藏软件研发室、气藏软件研发室、油藏方法与应用室、气藏方法与应用室、开发地质室、开发评价室、开发方案室。在册职工 46 人，其中：男职工 25 人，女职工 21 人；教授级高级工程师 2 人，高级工程师 25 人，工程师 16 人，助理工程师及以下 3 人；博士后、博士 27 人，硕士 19 人；35 岁及以下 20 人，36～45 岁 14 人，46～55 岁 12 人。中共党员 31 人。

一、油气开发计算机软件工程研究中心（2014.1—2017.4）

（一）油气开发计算机软件工程研究中心领导名录（2014.1—2017.4）

主　　任　冉启全（2014.1—2017.4）

副 主 任　宋　杰（2014.1—2017.4）

吴淑红（女，2014.1—2017.4）

（二）油气开发计算机软件工程研究中心党支部领导名录（2014.1—2017.4）

书　　记　宋　杰（2014.1—2017.4）

副 书 记　冉启全（2016.11—2017.4）

二、数模与软件中心（2017.4—2020.6）

（一）数模与软件中心领导名录（2017.4—2020.6）

主　　任　李　莉（女，2017.4—2020.3，退出领导岗位）

副 主 任　宋　杰（2017.4—2020.6，退出领导岗位）

吴淑红（2017.4—2020.6）

肖毓祥（2017.4—2020.6）

（二）数模与软件中心党支部领导名录（2017.4—2020.6）

书　　记　宋　杰（2017.4—2020.6）

副 书 记　李　莉（2017.4—2020.3）

第三节 人工智能研究中心
（2020.6—12）

2020年6月，为推动人工智能与勘探开发业务深度结合，将隶属数模与软件中心的油田开发业务划归油田开发研究所，在数模与软件中心现有人员基础上，整合勘探院人工智能与软件研发骨干团队和人员，组建人工智能研究中心。

人工智能研究中心主要职责是：

（一）围绕新一代信息技术开展应用研究，积极承担国家部委、集团公司以及勘探院人工智能平台、协同研究平台、勘探开发相关信息系统的建设与推广应用；

（二）围绕油气勘探开发核心业务，开展人工智能应用创新研究，研发具有中国特色及自主知识产权的油气勘探开发特色软件和决策支持系统，为油田勘探开发生产提供技术手段和技术支持服务。

2020年6月，李欣任人工智能研究中心主任，吴淑红任副主任。

2020年6月，成立人工智能研究中心党支部。吴淑红任人工智能研究中心党支部书记，李欣任党支部副书记。

人工智能研究中心领导班子2人，李欣任主任，吴淑红任副主任。分工情况如下：李欣负责全面工作，主管人事、财务、合同、资产、质量安全环保等工作，分管协同研究平台项目部、软件推广应用与综合项目部、规划决策与信息共享部；吴淑红负责中心党务工作，主管党建群团、科研、外事、培训、保密等工作，分管智能算法与应用项目部、智能化软件研发项目部。

人工智能研究中心党支部委员会由3人组成，吴淑红任党支部书记兼纪检委员，李欣任党支部副书记兼宣传委员，赵丽莎任组织委员。

截至2020年12月31日，人工智能研究中心下设5个项目部：协同研究平台项目部、智能算法与应用项目部、智能化软件研发项目部、规划决策与信息共享部、软件推广应用与综合项目部。在册职工55人，其中：男职工30人，女职工25人；教授级高级工程师2人，高级工程师31人，工程师 16 人，助理工程师 6 人；博士后、博士 25 人，硕士 21 人，学士及以下 9 人；35 岁及以下 17 人，36～45 岁 19 人，46 岁及以上 19 人。中共党员 35 人。

一、人工智能研究中心领导名录（2020.6—12）

  主 任 李 欣（2020.6—12）

  副 主 任 吴淑红（女，2020.6—12）

二、人工智能研究中心党支部领导名录（2020.6—12）

  书 记 吴淑红（2020.6—12）

  副 书 记 李 欣（2020.6—12）

第四节　档案处（勘探开发资料中心）
（2014.1—2020.12）

  1991 年 3 月，总公司下发《关于石油勘探开发科学研究院机构编制调整意见的批复》，将勘探院办公室、党委办公室负责的档案管理业务与国外油气田所负责的资料管理业务合并，成立档案处，人员编制 15 人。1992 年 4 月，总公司下发《关于成立总公司勘探开发资料中心的通知》，在勘探院设立总公司勘探开发资料中心，与档案处一个机构、两块牌子，负责归口管理全国石油勘探开发技术资料，在资料管理业务上受总公司办公厅领导。

  截至 2013 年 12 月 31 日，档案处（勘探开发资料中心）主要职责是：

  （一）负责勘探院各类档案的收集、整理、保管和利用工作；

  （二）负责完成集团公司勘探开发资料的管理工作；

  （三）负责股份公司地质资料向自然资源部汇交及管理工作；

  （四）负责完成集团公司所属企业上交勘探开发资料的管理工作；

  （五）负责集团公司地质资料管理制度制定、业务培训等工作；

  （六）负责集团公司涉密测绘成果资料日常管理、监督及指导工作。

  档案处（勘探开发资料中心）下设 5 个科室：办公室、档案室、资料室、编研室、网络室。在册职工 18 人，其中：男职工 6 人，女职工 12 人；

高级工程师4人，工程师6人，助理工程师及以下8人；博士1人，硕士7人，学士及以下10人；35岁及以下4人，36～45岁5人，46～55岁8人，56岁及以上1人。中共党员10人。

档案处（勘探开发资料中心）领导班子由3人组成，贾进斗任处长，王旭安、刘小明任副处长。分工情况如下：贾进斗负责全面工作，分管资料室、办公室；土旭安负责党务、保密管理工作，分管网络室；刘小明负责工会工作，分管档案室和编研室。

档案处（勘探开发资料中心）党支部委员会由4人组成，王旭安任党支部书记，刘小明任副书记，陈雷任组织委员，贾进斗任纪检委员。

2014年12月，免去刘小明档案处（勘探开发资料中心）副处长、党支部副书记职务。

2014年12月，档案处（勘探开发资料中心）领导分工调整：贾进斗负责档案室、编研室工作；王旭安负责工会工作；其他领导分工不变。

2016年11月，贾进斗任档案处党支部副书记。

2017年4月，撤销廊坊分院天然气地球物理与信息研究所，其下属情报与资料室划归档案处（勘探开发资料中心）管理。

2017年12月，田春志任档案处（勘探开发资料中心）副处长、党支部书记，免去王旭安副处长、党支部书记职务。

2018年1月，档案处（勘探开发资料中心）领导分工调整：田春志负责党支部和工会工作，分管办公室、信息室；其他领导分工不变。

2018年4月，档案处（勘探开发资料中心）党支部委员会由5人组成，田春志任党支部书记，贾进斗任党支部副书记，卜宇任宣传委员，杜艳玲任纪检委员，周春蕾任青年委员。

2019年3月，档案处（勘探开发资料中心）领导分工调整：田春志负责档案科工作。

2020年4月，廊坊科技园区管理委员会成立，档案处（勘探开发资料中心）不再负责廊坊院区档案工作。

2020年10月，档案处（勘探开发资料中心）党支部委员会由3人组成，田春志任党支部书记兼纪检委员，贾进斗任党支部副书记兼宣传委员，周春蕾任组织委员。

截至 2020 年 12 月 31 日，档案处（勘探开发资料中心）下设 5 个科室：办公室、档案室、资料室、编研室、信息室。在册职工 17 人，其中：男职工 4 人，女职工 13 人；正高级经济师 1 人，高级工程师 6 人，工程师 8 人，助理工程师 2 人；博士后 2 人，硕士 7 人，学士及以下 8 人；35 岁及以下 5 人，36～45 岁 2 人，46～55 岁 10 人。中共党员 13 人。

一、档案处（勘探开发资料中心）领导名录（2014.1—2020.12）

处　　　长　贾进斗（2014.1—2020.12）

副　处　长　王旭安（2014.1—2017.12）

　　　　　　刘小明（女，2014.1—12）

　　　　　　田春志（2017.12—2020.12）

二、档案处（勘探开发资料中心）党支部领导名录（2014.1—2020.12）

书　　　记　王旭安（2014.1—2017.12）

　　　　　　田春志（2017.12—2020.12）

副　书　记　刘小明（2014.1—12）

　　　　　　贾进斗（2016.11—2020.12）

第五节　科技文献中心
（2014.1—2020.12）

1973 年 9 月，石油勘探开发规划研究院下设情报资料室，负责国内外石油勘探开发科技情报的收集、研究及交流。1986 年 3 月，根据工作需要，情报资料室更名为国外油气田研究所。1994 年 7 月，勘探院将院隶属石油机械研究所的《国外石油机械》编辑部及《石油机械信息报》编辑部整建制划归国外油气田研究所。1997 年 4 月，国外油气田研究所更名为石油科技文献中心。2003 年，石油科技文献中心更名为科技文献中心。

截至 2013 年 12 月 31 日，科技文献中心主要职责是：

（一）确保《石油勘探与开发》国内精品期刊地位，扩大国际影响；

（二）以发展科技信息数据库网络平台为重点，推进图书馆从传统型向数字化方向发展；

（三）研究信息资源的综合开发和利用，为管理层及科研人员提供科技信息资源服务。

科技文献中心下设 5 个科室：办公室、期刊编辑部、信息室、图书馆、网络管理室。在册职工 20 人，其中：男职工 10 人，女职工 10 人；教授级高级工程师 2 人，高级工程师 7 人，工程师 9 人，助理工程师及以下 2 人；博士后、博士 2 人，硕士 6 人，学士及以下 12 人；35 岁及以下 5 人，36～45 岁 3 人，46～55 岁 10 人，56 岁及以上 2 人。中共党员 11 人。

科技文献中心领导班子由 3 人组成，许怀先任主任，武选民、王海滨任副主任。分工情况如下：许怀先主持全面工作，分管办公室、期刊编辑部、网络管理室；武选民负责党建和思想政治工作，负责工会和青年工作，分管图书馆；王海滨协助主任工作，负责安全保密、资产管理和网络宣传工作，分管信息室。

科技文献中心党支部委员会由 3 人组成，武选民任党支部副书记，宋立臣任组织委员兼青年委员，许怀先任宣传委员。

2014 年 3 月，王大锐任科技文献中心副主任，免去王海滨副主任职务。

2014 年 4 月，科技文献中心党支部委员会由 5 人组成，武选民任党支部副书记，许怀先任宣传委员，宋立臣任组织委员兼青年委员，王大锐任纪检委员，张欣任群体委员。

2015 年 12 月，免去王大锐科技文献中心副主任职务。

2016 年 11 月，科技文献中心党支部委员会由 5 人组成，武选民任党支部副书记，宋立臣任组织委员，许怀先任宣传委员，张朝军任纪检委员，张欣任青年委员。

2017 年 4 月，严开涛任科技文献中心副主任、党支部书记；许怀先任党支部副书记；免去武选民副主任、党支部副书记职务。

2017 年 4 月，撤销廊坊分院天然气地球物理与信息研究所，其所属文献室划归科技文献中心管理，更名为廊坊院区文献室。

调整后，科技文献中心领导班子由 2 人组成，许怀先任主任，严开涛任副主任。分工情况如下：许怀先负责中心行政工作，主管中心人事、财务，分管办公室、《石油勘探与开发》编辑部、《石油科技动态》编辑部；严开涛负责中心党建和群团工作，主管工会和青年工作，计划生育、新闻宣传工作、安全、保密、QHSE 等工作，分管图书馆、电子图书室、廊坊院区文献室。

2017 年 5 月，科技文献中心党支部委员会由 5 人组成，严开涛任党支部书记，许怀先任党支部副书记，宋立臣任组织委员，张欣任宣传委员，张朝军任纪检委员。

2017 年 12 月，王旭安任科技文献中心副主任、党支部书记，免去严开涛科技文献中心副主任、党支部书记职务。

2018 年 4 月，敬爱军任科技文献中心副主任。

2018 年 9 月，科技文献中心党支部委员会由 6 人组成，王旭安任党支部书记，许怀先任党支部副书记，宋立臣任组织委员，敬爱军任宣传委员，张朝军任纪检委员，胡莘玮任青年委员。

2020 年 3 月，免去敬爱军科技文献中心副主任职务。

2020 年 8 月，科技文献中心党支部委员会由 3 人组成，王旭安任党支部书记兼任宣传委员，许怀先任党支部副书记兼纪检委员，宋立臣任组织委员。

截至 2020 年 12 月 31 日，科技文献中心下设 4 个科室：办公室、《石油勘探与开发》编辑部、《石油科技动态》编辑部、图书馆电子图书室。在册职工 21 人，其中：男职工 10 人，女职工 11 人；教授级高级工程师 1 人，高级工程师 9 人，工程师 10 人，助理工程师 1 人；博士后、博士 5 人，硕士 10 人，学士及以下 6 人；35 岁及以下 7 人，36～45 岁 5 人，46～55 岁 8 人，56 岁及以上 1 人。中共党员 13 人。

一、科技文献中心领导名录（2014.1—2020.12）

主　　　任　许怀先（2014.1—2020.12）

副　主　任　武选民（2014.1—2017.4，退出领导岗位）

王海滨（2014.1—3，退休）

王大锐（2014.3—2015.12，退休）

严开涛（2017.4—12）

王旭安（2017.12—2020.12）

敬爱军（2018.4—2020.3，退出领导岗位）

二、科技文献中心党支部领导名录（2014.1—2020.12）

> 书 记 严开涛（2017.4—12）
>
> 王旭安（2017.12—2020.12）
>
> 副 书 记 武选民（2014.1—2017.4）
>
> 许怀先（2017.4—2020.12）

三、科技文献中心享受处级待遇领导名录（2014.1—2020.12）

> 副处级待遇 王东良（2017.4—2020.12）

第六节 专家室（2014.1—2017.4）

1994年3月，勘探院在总工程师室的基础上成立专家室。

截至2013年12月31日，专家室主要职责是：

（一）了解掌握国内外油气勘探开发主要学科技术的发展趋势及前沿技术现状；

（二）对我国油气勘探开发技术的发展方向和学科建设提出建议；

（三）参与国内外有关综合性重大项目的研发、跟踪和论证，并对有关项目进行具体的咨询和指导；

（四）充分发挥老专家技术理论专长和丰富的实践经验，对有关的科研项目，进行跟踪研究，促进科研成果转化；

（五）根据专家各自的专长，在国内外相应的期刊上发表有关论著；

（六）参加院内和有关单位的技术培训，培养高级技术人才；

（七）受勘探院的委托，代行国家甲级咨询委员会的职责，对中石油有关的工程技术项目进行咨询评估。

专家室下设综合办公室。在册职工2人，其中：男职工1人，女职工1人；高级工程师1人，助理工程师1人；学士及以下2人；46岁及以上2人。聘用退休专家40人。中共党员42人。

专家室领导班子由2人组成，武法斌任主任，张尔聪任副主任。分工情况如下：武法斌负责全面工作；张尔聪协助主任负责专家室业务、日常行政事务工作。

专家室党支部委员会由 4 人组成，武法斌任党支部书记，王福印任组织委员，丁树柏任宣传委员，顾家裕任纪检委员。

2014 年 5 月，张尔聪任专家室党支部书记，免去武法斌党支部书记职务。

2014 年 12 月，刘小明任专家室副主任、党支部书记，免去张尔聪副主任、党支部书记职务。

2015 年 6 月，免去武法斌专家室主任职务。

2016 年 9 月，专家室党支部与总工程师办公室党支部合并，成立总工办专家室联合党支部。刘小明任总工办专家室联合党支部副书记（正处级），免去刘小明专家室党支部书记职务。

2016 年 10 月，刘小明任专家室主任。

2016 年 11 月，总工办专家室联合党支部委员会由 5 人组成，靳久强任党支部书记，刘小明任副书记，姚子修任组织委员，高晓辉任宣传委员，赵力民任纪检委员。

截至 2017 年 3 月 31 日，专家室下设综合办公室。在册职工 2 人，其中：女职工 2 人；高级工程师 1 人，工程师 1 人；硕士 2 人；46 岁及以上 2 人。中共党员 2 人。

2017 年 4 月，免去刘小明专家室主任职务。

2017 年 4 月，免去刘小明总工办专家室联合党支部副书记职务。

2017 年 4 月，根据《关于中国石油勘探开发研究院直属机构调整的通知》，撤销专家室。

一、专家室领导名录（2014.1—2017.4）

主　　　任　武法斌（2014.1—2015.6，退休）

　　　　　　刘小明（女，2016.10—2017.4，退出领导岗位）

副　主　任　张尔聪（女，2014.1—12，退休）

　　　　　　刘小明（2014.12—2016.10）

二、专家室党支部领导名录（2014.1—2016.9）

书　　　记　武法斌（2014.1—5）

张尔聪（2014.5—12，退休）

刘小明（2014.12—2016.9）

三、总工办专家室联合党支部领导名录（2016.9—2017.4）

副　书　记　刘小明（2016.9—2017.4，退出领导岗位）

第七节　总工程师办公室—总工程师办公室（专家室）
（2014.3—2020.3）

2014 年 3 月，根据集团公司人事部《关于勘探开发研究院部分机构调整有关问题的批复》文件精神，成立总工程师办公室。

总工程师办公室主要职责是：

（一）协助院领导组织重大科技发展规划编制和重要规划方案的审核；

（二）负责科技项目的立项把关、阶段检查与成果审查和验收；

（三）掌握国内外油气勘探开发基础研究和应用技术的现状及发展趋势，对油气勘探开发技术的发展方向和学科建设提出建议。

截至 2014 年 3 月 31 日，总工程师办公室下设综合办公室。在册职工 7 人，其中：男职工 7 人；教授级高级工程师 6 人，工程师 1 人；博士 6 人，硕士 1 人；35 岁及以下 1 人，46～55 岁 6 人。中共党员 7 人。

总工程师办公室领导班子由 1 人组成，靳久强任主任，主持全面工作。

2014 年 3 月，赵应成任总工程师办公室正处级干部。

2014 年 5 月，李明任总工程师办公室正处级干部。

2014 年 9 月，靳久强任总工程师办公室主任。

2015 年 8 月，成立总工程师办公室党支部。靳久强任总工程师办公室党支部书记。

2015 年 12 月，赵力民任总工程师办公室副主任（正处级）。

调整后，总工程师办公室领导班子由 2 人组成，靳久强任主任，赵力民任副主任（正处级）。分工情况如下：靳久强负责全面工作；赵力民分管国家重大专项秘书处工作。

2016 年 9 月，成立总工办专家室联合党支部。靳久强任总工办专家室联合党支部书记，刘小明任党支部副书记；免去靳久强总工程师办公室党支部书记职务。

2016 年 11 月，总工办专家室联合党支部委员会由 5 人组成，靳久强任党支部书记，刘小明任副书记，姚子修任组织委员，高晓辉任宣传委员，赵力民任纪检委员。

2017 年 4 月，根据《关于中国石油勘探开发研究院直属机构调整的通知》，总工程师办公室更名为总工程师办公室（专家室）。张义杰任总工程师办公室（专家室）主任，赵力民（正处级）、赵孟军任总工程师办公室（专家室）副主任，免去赵力民总工程师办公室副主任职务；免去李明总工程师办公室正处级干部职务，保留原级别待遇；免去靳久强兼任的总工程师办公室主任职务。

2017 年 4 月，总工办专家室联合党支部更名为总工程师办公室（专家室）党支部。张义杰任总工程师办公室（专家室）党支部书记，免去靳久强总工办专家室联合党支部书记职务。

调整后，总工程师办公室（专家室）领导班子由 3 人组成，张义杰任主任，赵力民（正处级）、赵孟军任副主任。分工情况如下：张义杰负责全面工作；赵力民负责国家重大专项秘书处全面工作；赵孟军负责国家重大专项秘书处管理与支持工作。

2017 年 12 月，张研兼任总工程师办公室（专家室）主任、党支部副书记，免去张义杰主任、党支部书记职务；赵力民任总工程师办公室（专家室）党支部书记。

2018 年 8 月，王振彪任总工程师办公室（专家室）副主任（正处级）。

2018 年 9 月，罗健辉任总工程师办公室（专家室）副主任（正处级）。

调整后，总工程师办公室（专家室）领导班子由 5 人组成，张研任主任，赵力民、赵孟军、王振彪、罗健辉任副主任。分工情况如下：张研负责全面工作；赵力民负责国家重大专项管理、支持工作和党务工作；赵孟军负责国家重大专项管理、支持工作；王振彪负责中石油海外项目管理与支持工作；罗健辉负责纳米驱油项目组、工程技术管理与支持工作。

总工程师办公室（专家室）党支部委员会由 5 人组成，赵力民任党支部书记，张研任党支部副书记，高晓辉任组织委员，郭燕华任宣传委员，赵孟军任纪检委员。

2019年，总工程师办公室（专家室）党支部委员会由5人组成，赵力民任党支部书记，张研任党支部副书记，严增民任组织委员，王振彪任宣传委员，赵孟军任纪检委员。

截至2020年2月29日，总工程师办公室（专家室）下设5个科室：综合管理室、院士工作室、专家管理室、现场支持室、国家专项支持室。在册职工34人，其中：男职工27人，女职工7人；正高级（含教授级）工程师19人，高级工程师11人，工程师4人；博士25人，硕士5人，学士及以下4人；35岁及以下1人，36～45岁5人，46～55岁9人，56岁及以上19人。中共党员30人。

2020年3月，免去张研总工程师办公室（专家室）主任职务，免去赵力民、罗健辉、赵孟军、王振彪副主任职务。

2020年3月，免去赵力民总工程师办公室（专家室）党支部书记职务，免去张研党支部副书记职务。

2020年3月，按照勘探院"一部三中心"发展定位，为加强科技咨询机构建设，充分发挥专家技术把关与决策支持作用，撤销总工程师办公室（专家室），成立科技咨询中心。

一、总工程师办公室（2014.3—2017.4）

（一）总工程师办公室领导名录（2014.3—2017.4）

主　　任　靳久强（2014.9—2017.4，退出领导岗位）

副　主　任　赵力民（正处级，2015.12—2017.4）

（二）总工程师办公室党支部领导名录（2015.8—2016.9）

书　　记　靳久强（2015.8—2016.9）

（三）总工办专家室联合党支部领导名录（2016.9—2017.4）

书　　记　靳久强（2016.9—2017.4）

副　书　记　刘小明（女，2016.9—2017.4，退出领导岗位）

（四）总工程师办公室处级干部领导名录（2014.3—2017.4）

正处级干部　赵应成（2014.3—12，退休）

李　　明（2014.5—2017.4）

二、总工程师办公室（专家室）（2017.4—2020.3）

（一）总工程师办公室（专家室）领导名录（2017.4—2020.3）

主　　任　张义杰（2017.4—12，进入专家岗位）

　　　　　张　研（兼任，2017.12—2020.3，退出领导岗位）

副 主 任　赵力民（正处级，2017.4—2020.3，退出领导岗位）

　　　　　赵孟军（2017.4—2020.3）

　　　　　王振彪（正处级，2018.8—2020.3）

　　　　　罗健辉（正处级，2018.9—2020.3，退出领导岗位）

（二）总工程师办公室（专家室）党支部领导名录（2017.4—2020.3）

书　　记　张义杰（2017.4—12）

　　　　　赵力民（2017.12—2020.3）

副 书 记　张　研（2017.12—2020.3）

（三）总工程师办公室（专家室）享受处级待遇领导名录（2017.4—2020.3）

正处级待遇　李　明（2017.4—2020.3）

第八节　科技咨询中心（2020.3—12）

2020年3月，按照勘探院"一部三中心"发展定位，为加强科技咨询机构建设，充分发挥专家技术把关与决策支持作用，撤销总工程师办公室（专家室），成立科技咨询中心。

科技咨询中心主要职责是：

（一）作为科研决策前置，对勘探院科技发展战略规划、重大理论技术研发方向、学科建设与人才发展规划方案进行咨询论证，针对超前性、战略性问题开展调研性研究；

（二）对勘探院重点科研项目、重要科研成果进行把关评审，对勘探院重点实验室的建设规划与方案进行审查，对院属各盆地中心提供技术支持与指导；

（三）为公司国家油气重大专项管理办公室提供管理支撑与技术支持，为国家专项技术总师提供服务支撑；

（四）承担院士、首席专家工作室的管理工作，为院士、首席专家、院副总师、各专业专家等做好日常服务与支撑；

（五）代表勘探院参加国内外技术研讨与学术交流，承担中国石油学会石油地质、石油工程专业委员会秘书处工作。

2020年3月，邹才能兼任科技咨询中心主任，陈建军任常务副主任，尹月辉、王振彪（二级正）、赵孟军任副主任。

2020年3月，总工程师办公室（专家室）党支部更名为科技咨询中心党支部。尹月辉任科技咨询中心党支部书记，陈建军任党支部副书记。

截至2020年3月31日，科技咨询中心下设11个科室：综合部、勘探部、开发部、工程部、信息与管理部、院士服务部、专家服务部、学会秘书处、国家专项综合管理部、国家专项技术支持部、国家专项技术总师办公室。在册职工34人，其中：男职工27人，女职工7人；正高级（含教授级）工程师19人，高级工程师11人，工程师4人；博士24人，硕士5人，学士5人；35岁及以下1人，36～45岁5人，46～55岁9人，56岁及以上19人。中共党员30人。

科技咨询中心领导班子由5人组成，邹才能兼任主任，陈建军任常务副主任，尹月辉、王振彪、赵孟军任副主任。分工情况如下：邹才能负责全面工作；陈建军负责日常行政事务；尹月辉负责党支部、党群团及学术交流工作；王振彪负责安全生产管理相关工作；赵孟军负责国家重大专项管理与支持工作。

科技咨询中心党支部委员会由5人组成，尹月辉任党支部书记，陈建军任党支部副书记，严增民任组织委员，王振彪任宣传委员，赵孟军任纪检委员。

截至2020年12月31日，科技咨询中心下设11个科室：综合部、勘探部、开发部、工程部、信息与管理部、院士服务部、专家服务部、学会秘书处、国家专项综合管理部、国家专项技术支持部、国家专项技术总师办公室。在册职工50人，其中：男职工42人，女职工8人；博士37人，硕士7人，学士6人；正高级（含教授级）工程师25人，高级工程师21人，工程师4人；35岁及以下2人，36～45岁11人，46～55岁14人，56岁及以上23人。中共党员47人。

一、科技咨询中心领导名录（2020.3—12）

主　　　任　邹才能（兼任，2020.3—12）

常务副主任　陈建军（2020.3—12）

副　主　任　尹月辉（2020.3—12）

王振彪（2020.3—12）

赵孟军（2020.3—12）

二、科技咨询中心党支部领导名录（2020.3—12）

书　　　记　尹月辉（2020.3—12）

副　书　记　陈建军（2020.3—12）

三、科技咨询中心享受处级待遇领导名录（2020.3—12）

正处级待遇　李　明（2020.3—12）

第九节　技术培训中心（研究生部）
（2014.1—2020.12）

1978年5月，根据石油工业部《关于石油勘探开发科学研究院机构编制调整意见的批复》，按照机构设置规划，成立技术培训处，负责全院科技人员的培训及科学技术业务的学习。1984年2月，技术培训处更名为技术培训中心。1984年9月，经国家教委批准，研究生部正式挂牌。技术培训中心（研究生部）成为勘探院从事教育与培训的机构，是中国石油重要的技术培训和研究生教育基地。

截至2013年12月31日，技术培训中心（研究生部）主要职责是：

（一）负责硕士研究生、博士研究生的招生宣讲、招生计划和招生组织工作；

（二）负责研究生学籍、教学教务、培养过程管理，学位与导师管理、学生工作；

（三）负责博士后招收计划、招收组织和博士后的日常管理工作；

（四）负责院内培训计划制定、培训课程策划、培训班组织与考核工作；

（五）负责集团公司上游业务培训计划制定、培训课程策划、培训班组织与考核工作；

（六）负责研究生培养方案中课程落实、教学以及教学质量的评估工作；

（七）负责中心财务、固定资产、安全环保、培训、工会、党群等事务，以及教室和学生宿舍管理。

技术培训中心（研究生部）下设 6 个科室：招生办公室、研究生管理室、博士后管理室、教学研究室、职工培训室、综合办公室。在册职工 27 人，其中：男职工 7 人，女职工 20 人；教授级高级工程师 1 人，高级工程师 14 人，工程师 2 人、经济师 4 人，助理工程师及以下 6 人；博士后、博士 3 人，硕士 10 人，学士及以下 14 人；35 岁及以下 3 人，36～45 岁 10 人，46 岁及以上 14 人。中共党员 18 人。

技术培训中心（研究生部）领导班子由 3 人组成，李小地任主任，张风华、李霞任副主任。分工情况如下：李小地主持全面工作，分管招生办公室和综合办公室；张风华分管研究生管理室和博士后管理室；李霞分管教学研究室和职工培训室。技术培训中心（研究生部）党总支委员会由 4 人组成，张风华任党总支副书记，雷婉任组织委员，熊浩平任宣传委员，王桂宏任青年委员。党总支下设 1 个职工党支部，3 个学生党支部。

技术培训中心（研究生部）党总支委员会由 4 人组成，张风华任党总支副书记，雷婉任组织委员，熊浩平任宣传委员，王桂宏任青年委员。党总支下设 1 个职工党支部，3 个学生党支部。

2014 年 3 月，免去李霞的技术培训中心（研究生部）副主任职务。

2014 年 5 月，张旻任技术培训中心（研究生部）党总支副书记，免去张风华党总支副书记职务。

2015 年 5 月，技术培训中心（研究生部）党总支委员会由 5 人组成，张旻任党总支副书记，严增民任组织委员，张风华任宣传委员，李小地任纪检委员，郝东林任青年委员。

2016 年 7 月，张旻任技术培训中心（研究生部）副主任。

2017 年 4 月，根据"一院两区"机构调整要求，技术培训中心（研究生部）成立廊坊研究生管理室，负责原廊坊分院人事处的研究生管理业务。

2017 年 10 月，技术培训中心（研究生部）党总支委员会由 5 人组成，张旻任党总支副书记，宫广胜任组织委员，张风华任宣传委员，李小地任纪检委员，郝东林任青年委员。

2017年12月，张旻任技术培训中心（研究生部）党总支书记，李小地任党总支副书记。

2020年3月，闫伟鹏任技术培训中心（研究生部）主任、党总支副书记，免去李小地主任、党总支副书记职务。

2020年7月，技术培训中心（研究生部）党总支委员会由5人组成，张旻任党总支书记，闫伟鹏任党总支副书记，郝东林任组织委员，陈新彬任宣传委员，张风华任纪检委员。

截至2020年12月31日，技术培训中心（研究生部）下设8个科室：综合办公室、招生办公室、研究生管理室、博士后管理室、教学研究室、职工培训室、技术培训室、廊坊研究生管理室。在册职工30人，其中：男职工8人，女职工22人；高级工程师15人、高级经济师2人、副研究员1人，经济师6人，助理研究员2人，助理工程师及以下4人；博士后、博士7人，硕士13人，学士及以下10人；35岁及以下6人，36～45岁10人，46～55岁14人。中共党员18人。

一、技术培训中心（研究生部）领导名录（2014.1—2020.12）

　主　　　任　李小地（2014.1—2020.3，退出领导岗位）

　　　　　　　闫伟鹏（2020.3—12）

　副　主　任　张风华（女，2014.1—2020.12）

　　　　　　　李　霞（女，2014.1—3）

　　　　　　　张　旻（女，2016.7—2020.12）

二、技术培训中心（研究生部）党总支领导名录（2014.1—2020.12）

　书　　　记　张　旻（2017.12—2020.12）

　副　书　记　张风华（2014.1—5）

　　　　　　　张　旻（2014.5—2017.12）

　　　　　　　李小地（2017.12—2020.3）

　　　　　　　闫伟鹏（2020.3—12）

第五章　服务保障—技术服务单位

第一节　基建办公室（2014.1—2020.3）

1955 年 12 月，石油工业部中央研究所筹建处机关下设基建科。1958 年 11 月，成立石油工业部石油科学研究院，下设基建动力科。1978 年 9 月设置修建处，负责实验室、实验工厂、办公室、宿舍等房屋设施的维护修建工作。后修建处更名为基建处。1994 年 3 月，为强化基建工作的组织、协调和对外联系功能，成立基建办公室。

截至 2013 年 12 月 31 日，基建办公室主要职责是：

（一）依据大院规划及基建工程规划要求编制建设方案，组织编制投资概算、预算、决算工作；

（二）负责全院涉及基建内容合同的技术审定工作，组织工程的设计、施工、监理、器材招标等具体工作；

（三）办理北京市规定的建设审批手续（主要有北京市规委、建委、计委、公安消防、市政、人防、教育、给水、排水、供电、绿化、天然气、城建档案等）；

（四）负责工程项目建设实施过程中的监督管理以及竣工验收。

基建办公室下设 4 个科室：办公室、综合管理科、工程管理科、HSE 管理科。在册职工 12 人，其中：男职工 10 人，女职工 2 人；高级工程师 7 人，工程师 3 人，助理工程师及以下 2 人；硕士 2 人，学士及以下 10 人；35 岁及以下 2 人，36～45 岁 2 人，46～55 岁 8 人。中共党员 8 人。

基建办公室领导班子由 3 人组成，路金贵任主任，孟明、宋玉林任副主任。分工情况如下：路金贵负责全面工作，分管计划财务、人事劳资、预（结）算管理、工程管理、队伍建设等工作；孟明负责党务工作，负责党建、廉政建设组织、队伍建设管理，分管设计、招标、合同、内控、文秘等工作；宋玉林负责后勤管理工作，分管工程前期审批、安全管理、外联接待、工会、青年、后勤保障、档案资料及保密工作。

基建办公室党支部委员会由 3 人组成，孟明任党支部书记，贺永红任组织委员，王惠铭任宣传委员。

2014 年 9 月，鲁大维任基建办公室副主任，免去孟明副主任职务。

2014 年 9 月，宋玉林任基建办公室党支部书记，免去孟明党支部书记职务。

2016 年 11 月，路金贵任基建办公室党支部副书记。

调整后，基建办公室党支部委员会由 3 人组成，宋玉林任党支部书记，路金贵任党支部副书记兼纪检委员，贺永红任组织委员兼宣传委员。

2017 年 4 月，徐玉琳任基建办公室副主任。

2020 年 3 月，为加强勘探院服务保障机构的优化整合，充分发挥服务保障合力，基建办公室与综合服务中心合并。免去路金贵基建办公室主任职务，免去鲁大维、徐玉琳、宋玉林副主任职务。

2020 年 3 月，撤销基建办公室党支部。免去宋玉林基建办公室党支部书记职务，免去路金贵党支部副书记职务。

截至 2020 年 3 月，基建办公室在册职工 14 人，其中：男职工 8 人，女职工 6 人；高级工程师 7 人，工程师 3 人，其他 4 人；硕士 3 人，学士及以下 11 人；35 岁及以下 3 人，36～45 岁 1 人，46～55 岁 6 人，56 岁及以上 4 人。中共党员 11 人。

一、基建办公室领导名录（2014.1—2020.3）

主　　　任　路金贵（2014.1—2020.3）

副　主　任　孟　明（2014.1—9）

宋玉林（2014.1—2020.3，退出领导岗位）

鲁大维（2014.9—2020.3）

徐玉琳（女，2017.4—2020.3）

二、基建办公室党支部领导名录（2014.1—2020.3）

书　　　记　孟　明（2014.1—9）

宋玉林（2014.9—2020.3）

副　书　记　路金贵（2016.11—2020.3）

第二节　综合服务中心—综合服务中心（基建办公室）
（2017.4—2020.12）

2017年4月，勘探院下发《关于中国石油勘探开发研究院直属机构调整的通知》，成立综合服务中心。

综合服务中心主要职责是：

（一）负责北京院区工作区、廊坊院区后勤支持与服务；

（二）负责为北京院区、廊坊院区科研生产的顺利运行提供保障。

截至2017年12月31日，综合服务中心下设7个科室：综合办公室、物资采购部、餐饮管理部（廊坊院区会议培训中心）、职工健康管理部、交通服务部、印制服务部、环境管理部。在册职工64人，其中：男职工36人，女职工28人；高级工程师8人，工程师7人，助理工程师3人，助理经济师3人，其他43人；博士后1人，博士2人，硕士5人，学士及以下56人；35岁及以下12人，36～45岁15人，46～55岁29人，56岁及以上8人。中共党员30人。

2017年4月，孟明任综合服务中心主任，陈波、刘为公、刘晓、曹锋任副主任。

2017年4月，成立综合服务中心党支部。刘为公任综合服务中心党支部副书记。

综合服务中心领导班子由5人组成，孟明任主任，陈波、刘为公、刘晓、曹锋任副主任。分工情况如下：孟明主持全面工作；陈波分管餐饮管理部（廊坊院区会议培训中心）、交通服务部、印制服务部；刘为公负责中心党建工作、思想政治工作、群团工作，分管中心安全工作；刘晓分管物资采购部；曹锋分管中心综合办公室、职工健康管理部、环境管理部。

综合服务中心党支部委员会由5人组成，刘为公任党支部副书记，李靖任组织委员，曹锋任宣传委员，孟明任纪检委员，郭正任青年委员。

2017年12月，代自勇任综合服务中心副主任，免去刘晓副主任职务。

2020年3月，免去刘为公综合服务中心副主任、党支部副书记职务。

2020年3月，为加强勘探院服务保障机构的优化整合，充分发挥服务保障合力，综合服务中心与基建办公室合并，组建综合服务中心（基建办公室）。孟明任综合服务中心（基建办公室）主任，免去其综合服务中心主任职务；代自勇、鲁大维任综合服务中心（基建办公室）副主任，免去代自勇、曹锋、陈波综合服务中心副主任职务。

2020年3月，孟明任综合服务中心（基建办公室）党支部副书记。

2020年6月，将隶属院办公室（党委办公室）的值班室、房产科人员和业务，以及隶属质量安全环保处的安保队伍人员和业务并入综合服务中心（基建办公室）；将隶属物业管理中心的车队、卫生所、工字楼、青年公寓相关人员和业务划入综合服务中心（基建办公室）。

2020年6月，李玉梅任综合服务中心（基建办公室）副主任。

2020年11月，张士清、赵波、吴兵任综合服务中心（基建办公室）副主任，免去代自勇副主任职务。

2020年11月，张士清任综合服务中心（基建办公室）党支部书记。

截至2020年12月31日，综合服务中心（基建办公室）下设12个科室：综合办公室、物资采购部、餐饮管理部、职工健康管理部、环境管理部、基建管理部、生产调度室、房产管理部（房产科）、安保管理部、车队、卫生所、公寓管理部。在册职工56人，其中：男职工31人，女职工25人；高级工程师15人，工程师13人，助理工程师及以下28人；博士后1人，硕士9人，学士及以下46人；35岁及以下10人，36～45岁12人，46～55岁22人，56岁及以上12人。中共党员34人。

一、综合服务中心（2017.4—2020.3）

（一）综合服务中心领导名录（2017.4—2020.3）

主　　　任　孟　明（2017.4—2020.3）

副　主　任　陈　波（2017.4—2020.3）

刘为公（2017.4—2020.3，退休）

刘　晓（2017.4—12）

曹　锋（2017.4—2020.3）

代自勇（2017.12—2020.3）

（二）综合服务中心党支部领导名录（2017.4—2020.3）

　　副 书 记　刘为公（2017.4—2020.3）

二、综合服务中心（基建办公室）（2020.3—12）

（一）综合服务中心（基建办公室）领导名录（2020.3—12）

　　主　　任　孟　明（2020.3—12）

　　副 主 任　张士清（2020.11—12）

　　　　　　　代自勇（2020.3—11）

　　　　　　　鲁大维（2020.3—12）

　　　　　　　李玉梅（女，2020.6—12）

　　　　　　　赵　波（2020.11—12）

　　　　　　　吴　兵（2020.11—12）

（二）综合服务中心（基建办公室）党支部领导名录（2020.3—12）

　　书　　记　张士清（2020.11—12）

　　副 书 记　孟　明（2020.3—12）

第三节　离退休职工管理处
（2014.1—2020.12）

　　1984年4月，石油勘探开发科学研究院决定成立老干部处，隶属院政治部，刘贤高任处长。1993年11月，老干部处更名为离退休职工管理处。

　　截至2013年12月31日，离退休职工管理处主要职责是：

　　（一）认真贯彻党中央、国务院关于离退休工作的方针、政策，落实集团公司、勘探院关于离退休职工服务管理各项工作部署；

　　（二）负责离退休职工基层党组织建设，组织进行阅文、学习、座谈活动，传达上级有关文件、会议精神；

　　（三）负责离退休职工病困走访、节日慰问、住院探视、困难帮扶，协助办好病故职工善后事宜；

　　（四）负责组织离退休人员健康体检、物业采暖报销、报刊订阅等工作；

　　（五）负责离退休职工来信来访的接待及相关事项的协调处理；

（六）负责组织开展适合离退休老同志身心健康的文体活动，指导和组织老年大学的教学活动。

离退休职工管理处下设 8 个科室：处（党总支）办公室、帮扶关爱办公室、养生保健办公室、文体活动办公室、老年大学、老年福利办公室、QHSE 安全管理室、宣传图书资料室。在册职工 19 人，其中：男职工 11 人，女职工 8 人；高级工程师 4 人，工程师 7 人，助理工程师及以下 8 人；学士及以下 19 人；35 岁及以下 2 人，36～45 岁 3 人，46～55 岁 9 人，56 岁及以上 5 人。中共党员 16 人。

离退休职工管理处领导班子由 5 人组成，陈学亮任处长，邱立新、郑白云、张颖、郑建设任副处长。分工情况如下：陈学亮负责全面工作，分管处办公室、老年福利办公室、养生保健办公室；邱立新负责党务和互助关爱队日常工作，分管党总支办公室、帮扶关爱办公室；郑白云负责老年教育、安全环保、老同志困难补助、慰问、走访、丧事办理工作，分管老年大学、QHSE 安全管理室；张颖负责住房管理、数据库、信访、计划生育、文体活动组织工作，分管宣传图书资料室、文体活动办公室；郑建设负责廊坊院区离退休职工管理服务全面工作。

离退休职工管理处党总支委员会由 6 人组成，邱立新任党总支书记，陈学亮、张颖任党总支副书记，郑白云任组织委员，王梅生任宣传委员，邱立新兼任学习委员，郑建设任群工委员，张颖兼任文体委员。党总支下设 14 个党支部，其中：在职党支部 1 个，离退休党支部 13 个，中共党员746 人。

2014 年 5 月，按照勘探院《关于部分机构调整的通知》要求，恢复廊坊分院离退休职工管理部，离退休职工管理处（廊坊）人员划入廊坊分院离退休职工管理部。

2014 年 7 月，吴雅静任离退休职工管理处副处级干部。

2014 年 9 月，郭强任离退休职工管理处处长，免去陈学亮处长职务；王凤江任离退休职工管理处副处长，免去邱立新副处长职务。

2014 年 9 月，王凤江任离退休职工管理处党总支书记，免去邱立新党总支书记职务；郭强任离退休职工管理处党总支副书记，免去陈学亮党总支副书记职务。

调整后，离退休职工管理处领导班子由 4 人组成，郭强任处长，王凤江、张颖、郑白云任副处长。分工情况如下：郭强主持行政工作，分管处办公室、老年福利办公室、养生保健办公室；王凤江主持党建工作，分管党总支办公室、帮扶关爱办公室；张颖负责住房管理、数据库、信访、计划生育、文体活动组织工作，分管宣传图书资料室、文体活动办公室；郑白云负责老年教育、安全环保、老同志困难补助、慰问、走访、丧事办理工作，分管老年大学、QHSE 安全管理室。

离退休职工管理处党总支委员会由 4 人组成，王凤江任党总支书记，郭强、张颖任党总支副书记，郑白云任组织委员，张颖兼任文体委员。

2015 年 6 月，免去郑白云离退休职工管理处副处长职务。

2015 年 12 月，朱彤任离退休职工管理处副处长。

2016 年 1 月，离退休职工管理处领导班子由 4 人组成，郭强任处长，王凤江、张颖、朱彤任副处长。分工情况如下：郭强负责全面工作，分管办公室、老年福利办公室、养生保健办公室；王凤江负责党建、政研、宣传、职工培训等工作，分管（党总支）办公室、宣传图书资料室；张颖协助处长、书记落实（党总支）办公室日常工作，负责老年教育和文体活动组织工作，分管老年大学、文体活动办公室；朱彤负责关爱、安全、内控、设备维护和保密教育等工作，分管帮扶关爱办公室、QHSE 安全管理室。

离退休职工管理处党总支委员会由 4 人组成，王凤江任党总支书记，郭强任党总支副书记兼组织委员，张颖任党总支副书记兼宣传委员，李广轩任青年委员。党总支下设 14 个党支部，其中：在职党支部 1 个，离退休党支部 13 个，中共党员 619 人。

2016 年 10 月，免去张颖离退休职工管理处党总支副书记职务。

2016 年 11 月，离退休职工管理处党总支委员会由 4 人组成，王凤江任党总支书记，郭强任党总支副书记兼组织委员，张颖任宣传委员，朱彤任纪检委员。

2017 年 4 月，根据《关于中国石油勘探开发研究院直属机构调整的通知》中"一院两区"的相关要求，撤销廊坊分院离退休职工管理部，实行一体化管理。

2017 年 4 月，吴虹任离退休职工管理处党总支书记，王凤江任党总支副书记；免去王凤江党总支书记职务，免去郭强党总支副书记职务。

2017年4月，王凤江任离退休职工管理处处长，吴虹、王梅生任副处长；免去郭强处长职务，免去张颖副处长职务；免去吴雅静副处级干部职务，保留原级别待遇。

调整后，离退休职工管理处领导班子由4人组成，王凤江任处长，吴虹、朱彤、王梅生任副处长。分工情况如下：王凤江主持行政工作，分管办公室、宣传图书资料室；吴虹分管（党总支）办公室、文体活动办公室、老年教育管理室；朱彤分管帮扶关爱办公室、养生保健办公室；王梅生分管廊坊院区离退休职工管理服务工作。

2017年4月，离退休职工管理处党总支委员会由3人组成，吴虹任党总支书记，王凤江任党总支副书记，朱彤任纪检委员。

2018年1月，离退休职工管理处党总支委员会由7人组成，吴虹任党总支书记，王凤江任党总支副书记，才雪梅任组织委员，王梅生任宣传委员，朱彤任纪检委员，王铁军任学习委员，李广轩任群工委员。党总支下设16个党支部，其中：在职党支部1个，离退休党支部15个，中共党员802人。

2020年3月，王强任离退休职工管理处党总支书记。

2020年3月，王强、孙志林任离退休职工管理处副处长，免去朱彤副处长职务。

调整后，离退休职工管理处领导班子由4人组成，王凤江任处长，王强、孙志林、王梅生任副处长。分工情况如下：王凤江主持全面工作，分管处办公室、老年教育管理室；王强主持党务工作，分管党总支办公室、帮扶关爱办公室；孙志林负责QHSE（含保密）管理，资产设备管理，分管养生保健办公室、宣传图书资料室、文体活动办公室；王梅生负责廊坊院区离退休职工管理服务日常工作。

离退休职工管理处党总支委员会由5人组成，王强任党总支书记，王凤江任副书记，才雪梅任组织委员，王梅生任宣传委员，孙志林任纪检委员。因2020年实行退休职工社会化管理移交，15个离退休党支部中退休职工党员关系也同步转交到街道社区党组织管理，由离退休党总支继续管理的离退休（离休干部、离退休院士）党员共19人。

截至 2020 年 12 月 31 日，离退休管理处下设 6 个科室：处（党总支）办公室、帮扶关爱办公室、养生保健办公室、文体活动办公室、老年教育管理室、宣传图书资料室。在册职工 18 人，其中：男职工 11 人，女职工 7 人；高级工程师 3 人，工程师 4 人，助理工程师及以下 11 人；博士 1 人，硕士 2 人，学士及以下 15 人；36 ～ 45 岁 3 人，46 ～ 55 岁 9 人，56 岁及以上 6 人。中共党员 14 人。

一、离退休职工管理处领导名录（2014.1—2020.12）

处　　　长　陈学亮（2014.1—9，退休）

　　　　　　郭　强（2014.9—2017.4，退出领导岗位）

　　　　　　王凤江（2017.4—2020.12）

副　处　长　邱立新（2014.1—9，退休）

　　　　　　郑白云（2014.1—2015.6，退休）

　　　　　　张　颖（女，回族，2014.1—2017.4，退出领导岗位）

　　　　　　郑建设（2014.1—5）

　　　　　　王凤江（2014.9—2017.4）

　　　　　　朱　彤（2015.12—2020.3，退出领导岗位）

　　　　　　吴　虹（女，2017.4—2020.1，退休）

　　　　　　王梅生（2017.4—2020.12）

　　　　　　王　强（2020.3—12）

　　　　　　孙志林（2020.3—12）

二、离退休职工管理处党总支领导名录（2014.1—2020.12）

书　　　记　邱立新（2014.1—9）

　　　　　　王凤江（2014.9—2017.4）

　　　　　　吴　虹（2017.4—2020.1）

　　　　　　王　强（2020.3—12）

副　书　记　陈学亮（2014.1—9）

　　　　　　郭　强（2014.9—2017.4）

　　　　　　张　颖（2014.1—2016.10）

　　　　　　王凤江（2017.4—2020.12）

三、离退休职工管理处副处级干部领导名录（2014.1—2020.12）

吴雅静（女，2014.7—2017.4）

四、离退休职工管理处享受处级待遇领导名录（2014.1—2020.12）

副处级待遇　吴雅静（女，2017.4—2020.12）

第四节　物业管理中心—物业管理中心（石油大院社区居民委员会）—物业管理中心（2014.1—2020.12）

1997 年 4 月，根据工作需要，基建处更名为物业管理处。1999 年 5 月，物业管理处、生活后勤服务公司和技术后勤处合并成立物业管理中心。

截至 2013 年 12 月 31 日，物业管理中心主要职责是：

（一）负责为北京院区、廊坊分院的物业管理及服务工作，包括为科研生产与职工生活提供水、电、冷、暖、讯的保障供应及日常维修、维护工作；

（二）负责辖区内大修、隐患治理工作；辖区内房屋、道路的维护；

（三）负责北京院生活区消防、治安安全工作及交通秩序的维护管理工作；

（四）负责绿化保洁、医疗卫生、幼儿保教、物资供应、公务用车、印刷等综合后勤服务工作。

物业管理中心下设 23 个科室：其中北京院区 17 个，包括中心办公室、矿区综合管理办公室、财务科、物业一科、物业二科、工程科、安全环保科、供暖科、动力科、工作区物业科、通讯站、供应科、幼儿园、卫生所、健康管理科、车队、场馆科；廊坊院区 6 个，包括综合管理科、系统运行管理科、通讯公寓管理科、工程管理科、医疗卫生服务中心、环卫绿化管理科。在册职工 173 人，其中：男职工 126 人，女职工 47 人；高级工程师 8 人，工程师 27 人，助理工程师及以下 138 人；硕士 3 人，学士及以下 170 人；35 岁及以下 8 人，36～45 岁 39 人，46～55 岁 126 人。中共党员 57 人。

物业管理中心领导班子由 6 人组成，张士清任经理，王庆友任常务副经理，王强、黄建泰、于兴国任副经理，梅立红任党总支副书记。分工情况如下：张士清负责全面工作，分管矿区综合管理办公室、财务科、供应科；王庆友负责大修工程，组织对大修工程、项目进行论证、施工、安全管理及验收等工作，分管供暖科、安全环保科，（廊坊院区）综合管理科、系统运行管理科、通讯公寓管理科、工程管理科、医疗卫生服务中心、环卫绿化管理科；王强负责交通安全工作，分管车队、场馆科、物业二科；黄建泰负责生产安全管理工作，分管动力科、工作区物业科、通讯站；于兴国负责行政办公、人事、QHSE 体系管理、计划生育、工会、青年工作站、固定资产、合同内控管理工作，分管中心办公室、物业一科、工程科；梅立红负责协助党支部书记做好党务工作，分管幼儿园、卫生所、健康管理科。

物业管理中心党总支委员会由 6 人组成，张士清任党总支书记，梅立红任副书记，王强任组织委员，于兴国任宣传委员，王庆友任纪检委员，黄建泰任保密委员。

2014 年 5 月，根据工作需要恢复廊坊分院物业管理部，物业管理中心（廊坊院区）人员划入廊坊分院物业管理部。

2014 年 9 月，免去王庆友物业管理中心常务副经理职务。

2015 年 8 月，免去张士清物业管理中心党总支书记职务。

2015 年 8 月，张宇任物业管理中心常务副经理（副处级），免去张士清经理职务。

2016 年 10 月，黄建泰任物业管理中心党总支书记。

2016 年 10 月，张宇任物业管理中心经理，梅立红、刘晓任副经理，免去王强副经理职务。

2016 年 10 月，物业管理中心党总支委员会由 5 人组成，黄建泰任党总支书记，梅立红任副书记，刘晓任组织委员，于兴国任宣传委员，张宇任纪检委员。

2017 年 4 月，根据股份公司《关于勘探开发研究院组织机构设置方案的批复》的文件精神，对勘探院 39 个直属机构和廊坊分院所属 15 个直属机构按照"一院两区"模式进行优化和重组；撤销廊坊分院物业管理部，廊坊院区物业管理部业务并入物业管理中心，物业管理中心与石油大院社区居民委员会合署办公，更名为物业管理中心（石油大院社区居民委员会）。

2017 年 4 月，物业管理中心党总支更名为物业管理中心（石油大院社区居民委员会）党总支。

2017 年 4 月，代自勇任物业管理中心副经理，免去刘晓物业管理中心副经理职务。

2017 年 4 月，黄建泰任物业管理中心（石油大院社区居民委员会）党总支书记，免去其物业管理中心党总支书记职务；梅立红任物业管理中心（石油大院社区居民委员会）党总支副书记，免去其物业管理中心党总支副书记职务。

调整后，物业管理中心（石油大院社区居民委员会）领导班子由 8 人组成，张宇任物业管理中心经理，黄建泰、于兴国、梅立红、代自勇任副经理，王强任石油大院社区居民委员会主任，李玉胜、孙志林任副主任。分工情况如下：张宇负责全面工作，分管矿区综合管理办公室、财务科；黄建泰负责物业管理中心党务工作、安全管理工作、物业管理中心大修工程，分管动力科、供暖科、安全环保科、工作区物业科；于兴国负责物业管理中心行政办公、人事、QHSE 体系管理、计划生育、固定资产、合同内控管理工作，分管中心办公室、工程科、物业一科、物业二科、车队、场馆科、通讯站；梅立红负责协助党总支书记做好物业管理中心党务工作，工会、青年工作站工作，分管幼儿园、卫生所、医疗卫生科、职工健康管理科；代自勇负责廊坊院区物业管理工作，分管系统运行一科、系统运行二科；王强负责居民委员会全面工作；李玉胜负责居民委员会综合治理、社区安全、志愿者、信访、征兵工作；孙志林负责居民委员会民政福利、住房保障、残联、计生、社区服务中心、劳动就业工作。

2017 年 12 月，刘晓任物业管理中心副经理（主持工作），李玉梅任副经理；免去张宇物业管理中心经理职务，免去代自勇物业管理中心副经理职务，免去李玉胜石油大院社区居民委员会副主任职务。

2017 年 12 月，郭志超任物业管理中心副经理。

2017 年 12 月，免去李玉胜石油大院社区居民委员会党总支副书记职务。

2018 年 6 月，按照勘探院"一院两区"整体改革方案的实施要求，将物业管理中心（廊坊院区）业务划转至综合服务中心，同时撤销物业管理中心（廊坊院区）下属的物业二科、系统运行一科、系统运行二科、卫生医疗服务中心4个科室，其相关业务职能划转至综合服务中心。

2019年9月，鉴于石油大院社区居民委员会承担的相关职责已划转地方，物业管理中心与石油大院社区居民委员会不再合署办公，石油大院社区居民委员会相关人员统一划转至综合服务中心。

2019年10月，物业管理中心领导班子由6人组成，刘晓任副经理（主持工作），黄建泰、于兴国，梅立红、李玉梅、郭志超任副经理。分工情况如下：刘晓负责全面工作，分管矿区综合管理办公室、财务科、工作区物业科；黄建泰负责党务工作、物业管理中心大修工程，分管动力科、大修项目管理办公室；于兴国负责行政办公、人事、QHSE体系管理、计划生育、固定资产、合同内控管理工作，分管中心办公室、工程科、供暖科；梅立红负责协助党总支书记做好物业管理中心党务工作，负责工会、青年工作站工作，分管幼儿园、场馆科、通讯站；李玉梅负责医疗卫生服务工作，分管卫生所、车队；郭志超负责消防、治安安全、交通秩序维护工作，分管物业一科、安全环保科、便民服务中心。

2020年3月，将物业管理中心党总支调整为物业管理中心党支部。免去黄建泰物业管理中心党总支书记职务。

2020年3月，免去黄建泰、于兴国物业管理中心副主任职务。

2020年6月，按照院属部分机构业务调整的通知，将隶属物业管理中心的卫生所、车队业务及人员划至综合服务中心（基建办公室）。

2020年6月，免去李玉梅物业管理中心副主任职务。

截至2020年12月31日，物业管理中心下设13个科室：中心办公室、矿区服务综合办公室、财务科、大修项目管理办公室、便民服务中心、物业一科、工程科、工作区物业科、安全环保科、动力科、通讯站、场馆科、幼儿园。在册职工55人，其中：男职工38人，女职工17人；高级工程师6人，工程师5人，助理工程师及以下44人；博士1人，硕士3人，学士及以下51人；35岁及以下5人，36～45岁14人，46～55岁36人。中共党员18人。

一、物业管理中心（2014.1—2017.4）

（一）物业管理中心领导名录（2014.1—2017.4）

经　　　理　张士清（2014.1—2015.8）

张　宇（2016.10—2017.4）

常务副经理　王庆友（2014.1—9，退休）

张　宇（2015.8—2016.10）

副　经　理　王　强（2014.1—2016.10）

黄建泰（满族，2014.1—2017.4）

于兴国（2014.1—2017.4）

梅立红（女，2016.10—2017.4）

刘　晓（2016.10—2017.4）

（二）物业管理中心党总支领导名录（2014.1—2017.4）

书　　　记　张士清（2014.1—2015.8）

黄建泰（2016.10—2017.4）

副　书　记　梅立红（2014.1—2017.4）

二、物业管理中心（石油大院社区居民委员会）（2017.4—2019.9）

（一）物业管理中心（石油大院社区居民委员会）领导名录（2017.4—2019.9）

经　　　理　张　宇（2017.4—12）

副　经　理　刘　晓（主持工作，2017.12—2019.9）

黄建泰（2017.4—2019.9）

于兴国（2017.4—2019.9）

梅立红（2017.4—2019.9）

代自勇（2017.4—12）

李玉梅（女，2017.12—2019.9）

郭志超（2017.12—2019.9）

石油大院社区居民委员会主任　王　强（2017.4—2019.9）

石油大院社区居民委员会副主任　李玉胜（2017.4—12）

孙志林（2017.4—2019.9）

（二）物业管理中心（石油大院社区居民委员会）党总支领导名录（2017.4—2019.9）

书　　　记　黄建泰（满族，2017.4—2019.9）

副　书　记　梅立红（2017.4—2019.9）

李玉胜（2017.4—12，退出领导岗位）

三、物业管理中心（2019.9—2020.12）

（一）物业管理中心领导名录（2019.9—2020.12）

副 经 理 刘 晓（主持工作，2019.9—2020.12）

黄建泰（2019.9—2020.3，退出领导岗位）

于兴国（2019.9—2020.3，退出领导岗位）

梅立红（2019.9—2020.12）

李玉梅（2019.9—2020.6）

郭志超（2019.9—2020.12）

（二）物业管理中心党总支、物业管理中心党支部（2019.9—2020.12）

1. 物业管理中心党总支领导名录（2019.9—2020.3）

书 记 黄建泰（2019.9—2020.3）

副 书 记 梅立红（2019.9—2020.3）

石油大院社区居民委员会党支部副书记 李玉胜（2014.4—12）

2. 物业管理中心党支部领导名录（2020.3—12）

副 书 记 梅立红（2020.3—12）

第五节 梦溪宾馆（2014.1—2017.4）

梦溪宾馆原名北京石勘娱乐中心，成立于1998年4月，是由中国石油集团科学技术研究院出资，经北京市工商行政管理局批准成立的全民所有制企业，2004年8月更名为梦溪宾馆，10月，梦溪宾馆正式成立。2005年12月，集团公司与股份公司签订偿债协议，梦溪宾馆由中国石油集团科学技术研究院转让给股份公司。2009年6月，根据工作需要，梦溪宾馆由物业管理中心管理单位调整为院直接管理单位。

梦溪宾馆是隶属勘探院的一家三星级饭店，由主楼（地质楼）、梦溪食府（会议中心）两座独立的建筑构成，总建筑面积17071.4平方米。

截至2013年12月31日，梦溪宾馆下设9个部门：经理办公室、餐饮部、客房部、前厅部、科技餐厅、市场营销部、财务资产部、安全工程部和采购部。在册职工9人，其中，男职工6人，女职工3人；工程师3人，助理工程师及以下3人，工人3人；学士及以下9人；36～45岁3人，46岁及以上6人。劳务派遣用工195人。

梦溪宾馆领导班子由2人组成，张瑞雪、杨捷任副经理。分工情况如下：张瑞雪负责全面工作，负责党务工作，分管经理办公室、餐饮部、前厅部、客房部、市场营销部、财务资产部；杨捷分管科技餐厅、安保工程部、采购部。

梦溪宾馆党支部委员会由3人组成，张瑞雪任党支部书记，杨捷任副书记，俞建国任组织委员。

2014年9月，张瑞雪任梦溪宾馆经理。

2015年10月，根据《关于集团公司第一批宾馆酒店专项整改有关问题的批复》，梦溪宾馆停止营业。

2016年7月，免去张瑞雪梦溪宾馆党支部书记职务。

2016年9月，免去杨捷梦溪宾馆党支部副书记职务。

截至2017年3月31日，梦溪宾馆下设八部一室，即财务资产部、餐饮部、前厅部、客房部、市场营销部、计划采购部、安保部、工程部、总经理办公室。

2017年4月，免去张瑞雪梦溪宾馆经理职务，免去杨捷副经理职务。

2017年4月，勘探院下发《关于中国石油勘探开发研究院直属机构调整的通知》，撤销梦溪宾馆。

一、梦溪宾馆领导名录（2014.1—2017.4）

经　　　理　张瑞雪（女，2014.9—2017.4）

副　经　理　张瑞雪（2014.1—9）

　　　　　　杨　捷（2014.1—2017.4，退出领导岗位）

二、梦溪宾馆党支部领导名录（2014.1—2017.4）

书　　　记　张瑞雪（2014.1—2016.7）

副　书　记　杨　捷（2014.1—2016.9）

第六节　石油大院社区居民管理委员会
（2014.1—2017.4）

1991年3月，石油大院居民管理委员会成立，干部配备由驻石油大院各单位调派，干部的工资及福利享受原单位待遇。2009年4月，根据《北京市海淀区人民政府关于原家委会独立转制社区居委会结束过渡期工作的意见》的文件精神，经海淀区人民政府第94次常务会议通过，结束独立转制过渡期成立石油大院社区居民管理委员会。

截至2013年12月31日，石油大院社区居民管理委员会主要职责是：

（一）是勘探院党委和海淀区学院路街道双重领导下的公益服务单位，并行行使社区居民自治管理职能；

（二）基本工作内容是公共服务、便民服务和组织社区居民群众的公益活动。

石油大院社区居民管理委员会下设办公室、六大委员会和四个居民小组。人员编制8人，在职员工5人。中共党员7人。

石油大院社区居民管理委员会领导班子由3人组成，郑道明任主任，李玉胜、孙雷任副主任。分工情况如下：郑道明负责全面工作，分管办公室、新居民服务中心工作；李玉胜负责社区综治、民调、信访、志愿者、社区安全和HSE管理体系建设工作；孙雷负责社区文教、宣传、青少年、劳动保障、卫生、文明创建工作。

石油大院社区居民管理委员会党支部委员会由2人组成，郑道明任党总支副书记，赵勇任组织委员。

2014年3月，李霞任石油大院社区居民管理委员会副主任。

2014年9月，史建立任石油大院社区居民管理委员会主任、党支部书记，李玉胜任党支部副书记，免去郑道明主任、党支部副书记职务。

2015年6月，免去孙雷石油大院社区居民管理委员会副主任职务。

2016年5月，免去李霞石油大院社区居民管理委员会副主任职务。

2016年10月，王强任石油大院社区居民管理委员会主任，孙志林任副主任，免去史建立主任职务。

2016 年 10 月，免去史建立石油大院社区居民管理委员会党支部书记职务。

2016 年 11 月，石油大院社区居委会党支部委员会由 3 人组成，李玉胜任党支部副书记兼宣传委员，孙志林任组织委员，王强兼任纪检委员。

2017 年 4 月，按照"一院两区"模式进行优化和重组，石油大院社区居民管理委员会与物业管理中心合署办公。

截至 2017 年 4 月，在册职工 6 人，其中：男职工 3 人，女职工 3 人；大专及以上学历 6 人；高级工程师 2 人，工程师 3 人，助理工程师 1 人；36～45 岁 2 人，46～55 岁 2 人，56 岁及以上 2 人。

一、石油大院社区居民管理委员会领导名录（2014.1—2017.4）

主　　任　郑道明（2014.1—9，退休）

　　　　　史建立（2014.9—2016.10）

　　　　　王　强（2016.10—2017.4）

副 主 任　李玉胜（2014.1—2017.4）

　　　　　孙　雷（2014.1—2015.6，退休）

　　　　　李　霞（女，2014.3—2016.5）

　　　　　孙志林（2016.10—2017.4）

二、石油大院社区居民管理委员会党支部领导名录（2014.1—2017.4）

书　　记　史建立（2014.9—2016.10）

副 书 记　郑道明（2014.1—9）

　　　　　李玉胜（2014.9—2017.4）

第七节　北京市瑞德石油新技术公司—
北京市瑞德石油新技术有限公司（2014.1—2020.12）

1992 年 8 月，按照勘探院《关于陆海石油勘探开发技术咨询服务中心更名的通知》，陆海石油勘探开发技术咨询服务中心更名为北京市瑞德石油新技术公司。2009年11月，按照勘探院《关于院属公司变更的通知》，北京海泰石油新技术开发中心并入北京市瑞德石油新技术公司。2010年12月，根据勘探院《关于院属公司合并整合的通知》，北京市中石石油技术公司和北京市科兴石油科技开发公司以合并方式整合到北京市瑞德石油新技术公司。

截至2013年12月31日，北京市瑞德石油新技术公司主要职责是：

（一）作为勘探院技术服务和工程技术对外的窗口，从事油田勘探、开发生产中新技术、新产品的研制、开发、生产及油田现场技术服务、技术咨询、承揽油田工程等工作；

（二）为勘探院的科研生产服务，为科技成果转化提供平台。

北京市瑞德石油新技术公司下设5个科室：办公室、财务部、合同管理部、业务部、进出口部。在册职工5人，其中：男职工4人，女职工1人；高级工程师1人，工程师2人，助理工程师及以下2人；学士及以下5人；36～45岁2人，46岁及以上3人。中共党员2人。

北京市瑞德石油新技术公司领导班子由2人组成，戴志坚任常务副经理，张宇任副经理。分工情况如下：戴志坚主持全面工作，分管办公室、财务部、合同管理部；张宇负责工会工作，分管业务部、进出口部。

2014年1月，刘玉章任北京市瑞德石油新技术公司董事长、法定代表人、经理。

北京市瑞德石油新技术公司党支部委员会由2人组成，戴志坚任党支部书记，张宇任组织委员。

2015年8月，免去张宇北京市瑞德石油新技术公司副经理职务。

2016年5月，雷群任北京市瑞德石油新技术公司董事长、法定代表人、经理，免去刘玉章董事长、经理职务，不再担任法定代表人。

2016年7月，张瑞雪任北京市瑞德石油新技术公司副经理、党支部书记，免去戴志坚党支部书记职务。

2016年9月，梦溪宾馆党支部党员转入北京市瑞德石油新技术公司党支部，张瑞雪任党支部书记，杨捷任党支部副书记。

2016年10月，张瑞雪任北京市瑞德石油新技术公司常务副经理，免去戴志坚常务副经理职务。

2016 年 11 月，北京市瑞德石油新技术公司党支部委员会由 3 人组成，张瑞雪任党支部书记，杨捷任党支部副书记，廖杰任组织委员。

2017 年 4 月，崔思华任北京市瑞德石油新技术公司常务副经理（正处级）、党支部书记，聂涛任副经理，免去张瑞雪常务副经理、党支部书记职务。

2017 年 5 月，北京市瑞德石油新技术公司党支部委员会由 5 人组成，崔思华任党支部书记，杨捷任党支部副书记，廖杰任组织委员，郭萍任宣传委员，栾海涛任纪检委员。

2017 年 11 月，北京市瑞德石油新技术公司实行公司制改制，由全民所有制改制为一人有限责任公司，公司名称变更为北京市瑞德石油新技术有限公司。雷群任北京市瑞德石油新技术有限公司执行董事、法定代表人。

2020 年 7 月，北京市瑞德石油新技术有限公司股东决定：曹建国任北京市瑞德石油新技术有限公司执行董事、法定代表人、经理，北京市瑞德石油新技术有限公司注册资本变更为 1000 万元。

2020 年 11 月，代自勇任北京市瑞德石油新技术有限公司副经理。

2020 年，北京市瑞德石油新技术有限公司党支部委员会由 3 人组成，崔思华任党支部书记兼宣传委员，宋晓江任组织委员，聂涛任纪检委员。

截至 2020 年 12 月 31 日，北京市瑞德石油新技术有限公司下设 4 个部室：综合部、合同部、市场部、财务部。在册职工 14 人，其中：男职工 10 人，女职工 4 人；高级工程师 3 人，工程师 3 人，助理工程师及以下 8 人；博士 2 人，硕士 4 人，学士及以下 8 人；35 岁及以下 1 人，36～45 岁 4 人，46～55 岁 9 人。中共党员 10 人。

一、北京市瑞德石油新技术公司（2014.1—2017.11）

（一）北京市瑞德石油新技术公司领导名录（2014.1—2017.11）

董 事 长 刘玉章（2014.1—2016.5，退休）

雷 群（2016.5—2017.11）

经 理 刘玉章（2014.1—2016.5）

雷 群（2016.5—2017.11）

常务副经理 戴志坚（2014.1—2016.10）

张瑞雪（女，2016.10—2017.4）

崔思华（2017.4—11）

副 经 理 张 宇（2014.1—2015.8）

张瑞雪（2016.7—10）

聂 涛（2017.4—11）

（二）北京市瑞德石油新技术公司党支部领导名录（2014.1—2017.11）

书 记 戴芯坚（2014.1—2016.7）

张瑞雪（2016.7—2017.4）

崔思华（2017.4—11）

副 书 记 杨 捷（2016.9—2017.8，去世）

二、北京市瑞德石油新技术有限公司（2017.11—2020.12）

（一）北京市瑞德石油新技术有限公司（2017.11—2020.12）

执 行 董 事 雷 群（2017.11—2020.7）

曹建国（2020.7—12）

经 理 曹建国（2020.7—12）

常务副经理 崔思华（2017.11—2020.12）

副 经 理 聂 涛（2017.11—2020.12）

代自勇（2020.11—12）

（二）北京市瑞德石油新技术有限公司党支部领导名录（2017.11—2020.12）

书 记 崔思华（2017.11—2020.12）

第六章 虚设机构

第一节 矿区服务事业部
（2014.1—2018.12）

2007 年 8 月，根据集团公司矿区服务系统改革领导小组办公室《关于勘探开发研究院矿区服务系统改革实施方案的批复》文件精神，勘探院印发《关于成立中国石油勘探开发研究院矿区服务事业部的通知》，成立矿区服务事业部。

截至 2013 年 12 月 31 日，矿区服务事业部主要职责是：勘探院领导班子行使矿区管理领导小组职能。矿区服务事业部对北京院的矿区服务事业及廊坊分院、西北分院、杭州地质研究院的矿区服务事业统一行使管理职能。

矿区服务事业部下设综合管理办公室和财务科（设在物业管理中心）两个日常办事机构。业务实施单位包括北京院物业管理中心（含廊坊院区）、离退休职工管理处、大院居委会、西北分院综合服务处和杭州地质研究院综合服务中心。

因勘探院矿区事业部为三类矿区，矿区服务事业部主任、副主任均为兼职。

矿区服务事业部领导班子由 4 人组成，朱开成任主任，张士清、陈学亮、郑道明任副主任。分工情况如下：朱开成负责全面工作；张士清负责物业管理中心工作；陈学亮负责离退休职工管理处工作；郑道明负责大院居委会工作。

2014 年 1 月至 2018 年 12 月期间，物业管理中心、离退休管理处、大院居委会主要负责人兼任矿区事业部副主任。2018 年起，勘探院陆续开始剥离企业办社会职能工作，随着移交工作逐步推进，矿区事业部机构逐步撤销。

主　　任　朱开成（兼任，2014.1—2016.1，退休）

郭三林（兼任，2017.4—2018.12）

副　主　任　张士清（兼任，2014.1—2015.8）

陈学亮（兼任，2014.1—9，退休）

郑道明（兼任，2014.1—7，退休）

郭　强（兼任，2014.9—2017.4）

史建立（兼任，2014.9—2016.10）

王　强（兼任，2016.10—2017.4）

王凤江（兼任，2017.4—2018.12）

第二节　四川盆地研究中心
（2018.1—2020.12）

2017年12月，姚根顺兼任四川盆地研究中心主任，李熙喆兼任副主任，李伟任常务副主任（正处级），段书府任副主任（正处级），王永辉、张静任副主任。

2017年12月，李熙喆任四川盆地研究中心党支部书记，姚根顺任副书记。

2018年1月，勘探院下发《关于成立四川盆地研究中心的通知》，决定成立四川盆地研究中心。

四川盆地研究中心主要职责是：

（一）负责承担四川盆地天然气勘探、天然气开发、页岩气三大领域的相关研究任务；

（二）负责组织实施一体化技术攻关，解决四川盆地勘探发现、天然气与页岩气增储上产方面面临的关键基础问题与技术难题；

（三）有效调动和整合勘探院京内外技术力量，为西南油气田公司上产300亿立方米/年，提供有力的技术支撑和服务。

2018年1月，成立四川盆地研究中心党支部。

截至2018年12月31日，四川盆地研究中心下设5个科室：综合办公室、勘探评价室、物探技术室、天然气开发室、页岩气研究室。在册职工 87 人，其中：男职工 75 人，女职工 12 人；教授级高级工程师 6 人，高级工程师 41 人，工程师 31 人，助理工程师及以下 9 人；博士后、博士 39 人，硕士 43 人，学士及以下 5 人；35 岁及以下 33 人，36～45 岁 41 人，46～55 岁 11 人，56 岁及以上 2 人。中共党员 68 人。

四川盆地研究中心领导班子由 6 人组成，姚根顺任主任，李伟任常务副主任，李熙喆、段书府、王永辉、张静任副主任。分工情况如下：姚根顺负责全面工作，协助党务工作；李熙喆负责党务、纪检、群工工作，主管开发业务，分管天然气开发室；李伟负责中心日常工作，协调科研运行，兼管 HSE、保密及后勤工作，分管综合办公室；段书府负责勘探业务，分管勘探评价室；王永辉负责工程技术及油田开发现场技术支持，分管页岩气研究室；张静负责物探技术及油田勘探现场技术支持、知识产权工作，分管物探技术室。

四川盆地研究中心党支部委员会由 7 人组成，李熙喆任党支部书记，姚根顺任党支部副书记，姜华任组织委员，王南任宣传委员，段书府任纪检委员，康郑瑛任青年委员，李伟任保密委员。

2020 年 3 月，免去段书府四川盆地研究中心副主任职务。

2020 年 12 月，李熙喆任四川盆地研究中心主任，张建勇任副主任，高日胜任党支部副书记；免去姚根顺四川盆地研究中心主任、党支部副书记职务。

截至 2020 年 12 月 31 日，四川盆地研究中心下设 5 个科室：综合办公室、勘探评价室、物探技术室、天然气开发室、页岩气研究室。在册职工 69 人，其中：男职工 59 人，女职工 10 人；教授级高级工程师 6 人，高级工程师 40 人，工程师 20 人，助理工程师及以下 3 人；博士后、博士 28 人，硕士 34 人，学士及以下 7 人；35 岁及以下 13 人，36～45 岁 28 人，46～55 岁 22 人，56 岁及以上 6 人。中共党员 58 人。

一、四川盆地研究中心领导名录（2018.1—2020.12）

主　　任　姚根顺（兼任，2017.12—2020.12）

　　　　　李熙喆（2020.12）

常务副主任　李　伟（正处级，2017.12—2020.12）

副 主 任 李熙喆（兼任，2017.12—2020.12）

段书府（正处级，2017.12—2020.3，退出领导岗位）

王永辉（2017.12—2020.12）

张 静（2017.12—2020.12）

张建勇（2020.12）

二、四川盆地研究中心党支部领导名录（2018.1—2020.12）

书 记 李熙喆（2017.12—2020.12）

副 书 记 姚根顺（2017.12—2020.12）

高日胜（2020.12）

第三节 准噶尔盆地研究中心（2018.7—2020.12）

2018年6月，李建忠兼任准噶尔盆地研究中心主任（享受院副总师待遇）。

2018年7月，勘探院下发《关于成立准噶尔盆地研究中心等三个研究中心的通知》，决定成立准噶尔盆地研究中心。

准噶尔盆地研究中心主要职责是：

（一）勘探方面立足准噶尔全盆地，瞄准油气勘探四大重点领域，加强基础与整体研究，聚焦重大领域关键问题，强化新区新领域评价与目标识别，从风险、预探、储量三个层次整体支撑全盆地油气勘探工作；

（二）开发方面以落实部署产能、加快新技术试验并及时解决试验出现的问题为重点，加强提高采收率关键机理研究和技术攻关，革新开发理念、加快方式转换、创新开发模式；

（三）工程方面聚焦四大重点勘探领域和玛湖、吉木萨尔两大重点开发上产区，以提质、提效和降本为目标，开展大段多簇压裂技术扩大试验，持续优化石英砂替代方案等方面工作，提升水平井压裂参数水平，提高油田生产时效。

截至2018年12月31日，准噶尔盆地研究中心下设3个研究分中心：

勘探分中心、开发分中心、工程分中心。在册职工 71 人，其中：男职工 65 人，女职工 6 人；教授级高级工程师 7 人，高级工程师 40 人，工程师 22 人，助理工程师及以下 2 人；博士后、博士 37 人，硕士 27 人，学士及以下 7 人；35 岁及以下 23 人，36～45 岁 28 人，46～55 岁 20 人。中共党员 27 人。

2018 年 7 月，成立准噶尔盆地研究中心党支部。

2018 年 6 月，马德胜兼任准噶尔盆地研究中心党支部书记（享受院副总师待遇）。

2020 年 12 月，马德胜任准噶尔盆地研究中心主任，曹正林任常务副主任，史立勇任党支部副书记，张善严、丁彬、徐洋、黄林军任副主任；免去李建忠主任职务。

调整后，准噶尔盆地研究中心领导班子由 7 人组成，马德胜任主任，曹正林任常务副主任，史立勇任党支部副书记，张善严、丁彬、徐洋、黄林军任副主任。分工情况如下：马德胜负责全面工作；曹正林负责勘探一路科研运行；史立勇负责党务工作；张善言负责开发一路的科研运行；丁彬负责工程一路的科研运行；徐洋负责杭州分院的勘探研究；黄林军负责西北分院的勘探研究。

准噶尔盆地研究中心党支部委员会由 8 人组成，马德胜任党支部书记，史立勇任党支部副书记，周明辉任组织委员，桑国强任宣传委员，陈橱任纪检委员，张胜飞任保密委员，周川闽任群工委员，姬泽敏任青年委员。

截至 2020 年 12 月 31 日，准噶尔盆地研究中心下设 3 个研究分中心：勘探分中心、开发分中心、工程分中心。在册职工 70 人，其中：男职工 64 人，女职工 6 人；正高级（含教授级）工程师 7 人，高级工程师 40 人，工程师 21 人，助理工程师及以下 2 人；博士后、博士 37 人，硕士 27 人，学士及以下 6 人；35 岁及以下 21 人，36～45 岁 29 人，46～55 岁 20 人。中共党员 27 人。

一、准噶尔盆地研究中心领导班子名录（2018.7—2020.12）

主　　　任　李建忠（兼任，2018.6—2020.12）

　　　　　　马德胜（2020.12）

常务副主任　曹正林（2020.12）

副　主　任　张善严（2020.12）

丁　彬（2020.12）

徐　洋（2020.12）

黄林军（2020.12）

二、准噶尔盆地研究中心党支部领导名录（2018.7—2020.12）

书　　　记　马德胜（2018.6—2020.12）

副 书 记　史立勇（2020.12）

第四节　塔里木盆地研究中心
（2018.7—2020.12）

2018年6月，魏国齐兼任塔里木盆地研究中心主任、党支部书记，享受院副总师待遇。

2018年7月，勘探院下发《关于成立准噶尔盆地研究中心等三个研究中心的通知》，决定成立塔里木盆地研究中心。

塔里木盆地研究中心主要职责是：

（一）围绕塔里木盆地油气发展新形势，围绕股份公司、塔里木油田公司的勘探开发及科研部署，立足塔里木油田2020年3000万吨、2030年4000万吨大油气田以及长期稳产的发展目标，以支撑塔里木盆地油气勘探为主，兼顾油气田开发与工程技术支撑；

（二）重点开展油气勘探重大领域基础地质研究、风险勘探区带和目标评价、重点油气田一体化攻关、油气储层增产改造技术方案等工作。

截至2018年12月31日，塔里木盆地研究中心下设7个研究室：综合研究室、库车综合研究室、台盆区碎屑岩研究室、台盆区碳酸盐岩研究室、气田开发室、物探技术研究室、风险评价研究室。在册职工49人，其中：男职工42人，女职工7人；教授级高级工程师2人，高级工程师23人，工程师20人，助理工程师4人及以下；博士后、博士22人，硕士20人，学士及以下7人；35岁及以下18人，36～45岁17人，46～55岁13人，56岁及以上1人。中共党员36人。

2018年7月，成立塔里木盆地研究中心党支部。

2020年12月，朱光有任塔里木盆地研究中心常务副主任，李君任副主任兼党支部副书记，张荣虎、孙贺东、余建平任副主任。

塔里木盆地研究中心领导班子由6人组成，魏国齐任主任，朱光有任常务副主任，李君、张荣虎、孙贺东、余建平任副主任。分工情况如下：魏国齐负责全面工作；朱光有协助中心主任主持工作；李君负责中心日常工作，协调科研运行，分管综合研究室、台盆区碳酸盐岩研究室及后勤工作；张荣虎负责油田勘探现场技术支持，分管库车综合研究室、台盆区碎屑岩研究室；孙贺东负责油田开发现场技术支持，分管气田开发室；余建平负责物探现场技术支持，兼管HSE、保密工作，分管物探技术研究室。

塔里木盆地研究中心党支部委员会由7人组成，魏国齐任党支部书记，李君任党支部副书记兼组织委员，倪新锋任宣传委员，余建平任纪检委员，易士威任保密委员，刘伟任青年委员，智凤琴任女工组织生活委员。

截至2020年12月31日，下设6个研究室：综合研究室、库车综合研究室、台盆区碎屑岩研究室、台盆区碳酸盐岩研究室、气田开发室、物探技术研究室。在册职工41人，其中：男职工35人，女职工6人；正高级（含教授级）工程师2人，高级工程师27人，工程师10人，助理工程师及以下2人；博士后、博士16人，硕士20人，学士及以下5人；35岁及以下9人，36～45岁17人，46～55岁10人，56岁及以上5人。中共党员33人。

一、塔里木盆地研究中心领导名录（2018.7—2020.12）

　　主　　　任　魏国齐（兼任，2018.6—2019.12；2019.12—2020.12）

常务副主任　朱光有（2020.12）

副　主　任　李　君（2020.12）

　　　　　　　张荣虎（2020.12）

　　　　　　　孙贺东（2020.12）

　　　　　　　余建平（2020.12）

二、塔里木盆地研究中心党支部领导名录（2018.7—2020.12）

　　书　　　记　魏国齐（2018.6—2020.12）

　　副　书　记　李　君（2020.12）

第五节　鄂尔多斯盆地研究中心
（2018.7—2020.12）

2018年6月，贾爱林兼任鄂尔多斯盆地研究中心主任、党支部书记，享受院副总师待遇。

2018年7月，勘探院下发《关于成立准噶尔盆地研究中心等三个研究中心的通知》，决定成立鄂尔多斯盆地研究中心。旨在发挥勘探院科研优势，成为勘探院靠前支撑窗口，打造技术转化应用平台，支撑长庆油田长期稳产增产。

鄂尔多斯盆地研究中心主要职责是：

（一）鄂尔多斯盆地重大领域基础地质与风险勘探目标评价；

（二）鄂尔多斯盆地低渗－致密油藏开发与提高采收率研究；

（三）鄂尔多斯盆地天然气开发关键技术攻关，提高采收率技术研究与气田开发方案编制；

（四）鄂尔多斯盆地超低渗－致密储层改造新工艺、新技术与采油采气工艺技术攻关。

截至2018年12月31日，鄂尔多斯盆地研究中心下设4个项目组和1个办公室：勘探项目组、油开发项目组、气开发项目组、采油采气工艺及储层改造项目组、办公室。在册职工83人，其中：男职工48人，女职工35人；博士33人，硕士38人，学士及以下12人；教授级高级工程师6人，高级工程师52人，工程师及以下25人；35岁及以下23人，36～45岁45人，46～55岁15人。中共党员18人。

2018年7月，鄂尔多斯盆地研究中心由贾爱林任中心主任，主持全面工作。

2018年7月，成立鄂尔多斯盆地研究中心党支部，贾爱林任党支部书记。

2020年12月，魏铁军任鄂尔多斯盆地研究中心党支部副书记。

2020年12月，郭智任鄂尔多斯盆地研究中心常务副主任，雷征东、赵振宇、李涛任副主任。

鄂尔多斯盆地研究中心党支部委员会由 6 人组成，贾爱林任党支部书记，魏铁军任党支部副书记，庚勐任组织委员，郭智任宣传委员，周齐刚任纪检委员，付玲任文体委员。

截至 2020 年 12 月 31 日，鄂尔多斯盆地研究中心下设 4 个项目组和 1 个办公室：勘探项目组、油开发项目组、气开发项目组、采油采气工艺及储层改造项目组、办公室。在册职工 126 人，其中：男职工 95 人，女职工 31 人；博士 52 人，硕士 58 人，学士及以下 16 人；正高级（含教授级）工程师 6 人，高级工程师 72 人，工程师 38 人，助理工程及以下 10 人；35 岁及以下 15 人，36～45 岁 75 人，46～55 岁 36 人。中共党员 24 人。

一、鄂尔多斯盆地研究中心领导名录（2018.7—2020.12）

主　　　　任　贾爱林（兼任，2018.6—2020.12）

常务副主任　郭　智（2020.12）

副　主　任　雷征东（2020.12）

赵振宇（2020.12）

李　涛（2020.12）

二、鄂尔多斯盆地研究中心党支部领导名录（2018.7—2020.12）

书　　　记　贾爱林（2018.6—2020.12）

副　书　记　魏铁军（2020.12）

第六节　迪拜技术支持分中心
（2016.11—2020.12）

中东地区是"一带一路"上最重要能源供应基地和最主要能源经济走廊，是集团公司海外最大的原油作业产量贡献区和低油价下最重要的效益接替阵地。为切实贯彻落实集团公司"做大中东"战略和董事长的指示，在资源国加大对外方合作企业关联交易监管的新形势下，中东地区公司多次要求勘探院以在迪拜成立技术支持分中心的方式，为中东地区油气项目搭建一个稳固坚实的技术服务支持平台。

2016 年 11 月，集团公司批复中国石油集团科学技术研究院设立迪拜技术支持分中心。

迪拜技术支持分中心主要职责是：

（一）负责中东地区重点项目技术研究成果的质量控制和把关；

（二）参与审定中东公司重点项目的年度工作计划和预算（WPB）；

（三）组织现场急需技术问题的攻关与解决；

（四）参与中东地区项目伙伴技术交流及相关节点技术策略制定，为中东项目提供及时有效的靠前生产技术支持服务。

2017 年 4 月，刘合兼任迪拜技术支持分中心筹备组组长。

2017 年 9 月，杨思玉任迪拜技术支持分中心筹备组副组长。

2017 年 12 月，刘合任迪拜技术支持分中心经理，杨思玉、潘志坚任副经理。

2017 年 12 月，杨思玉任迪拜技术支持分中心党支部书记。

截至 2017 年 12 月 31 日，迪拜技术支持分中心在册员工 8 人，其中：男职工 7 人，女职工 1 人；博士 5 人，硕士 1 人，学士 2 人；教授级高级工程师 2 人，高级工程师 5 人、高级会计师 1 人；35 岁及以下 2 人，36～45 岁 2 人，46～55 岁 4 人。中共党员 8 人。

2018 年 1 月，成立迪拜技术支持分中心党支部。

迪拜技术支持分中心领导班子由 3 人组成，刘合任经理，杨思玉、潘志坚任副经理。分工情况如下：刘合主持全面工作；杨思玉分管技术工作；潘志坚协助负责阿布扎比技术分中心工作。

2018 年 4 月，高利生兼任迪拜技术支持分中心副经理。

2018 年 6 月，杨思玉任迪拜技术支持分中心经理，何东博任副经理，免去刘合经理职务。

2018 年 6 月，何东博任迪拜技术支持分中心党支部书记，免去杨思玉党支部书记职务。

2018 年 7 月，迪拜技术支持分中心党支部委员会由 3 人组成，何东博任党支部书记，刘辉、孙圆辉任委员。中共党员 13 人。

2020 年 6 月，免去何东博迪拜技术支持分中心副经理、党支部书记职务。

截至 2020 年 12 月 31 日，迪拜技术支持分中心在册职工 7 人，其中：男职工 6 人，女职工 1 人；博士 5 人，学士 2 人；教授级高级工程师 1 人，高级工程师 5 人、高级会计师 1 人；35 岁及以下 2 人，36～45 岁 2 人，46～55 岁 3 人。中共党员 7 人。

一、迪拜技术支持分中心筹备组领导名录（2016.11—2017.12）

组　　　　长　刘　合（兼任，2017.4—12）

副　组　　长　杨思玉（女，2017.9—12）

二、迪拜技术支持分中心领导名录（2017.12—2020.12）

经　　　　理　刘　合（兼任，2017.12—2018.6）

　　　　　　　杨思玉（2018.6—2020.12）

副　经　　理　杨思玉（2017.12—2018.6）

　　　　　　　潘志坚（2017.12—2020.12）

　　　　　　　高利生（兼任，2018.4—2020.12）

　　　　　　　何东博（2018.6—2020.6）

三、迪拜技术支持分中心党支部领导名录（2018.1—2020.12）

书　　　　记　杨思玉（2017.12—2018.6）

　　　　　　　何东博（2018.6—2020.6）

第七节　阿布扎比技术支持分中心
（2018.7—2020.12）

2018 年 6 月，裴晓含任阿布扎比技术支持分中心经理（享受院副总师待遇），何东博兼任副经理。

2018 年 6 月，何东博兼任阿布扎比技术支持分中心党支部书记。

2018 年 7 月，为全面做好集团公司在阿联酋项目的技术支持与服务，中国石油集团科学技术研究院下发《关于成立阿布扎比技术支持分中心的通知》，决定成立阿布扎比技术支持分中心。

阿布扎比技术支持分中心主要职责是：

（一）跟踪阿布扎比 NEB 资产组油田开发动态，分析存在的问题，及时提出对策和建议，积极推介先进、实用、成熟技术并推进实施，优化投资和操作成本，最终完成 NEB 资产组领导者 KPI 考核指标；

（二）对阿布扎比陆上油田其他三个资产组、海上两个资产组及陆海项目提供技术支持，支撑集团公司在阿联酋项目的长期稳定发展。

2018 年 7 月，成立阿布扎比技术支持分中心党支部。

阿布扎比技术支持分中心领导班子由 2 人组成，裴晓含任经理，何东博任副经理、党支部书记。分工情况如下：裴晓含负责全面工作；何东博负责党务，协管中心各项工作。

2020 年 6 月，免去何东博兼任的阿布扎比技术支持分中心副经理、党支部书记职务。

一、阿布扎比技术支持分中心领导名录（2018.7—2020.12）

  经 理 裴晓含（2018.6—2020.12）

  副 经 理 何东博（兼任，2018.6—2020.6）

二、阿布扎比技术支持分中心党支部领导名录（2018.7—2020.12）

  书 记 何东博（2018.6—2020.6）

第八节　能源战略综合研究部
（2020.3—12）

自能源局委托勘探院设立国家油气战略研究中心以来，勘探院集中战略研究力量，积极开展战略研究工作，较好地发挥了决策支持作用。为进一步优化国家油气战略研究中心组织体系，更好地整合利用现有战略研究资源和研究力量，做大做强国家油气战略研究中心地位与作用，2020 年 3 月根据勘探院《关于国家油气战略研究中心组织机构调整的通知》对国家油气战略研究中心组织机构进行调整，组建能源战略综合研究部，视同二级单位管理。

能源战略综合研究部主要职责是：

（一）围绕国际能源发展趋势及我国油气安全、发展战略、宏观政策等开展研究，提交高质量决策咨询报告；

（二）围绕国内外焦点、热点事件对油气能源产业链的影响以及集团公司上游业务发展战略、生产经营重大问题等开展研究分析，及时提出决策建议；

（三）负责战略研究团队及内外部平台搭建，推进研究方法、分析工具及信息支撑能力建设，负责院决策参考的统一管理与审查把关并承担国家油气战略研究中心办公室的工作。

2020 年 3 月，张国生任能源战略综合研究部主任，唐玮任副主任。

能源战略综合研究部领导班子由 2 人组成，张国生任主任，唐玮任副主任。分工情况如下：张国生负责全面工作，主管党建群团、人事、财务等工作，分管政策综合研究室、能源安全研究室、经济与环境研究室，院士工作室；唐玮负责国家能源局技术支持、科研管理及相关工作，主管安全环保、保密、外事等工作，分管石油战略研究室、天然气战略研究室、金砖五国能源经济研究室。

2020 年 5 月，成立能源战略综合研究部党支部。

能源战略综合研究部党支部委员会由 5 人组成，张国生任党支部书记，丁麟任组织委员，潘松圻任宣传委员，王小林任纪检委员，关春晓任青年委员。

2020 年 6 月，梁坤兼任能源战略综合研究部副主任。

截至 2020 年 12 月 31 日，能源战略综合研究部下设 7 个科室：政策综合研究室、石油战略研究室、天然气战略研究室、能源安全研究室、经济与环境研究室、院士工作室、金砖五国能源经济研究室。在册职工 18 人，其中：男职工 12 人，女职工 6 人；正高级（含教授级）工程师 2 人，高级工程师 9 人，工程师 5 人，助理工程师及以下 2 人；博士后、博士 9 人，硕士 8 人，学士及以下 1 人；35 岁及以下 8 人，36～45 岁 6 人，46～55 岁 4 人。中共党员 15 人。

一、能源战略综合研究部领导名录（2020.3—12）

主　　任　张国生（2020.3—12）

副 主 任　唐　玮（2020.3—12）

梁　坤（兼任，2020.6—12）

二、能源战略综合研究部党支部领导名录（2020.5—12）

书　　记　张国生（2020.3—12）

第九节　廊坊科技园区管理委员会
（2020.3—12）

2020年3月，按照勘探院"一院两区"发展定位，为进一步加强廊坊院区管理，充分发挥廊坊院区创新和区位优势，实现廊坊院区高质量可持续发展，推动勘探院科技创新、成果转化与人才培养工作，设立廊坊科技园区，同步成立廊坊科技园区管理委员会。

廊坊科技园区管理委员会是勘探院后勤服务保障单位之一，主要任务是按照院党委明确的"三个基地"，即实验研究与中试基地、成果转化与产业化基地和集团公司上游高科技人才培训基地的发展定位，开展"三个基地"建设，充分发挥科研支撑、服务和保障作用。

廊坊科技园区管理委员会主要职责是：

（一）负责制定园区管理规章制度，推进园区规划建设，做好园区科研条件支撑，协调园区创新资源，提供成果产业化服务和技术培训工作；

（二）承担园区日常管理、基建、后勤保障工作，组织园区群团活动，协调与廊坊市地方有关的各项事务。

2020年3月，李忠任廊坊科技园区管理委员会主任，赵玉集、王德建、陈波、王梅生（兼）、张宝林、徐玉琳任副主任。

2020年3月，成立廊坊科技园区管理委员会党总支。赵玉集任廊坊科技园区管理委员会党总支书记。

2020年4月21日，廊坊科技园区管理委员会下设一室九部一中心共11个科室：综合办公室、财务资产部、党群工作部、法律事务部、安全环保部、网络信息部、基建工程部、后勤保障部、公共服务部、技术培训中心廊坊分部（科技交流中心）、廊坊市万科石油天然气技术工程有限公司（成果转化筹备组）。在册职工 76 人，其中：男职工 47 人，女职工 29 人；高级工程师 8 人，工程师 6 人，助理工程师及以下 10 人，其他 52 人；硕士 4 人，学士及以下 72 人；35 岁及以下 9 人，36～45 岁 15 人，46～55 岁 21 人，56 岁及以上 31 人。中共党员 35 人。

廊坊科技园区管理委员会领导班子由 7 人组成，李忠任主任，赵玉集、王德建、陈波、张宝林、徐玉琳任副主任，工梅生兼任副主任。分工情况如下：李忠负责全面工作，分管综合办公室、财务资产部工作；赵玉集负责党务工作，分管党群工作部、技术培训中心廊坊分部（科技交流中心），并协助综合办公室工作；王德建负责企业法规、网络信息、科技成果转化工作，分管企管法规部、网络信息部、科技成果转化中心工作；陈波负责后勤服务与保障工作，分管后勤保障部、公共服务部工作；张宝林负责质量安全、环境保护工作，分管安全环保部工作；徐玉琳负责园区规划、基建大修工作，分管基建工程部工作；王梅生负责廊坊院区离退休工作。

2020 年 8 月，依据廊坊科技园区"实验基地和成果转化基地"的发展定位需求，下设科技成果转化中心。

2020 年 10 月，廊坊科技园区管理委员会党总支委员会由 7 人组成，赵玉集任党总支书记，李忠任副书记，陈波任组织委员，冯刚任宣传委员，王德建任纪检委员，徐玉琳任群工委员，张宝林任保密委员。党总支下设三个党支部，第一党支部委员会由 3 人组成，王小勇任党支部书记，张剑峰任组织委员，李靖任宣传委员；第二党支部委员会由 3 人组成，靳昕任党支部书记，刘洪滨任组织委员，王伟任宣传委员；第三党支部委员会由 3 人组成，李国平任党支部书记，齐朝阳任组织委员，马力任宣传委员。

2020 年 11 月，王德建任廊坊科技园区管理委员会常务副主任（二级副）。注销廊坊市万科石油天然气技术工程有限公司。

2020 年 12 月，免去赵玉集廊坊科技园区管理委员会副主任职务、党总支书记职务。

截至 2020 年 12 月 31 日，廊坊科技园区管理委员会下设 11 个科室：综合办公室、财务资产部、党群工作部、企管法规部、安全环保部、网络信息部、基建工程部、后勤保障部、公共服务部、技术培训中心廊坊分部（科技交流中心）、科技成果转化中心。在册职工 73 人，其中：男职工 44 人，女职工 29 人；高级工程师 7 人，工程师 6 人，助理工程师及以下 10 人，其他 50 人；硕士 3 人，学士及以下 70 人；35 岁及以下 9 人，36～45 岁 15 人，46～55 岁 20 人，56 岁及以上 29 人。中共党员 32 人。

一、廊坊科技园区管理委员会领导名录（2020.3—12）

  主 任 李 忠（兼任，2020.3—12）

  常务副主任 王德建（2020.11—12）

  副 主 任 赵玉集（2020.3—12）

       王德建（2020.3—11）

       陈 波（2020.3—12）

       王梅生（兼任，2020.3—12）

       张宝林（2020.3—12）

       徐玉琳（2020.3—12）

二、廊坊科技园区管理委员会党总支领导名录（2020.3—12）

  书 记 赵玉集（2020.3—12）

  副 书 记 李 忠（2020.10—12）

第十节　国家油气重大专项项目管理专项秘书处
（2014.1—2020.12）

  2008 年 11 月，根据集团公司对《中国石油勘探开发研究院关于成立国家油气重大专项项目管理秘书处的请示》的批复，勘探院下发《关于设立国家油气重大专项项目管理秘书处的通知》，设立国家油气重大专项项目管理专项秘书处（简称国家专项秘书处），业务归属国家科技重大专项《大型油气田及煤层气开发》实施管理办公室直接领导，国家专项秘书处人员由勘探院内部调配，挂靠在科研管理处。

  截至 2013 年 12 月 31 日，国家专项秘书处的主要职责是协助国家油气重大专项实施管理办公室做好以下工作：

  （一）对重大专项的项目和示范工程进行日常管理，包括相关材料的组织、审查和上报等；

（二）传达和落实国家发改委、科技部、财政部和项目组织实施单位的有关指示和要求；

（三）跟踪各项目执行情况，了解掌握各项目研究动态，负责收集各项目季报、半年报、年报，并呈送国家科技部等上级管理部门；

（四）负责项目承担单位、协作单位之间的联络、沟通，协助组织项目开题论证、中评估和验收等相关会议。

国家专项秘书处在册职工 8 人，其中：男职工 6 人，女职工 2 人；教授级高级工程师 2 人，高级工程师 5 人，工程师 1 人；博士后、博士 4 人，硕士 1 人，学士及以下 3 人；36～45 岁 2 人，46～55 岁 6 人。中共党员 6 人。

国家专项秘书处领导班子由 3 人组成，邹才能兼任秘书长，赵力民、赵孟军兼任业务负责。分工情况如下：邹才能负责全面协调工作；赵力民负责日常管理工作；赵孟军负责技术支持工作。

2015 年 12 月，国家专项秘书处改为挂靠总工程师办公室。

2017 年 4 月，国家专项秘书处改为挂靠总工程师办公室（专家室）。

2019 年 9 月，根据集团公司要求，为加强专项技术总师办公室力量，在勘探院总工程师办公室（专家室）挂靠的国家专项秘书处机构下，同时加冠"技术总师办公室"名称，国家专项秘书处行政上受总工程师办公室（专家室）管理，业务上在集团公司国家油气重大专项实施管理办公室领导下相对独立运行。为进一步增强国家油气科技重大专项技术支持力量，国家专项秘书处下设国家专项综合管理室、国家专项技术支持室、技术总师办公室。

2020 年 3 月，国家专项秘书处改为挂靠科技咨询中心，下设 3 个科室：国家专项综合管理部、国家专项技术支持部、国家专项技术总师办公室。

国家专项秘书处领导班子由 2 人组成，邹才能兼任秘书长，负责全面协调工作，赵孟军负责日常管理工作。

国家专项秘书处未设党支部，党员皆属所挂靠单位党支部管理。

截至 2020 年 12 月 31 日，国家专项秘书处在册职工 10 人，其中：男职工 9 人，女职工 1 人；正高级（含教授级）工程师 2 人，高级工程师 6 人，工程师 2 人；博士后、博士 8 人，学士及以下 2 人；36～45 岁 4 人，46～55

岁 2 人，56 岁及以上 4 人。中共党员 8 人。

秘 书 长　邹才能（兼任，2014.1—2020.12）

业 务 负 责　赵力民（兼任，2014.1—2020.2，退出领导岗位）

　　　　　　　　赵孟军（兼任，2014.1—2020.12）

第七章　廊坊分院（2014.1—2017.4）

廊坊分院的前身系华北石油勘探开发设计研究院北部地区分院，由石油工业部于 1982 年 11 月正式批准建立，为华北石油管理局直属单位。1982 年 9 月，华北石油管理局向石油工业部呈报文件，拟在廊坊地区万庄镇成立勘探开发设计研究院北部地区分院；11 月，石油工业部批复，同意在万庄建立华北石油勘探开发设计研究院北部分院。1984 年 12 月，石油工业部决定将其划归北京石油勘探开发科学研究院领导，更名为石油勘探开发科学研究院廊坊分院。

1999 年 11 月，集团公司下发《中国石油天然气股份有限公司机构设置方案》，将北京石油勘探开发科学研究院划入股份公司主业部分，随即，石油勘探开发科学研究院廊坊分院更名为中国石油勘探开发研究院廊坊分院。至 2003 年，廊坊分院存续部门在廊坊市注册成立廊坊中石油科学技术研究院。此廊坊分院形成一套班子两套资质的管理模式：一是中国石油勘探开发研究院廊坊分院，是股份公司的分支机构，从事科研核心业务；二是廊坊中石油科学技术研究院，是集团公司下属的独立法人，从事多种经营、企业办社会等非核心业务。

截至 2013 年 12 月 31 日，廊坊分院机关下设 8 个职能处室：院办公室、党群工作部、科技管理处、人事劳资处、计划财务处、经营管理法规部、国际合作处、物资装备处；科研单位 10 个：天然气地质研究所、天然气开发研究所、压裂酸化技术服务中心、渗流流体力学研究所、地下储库设计与工程技术研究中心、煤层气勘探开发研究所（煤层气勘探项目经理部）、中国石油工程造价管理中心廊坊分部、海外工程技术研究所、地球物理与信息研究所、新能源研究所；服务保障及技术服务部门 3 个：物业管理中心（廊坊院区）、多种经营部、离退休职工管理处（廊坊）。在册职工 585 人，其中：男职工 374 人，女职工 211 人；博士后、博士 106 人，硕士 219 人，学士及以下 189 人，其他 71 人；教授级高级工程师 15 人，高级工程师 186 人，工程师 203 人，助理工程师及以下人员 181 人。廊坊分院党委下属党支部 12

个，机关党支部、天然气地质研究所党支部、天然气开发研究所党支部、压裂酸化技术服务中心党支部、渗流流体力学研究所党支部、地下储库设计与工程技术研究中心党支部、中国石油工程造价管理中心廊坊分部党支部、地球物理与信息研究所党支部、煤层气勘探开发研究所（煤层气勘探项目经理部）党支部、新能源研究所党支部、海外工程技术研究所党支部、多种经营部党支部。中共党员370人。民主建国会会员1人，九三学社社员2人。

截至2017年3月4日重组之前，廊坊分院下设机关职能处室8个，科研部门10个，服务保障及技术服务部门3个。机关职能处室、科研部门设置情况与2013年底相比无改变；服务保障及技术服务部门变为：物业管理部、多种经营部、离退休职工管理部。在册职工586人，其中：男职工373人，女职工213人；博士139人，硕士221人，学士及以下226人；教授级高级工程师16人，高级工程师204人，工程师224人，助理工程师及以下142人；35岁及以下203人，36～45岁124人，46～55岁237人，56岁及以上22人。廊坊分院党委下属基层党支部14个，中共党员369人。民主建国会会员1人，九三学社社员2人。

2017年3月，根据股份公司《关于勘探开发研究院组织机构设置方案的批复》，勘探院按照"一院两区"模式将勘探院机关和廊坊分院机关22个职能处室整合为9个勘探院机关职能处室。

2017年4月，根据股份公司《关于勘探开发研究院组织机构设置方案的批复》，廊坊分院撤销。将廊坊分院所属天然气开发研究所、天然气地球物理与信息研究所、煤层气勘探开发研究所、中国石油工程造价管理中心廊坊分部、海外工程技术研究所、天然气工艺研究所、多种经营部、物业管理部、离退休职工管理部、万科石油天然气技术工程有限公司等10个机构撤销，成立气田开发研究所、非常规研究所、综合服务中心等3个机构，将地下储库设计与工程技术研究中心更名为地下储库研究所，连同天然气地质研究所、压裂酸化技术服务中心、渗流流体力学研究所、新能源研究所等4个机构，一并纳入勘探院所属机构管理。

第一节 领导机构

截至 2013 年 12 月 31 日，廊坊分院行政领导班子由 6 人组成：刘玉章任院长，魏国齐任副院长、总地质师，丁云宏任副院长、总工程师，宁宁、欧阳永林、李熙喆任副院长。廊坊分院党委由 7 人组成：刘玉章任党委书记，王广俊任党委副书记，魏国齐、丁云宏、宁宁、欧阳永林、李熙喆任党委委员，王广俊任纪委书记、工会主席。

陈建军任副总地质师，胥云任副总工程师，赵清任副总经济师。

分工情况如下：刘玉章负责党政全面工作，分管院办公室、人事劳资处、计划财务处；王广俊负责党群、纪检监察、审计、国际合作、企业文化、共青团、妇联、残联、计划生育、治安保卫、居民委员会、多种经营、产品产业化等方面的工作，联系勘探院后勤物业、离退休管理、矿区服务等方面的工作，分管党群工作部、国际合作处、多种经营部；魏国齐负责天然气勘探、地质一路的工作，主管天然气地质、勘探，地下储气库和政策法规等方面的工作，分管天然气地质研究所、地下储库设计与工程技术研究中心、经营管理法规处；丁云宏负责油气藏增产改造、海外工程技术服务、工程造价等方面的工作，分管压裂酸化技术服务中心、海外工程技术研究所、中国石油工程造价管理中心廊坊分部；宁宁主管科研计划、成果管理，业绩考核、安全保密，设备购置、实验室建设、知识产权、HSE、教育培训、环保节能以及新能源等方面的工作，协助院长协管财务管理，分管科技管理处、物资装备处、新能源研究所；欧阳永林负责天然气地球物理与勘探、测井、信息化建设以及煤层气勘探开发等方面的工作，分管地球物理与信息研究所、煤层气勘探开发研究所（煤层气勘探项目经理部）；李熙喆负责天然气开发、战略规划、气藏开发技术、油气藏渗流理论研究等工作，分管天然气开发研究所、渗流流体力学研究所；陈建军协助宁宁副院长负责科研生产、科学技术委员会的日常工作；胥云协助丁云宏副院长负责油气田工程、工艺方面的工作；赵清协助院长负责全院的经营管理、经济运行以及财务管理方面的工作。

2014 年 7 月，李东堂任廊坊分院安全副总监。

2014 年 10 月，邹才能任廊坊分院院长、党委书记，免去刘玉章廊坊分院院长、党委书记职务。

2014 年 12 月，魏国齐任廊坊分院常务副院长；宁宁任廊坊分院党委副书记、副院长、纪委书记、工会主席；免去王广俊廊坊分院党委副书记、纪委书记、工会主席职务。

调整后，廊坊分院行政领导班子由 6 人组成，邹才能任院长，魏国齐任常务副院长、总地质师，丁云宏任副院长、总工程师，宁宁、欧阳永林、李熙喆任副院长。廊坊分院党委由 6 人组成，邹才能任党委书记，宁宁任党委副书记，魏国齐、丁云宏、欧阳永林、李熙喆任党委委员。宁宁任纪委书记、工会主席。

陈建军任副总地质师，胥云任副总工程师，赵清任副总经济师，李东堂任安全副总监。

分工情况如下：邹才能负责院党政全面工作，分管院办公室、人事劳资处、计划财务处；宁宁负责党群、纪检监察、审计、国际合作、企业文化、共青团、妇联、残联、计划生育、治安保卫、居民委员会、多种经营、产品产业化等方面的工作，分管党群工作部、国际合作处、多种经营部；魏国齐负责天然气地质勘探一路的工作，分管科技管理处、物资装备处、天然气地质研究所、地下储气库工程与设计研究中心；丁云宏负责油气田工程、工艺一路的工作，分管压裂酸化技术服务中心、海外工程技术研究所、中国石油工程造价管理中心廊坊分部；欧阳永林负责天然气物探、测井一路的工作，分管地球物理与信息研究所、煤层气勘探开发研究所（煤层气勘探项目经理部）；李熙喆负责天然气开发一路的工作，分管天然气开发研究所、渗流流体力学研究所；陈建军协助宁宁副院长负责院科研生产、科学技术委员会的日常工作；胥云协助丁云宏副院长负责油气田工程、工艺方面的工作；赵清协助院长负责全院的经营管理、经济运行以及财务管理方面的工作；李东堂协助主管院长负责全院的安全保密、HSE、环保节能方面的工作。

2015 年 8 月，免去李东堂安全副总监职务。

2015 年 12 月，宁宁兼任廊坊分院安全总监。

2015 年 12 月，林英姬任廊坊分院纪委副书记（副处级）。

2017年4月，根据股份公司《关于勘探开发研究院组织机构设置方案的批复》，廊坊分院机构撤销，原廊坊分院所属机构领导班子成员职务随文免去。撤销廊坊分院党委。免去宁宁原廊坊分院纪委书记、工会主席职务；免去林英姬原廊坊分院纪委副书记职务。

一、中国石油勘探开发研究院廊坊分院领导名录（2014.1—2017.4）

院　　　长　刘玉章（2014.1—10）

　　　　　　邹才能（2014.10—2017.4）

常务副院长　魏国齐（2014.12—2017.4）

副　院　长　魏国齐（2014.1—12）

　　　　　　丁云宏（2014.1—2017.4）

　　　　　　宁　宁（2014.1—2017.4）

　　　　　　欧阳永林（2014.1—2017.4）

　　　　　　李熙喆（2014.1—2017.4）

总地质师　魏国齐（2014.1—2017.4）

总工程师　丁云宏（2014.1—2017.4）

安全总监　宁　宁（兼任，2015.12—2017.4）

副总地质师　陈建军（2014.1—2017.4）

副总工程师　胥　云（2014.1—2017.4，进入专家岗位）

安全副总监　李东堂（2014.7—2015.8）

副总经济师　赵　清（2014.1—2017.4）

二、中国石油勘探开发研究院廊坊分院党委领导名录（2014.1—2017.4）

书　　　记　刘玉章（2014.1—10）

　　　　　　邹才能（2014.10—2017.4）

副　书　记　王广俊（2014.1—12）

　　　　　　宁　宁（2014.12—2017.4）

委　　　员　魏国齐（2014.1—2017.4）

　　　　　　丁云宏（2014.1—2017.4）

　　　　　　欧阳永林（2014.1—2017.4）

　　　　　　李熙喆（2014.1—2017.4）

三、中国石油勘探开发研究院廊坊分院纪委领导名录（2014.1—2017.4）

　　书　　　记　王广俊（2014.1—12）

　　　　　　　　宁　宁（2014.12—2017.4）

　　副　书　记　林英姬（女，朝鲜族，2015.12—2017.4）

四、中国石油勘探开发研究院廊坊分院工会领导名录（2014.1—2017.4）

　　主　　　席　王广俊（2014.1—12）

　　　　　　　　宁　宁（2014.12—2017.4）

第二节　机关职能部门及机关党支部

一、院办公室（2014.1—2017.3）

　　1983年11月，经石油工业部批准，华北石油勘探开发设计研究院北部分院成立行政办公室。1990年10月，总公司批复《关于石油勘探开发科学研究院廊坊分院机构设置的请示报告》，廊坊分院机构规格调整为副局级，机关下设院办公室等4个职能办公室，级别为副处级。1993年8月，根据中央、国务院和总公司关于机关改革及直属科研院所改革的一系列指示精神，廊坊分院党委研究决定：党委办公室与院办公室合署办公，实行一套人马、两块牌子，保留各自职能、公章不变。1994年7月，院机关机构调整，院办公室不再与党委办公室合署办公。

　　截至2013年12月31日，院办公室主要职责是：负责党政领导日常办公和公务活动安排，日常事务管理；负责院重要会议及活动的组织、筹备和接待工作；负责院重大决策、重要工作情况的检查和督办；负责院重要文件、领导讲话和工作总结等文字材料的起草；负责院文电处理、公文核稿、文件发放以及印章管理工作；负责院审计、法律事务、机要、保密工作；负责院机要、保密工作；负责院质量、安全、环保管理和社会治安综合治理工作；负责院年鉴和大事记的编写工作；负责院办公楼、职工住宅楼的管理和分配工作；上级部门及院领导交办的其他工作。

　　院办公室下设4个科室：秘书科、机关事务科、安全保卫科、国际合作办公室。在册职工9人，其中：男职工5人，女职工4人；高级政工师1人，工程师（政工师）5人，助理工程师及以下3人；博士1人，硕士1人，学士及以下7人；35岁及以下1人，36～45岁3人，46～55岁5人。中共党员4人。

院办公室领导班子由4人组成，李东堂任院办公室主任，张宝林、熊波、曾延任副主任。分工情况如下：李东堂负责全面工作；张宝林负责质量安全环保工作；熊波负责公文行政工作；曾延负责住房管理工作。

2015年8月，熊波任院办公室常务副主任（正科级），免去李东堂院办公室主任职务。

2015年12月，熊波任院办公室主任。

截至2017年3月，院办公室在册职工8人，其中：男职工4人，女职工4人；博士1人，硕士1人，学士及以下6人；高级政工师1人，工程师（政工师）5人，助理工程师及以下2人；35岁及以下1人，36～45岁3人，46～55岁4人。中共党员4人。

2017年3月，按照"一院两区"调整管理规定，原廊坊分院院办公室、勘探院党委办公室并入勘探院办公室，成立新的勘探院办公室（党委办公室），原廊坊分院院办公室领导班子成员职务随文免去。

> **主　　任**　李东堂（2014.1—2015.8）
> 　　　　　　熊　波（2015.12—2017.3）
> **常务副主任**　熊　波（正科级，2015.8—12）
> **副　主　任**　张宝林（2014.1—2017.3）
> 　　　　　　熊　波（2014.1—2015.8）
> 　　　　　　曾　延（女，2014.1—2017.3）

二、党群工作部（2014.1—2017.3）

1999年8月，勘探院批复，同意廊坊分院重组后成立党群工作部。党群工作部由党委办公室、纪监审办公室、工会办公室、团委合并成立。

截至2013年12月31日，党群工作部主要职责是：组织安排院党委中心组学习；负责院意识形态工作，落实意识形态工作责任制；负责宣传教育工作，做好党的路线、方针、政策的宣传贯彻和干部员工的思想政治学习、形势教育；负责纪检、监察工作，协助院党委抓好党风廉政建设和领导干部廉洁从业；负责组织开展落实中央八项规定精神、纠正"四风"情况的监督检查；会同党委组织部做好院属各基层党组织的党建工作责任制考核评价工作；负责党员、群众来信来访接待、处理；负责院党委印鉴的保管、使用工作；负责开展院文明单位创建与企业文化建设工作；负责工会、共青团、统一战线、计划生育工作。

党群工作部下设4个科室：组织宣传科、纪监审办公室、工会办公室、团委。在册职工5人，其中：男职工3人，女职工2人；高级政工师1人，工程师（政工师）4人；硕士1人，学士及以下4人；36～45岁3人，46～55岁2人。中共党员5人。

党群工作部领导班子由2人组成，易衍莲任主任，王志辉任副主任。分工情况如下：易衍莲负责全面工作，王志辉负责纪检监察方面工作。

2015年8月，梁忠辉任廊坊分院党群工作部主任。

截至2017年3月4日，党群工作部下设4个科室：组织宣传科、纪监审办公室、工会办公室、团委。在册职工5人，其中：男职工3人，女职工2人；高级政工师1人，工程师（政工师）4人；硕士1人，学士及以下4人；36～45岁3人，46～55岁2人。中共党员5人。

2017年3月，按照"一院两区"调整管理规定，廊坊分院党群工作部并入勘探院党群工作处，原廊坊分院党群工作部领导班子成员职务随文免去。

（一）党群工作部领导名录（2014.1—2017.3）

　　主　　　任　易衍莲（女，2014.1—11，去世）

　　　　　　　　梁忠辉（2015.8—2017.4）

　　副　主　任　王志辉（2014.1—2017.3）

（二）团委领导名录（2014.1—2017.3）

　　副　书　记　魏　东（2014.1—2016.3）

　　　　　　　　窦晶晶（2016.3—2017.3）

三、科技管理处（2014.1—2017.3）

1985年9月，遵照中共中央关于科学技术体制改革的决定，石油工业部同意廊坊分院建立石油工业科技管理研究室。1990年10月，石油工业科技管理研究室更名为科技管理办公室。1999年8月，科技管理办公室更名为科技管理处。

截至 2013 年 12 月 31 日，科技管理处主要职责是：负责科研发展中长期规划和年度科研计划的编制；科研项目和信息化建设的组织、协调与管理；科研成果及知识产权管理；科研仪器、设备、软件的引进及技术论证；设备的管理、维护、维修；涉外事务联络与学会工作；学科建设及决策参考，技术交流等。

科技管理处下设 3 个科室：项目及国家重大专项管理室、综合管理室、条件与成果管理室。在册职工 7 人，其中：男职工 5 人，女职工 2 人；高级工程师 7 人；硕士 2 人，学士及以下 5 人；36～45 岁 1 人，46～55 岁 6 人。中共党员 6 人。

科技管理处领导班子由 3 人组成，陈建军任处长，陈晓玺、王德建任副处长。分工情况如下：陈建军负责全面工作，陈晓玺负责科研管理工作，王德建负责科研条件平台建设、科技成果管理。

2015 年 8 月，免去王德建廊坊分院科技管理处副处长职务。

截至 2017 年 3 月 4 日，科技管理处下设 3 个科室：项目及国家重大专项管理室、综合管理室、条件与成果管理室。在册职工 6 人，其中：男职工 4 人，女职工 2 人；高级工程师 6 人；硕士 2 人，学士及以下 4 人；36～45 岁 1 人，46～55 岁 5 人。中共党员 5 人。

2017 年 3 月，按照"一院两区"模式将勘探院和廊坊分院机关职能处室进行整合，廊坊分院科技管理处划归勘探院科研管理处（信息管理处）管理，原廊坊分院科技管理处领导班子成员职务随文免去。

　　处　　　长　陈建军（2014.1—2017.3）

　　副　处　长　陈晓玺（女，2014.1—2017.3，退出领导岗位）

　　　　　　　　　王德建（2014.1—2015.8）

四、人事劳资处（2014.1—2017.3）

1994 年 7 月，廊坊分院机关机构调整，院办公室不再与党委办公室合署办公，并设立包含劳资科在内的 4 个机构。1999 年 8 月，勘探院批复廊坊分院机关机构调整，下设包含人事劳资处在内的 6 个职能处室，廊坊分院人事劳资处与勘探院人事劳资处合署办公。

截至 2013 年 12 月 31 日，人事劳资处主要职责是：负责全院干部队伍建设，科级以上干部的培养、选拔、考核等工作；技术干部管理和职称评聘及学科、技术带头人的培养和选拔工作；负责后备干部的培养和管理；负责出国人员政审，职工人事档案管理，职工人才数据库及职工的日常管理（如请销假、离退休等）及干部、劳资等业务的统计报表工作；负责全院职工总量、临时工总量的控制；负责制定全院工资管理方案和内部分配方案，以及参与各单位承包指标的考核；负责院机构编制以及劳动组织、劳动合同、劳动保护和劳动纪律，考勤管理及工资变动、调整等；负责社会保险的管理工作；负责职工的继续教育、培训（岗位培训、转岗培训）和职工子女普教工作；负责全院职工的流动及再就业工作，做好操作和服务人员的劳动鉴定工作。

人事劳资处下设3个科室：干部与培训科、劳资与保险科、研究生管理科。在册职工8人，其中：男职工3人，女职工5人；高级工程师4人，工程师1人，助理工程师3人；博士1人，硕士2人，学士及以下5人；35岁及以下4人，36～45岁1人，46～55岁3人。中共党员7人。

人事劳资处领导班子由2人组成：王盛鹏任处长，杨萍任副处长。分工情况如下：王盛鹏负责人事劳资处的全面工作，杨萍负责员工薪酬、保险、组织机构和人员编制等。

2014年5月，停止人事劳资处与廊坊分院人事劳资处合署办公。

截至2017年3月4日，下设3个科室：干部与培训科、劳资与保险科、研究生管理科。在册职工9人，其中：男职工3人，女职工6人；高级工程师4人，工程师2人，助理工程师3人；博士1人，硕士2人，学士及以下6人；35岁及以下5人，36～45岁1人，46～55岁3人。中共党员7人。

2017年3月，根据"一院两区"模式，勘探院人事劳资处、党委组织部、廊坊分院人事劳资处三个机构整合为勘探院人事处（党委组织部），原廊坊分院人事劳资处领导班子成员职务随文免去。

处　　长 王盛鹏（2014.1—2017.3）

副 处 长 杨　萍（女，2014.1—2017.3）

五、计划财务处（2014.1—2017.3）

1989年4月，为加强廊坊分院财务管理和综合计划及改革工作，根据勘探院批复的廊坊分院《关于申请成立财务管理科和综合计划管理科的报告》，廊坊分院成立财务管理科，编制为7人，负责廊坊分院财务综合管理工作。1990年10月，总公司批复《关于石油勘探开发科学研究院廊坊分院机构设置的请示报告》，廊坊分院机关下设计划财务办公室等4个职能办公室，级别为副处级。1999年8月，计划财务办公室改为计划财务处，勘探院计划财务处与廊坊分院计划财务处合署办公。

截至2013年12月31日，计划财务处主要职责是：负责院财务管理、会计核算、资产管理和有关基建计划和投资统计工作；按照《会计法》《企业会计准则》和上级制订的有关财政法规和会计制度处理各项会计业务，汇总、编制会计报表，并按要求上报；负责编制财务预算，根据批复和预算方案分解，下达预算指标；对院内各核算单位的预算经费进行控制与业务指导；参与经济合同、技术合同、协议及其他经济文件的拟定和审查，统一管理各项拨款和经营收入；按规定及时做好税务申报纳税或减免税工作；负责院财务管理制度、规定和办法的制定与落实；按资金管理规定，加强现金和银行存款的管理与结算，保证资金安全；负责会计档案整理、归档工作。

计划财务处下设5个科室：会计科、财务一科、财务二科、资产科、计划科。在册职工17人，其中：男职工9人，女职工8人；高级会计师3人，经济师1人，助理会计师及以下13人；博士1人，硕士1人，学士及以下15人；35岁及以下11人，36～45岁2人，46～55岁4人。中共党员5人。

计划财务处领导班子由2人组成：赵清任廊坊分院副总经济师兼计划财务处处长，高利生任副处长。分工情况如下：赵清负责全面工作，高利生主管计划财务业务工作。

2014年5月，停止勘探院计划财务处与廊坊分院计划财务处合署办公。

截至2017年3月4日，计划财务处下设5个科室：会计科、财务一科、财务二科、资产科、计划科。在册职工15人，其中：男职工9人，女职工6人；高级会计师3人，会计师1人、经济师1人，助理会计师及以下10人；博士1人，硕士1人，学士及以下13人；35岁及以下10人，36～45岁1人，46～55岁4人。中共党员6人。

2017年3月，根据"一院两区"模式，廊坊分院计划财务处并入勘探院计划财务处，原廊坊分院计划财务处领导班子成员职务随文免去。

2017年4月，免去赵清廊坊分院机关党支部书记职务。

（一）计划财务处领导名录（2014.1—2017.3）

处　　　长　赵　清（兼任，2014.1—2017.3）

副　处　长　高利生（2014.1—2017.3）

（二）机关党支部领导名录（2014.1—2017.3）

书　　　记　赵　清（2014.1—2017.4）

六、经营管理法规处（2014.1—2017.3）

1999年8月，勘探院批复廊坊分院机构调整，下设经营管理法规处在内的6个职能处室。

截至2013年12月31日，经营管理法规处主要职责是：负责院规章制度体系建设，制度修订、制定规划计划，合规审查，规章制度管理系统的管理；负责院授权管理，组织年度授权并监督实施；负责院重大经营决策的法律论证把关，对重大项目提供法律支持和服务；负责院法律纠纷管理，组织开展普法宣传教育；负责院合同管理，院级合同审查；负责院内部控制、风险管理和流程管理，以及内部控制管理体系运行、测试和持续改进，风险评估、预警及防控措施执行监督，合规管理系统运行管理；负责院及院属法人企业议案审理、决策支持建议，以及股权投资、股权处置、股权投资项目后评价、产权登记管理及行权管理；负责院及院属法人企业工商事务管理及证照使用管理，以及相关统计分析及上报等工作；负责院招投标管理，供应商、评审专家管理；负责院市场准入管理。

经营管理法规处在册职工3人，其中：男职工2人，女职工1人；高级工程师2人，工程师1人；学士及以下3人；36～45岁2人，46～55岁1人。中共党员3人。

经营管理法规处领导班子由1人组成，梁忠辉任处长，负责全面工作。

2015年8月，王德建任经营管理法规处处长，免去梁忠辉处长职务。

截至2017年3月4日，在册职工3人，其中：男职工3人；高级工程师2人，经济师1人；硕士1人，学士及以下2人；35岁及以下1人，36～45岁1人，46～55岁1人。中共党员3人。

2017年3月，根据"一院两区"模式，廊坊分院经营管理法规处并入勘探院企管法规处，原廊坊分院经营管理法规处领导班子成员职务随文免去。

处　　　长　梁忠辉（2014.1—2015.8）

王德建（2015.8—2017.3）

七、国际合作处（2014.1—2017.3）

国际合作处成立于2007年12月，其前身是科技管理办公室外事科。1999年10月，在科技管理办公室外事科基础上成立国际合作办公室，挂靠科技管理处。2003年7月，科技管理处国际合作办公室作为一个科室划归院办公室管理。2007年12月，为进一步加强外事接待、国际合作、出国管理和进口设备引进等工作的规范化管理，经廊坊分院院长办公会决定，成立国际合作处。

截至2013年12月31日，国际合作处主要职责是：负责廊坊分院公务出国（境）业务管理工作；负责廊坊分院国际科技合作研究项目和国际学术交流活动的组织、协调和管理；负责廊坊分院来访外方团组的组织接待工作；负责对集团公司国际组织、战略伙伴建设及重大外事活动支持等上级对口部门下达的工作；负责廊坊分院进口设备采购工作；负责廊坊分院对外宣传材料的外文审核等对外宣传工作；负责廊坊分院的其他涉外工作。

国际合作处下设1个科室：处办公室。在册职工5人，其中：男职工2人，女职工3人；高级工程师2人，工程师3人；博士1人，硕士3人，学士及以下1人；35岁及以下3人，36～45岁1人，46～55岁1人。中共党员3人。

国际合作处领导班子由2人组成，夏永江任处长，王青任副处长。分工情况如下：夏永江负责全面工作，主抓进口设备采购业务；王青协助处长负责除进口设备采购业务之外的其他全面业务，主抓公司国际组织活动及重大外事活动支撑工作。

截至2017年3月4日，下设1个科室：处办公室。在册职工5人，其中：男职工2人，女职工3人；高级工程师2人，工程师3人；博士1人，硕士3人，学士及以下1人；35岁及以下3人，36～45岁1人，46～55岁1人。中共党员3人。

2017年3月，根据"一院两区"模式，原廊坊分院国际合作处并入勘探院国际合作处，原廊坊分院国际合作处领导班子成员职务随文免去。

处　　　长　夏永江（满族，2014.1—2017.3）

副　处　长　王　青（女，2014.1—2017.3）

八、物资装备处（2014.1—2017.3）

2008年4月，根据《中国石油天然气集团公司设备联合集中采购管理办法》，为进一步加强设备采购管理，降低采购成本、节约费用，经研究决定，成立物资装备处。

截至2013年12月31日，物资装备处主要职责是：负责院内各单位的国内物资采购归口管理工作；贯彻执行上级下发的有关物资采购的文件精神；负责汇总各单位的采购计划，审核并执行；组织制定物资采购管理办法并组织实施；组织物资采购中的招标管理工作；负责物资采购的市场调研工作。

物资装备处下设2个科室：综合管理科、采供办公室。在册职工3人，其中：男职工3人；高级工程师3人；博士后、博士1人，学士及以下2人；36～45岁3人。中共党员3人。

物资装备处领导班子由1人组成，崔思华任处长，负责全面工作，主管采供政策、相关规章制度、采供管理工作。

截至2017年3月4日，下设2个科室：综合管理科、采供办公室。在册职工3人。其中：男职工2人，女职工1人；高级工程师2人，工程师1人；博士后、博士1人，学士及以下2人；46～55岁3人。中共党员3人。

2017年3月，物资装备处撤销，领导班子成员职务随文免去。

处　　　长　崔思华（2014.1—2017.3）

九、机关党支部（2014.1—2017.4）

廊坊分院机关设立了机关党支部，由院办公室党小组、科技管理处党小组、人事劳资处党小组、计划财务处党小组、经营管理法规处党小组、党群工作部党小组、国际合作处党小组、物资装备处党小组等8个党小组组成。

2014年1月，机关党支部委员会由5人组成，赵清任党支部书记，崔思华任组织委员，梁忠辉任宣传委员，王德建任纪检委员，张宝林任青年委员。

2015年9月，机关党支部委员会由5人组成，赵清任党支部书记，王盛鹏任组织委员，梁忠辉任宣传委员，崔思华任纪检委员，张宝林任安全委员。

2016年11月，机关党支部委员会由5人组成，赵清任党支部书记，崔思华任组织委员，梁忠辉任宣传委员，王德建任纪检委员，张宝林任青年委员。

2017年3月，免去赵清原廊坊分院机关党支部书记职务。

2017年4月，因廊坊分院机构撤销，撤销廊坊分院机关党支部。

书　　　记　赵　清（2014.1—2017.3）

第三节　科研单位

一、天然气地质研究所（2014.1—2017.4）

1985年9月，根据《关于石油勘探开发科学研究院机构编制调整意见的批复》，成立天然气勘探开发研究所。2000年4月，天然气勘探开发研究所开发专业进行剥离，天然气勘探开发研究所更名为天然气地质研究所。

截至2013年12月31日，天然气地质研究所主要职责是：围绕集团公司油气勘探生产需求与勘探院"一部三中心"定位要求，突出天然气重大领域、目标评价研究与重点探区技术支持，突出天然气战略规划与勘探决策支撑通过天然气基础地质理论和实验技术创新研究、区域地质综合研究、战略规划三位一体紧密融合，实现天然气地质理论和技术创新，提供原创性重大预探与风险目标，为公司做好决策支持，将天然气特色业务做大做强。

天然气地质研究所下设12个科室：办公室、天然气勘探规划室、勘探项目评价室、油气储量研究室、区域勘探一室、区域勘探二室、区域勘探三室、区域勘探四室、区域勘探五室、天然气地化与资评室、气质检测试验室、天然气成藏研究室。在册职工80人，其中：男职工50人，女职工30人；教授级高级工程师3人，高级工程师30人，工程师42人，助理工程师及以下5人；博士后、博士29人，硕士33人，学士及以下18人；35岁及以下34人，36～45岁22人，46～55岁23人，56岁及以上1人。中共党员51人，九三学社社员1人。

天然气地质研究所领导班子由6人组成，李剑任所长，杨威、孙平、张福东、易士威任副所长，王东良任总地质师。分工情况如下：李剑负责全面工作，分管办公室、气质检测试验室；杨威负责党务工作，负责工会和青年工作，分管区域勘探二室；孙平分管区域勘探四室、区域勘探五室；张福东负责科研工作，分管天然气勘探规划室、油气储量研究室、区域勘探三室；易士威分管勘探项目评价室、区域勘探一室；王东良分管天然气地化与资评室、天然气成藏研究室。

天然气地质研究所党支部委员会由6人组成，杨威任党支部书记，李剑任党支部副书记，张福东任组织委员，王东良任宣传委员，易士威任纪检委员，孙平任青年委员。

2014年11月，副所长孙平调离天然气地质研究所。

截至2017年4月12日，天然气地质研究所下设12个科室：综合管理室、天然气勘探规划室、勘探项目评价室、油气储量研究室、区域勘探一室、区域勘探二室、区域勘探三室、区域勘探四室、区域勘探五室、天然气地化与资评室、气质检测试验室、天然气成藏研究室。在册职工78人，其中：男职工46人，女职工32人；教授级高级工程师4人，高级工程师33人，工程师34人，助理工程师及以下7人；博士后、博士29人，硕士32人，学士及以下17人；35岁及以下25人，36～45岁26人，46～55岁25人，56岁及以上2人。中共党员50人，九三学社社员1人。

2015年9月，天然气地质研究所党支部委员会由5人组成，杨威任党支部书记，李剑任党支部副书记，张福东任组织委员，王东良任宣传委员，易士威任纪检委员。

2016年11月，天然气地质研究所党支部委员会由5人组成，杨威任党支部书记，李剑任支部副书记，张福东任组织委员，林世国任宣传委员，谢增业任纪检委员。

2017年4月，廊坊分院撤销，天然气地质研究所名称不变，划归勘探院统一管理。廊坊分院天然气地质研究所党支部更名为天然气地质研究所党支部。

2017年4月，免去杨威廊坊分院天然气地质研究所党支部书记职务，免去李剑党支部副书记职务。

（一）天然气地质研究所领导名录（2014.1—2017.4）

所　　　长　李　剑（2014.1—2017.4）

副 所 长　杨　威（2014.1—2017.4）

　　　　　孙　平（2014.1—11，调离）

　　　　　张福东（2014.1—2017.4）

　　　　　易士威（2014.1—2017.4）

总 地 质 师　王东良（2014.1—2017.4）

（二）天然气地质研究所党支部领导名录（2014.1—2017.4）

书　　　记　杨　威（2014.1—2017.4）

副 书 记　李　剑（2014.1—2017.4）

二、天然气开发研究所（2014.1—2017.4）

2000年4月，按照股份公司《关于廊坊分院天然气勘探开发研究所机构调整意见的批复》，廊坊分院设立天然气开发研究所。

截至2013年12月31日，天然气开发研究所主要职责是：负责决策支持研究，全面关注国内外宏观经济、能源体系、天然气发展形势，紧密跟踪股份公司总体战略动向，加强热点、难点、焦点问题分析研究等，及时提出一批具有前瞻性、科学性、适用性的措施建议，不断解决天然气业务快速发展中遇到的问题；负责塔里木、长庆、四川、青海等重点气区开发方案编制，及气田动态跟踪研究工作，为提高老气田开发效果和完成新气田产能建设任务做技术支撑；负责数据库和实验室建设，完善"天然气开发数据管理协作平台"，建立开发所科研成果库及气田开发方案数据库，加快实验室和试验分析研究能力建设。

天然气开发研究所下设9个研究室：综合室、开发规划室、气藏工程室、气层物理室、战略与经济室、气藏评价室、中部地质室、西部地质室、气藏开发动态室。在册职工53人，其中：男职工27人，女职工26人；高级工程师23人，工程师29人，助理工程师及以下1人；博士后、博士20人，硕士23人，学士及以下10人；35岁及以下23人，36～45岁16人，46～55岁14人。中共党员33人。

天然气开发研究所领导班子由5人组成，陆家亮任所长，龙道江、万玉金、韩永新任副所长，周兆华任总工程师。分工情况如下：陆家亮负责全面工作；龙道江负责党支部、工会、青年工作站、女工委员会等工作，主管宣传、思想教育、安全保密、计划生育、设备购置及信息化建设等，分管综合室；万玉金主管全所日常科研、技术创新、实验室建设、成果审查及报奖等，分管气藏工程室、气藏开发动态室、气层物理室；韩永新负责天然气开发决策支持研究工作，主管天然气开发战略、规划计划、经济评价、气田开发动态跟踪、会议和汇报材料准备等工作，分管开发规划室、气藏评价室、战略与经济室；周兆华负责天然气开发地质评价工作，组织综合地质研究及相关科研项目的立项、科研工作进展督促、检查以及科研成果的落实申报等工作，分管中部地质室、西部地质室。

天然气开发研究所党支部委员会由 5 人组成，龙道江任党支部书记，陆家亮任党支部副书记，万玉金任组织委员，周兆华任宣传委员，韩永新任纪检委员。

2016 年 11 月，天然气开发研究所党支部委员会由 5 人组成，龙道江任党支部书记，陆家亮任党支部副书记，万玉金任组织委员，黄伟岗任宣传委员，杨玉凤任纪检委员。

截至 2017 年 4 月 12 日，天然气开发研究所下设 10 个研究室：综合室、气藏工程研究室、气田开发动态研究室、气层物理室、开发规划研究室、气藏评价研究室、战略与经济研究室、中部气藏地质评价研究室、西部气藏地质评价研究室、苏里格项目支撑研究室。在册职工 51 人，其中：男职工 28 人，女职工 23 人；教授级高级工程师 1 人，高级工程师 28 人，工程师 19 人，助理工程师及以下 3 人；博士、博士后 22 人，硕士 20 人，学士及以下 9 人；35 岁及以下 13 人，36～45 岁 19 人，46～55 岁 19 人。中共党员 35 人。

2017 年 4 月，廊坊分院撤销，撤销廊坊分院天然气开发研究所，领导班子成员职务随文免去。

2017 年 4 月，撤销廊坊分院天然气开发研究所党支部。免去龙道江原廊坊分院天然气开发研究所党支部书记职务，免去陆家亮党支部副书记职务。

（一）天然气开发研究所领导名录（2014.1—2017.4）

所　　长　陆家亮（2014.1—2017.4）

　　副　所　长　龙道江（2014.1—2017.4，退出领导岗位）

　　　　　　　　万玉金（2014.1—2017.4，进入专家岗位）

　　　　　　　　韩永新（2014.1—2017.4）

　　总 工 程 师　周兆华（2014.1—2017.4）

　　（二）天然气开发研究所党支部领导名录（2014.1—2017.4）

　　书　　　记　龙道江（2014.1—2017.4）

　　副 书 记　陆家亮（2014.1—2017.4）

三、压裂酸化技术服务中心（2014.1—2017.4）

　　1985 年 6 月，按照石油工业部《关于成立压裂酸化技术服务中心的通知》要求，设立压裂酸化技术服务中心。

　　截至 2013 年 12 月 31 日，压裂酸化技术服务中心主要职责是：负责压裂酸化机理研究和试验；岩心及支撑剂的评价；施工井的试井和测试；深井及复杂井的设计及技术咨询；装备及工具的技术配套以及消化吸收国外先进技术等。

　　压裂酸化技术服务中心下设 8 个科室：办公室、综合研究室、压裂研究一室、压裂研究二室、压裂研究三室、酸化研究室、液体研究室、工程实验室。在册职工 65 人，其中：男职工 39 人，女职工 26 人；教授级高级工程师 1 人，高级工程师 23 人，工程师 24 人，助理工程师及以下 17 人；博士后、博士 8 人，硕士 40 人，学士及以下 17 人；35 岁及以下 36 人，36～45 岁 5 人，46～55 岁 23 人，56 岁及以上 1 人。中共党员 31 人。

　　压裂酸化技术服务中心领导班子由 5 人组成，卢拥军任主任，毕国强、王永辉、管保山、周福建、杨振周任副主任。分工情况如下：卢拥军负责中心全面工作，分管办公室工作；毕国强任负责党支部全面工作，主管安全、环保、保密、工会、青年工作站工作，分管压裂研究三室；王永辉分管压裂研究二室；管保山分管液体研究室、工程实验室；周福建分管酸化研究室；杨振周分管压裂研究一室。

　　压裂酸化技术服务中心党支部委员会由 5 人组成，毕国强任党支部书记，卢拥军任党支部副书记兼纪检委员，王永辉任组织委员，王欣任宣传委员，管保山任青年委员。

　　2014 年 7 月，王欣任压裂酸化技术服务中心副主任，免去周福建副主任职务。

2016年11月，压裂酸化技术服务中心党支部委员会由5人组成，毕国强任党支部书记，卢拥军任党支部副书记兼纪检委员，王永辉任组织委员，王素珍任宣传委员，翁定为任青年委员。

截至2017年4月12日，下设9个科室：办公室、规划研究室、压裂研究一室、压裂研究二室、压裂研究三室、酸化研究室、地质工程一体化研究室、液体研究室、工程实验室。在册职工64人，其中：男职工38人，女职工26人；教授级高级工程师2人，高级工程师26人，工程师22人，助理工程师及以下14人；博士后、博士11人，硕士36人，学士及以下17人；35岁及以下32人，36～45岁7人，46～55岁24人，56岁及以上1人。中共党员41人。

2017年4月，廊坊分院撤销，压裂酸化技术服务中心名称不变，划归勘探院统一管理。廊坊分院压裂酸化技术服务中心党支部更名为压裂酸化技术服务中心党支部。免去毕国强原廊坊分院压裂酸化技术服务中心党支部书记职务，免去卢拥军党支部副书记职务。

（一）压裂酸化技术服务中心领导名录（2014.1—2017.4）

主　　　任　卢拥军（2014.1—2017.4）

副　主　任　毕国强（2014.1—2017.4）

王永辉（2014.1—2017.4）

管保山（2014.1—2017.4）

周福建（2014.1—7）

杨振周（2014.1—11，辞职）

王　欣（女，2014.7—2017.4，进入专家岗位）

（二）压裂酸化技术服务中心党支部领导名录（2014.1—2017.4）

书　　　记　毕国强（2014.1—2017.4）

副　书　记　卢拥军（2014.1—2017.4）

四、渗流流体力学研究所（2014.1—2017.4）

1988年3月，石油工业部与中国科学院签署《关于改变兰州渗流力学研究室领导管理体制的协议》，决定将中国科学院兰州分院渗流力学研究室，改为由石油工业部、中国科学院双重领导，成立"石油工业部、中国科学院渗流流体力学研究所"，归石油工业部石油勘探开发科学研究院具体领导，所址设在河北省廊坊市万庄石油勘探开发科学研究院分院内，由分院管理。2000 年 11 月，股份公司下发《关于渗流流体力学研究所划归廊坊分院管理的批复》，明确渗流流体力学研究所改由廊坊分院管理。

截至 2013 年 12 月 31 日，渗流流体力学研究所主要职责是：负责低渗油气、非常规油气渗流理论、技术、方法与模式的研究创新工作，重点开展油气藏开发渗流机理、提高采收率、微生物采油、核磁共振等四大领域研究；发挥全国油气渗流力学学科牵头作用和我国微生物采油、油气评价核磁共振新技术核心攻关作用，引领新型采油采气与评价技术快速发展，推动低品位油气资源提高采收率与经济有效开发。

渗流流体力学研究所下设 7 个科室：综合管理室、油藏工程研究室、天然气渗流研究室、油气层物理研究室、渗流流体研究室、微生物采油研究室、核磁共振研究室。在册职工 48 人，其中：男职工 35 人，女职工 13 人；教授级高级工程师 1 人，高级工程师 21 人，工程师 17 人，助理工程师及以下 9 人；博士后、博士 15 人，硕士 18 人，学士及以下 15 人；35 岁及以下 15 人，36～45 岁 18 人，46～55 岁 15 人。中共党员 27 人，民主建国会会员 1 人。

渗流流体力学研究所领导班子由 5 人组成，刘先贵任所长，赵玉集、熊伟、董汉平、刘卫任副所长。分工情况如下：刘先贵负责全面工作，分管渗流流体研究室、油气层物理研究室；赵玉集负责党务工作，负责党工团工作管理，分管综合管理室；熊伟负责科研管理及油气渗流研究方面的工作，分管油藏工程研究室、天然气渗流研究室；董汉平负责微生物采油研究及工会工作，分管微生物采油研究室；刘卫负责核磁产品研发及产业化方面的工作，分管核磁共振研究室。

渗流流体力学研究所党支部委员会由 5 人组成，赵玉集任党支部书记，刘先贵任党支部副书记，熊伟任组织委员，董汉平任宣传委员，刘卫任纪检委员。

2016 年 11 月，渗流流体力学研究所党支部委员会由 5 人组成，赵玉集任党支部书记，刘先贵任党支部副书记，熊伟任组织委员，修建龙任宣传委员兼青年委员，杨正明任纪检委员。

截至 2017 年 4 月 12 日，渗流流体力学研究所下设 9 个科室：办公室、综合研究室（重点实验室）、油藏工程研究室、气藏工程研究室、油气层物理研究室、渗流流体研究室、微生物研究室、非常规油气渗流研究室、核磁共振研究室。在册职工 47 人，其中：男职工 35 人，女职工 12 人；教授级高级工程师 1 人，高级工程师 25 人，工程师 15 人，助理工程师及以下 6 人；博士后、博士 16 人，硕士 18 人，学士及以下 13 人；35 岁及以下 15 人，36～45 岁 9 人，46～55 岁 21 人，56 岁及以上 2 人。中共党员 29 人，民主建国会会员 1 人，九三学社社员 1 人。

2017 年 4 月，廊坊分院撤销，渗流流体力学研究所名称不变，划归勘探院统一管理。廊坊分院渗流流体力学研究所党支部更名为渗流流体力学研究所党支部。

2017 年 4 月，免去赵玉集原廊坊分院渗流流体力学研究所党支部书记职务，免去刘先贵党支部副书记职务。

（一）渗流流体力学研究所领导名录（2014.1—2017.4）

> 所　　长　刘先贵（2014.1—2017.4）
>
> 副 所 长　赵玉集（兼任，2014.1—2017.4）
>
> 　　　　　熊　伟（2014.1—2017.4）
>
> 　　　　　董汉平（2014.1—2017.4，退出领导岗位）
>
> 　　　　　刘　卫（2014.1—2017.4，退出领导岗位）

（二）渗流流体力学研究所党支部领导名录（2014.1—2017.4）

> 书　　记　赵玉集（2014.1—2017.4）
>
> 副 书 记　刘先贵（2014.1—2017.4）

五、地下储库设计与工程技术研究中心（2014.1—2017.4）

2004 年 8 月，股份公司下发《关于勘探开发研究院成立地下储库设计与工程技术研究中心的批复》，廊坊分院成立地下储库设计与工程技术研究中心（正处级）。

截至 2013 年 12 月 31 日，地下储库设计与工程技术研究中心主要职责是：负责地下储气库发展战略与规划研究工作，维护储气库信息化管理平台；负责盐穴型储气库建库与评价技术攻关、盐穴造腔的基础理论与实验方法研究、造腔方案的编制、注气排卤跟踪分析等工作；负责枯竭油气藏与含水层型地下储库目标的建设方案设计、运行优化方案设计、储气库气藏工程方法理论研究和中石油储气库运行动态跟踪评价等工作；负责油气藏型、盐穴型、含水层型各类储气库库址目标评价与选址研究工作；负责集团公司储库重点实验室的运行、管理工作；负责油气藏型、盐穴型、含水层型各类储气库建库与运行的实验设备研发与技术攻关工作。

地下储库设计与工程技术研究中心下设 5 个科室：综合管理室、战略与规划室、选区与评价室、方案与动态室、工程与力学室。在册职工 25 人，其中：男职工 14 人，女职工 11 人；高级工程师 8 人，工程师 13 人，助理工程师及以下 4 人；博士后、博士 8 人，硕士 14 人，学士及以下 3 人；35 岁及以下 16 人，36 ～ 45 岁 3 人，46 ～ 55 岁 6 人。中共党员 25 人。

地下储库设计与工程技术研究中心领导班子由 4 人组成，郑得文任主任，丁国生、李建中、王皆明任副主任。分工情况如下：郑得文负责全面工作，分管综合管理室、战略与规划室；丁国生负责党务、工会工作，分管选区与评价室；李建中分管工程与力学室；王皆明分管方案与动态室。

地下储库设计与工程技术研究中心党支部委员会由 4 人组成，丁国生任党支部书记，郑得文任党支部副书记兼纪检委员，李建中任组织委员，王皆明任宣传委员。

2015 年 9 月，地下储库设计与工程技术研究中心党支部委员会由 5 人组成，丁国生任党支部书记，郑得文任党支部副书记兼组织委员，郑雅丽任宣传委员，王皆明任纪检委员，完颜祺祺任青年兼文体委员。

2016 年 11 月，地下储库设计与工程技术研究中心党支部委员会由 5 人组成，丁国生任党支部书记，郑得文任党支部副书记兼纪检委员，王皆明任组织委员，郑雅丽任宣传委员，完颜祺祺任青年委员。

截至 2017 年 4 月 12 日，下设 6 个科室：综合管理室、战略与规划室、选区与评价室、方案与动态室、盐穴评价室、工程实验室。在册职工 29 人，其中：男职工 19 人，女职工 10 人；高级工程师 10 人，工程师 16 人，助理工程师及以下 3 人；博士后、博士 13 人，硕士 11 人，学士及以下 5 人；35 岁及以下 17 人，36 ～ 45 岁 4 人，46 ～ 55 岁 8 人。中共党员 24 人。

2017 年 4 月，廊坊分院撤销，廊坊分院地下储库设计与工程技术研究中心更名为地下储库研究所，划归勘探院统一管理。廊坊分院地下储库设计与工程技术研究中心党支部更名为地下储库研究所党支部。

2017年4月，免去丁国生原廊坊分院地下储库设计与工程技术研究中心党支部书记职务，免去郑得文党支部副书记职务。

（一）地下储库设计与工程技术研究中心领导名录（2014.1—2017.4）

　　主　　任　郑得文（2014.1—2017.4）

　　副 主 任　丁国生（2014.1—2017.4）

　　　　　　　李建中（2014.1—9，退休）

　　　　　　　王皆明（2014.1—2017.4）

（二）地下储库设计与工程技术研究中心党支部领导名录（2014.1—2017.4）

　　书　　记　丁国生（2014.1—2017.4）

　　副 书 记　郑得文（2014.1—2017.4）

六、煤层气勘探开发研究所（煤层气勘探项目经理部）（2014.1—2017.4）

煤层气勘探开发研究所的前身是煤层气勘探项目经理部。1999年初，总公司勘探局新区勘探事业部撤销，煤层气项目经理部转入廊坊分院管理。2008年1月，煤层气勘探项目经理部更名为煤层气勘探开发研究所，保留原煤层气勘探项目经理部名称，按照两个牌子、一个机构的方式运行，职责不变，业务范围不变，级别保持不变。

截至2013年12月31日，煤层气勘探开发研究所（煤层气勘探项目经理部）主要职责是：负责全国煤层气资源评价和目标优选；外围煤层气勘探有利目标区优选及资料井的钻探；提高煤层气单井产量新工艺、新技术攻关与试验；煤层气实验测试、煤层气成藏与开发模拟；煤层气勘探开发方案编制与跟踪评价；煤层气规划计划与战略研究等。

煤层气勘探开发研究所下设6个科室：综合管理室、煤层气勘探室、煤层气开发室、煤层气工程室、煤层气实验室、煤层气规划室。在册职工31人，其中：男职工21人，女职工10人；高级工程师11人，工程师12人，助理工程师及以下8人；博士及博士后14人，硕士11人，学士及以下6人；35岁及以下19人，36～45岁5人，46～55岁7人。中共党员25人。

煤层气勘探开发研究所领导班子由3人组成，孙粉锦任所长，李五忠、穆福元任副所长。其成员分工如下：孙粉锦主持全面工作，分管煤层气规划室、综合管理室；李五忠负责党群和行政管理工作，分管煤层气勘探室、煤层气实验室；穆福元分管煤层气工程室、煤层气开发室。

煤层气勘探开发研究所党支部委员会由3人组成，李五忠任党支部书记，孙粉锦任党支部副书记，穆福元任纪检委员。

2016年11月，煤层气勘探开发研究所党支部委员会由5人组成，李五忠任党支部书记，孙粉锦任党支部副书记，庚勐任组织委员，王宪花任宣传委员，穆福元任纪检委员。

截至2017年4月12日，煤层气勘探开发研究所与煤层气勘探项目经理部两个牌子、一个机构下设6个科室：综合管理室、煤层气规划室、煤层气勘探室、煤层气开发室、煤层气工程室、煤层气实验室。在册职工33人，其中：男职工20人，女职工13人；教授级高级工程师1人，高级工程师13人，工程师15人，助理工程师及以下4人；博士15人，硕士10人，学士及以下8人；35岁及以下14人，36～45岁8人，46～55岁11人。中共党员26人。

2017年4月，廊坊分院撤销，撤销煤层气勘探开发研究所，其业务并入新成立的勘探院非常规研究所。原廊坊分院煤层气勘探开发研究所领导班子成员职务随文免去。

2017年4月，撤销廊坊分院煤层气勘探开发研究所党支部。免去李五忠原廊坊分院煤层气勘探开发研究所党支部书记职务，免去孙粉锦副书记职务。

（一）煤层气勘探开发研究所领导名录（2014.1—2017.4）

  所   长 孙粉锦（2014.1—2017.4）

  副 所 长 李五忠（2014.1—2017.4）

        穆福元（2014.1—2017.4）

（二）煤层气勘探开发研究所党支部领导名录（2014.1—2017.4）

  书   记 李五忠（2014.1—2017.4）

  副 书 记 孙粉锦（2014.1—2017.4）

七、中国石油工程造价管理中心廊坊分部（2014.1—2017.4）

1990年2月，总公司下发《关于成立钻井定额管理站的通知》，组建中国石油天然气总公司钻井定额管理站；业务归总公司钻井工程局领导，行政隶属石油勘探开发科学研究院廊坊分院。1999年3月，更名为中国石油天然气集团公司钻井定额管理站。2000年9月，更名为中国石油天然气股份有限公司石油工程造价管理中心廊坊分部。2001年4月，成为廊坊分院二级单位（副处级），行政隶属关系和归口管理单位不变。2007年5月，中国石油天然气股份有限公司石油工程造价管理中心廊坊分部更名为中国石油工程造价管理中心廊坊分部。

截至2013年12月31日，中国石油工程造价管理中心廊坊分部主要职责是：负责贯彻国家有关工程定额和造价管理的政策规定；负责物探钻井工程计价依据和日常管理；负责组织物探钻井造价专业人员培训和资质管理；负责物探钻井造价基础理论研究；负责公司物探钻井投资成本决策支持研究；参与重大项目的前期论证和物探钻井投资审查工作；指导地区公司物探钻井造价管理业务。

中国石油工程造价管理中心廊坊分部下设3个科室：综合管理科、工程造价科、造价信息科。在册职工12人，其中：男职工8人，女职工4人；高级工程师5人，工程师6人，助理工程师及以下1人；博士后1人，硕士2人，学士及以下9人；35岁及以下2人，36～45岁2人，46～55岁4人，56岁及以上4人。中共党员9人。

中国石油工程造价管理中心廊坊分部领导班子由3人组成，魏伶华任主任，黄伟和、司光任副主任。分工情况如下：魏伶华负责全面工作，分管综合管理科；黄伟和负责党务工作，分管造价信息科；司光负责钻井造价工作，分管工程造价科。

中国石油工程造价管理中心廊坊分部党支部委员会由3人组成，黄伟和任党支部书记，魏伶华任党支部副书记，司光任青年委员。

2014年7月，黄伟和任中国石油工程造价管理中心廊坊分部主任，免去魏伶华主任职务。

2014年7月，司光任中国石油工程造价管理中心廊坊分部党支部书记，黄伟和任党支部副书记。

2016年11月，中国石油工程造价管理中心廊坊分部党支部委员会由3人组成，司光任党支部书记，黄伟和任党支部副书记兼纪检委员，刘海任组织委员兼宣传委员。

2017 年 4 月，廊坊分院撤销，撤销中国石油工程造价管理中心廊坊分部，其业务并入新成立的勘探院工程技术中心。原廊坊分院中国石油工程造价管理中心廊坊分部领导班子成员职务随文免去。

2017 年 4 月，中国石油工程造价管理中心廊坊分部党支部并入勘探院工程技术中心党总支，中国石油工程造价管理中心廊坊分部党支部保持名称不变。

截至 2017 年 4 月 12 日，中国石油工程造价管理中心廊坊分部下设 3 个科室：综合管理科、工程造价科、造价信息科。在册职工 8 人，其中：男职工 5 人，女职工 3 人；高级工程师 5 人，工程师 3 人；博士 2 人，硕士 2 人，学士及以下 4 人；35 岁及以下 1 人，36 ～ 45 岁 4 人，46 ～ 55 岁 3 人。中共党员 6 人。

（一）中国石油工程造价管理中心廊坊分部领导名录（2014.1—2017.4）

主　　　任　魏伶华（2014.1—7）

　　　　　　黄伟和（2014.7—2017.4）

副　主　任　黄伟和（2014.1—7）

　　　　　　司　光（2014.1—2017.4）

（二）中国石油工程造价管理中心廊坊分部党支部领导名录（2014.1—2017.4）

书　　　记　黄伟和（2014.1—7）

　　　　　　司　光（2014.7—2017.4）

副　书　记　魏伶华（2014.1—7）

　　　　　　黄伟和（2014.7—2017.4）

八、海外工程技术研究所（2014.1—2017.4）

2003 年 2 月，中国石油天然气勘探开发公司与廊坊分院联合组建了中国石油天然气勘探开发公司研究中心工程技术分中心。2008 年 3 月，以海外工程技术分中心为基础，组建海外工程技术研究所，同时保留海外工程技术分中心的名称，按照两个牌子、一个机构方式运行。2009 年 2 月，压裂酸化技术报务中心海外项目经理部与海外工程技术研究所进行机构整合，整合后成立新的海外工程技术研究所。

截至 2013 年 12 月 31 日，海外工程技术研究所主要职责是：负责建立海外工程技术支持的快速反应系统，解决海外油气田勘探开发遇到的工程技术难题，努力开拓海外工程技术市场；建立海外工程技术支撑系统，开展海外新项目的工程技术评价，为领导决策提供科学依据，跟踪国内外先进的工程技术，为海外油气田的高效勘探开发提供工程技术保障；根据海外石油事业发展需要，研究可持续发展的工程技术规划，形成强有力的工程技术支持与技术服务。

海外工程技术研究所下设 6 个科室：办公室、采油采气室、储层改造室、完井试油室、监督管理中心、综合规划室。在册职工 22 人。

海外工程技术研究所领导班子由 5 人组成，崔明月任所长，姚飞、蒋卫东、陈彦东、邹洪岚任副所长。领导班子分工如下：崔明月负责全面工作，分管办公室；姚飞负责党务工作和储层改造的技术发展工作，分管储层改造室，协助负责中东区项目管理；蒋卫东负责海外工程技术研究钻井、完井、修井、试油和井控的技术发展工作，分管完井试油室，协助负责中亚区项目管理；陈彦东负责海外工程技术研究科研管理、规划方案、新项目评价、信息建设和综合研究工作，负责对 CNODC 总部日常支持工作、负责非常规领域的技术发展工作，分管综合规划室和监督管理中心，协助负责亚太区项目管理；邹洪岚负责海外工程技术研究采油、采气工程的技术发展工作，分管采油采气室，协助负责美洲区与非洲区项目管理。

海外工程技术研究所党支部委员会由 5 人组成，姚飞任党支部书记，崔明月任党支部副书记兼纪检委员，蒋卫东任组织委员，邹洪岚任宣传委员，陈彦东任青年委员。

2016 年 11 月，海外工程技术研究所党支部委员会由 5 人组成，姚飞任党支部书记，崔明月任党支部副书记，蒋卫东任组织委员，梁冲任宣传委员兼青年委员，姜强任纪检委员。

截至 2017 年 4 月 12 日，海外工程技术研究所下设 6 个科室：办公室、采油采气室、储层改造室、完井试油室、监督管理中心、综合规划室。在册职工 23 人。中共党员 16 人。

2017 年 4 月，廊坊分院撤销，撤销海外工程技术研究所，其业务并入新成立的勘探院工程技术中心。原廊坊分院海外工程技术研究所领导班子成员职务随文免去。

2017年4月，廊坊分院海外工程技术研究所党支部并入勘探院工程技术中心党总支，并更名为海外工程技术研究所党支部。

（一）海外工程技术研究所领导名录（2014.1—2017.4）

所　　　长　崔明月（2014.1—2017.4）

副　所　长　姚　飞（2014.1—2017.4）

　　　　　　蒋卫东（2014.1—2017.4）

　　　　　　陈彦东（2014.1—2017.4）

　　　　　　邹洪岚（女，2014.1—2017.4）

（二）海外工程技术研究所党支部领导名录（2014.1—2017.4）

书　　　记　姚　飞（2014.1—2017.4）

副　书　记　崔明月（2014.1—2017.4）

九、地球物理与信息研究所（2014.1—2017.4）

2005年11月，廊坊分院在原有信息中心计算机应用等技术人员的基础上，将天然气地质所勘探技术研究室的地震解释和测井解释的技术人员整体划入信息中心，将信息中心更名为地球物理与信息研究所。

截至2013年12月31日，地球物理与信息研究所主要职责是：负责开展天然气开发重点气区的地球物理评价与新技术研究，做好天然气开发物探工作技术支持；为股份公司天然气地球物理、勘探生产管理信息化建设以及科研信息项目培训等提供技术支撑与技术服务；做好局域网络系统管理与维护、信息化建设以及情报、资料档案和杂志等公益服务工作。

地球物理与信息研究所下设9个科室：综合研究室、地震技术方法室、地震储层预测室、地震资料处理室、测井技术室、信息技术室、网络管理室、情报与档案室、《天然气》杂志编辑部。在册职工45人，其中：男职工30人，女职工15人；高级工程师19人，工程师14人，助理工程师及以下12人；博士后、博士4人，硕士26人，学士及以下15人；35岁及以下21人，36～45岁11人，46～55岁12人，56岁及以上1人。中共党员25人。

地球物理与信息研究所领导班子由3人组成，曾庆才任所长，杨遂发任副所长，李家庆任总工程师。分工情况如下：曾庆才负责全面工作，主管科研、人事和财务等工作，分管地震技术方法室、地震储层预测室、地震资料处理室、测井技术室和综合研究室；杨遂发负责党群、行政管理及安全保密等工作，分管《天然气》杂志编辑部、网络管理室；李家庆分管信息技术室、情报与档案室，协助所长、书记负责 HSE 工作。

地球物理与信息研究所党支部委员会由 3 人组成，杨遂发任党支部书记，曾庆才任党支部副书记兼组织委员，李家庆任宣传委员。

2014 年 3 月，石强任地球物理与信息研究所总地质师。

2016 年 11 月，地球物理与信息研究所党支部委员会由 5 人组成，杨遂发任党支部书记，曾庆才任党支部副书记，陈胜任组织委员兼青年委员，代春萌任宣传委员，石强任纪检委员。

截至 2017 年 4 月 12 日，地球物理与信息研究所下设 10 个科室：综合研究室、地震技术方法室、地震储层预测室、地震气层检测室、地震资料处理室、测井技术室、信息技术室、网络管理室、情报与档案室、《天然气》杂志编辑部。在册职工 46 人，其中：男职工 31 人，女职工 15 人；高级工程师 17 人，工程师 18 人，助理工程师及以下 11 人；博士后、博士 5 人，硕士 30 人，学士及以下 11 人；35 岁及以下 23 人，36～45 岁 12 人，46～55 岁 10 人，56 岁及以上 1 人。中共党员 28 人。

2017 年 4 月，廊坊分院撤销，撤销地球物理与信息研究所，其业务并入新成立的勘探院油气地球物理研究所等单位。原廊坊分院地球物理与信息研究所领导班子成员职务随文免去。

2017 年 4 月，撤销廊坊分院地球物理与信息研究所党支部。免去杨遂发原廊坊分院油气地球物理研究所党支部书记职务。

（一）地球物理与信息研究所领导名录（2014.1—2017.4）

　　　所　　　长　曾庆才（2014.1—2017.4）

　　　副　所　长　杨遂发（2014.1—2017.4）

　　　总 工 程 师　李家庆（2014.1—2017.4，退休）

　　　总 地 质 师　石　强（2014.3—2017.4）

（二）地球物理与信息研究所党支部领导名录（2014.1—2017.4）

　　　书　　　记　杨遂发（2014.1—2017.4）

　　　副　书　记　曾庆才（2014.1—2017.4）

十、新能源研究所（2014.1—2017.4）

2006 年 7 月，廊坊分院根据新能源业务发展需求，组建新能源综合研究室，主要开展油砂矿、油页岩资源评价和目标区优选、可再生资源利用等业务。2007 年 6 月，廊坊分院下发《关于新能源综合研究室更名的通知》，成立新能源研究所。

截至 2013 年 12 月 31 日，新能源研究所主要职责是：负责开展新能源战略研究，谋划公司各种新能源业务发展方向与定位；开展地热资源选区和开发利用技术研究，大力推广规模化利用；开展铀、锂等伴生资源调查、评价和相关技术攻关，优选有利目标区；开展油气生产用能清洁替代研究，为公司提质增效提供支撑；开展制氢、储氢、运氢和用氢技术研究，为氢能发展提供技术储备；开展储能和新能源新材料技术攻关，为新能源发展奠定基础；大力开展新能源实验室建设，打造新能源科技创新平台；开展能源互联网和综合能源管理研究，加强智慧能源建设，实现能源高效综合利用；开展能源政策机制、中长期发展规划及年度计划研究，为公司新能源发展提供支撑。

新能源研究所下设 6 个科室：地质研究室、开发研究室、工艺研究室、战略研究室、实验室、综合研究室。在册职工 37 人，其中：男职工 25 人，女职工 12 人；高级工程师 14 人，工程师 17 人，助理工程师及以下 6 人；博士后、博士 16 人，硕士 15 人，学士及以下 6 人；35 岁及以下 17 人，36～45 岁 15 人，46～55 岁 5 人。中共党员 24 人。

新能源研究所领导班子由 4 人组成，王红岩任所长，林英姬、刘洪林任副所长，刘人和任总地质师。分工情况如下：王红岩负责全面工作，分管战略研究室；林英姬负责党务工作，分管综合研究室；刘洪林负责科研工作管理，分管开发研究室、工艺研究室、实验室；刘人和负责工会工作，分管地质研究室。

新能源研究所党支部委员会由 4 人组成，林英姬任党支部书记，王红岩任党支部副书记，刘人和任组织委员，刘洪林任纪检委员。

2014 年 4 月，王红岩兼任廊坊分院宜宾页岩气项目部经理，刘洪林任副经理。

2014 年 5 月，王红岩任国家能源页岩气研发（实验）中心副主任。

2014年9月，董大忠任国家能源页岩气研发（实验）中心副主任。

2015年12月，免去林英姬新能源研究所党支部书记职务。

2015年12月，董大忠任新能源研究所副所长（副处级），免去林英姬副所长职务。

调整后，新能源研究所领导班子由4人组成，王红岩任所长，刘洪林、董大忠任副所长，刘人和任总地质师。分工情况如下：王红岩主持全面工作，分管综合研究室；刘洪林分管开发研究室、非常规油气沉积储层研究室和天然气水合物研究中心；董大忠分管规划战略研究室、工程技术研究室和实验研究室；刘人和分管地质研究室。

新能源研究所党支部委员会由4人组成，王红岩任党支部副书记，刘人和任组织委员，刘洪林任宣传委员，董大忠任纪检委员。

2016年2月，新能源研究所工程技术研究室更名为新能源研究中心，主要职责为：加强非化石能源（包括铀矿、风能、太阳能、生物能源等）发展战略研究，支撑公司新能源发展战略部署；做好中石油矿权铀矿资源调查与分析，启动勘探开发技术评价与开发利用研究；开展油气地热资源评价与开发利用研究；跟踪调研石墨稀、黑磷等新能源发展动态。

2016年11月，新能源研究所党支部委员会由4人组成，王红岩任党支部副书记，刘人和任组织委员，刘洪林任宣传委员，郑德温任纪检委员。

截至2017年4月12日，新能源研究所下设8个科室：地质研究室、开发研究室、规划战略研究室、非常规油气沉积储层研究室、综合研究室、实验研究室、水合物研究中心和新能源研究中心。在册职工50人，其中：男职工36人，女职工14人；教授级工程师2人，高级工程师19人，工程师22人，助理工程师及以下7人；博士后、博士23人，硕士21人，学士及以下6人；35岁及以下20人，36～45岁22人，46～55岁7人，56岁及以上1人。中共党员30人。

2017年4月，廊坊分院撤销，新能源研究所名称不变，划归勘探院统一管理。廊坊分院新能源研究所党支部更名为新能源研究所党支部。

（一）新能源研究所领导名录（2014.1—2017.4）

所　　　长　　王红岩（2014.1—2017.4）

副　所　长　　林英姬（女，朝鲜族，2014.1—2015.12）

　　　　刘洪林（2014.1—2017.4）

　　　　董大忠（副处级，2015.12—2017.4）

　　总 地 质 师　刘人和（2014.1—2017.4）

（二）新能源研究所党支部领导名录（2014.1—2017.4）

　　书　　　记　林英姬（2014.1—2015.12）

　　副 书 记　王红岩（2014.1—2017.4）

第四节　服务保障及技术服务部门

一、物业管理中心（廊坊院区）—物业管理部（2014.1—2017.3）

　　物业管理部成立于 1998 年，前身是廊坊分院行政管理部和后勤部，是为廊坊分院科研生产、生活提供后勤保障的综合性后勤服务部门。2011 年 2 月，按照集团公司"大院一体化"精神，廊坊分院物业管理部并入勘探院物业管理中心，改称物业管理中心（廊坊院区）。

　　截至 2013 年 12 月 31 日，物业管理中心（廊坊院区）下设 7 个科室：综合管理科、办公室、系统运行管理科、通讯公寓管理科、工程管理科、医疗卫生服务中心、环卫绿化管理科。在册职工 32 人，其中：男职工 17 人，女职工 15 人；高级工程师 1 人，工程师 4 人，助理工程师及以下 27 人；学士及以下 32 人；36 ～ 45 岁 3 人，46 ～ 55 岁 29 人。中共党员 14 人。

　　物业管理中心（廊坊院区）领导班子由 1 人组成，陈波任经理，负责全面工。

　　2014 年 5 月，根据工作需要，恢复廊坊分院物业管理部，物业管理中心（廊坊院区）人员划入廊坊分院物业管理部。

　　物业管理部主要职责是：负责廊坊分院基建投资、大修工程及零星检维修工程建设管理等；负责廊坊分院工作区及居民区供暖、给排水、供暖、供冷运行管理；负责廊坊分院通信系统运行管理；负责廊坊分院工作区及居民区环卫、绿化及保洁管理；负责廊坊分院职工家属日常医疗保健及职工年度体检管理。

2014年5月，物业管理部领导班子由2人组成，陈波任主任，徐玉琳任副主任。分工情况如下：陈波负责全面工作，分管办公室、综合管理科、环卫绿化科、卫生所工作；徐玉琳分管工程管理科、系统运行科、通讯公寓科工作。

物业管理部党支部委员会由3人组成，陈波任党支部副书记，冯刚、马光军任委员。

2015年12月，代自勇任物业管理部主任，徐玉琳任副主任。

2016年11月，物业管理部党支部委员会由4人组成，代自勇任党支部副书记，冯刚任组织委员兼宣传委员，孟广仁任纪检委员，刘久瑜任群工委员。

2017年3月，廊坊分院撤销，撤销物业管理部。原廊坊分院物业管理部领导班子成员职务随文免去。

2017年3月，撤销廊坊分院物业管理部党支部。

截至2017年3月4日，物业管理部下设7个科室：办公室、综合管理科、工程管理科、系统运行科、通讯公寓科、环卫绿化科、卫生所。在册职工27人，其中：男职工17人，女职工10人；高级工程师2人，工程师4人，助理工程师及以下21人；学士及以下27人；36～45岁3人，46～55岁24人。中共党员11人。

（一）物业管理中心（廊坊院区）领导名录（2014.1—5）

　　　经　　理　陈　波（2014.1—5）

（二）物业管理部（2014.5—2017.3）

1. 物业管理部领导名录（2014.5—2017.3）

　　　主　　任　陈　波（2014.5—2015.12）

　　　　　　　　代自勇（2015.12—2017.4）

　　副　主　任　徐玉琳（女，副处级，2015.12—2017.3）

2. 物业管理部党支部领导名录（2014.5—2017.3）

　　副　书　记　陈　波（2014.5—2015.12）

　　　　　　　　代自勇（2016.11—2017.3）

二、多种经营部（2014.1—2017.3）

1999年10月，按照总公司文件精神，为了更利于管理，廊坊分院把经营性质接近、原属院办公室的车队、招待所、机关打字室，原属经营管理办公室的综合试验基地、加油站、原属技术服务部的印制室等多个单位重组，成立多种经营部。

截至 2013 年 12 月 31 日，多种经营部主要职责是：负责对内对外的会议接待和培训、职工用餐、职工健身、院公务和各科研所的用车、职工班车任务、机关公文和科研报告的印制等业务。

多种经营部下设 4 个科室：综合办公室、会议培训中心、车队、印制室。在册职工 37 人，其中：男职工 29 人，女职工 8 人；高级工程师 2 人，工程师 1 人，助理工程师及以下 34 人；硕士 1 人，学士及以下 36 人；36～45 岁 13 人，46～55 岁 24 人。中共党员 26 人。

多种经营部领导班子由 6 人组成，代自勇任主任，刘为公、聂涛、邵石忠、王永敏任副主任；栾海涛任安全总监。分工情况如下：代自勇负责全面工作，分管会议培训中心工作；刘为公负责党支部工作，分管综合办公室；聂涛分管万科公司工作；邵石忠分管车队工作；王永敏分管印制服务部工作；栾海涛负责安全工作、外租车管理工作。

多种经营部党支部委员会由 6 人组成，刘为公任党支部书记，代自勇任党支部副书记，聂涛、邵石忠、王永敏、栾海涛任委员。

2015 年 12 月，陈波任廊坊分院多种经营部主任，免去代自勇廊坊分院多种经营部主任职务。

2016 年 11 月，多种经营部党支部委员会由 5 人组成，刘为公任党支部书记，陈波任党支部副书记，赵波任组织委员，李靖任宣传委员，聂涛任纪检委员。

截至 2017 年 3 月 4 日，下设 4 个科室：综合办公室、会议培训中心、车队、印制服务部。在册职工 34 人，其中：男职工 27 人，女职工 7 人；高级工程师 1 人，工程师 1 人，助理工程师及以下 32 人；学士及以下 34 人；36～45 岁 5 人，46～55 岁 23 人，56 岁及以上 6 人。中共党员 24 人。

2017 年 3 月，撤销多种经营部，领导班子成员职务随文免去。

2017 年 3 月，撤销廊坊分院多种经营部党支部。免去刘为公原廊坊分院多种经营部党支部书记职务，免去陈波党支部副书记职务。

（一）多种经营部领导名录（2014.1—2017.4）

主　　任　代自勇（2014.1—2015.12）

陈　波（兼任，2015.12—2017.4）

副　主　任　聂　涛（2014.1—2017.4）

邵石忠（2014.1—2017.4）

刘为公（2014.1—2017.4）

王永敏（2014.1—2017.4）

安　全　总　监　栾海涛（2014.1—2017.4）

（二）多种经营部党支部领导名录（2014.1—2017.4）

书　　记　刘为公（2014.1—2017.4）

副　书　记　代自勇（2014.1—2015.12）

陈　波（兼任，2016.11—2017.4）

三、离退休职工管理处（廊坊）—离退休职工管理部（2014.1—2017.3）

1992年12月，廊坊分院党委研究决定，组建离退休职工管理室，由党委办公室统一管理。1994年6月，离退休职工管理室列为院直属单位（正科级）。同年5月，成立离退休职工党支部。2011年2月，按照大院一体化的精神，廊坊分院离退休职工管理部并入勘探院离退休职工管理处，改称离退休职工管理处（廊坊）。离退休职工党支部改称离退休职工管理处党总支。

截至2013年12月31日，离退休职工管理处（廊坊）领导班子由3人组成，郑建设任主任，王梅生任党总支副书记，齐会芬任副主任。

2014年5月，因业务调整和工作需要，恢复廊坊分院离退休职工管理部，离退休职工管理处（廊坊）人员划入廊坊分院离退休职工管理部。

离退休职工管理部主要职责是：负责廊坊分院离退休职工的管理，认真贯彻落实中央提出的"六个老有"方针，以提升服务管理意识，做好离退休人员的服务工作为宗旨，通过开展一系列有益于老同志身心健康的活动，使老同志幸福、愉悦地安享晚年生活。

离退休职工管理部下设2个科室：综合管理科、文体科。在册职工4人，其中：男职工2人，女职工2人；工程师1人，助理工程师及以下3人；学士及以下4人；46～55岁4人。中共党员4人。

离退休职工管理部领导班子由 4 人组成，郑建设任主任，王梅生、齐会芬、王铁军任副主任。分工情况如下：郑建设负责全面工作；齐会芬负责老年学校、宣传、安全工作；王铁军负责文体活动、对外协调工作。

2014 年 12 月，王梅生任离退休职工管理部负责人。

2015 年 9 月，离退休职工管理部党支部委员会由 4 人组成，王梅生任党支部副书记兼纪检委员，土铁军任组织委员，齐会芬任宣传委员，陈友军任文体委员。

2015 年 12 月，王梅生任离退休职工管理部主任。

2015 年 12 月，免去王梅生离退休职工管理处党总支副书记（廊坊院区）职务。

2016 年 11 月，离退休职工管理部党支部委员会由 3 人组成，王梅生任党支部副书记，王铁军任组织委员，陈友军任宣传委员兼纪检委员。

截至 2017 年 3 月 4 日，下设 2 个科室：综合管理科、文体科。在册职工 4 人，其中：男职工 2 人，女职工 2 人；工程师 1 人，助理工程师及以下 3 人；学士及以下 4 人；46～55 岁 4 人。中共党员 4 人。

2017 年 3 月，撤销离退休职工管理部，与勘探院离退休职工管理处实行一体化管理，领导班子成员职务随文免去。

2017 年 3 月，撤销廊坊分院离退休职工管理部党支部。免去王梅生原廊坊分院离退休职工管理部党支部副书记职务。

（一）离退休职工管理处（廊坊）（2014.1—5）

1. 离退休职工管理处（廊坊）领导名录（2014.1—5）

　　主　　　任　郑建设（2014.1—5）

　　副　主　任　齐会芬（2014.1—5）

2. 离退休职工管理处党总支领导名录（2014.1—2015.12）

　　副　书　记　王梅生（2014.1—2015.12）

（二）离退休职工管理部（2014.5—2017.3）

1. 离退休职工管理部领导名录（2014.5—2017.3）

　　主　　　任　郑建设（2014.5—12，退休）

　　　　　　　　王梅生（2015.12—2017.3）

　　负　责　人　王梅生（2014.12—2015.12）

副　主　任　齐会芬（2014.5—2017.4）

王铁军（2014.5—2017.4）

王梅生（2014.5—12）

2. 离退休职工管理部党支部领导名录（2015.12—2017.3）

副　书　记　王梅生（2016.11—2017.3）

第八章 西北分院（2014.1—2020.12）

20 世纪 80 年代，中国石油工业实施"稳定东部、发展西部"战略，陆上石油勘探的重点逐步向西转移。为加强西部石油勘探研究，加速石油科技发展，石油工业部于 1984 年 5 月征得甘肃省政府同意，同年 12 月报请国家科委批准，决定建立西部地区地质勘探研究中心，地址设在甘肃省兰州市。

1985 年 9 月，石油工业部印发《关于建立西北石油地质勘探研究所的通知》，将西部地区地质勘探研究中心正式定名为西北石油地质勘探研究所，为石油工业部直属局级科研事业单位，主要承担西北地区包括陕、甘、宁、青、新五省（区）的地球物理勘探资料处理解释和石油地质综合研究，人员编制 500 人。

1988 年 12 月，总公司印发《关于总公司部分隶属单位更改名称的通知》，石油工业部西北石油地质勘探研究所更名为中国石油天然气总公司西北石油地质研究所（简称西地所），其工作性质、工作任务、工作职责、科研生产经营范围、隶属关系均保持不变。

1998 年 12 月，集团公司下发《关于西北石油地质研究所和杭州地质研究所划归石油勘探开发科学研究院管理的通知》，西北石油地质研究所划归石油勘探开发科学研究院管理，机构规格为副局级，党组织关系隶属中共甘肃省委组织部，办公地点仍在甘肃省兰州市城关区雁儿湾路 535 号。

2000 年 7 月，根据《关于印发建设部等 11 个部门（单位）所属 134 个科研机构转制方案的通知》，明确两地所转制方案：进入集团公司，部分进入股份公司。

2000 年 10 月，股份公司同意西北地质研究所更名为中国石油天然气股份有限公司勘探开发研究院西北分院（简称西北分院），更名后机构规格及人员编制均不变。

2001 年 2 月，集团公司对部分转制科研机构进行更名，并决定中国石油天然气总公司西北石油地质研究所更名为中国石油集团西北地质研究所（简称西北地质研究所）。

至此，原中国石油天然气总公司西北地质研究所转制衍变为西北分院（股份公司科研分支机构）和西北地质研究所（集团公司所属法人单位），形成了一个单位、两块牌子、一个领导班子、一套管理机构的组织体系。

西北分院在勘探院"一部三中心"职责定位的框架下，为适应新的形势，确定了"发挥一个作用，建成三个基地、突出三性特色"的办院方针。

在勘探院推进"一部三中心"建设的进程中，西北分院又适时确立了"立足西部、突出特点、确保重点"的业务发展定位，重点做好西部油气田的勘探开发研究，建设地区型（围绕西部油气勘探开展研究工作）、技术型（发展物探与地质相结合的特色技术）、应用型（结合勘探生产实际吸收和推广先进适用技术）的研究院。紧跟集团公司和股份公司的总体战略部署，把主要科研生产力量投入到西部各个含油气盆地，为油气勘探及增储上产做贡献。

2008年以来，西北分院确定了"立足西部、面向全球"的业务定位，全面贯彻以重大发现、技术创新、人才发展为核心的"113发展战略"，提出了应用创新、技术引领、学术研究"三位一体"发展理念，全力推动分院转型发展，并在理论与技术创新、油气重大发现、成果有形化方面取得了突出的成果。

截至2013年12月31日，西北分院在册职工435人，其中：男职工304人，女职工131人；博士后、博士51人，硕士178人，学士118人，大专及以下88人；教授级高级工程师9人，高级工程师121人，工程师198人，助理工程师及以下107人；35岁及以下153人，36～45岁125人，46～55岁138人，56岁及以上19人。共有党支部12个，中共党员251人，九三学社社员7人。

截至2020年12月31日，西北分院机关下设7个职能处室，共53人（包括院领导7人）；下设7个科研生产单位，共296人；下设3个技术服务及后勤服务保障单位，共34人；其他人员3人（借调勘探院）。西北分院在册职工386人，其中：男职工285人，女职工101人；正高级（含教授级）工程师8人，高级工程师200人，工程师145人，助理工程师及以下33人；博士后2人，博士52人，硕士167人，学士133人，大专及以下32人；35

岁及以下 86 人，36～45 岁 146 人，46～55 岁 119 人，56 岁及以上 35 人。共有党支部 12 个，中共党员 256 人，九三学社社员 3 人。

第一节　领导机构

截至 2013 年 12 月 31 日，西北分院行政领导班子由 6 人组成：杨杰任院长，卫平生任副院长兼安全总监，袁剑英任副院长兼总地质师，王西文任副院长，雍学善任副院长兼总工程师，陈启林任副院长。西北分院党委由 6 人组成：杨杰任党委书记，卫平生、袁剑英、王西文、雍学善、陈启林任党委委员。

分工情况如下：杨杰负责西北分院党、政全面工作，分管院办公室、人事劳资处、计划财务处；卫平生负责西北分院党委、工会日常工作及横向科研生产工作、海外业务、风险勘探和安全工作，分管党群工作处、生产市场处、西部勘探研究所和油藏描述研究所；袁剑英负责西北分院地质学科的基础研究、技术创新和退休职工管理工作，分管油气地质研究所、油藏描述重点实验室和退休职工管理处；王西文负责西北分院地球物理科研生产工作、技术创新和纪监审工作，分管纪监审办公室、数据处理处理研究所和地球物理研究所；雍学善负责西北分院地球物理基础研究、技术创新以及信息技术发展和保密工作，分管计你机技术研究所和燕昆公司；陈启林负责西北分院纵向科研生产工作和后勤工作，分管科技发展处、油气战略规划研究听、科技文献中心和综合服务处。

2014 年 7 月，集团公司党组决定，陈蟒蛟任西北分院党委书记，免去杨杰西北分院党委书记职务。

2014 年 7 月，杨杰任西北分院党委副书记，陈蟒蛟任西北分院党委委员、副院长、纪委书记、工会主席。

调整后，西北分院行政领导班子由 7 人组成，杨杰任院长，陈蟒蛟任副院长兼纪委书记、工会主席，卫平生任副院长兼安全总监，袁剑英任副院长兼总地质师，王西文任副院长，雍学善任副院长兼总工程师，陈启林任副院长。西北分院党委由 7 人组成，陈蟒蛟任党委书记，杨杰任副书记，卫平生、袁剑英、王西文、雍学善、陈启林任党委委员。陈蟒蛟任纪委书记、工会主席。

分工情况如下：杨杰负责西北分院全面工作，分管院办公室、人事劳资处和计划财务处；陈蟒蛟负责院党的工作、纪委工作、工会工作和退休职工管理工作，分管党群工作处、纪检审办公室和退休职工管理处；卫平生负责院横向科研生产工作、海外业务、风险勘探和安全工作，分管生产市场处、西部勘探研究所和油藏描述研究所；袁剑英负责院地质学科的发展与基础研究、技术创新，分管油气地质研究所和油藏描述重点实验室；王西文负责院地球物理学科发展与技术进步，分管数据处理研究所和地球物理研究所；雍学善负责院保密工作和地球物理学科发展与基础研究、技术创新，以及信息技术发展，分管计算机技术研究所；陈启林负责院纵向科研生产工作、规划计划和后勤工作，分管科技发展处、油气战略规划研究所、科技文献中心和综合服务处，协助院长分管计划财务处规划计划。

2016 年 10 月，西北分院党组织关系由隶属甘肃省委调整为隶属勘探院党委。

2016 年 11 月，王西文退休。西北分院领导分工重新调整：雍学善负责院保密工作和地球物理学科发展与基础研究、技术创新以及信息技术发展，分管地震资料处理解释中心、地球物理研究所和计算机技术研究所；其他领导分工不变。

2020 年 6 月，雍学善转入专家序列，免去其西北分院副院长、总工程师、党委委员职务。

2020 年 6 月，陈启林任西北分院党委副书记、纪委书记、工会主席；马龙、关银录任西北分院党委委员。

2020 年 6 月，马龙、关银录任西北分院副院长，免去陈启林西北分院副院长职务。

2020 年 7 月，西北分院行政领导班子由 7 人组成，杨杰任院长，陈蟒蛟、卫平生任副院长，袁剑英任副院长兼总地质师，陈启林、马龙、关银录任副院长。西北分院党委由 7 人组成，陈蟒蛟任党委书记，陈启林任副书记，卫平生、袁剑英、陈启林、马龙、关银录任党委委员。陈启林任纪委书记、工会主席。

分工情况如下：杨杰负责西北分院全面工作，分管办公室（党委办公室）、人事处（党委组织部）；陈蟒蛟负责院党的工作，分管党群工作处、计划财务处；卫平生负责院风险勘探和海外业务，联系西部勘探研究所和油藏描述研究所；袁剑英负责院地质学科的发展与基础研究、技术创新，分管科技文献中心，联系油气地质研究所和油藏描述重点实验室；陈启林负责院纪委工作、工会工作、后勤和退休职工管理工作，协助党委书记做好院党的工作，分管纪委办公室（审计处）、综合服务处（退休职工管理处）；马龙负责院科研工作与信息化管理、国际合作、物探新技术业务以及保密管理，分管科研管理处（国际合作处），联系地球物理研究所、计算机技术研究所（燕昆公司）和物联网重点实验室，协助党委书记分管计划财务处规划计划工作；关银录负责院科技成果转化、技术市场开发、地震资料处理业务、企管法规和安全管理工作，分管企管法规处，联系油气战略规划研究所、数据处理研究所。

截至 2020 年 12 月 31 日，西北分院领导班子及分工自 2020 年 7 月以来未做调整。

其间，西北分院对助理、副总师进行调整；

截至 2013 年 12 月 31 日，西北分院由马龙、关银录、王天奇、潘建国任副总地质师，龚仁彬、王宇超任副总工程师。

2017 年 12 月，免去龚仁彬西北分院副总工程师职务，免去潘建国西北分院副总地质师职务。

2020 年 6 月，免去马龙、关银录西北分院副总地质师职务。

2020 年 11 月，刘化清任西北分院院长助理；雷振宇任西北分院党务助理。

截至 2020 年 12 月 31 日，西北分院由刘化清任院长助理，雷振宇任党务助理，王宇超任副总工程师。

一、西北分院领导名录（2014.1—2020.12）

院　　长　杨　杰（2014.1—2020.12）

副 院 长　陈蟒蛟（2014.7—2020.12）

　　　　　卫平生（2014.1—2020.12）

　　　　　袁剑英（2014.1—2020.12）

　　　　　　　　王西文（2014.1—2016.10，退休）

　　　　　　　　雍学善（2014.1—2020.6，进入专家岗位）

　　　　　　　　陈启林（2014.1—2020.6）

　　　　　　　　马　龙（2020.6—12）

　　　　　　　　关银录（2020.6—12）

　　总 地 质 师　袁剑英（2014.1—2020.12）

　　总 工 程 师　王西文（2014.1—2016.10）

　　　　　　　　雍学善（2014.1—2020.6）

　　安 全 总 监　卫平生（兼任，2014.1—2020.7）

　　　　　　　　关银录（兼任，2020.7—12）

二、中国石油勘探开发研究院西北分院党委领导名录（2014.1—2020.12）

　　书　　　记　杨　杰（2014.1—7）

　　　　　　　　陈蟒蛟（2014.7—2020.12）

　　副 书 记　杨　杰（2014.7—2020.12）

　　　　　　　　陈启林（2020.7—2020.12）

　　委　　　员　杨　杰（2014.1—2020.12）

　　　　　　　　陈蟒蛟（2014.7—2020.12）

　　　　　　　　卫平生（2014.1—2020.12）

　　　　　　　　袁剑英（2014.1—2020.12）

　　　　　　　　王西文（2014.1—2016.10）

　　　　　　　　雍学善（2014.1—2020.6）

　　　　　　　　陈启林（2014.1—2020.12）

　　　　　　　　马　龙（2020.6—12）

　　　　　　　　关银录（2020.6—12）

三、中国石油勘探开发研究院西北分院纪委领导名录（2014.7—2020.12）

　　纪 委 书 记　陈蟒蛟（2014.7—2020.6）

　　　　　　　　陈启林（2020.6—12）

四、中国石油勘探开发研究院西北分院工会领导名录（2014.7—2020.12）

　　主　　　席　陈蟒蛟（2014.7—2020.6）

陈启林（2020.6—12）

五、中国石油勘探开发研究院西北分院助理名录（2014.1—2020.12）

院 长 助 理　刘化清（2020.11—12）

党 务 助 理　雷振宇（2020.11—12）

六、中国石油勘探开发研究院西北分院副总师名录（2014.1—2020.12）

副总地质师　马　龙（2014.1—2020.6）

关银录（2014.1—2020.6）

王天奇（2014.1—2017.6，去世）

潘建国（2014.1—2017.12，进入专家岗位）

副总工程师　龚仁彬（2014.1—2017.12）

王宇超（2014.1—2020.12）

第二节　机关职能部门及机关党支部

截至2020年12月31日，西北分院机关下设7个职能处室：办公室（党委办公室）、党群工作处、科研管理处（国际合作处）、企管法规处、人事处（党委组织部）、计划财务处、纪委办公室（审计处）。

一、院办公室—办公室（党委办公室）（2014.1—2020.12）

1988年2月，经石油工业部批准，西北石油地质勘探研究所行政职能部门设立所办公室。1993年5月，所办公室更名为党政办公室。1996年1月，撤销党政办公室，设立所办公室。2000年11月，所办公室更名为院办公室。

截至2013年12月31日，院办公室下设安全环保办公室。在册职工9人，其中：男职工6人，女职工3人；政工师5人、经济师2人、工程师1人，助理政工师1人；学士5人，专科及以下4人；35岁及以下1人，36～45岁5人，46～55岁3人。中共党员7人。

院办公室领导班子由2人组成，雷振宇任主任，万延涛任副主任。分工情况如下：雷振宇负责全面工作，万延涛负责安全环保工作。

院办公室党小组由 7 人组成，党组织关系隶属机关第二党支部，万延涛任党支部书记，雷振宇任宣传委员。

2018 年 8 月，院办公室更名为办公室（党委办公室）。

办公室（党委办公室）主要职责是：负责分院领导班子、分院党委日常办公和事务的安排，重要会议及活动的组织；负责分院重大决策、重要工作的督办和落实；负责重要文字材料的起草；负责文电处理，机要、保密和信访工作；做好与上级部门、友邻单位、地方及分院各部门之间的协调沟通；负责分院健康、安全、环境、质量、计量、标准化、节能以及维稳、保卫等方面的组织、协调和管理工作；负责分院社会治安综合治理、健康安全环境（HSE）、国家安全 3 个委员会（领导小组）日常工作；负责值班工作；负责计划生育的相关工作；负责落实房产政策和日常管理工作；完成领导交办的其他工作。

2019 年 3 月，张曦任办公室（党委办公室）副主任（正科级）。

截至 2020 年 12 月 31 日，办公室（党委办公室）在册职工 9 人，其中：男职工 6 人，女职工 3 人；高级政工师 3 人，政工师 6 人；博士 1 人，硕士 2 人，学士及以下 6 人；36 ～ 45 岁 3 人，46 ～ 55 岁 5 人，56 岁及以上 1 人。中共党员 7 人。

（一）办公室领导名录（2014.1—2018.8）

主　　　任　雷振宇（2014.1—2018.8）

副　主　任　万延涛（副处级，2014.1—2018.8）

（二）办公室（党委办公室）领导名录（2018.8—2020.12）

主　　　任　雷振宇（2018.8—2020.12）

副　主　任　万延涛（副处级，2018.8—2020.12）

　　　　　　张　曦（2019.3—2020.12）

二、党群工作处（2014.1—2020.12）

1990 年 2 月，设立党委办公室。1993 年 5 月，撤销党委办公室。1996 年 1 月，设立党群工作处。

截至 2013 年 12 月 31 日，党群工作处主要职责是：负责思想政治、宣传、群团和青年工作，以及企业文化策划、组织和推进；具体做好内外宣传、政研、统战、思想教育、舆情、文化建设、工会、共青团工作；负责精准扶贫工作；完成领导交办的其他工作。

党群工作处在册职工4人，其中：男职工3人，女职工1人；高级政工师1人，政工师3人；硕士1人，学士及以下3人；36～45岁2人，46～55岁2人。中共党员4人。

党群工作处领导班子由1人组成，赵永义任处长，主持全面工作。李兢任西北分院工会副主席（副处级），韩小强任西北分院团委副书记（党委青年工作部副部长）。

党群工作处共有党员4人，党员组织关系隶属机关第一党支部。

2017年5月，免去李兢工会副主席职务。

2017年6月，蔡萍任西北分院工会副主席（正科级）。

截至2020年12月31日，党群工作处在册职工4人，其中：男职工3人，女职工1人；高级政工师2人，政工师2人；硕士2人，学士及以下2人；36～45岁2人，46～55岁1人，56岁及以上1人。中共党员4人。

（一）党群工作处领导名录（2014.1—2020.12）

　　处　　　　　长　赵永义（2014.1—2020.12）

（二）西北分院工会副主席名录（2014.1—2020.12）

　　副　　主　　席　李　兢（2014.1—2017.5）

　　　　　　　　　　蔡　萍（正科级，2017.6—2020.12）

（三）团委（党委青年工作部）领导名录（2014.1—2020.12）

　　副书记（副部长）　韩小强（2014.1—2020.12）

三、科技发展处—科研管理处（国际合作处）（2014.1—2020.12）

1988年2月，经石油工业部批准，西地所行政职能部门设立科研管理办公室。1990年2月，科研管理办公室更名为科研生产管理办公室。1992年12月，科研生产管理办公室更名为科研生产处。1996年1月，更名为科研生产处（总工程师办公室）。1999年2月，科研生产处（总工程师办公室）更名为科技发展处。

截至2013年12月31日，科技发展处主要职责是：负责年度科研计划的编制与实施；纵向科研项目的组织、协调与管理，纵向科研经费的落实与使用监督，纵横项科研成果的评定、验收与评奖；科研条件建设与重点实验室管理；科技管理办法的制定与修订；负责国际交流引进、业务出访组织与管理，国际合作研究组织的协调与管理；负责与集团公司相关国际合作部门建立良好的沟通；负责分院涉外事务相关规定的制定与安全保密工作；负责外事与甘肃省石油学会的日常运行与管理；完成领导交办的其他工作。

科技发展处下设 2 个科室：专家办公室、外事办公室。在册职工 11 人，其中：男职工 9 人，女职工 2 人；教授级高级工程师 2 人，高级工程师 6 人，工程师 3 人；博士 3 人，硕士 3 人，学士及以下 5 人；35 岁及以下 1 人，36～45 岁 2 人，46～55 岁 5 人，56 岁及以上 3 人。中共党员 6 人，九三学社社员 1 人。

科技发展处领导班子由 3 人组成，马龙任处长，王建功任常务副处长（副处级），陶云光任副处长（副处级）。分工情况如下：马龙负责全面工作，王建功负责地质与风险勘探工作，陶云光负责物探、信息工作。

科技发展处党小组由 6 人组成，党组织关系隶属机关第一党支部。

2015 年 12 月，免去王建功科技发展处常务副处长职务。

2016 年 2 月，潘树新任科技发展处副处长。

2018 年 8 月，科技发展处更名为科研管理处（国际合作处）。

2019 年 3 月，李双文任科研管理处（国际合作处）副处长。

2020 年 6 月，免去马龙兼任的科研管理处（国际合作处）处长职务。

2020 年 11 月，刘化清兼任科研管理处（国际合作处）处长（正处级）。

截至 2020 年 12 月 31 日，科研管理处（国际合作处）在册职工 7 人，其中：男职工 6 人，女职工 1 人；教授级工程师 1 人，高级工程师 5 人，工程师 1 人；博士 3 人，硕士 4 人；36～45 岁 4 人，46～55 岁 2 人，56 岁及以上 1 人。中共党员 5 人，九三学社社员 1 人。

（一）科技发展处领导名录（2014.1—2018.8）

> 处　　　长　马　龙（兼任，2014.1—2018.8）
>
> **常务副处长**　王建功（副处级，2014.1—2015.12）
>
> 副　处　长　陶云光（2014.1—2018.8）
>
> 　　　　　　潘树新（2016.2—2018.3）

（二）科研管理处（国际合作处）领导名录（2018.8—2020.12）

> 处　　　长　马　龙（兼任，2018.8—2020.6）
>
> 　　　　　　刘化清（兼任，正处级，2020.11—12）

　　副　处　长　陶云光（副处级，2018.8—2020.12）

　　　　　　　　李双文（2019.3—2020.12）

四、生产市场处—企管法规处（2014.1—2020.12）

　　1996年1月，设立技术市场开发处。1999年2月，技术市场开发处更名为生产市场处。

　　截至2013年12月31日，生产市场处主要职责是：负责分院管理及改革政策的研究，法律事务管理及普法宣传，规章制度管理及执行监督，合同管理及执行监督，工商事务管理，合规管理及培训，内部控制管理及运行监督，风险管理及风险预警，资本运营管理及决策支持，招标管理及监督等业务工作；负责科研横向项目经费的落实；完成领导交办的其他工作。

　　生产市场处在册职工4人，其中：男职工3人，女职工1人；高级工程师2人，助理工程师及以下2人；硕士1人，学士及以下3人；35岁及以下1人，36～45岁1人，46～55岁2人。中共党员2人。

　　生产市场处领导班子由1人组成，关银录任处长，负责全面工作。

　　生产市场处党小组由2人组成，党组织关系隶属于机关第一党支部。

　　2014年7月，张静任生产市场处副处长（副处级）。

　　2018年8月，生产市场处更名为企管法规处。

　　2020年6月，免去关银录兼任的企管法规处处长职务。

　　2020年10月，苏勤任企管法规处处长。

　　截至2020年12月31日，企管法规处在册职工6人，其中：男职工5人，女职工1人；高级工程师3人，工程师3人；博士1人，硕士3人，学士及以下2人；36～45岁4人，46～55岁2人。中共党员6人。

　　（一）生产市场处领导名录（2014.1—2018.8）

　　　　处　　　长　关银录（兼任，2014.1—2018.8）

　　　　副　处　长　张　静（2014.7—2018.8）

　　（二）企管法规处领导名录（2018.8—2020.12）

　　　　处　　　长　关银录（兼任，2018.8—2020.6）

　　　　　　　　　　苏　勤（2020.10—12）

　　　　副　处　长　张　静（2018.8—2020.12）

五、人事劳资处—人事处（党委组织部）（2014.1—2020.12）

1993 年 5 月，设立劳动人事处。1999 年 2 月，劳动人事处更名为人事劳资处。

截至 2013 年 12 月 31 日，人事劳资处主要职责是：负责贯彻落实国家有关组织、干部、人事、劳资方面的政策；负责制定分院人事劳资相关政策制度；负责党员管理和发展党员工作，党组织关系的接转、党费收缴管理等党建工作；负责领导班子建设、干部管理、薪酬福利、业绩考核、员工培训、员工管理、社会保险、人事档案管理；负责分院员工的补充医疗保险及企业年金工作；负责办理到达法定退休年龄退休人员的审批及退休金和待遇的发放工作；负责对外的各项报表及统计工作；完成领导交办的其他工作。

人事劳资处下设 2 个科室：劳动工资科、社会保险办公室。在册职工 5 人，其中：男职工 2 人，女职工 3 人；高级政工师 2 人，工程师 2 人，助理工程师及以下 1 人；硕士 3 人，学士及以下 2 人；35 岁及以下 2 人，36～45 岁 1 人，46～55 岁 2 人。中共党员 4 人。

人事劳资处领导班子由 2 人组成，殷兆红任处长，焦愚任副处长。分工情况如下：殷兆红负责全面工作，焦愚分管社会保险办公室。

人事劳资处党小组由 4 人组成，党组织关系隶属机关第二党支部。

2018 年 8 月，人事劳资处更名为人事处（党委组织部）。

截至 2020 年 12 月 31 日，人事处（党委组织部）在册职工 5 人，其中：男职工 2 人，女职工 3 人；高级政工师 2 人，政工师 2 人、工程师 1 人；硕士 4 人，学士及以下 1 人；35 岁及以下 1 人，36～45 岁 2 人，46～55 岁 2 人。中共党员 5 人。

（一）人事劳资处领导名录（2014.1—2018.8）

处　　长　殷兆红（女，2014.1—2018.8）

副 处 长　焦　愚（2014.1—2018.8）

（二）人事处（党委组织部）领导名录（2018.8—2020.12）

处　　长　殷兆红（2018.8—2020.12）

副 处 长　焦　愚（2018.8—2020.12）

六、计划财务处（2014.1—2020.12）

1992年12月，设立计划财务处。

截至2013年12月31日，计划财务处主要职责是：统筹负责分院总体规划和投资项目管理等工作；统筹负责分院预算管理、财务报告与分析、会计核算、资产管理、资金管控及财务监督与稽查；发挥决策支持、价值管理和风险管控等作用；完成领导交办的其他工作。

计划财务处下设3个科：财务一科、财务二科、资产科。在册职工13人，其中：男职工4人，女职工9人；高级经济师1人、高级会计师1人，会计师8人，助理会计师及以下3人；硕士6人，学士及以下7人；35岁及以下3人，36～45岁6人，46～55岁4人。中共党员6人。

计划财务处领导班子由3人组成，余灵睿任处长，杜志坚任主任经济师（副处级），张兆军任副处长。分工情况如下：余灵睿负责全面工作；杜志坚分管规划计划和资产管理工作；张兆军负责预算管理、会计核算、资金管理等财务管理工作。

计划财务处党小组共有党员6人，党组织关系隶属机关第二党支部。

截至2020年12月31日，计划财务处在册职工11人，其中：男职工3人，女职工8人；高级经济师2人、高级会计师1人，会计师7人，助理会计师及以下1人；硕士6人，学士及以下5人；35岁及以下2人，36～45岁2人，46～55岁7人。中共党员5人。

处　　　长　余灵睿（2014.1—2020.12）

主任经济师　杜志坚（副处级，2014.1—2020.12）

副　处　长　张兆军（女，2014.1—2020.12）

七、纪检审办公室—纪检监察处（审计处）—纪委办公室（审计处）

（2014.1—2020.12）

1993年2月，设立纪检监察审计办公室。1996年1月，更名为纪监审办公室。

截至2013年12月31日，纪监审办公室主要职责是：负责分院纪检、监察、审计工作，包括纪律审查、监督检查、党风建设、信访举报、案件审理、内部巡视、审计管理、业务培训、制度建设等相关工作；负责纪委办公室日常工作；负责巡视办公室日常工作，协调巡视组开展工作；完成领导交办的其他工作。

纪监审办公室在册职工 2 人，其中：男职工 1 人，女职工 1 人；高级政工师 1 人，中级会计师 1 人；学士及以下 2 人；46 ～ 55 岁 1 人，56 岁及以上 1 人。中共党员 2 人。

纪监审办公室领导班子由 1 人组成，陈俊任主任，负责部门全面工作。

纪监审办公室共有党员 2 名，党员组织关系隶属机关第一党支部。

2014 年 12 月，赵书贵任纪检审办公室主任，免去陈俊纪检审办公室主任职务。

2018 年 8 月，纪检审办公室更名为纪检监察处（审计处）。

2020 年 4 月，纪检监察处（审计处）处长赵书贵退休。

2020 年 6 月，为贯彻落实中央关于推进中管企业纪检监察体制改革有关精神及要求，将西北分院纪检监察处（审计处）更名为纪委办公室（审计处）。

截至 2020 年 12 月 31 日，纪委办公室（审计处）在册职工 1 人，其中：女职工 1 人；工程师 1 人；硕士 1 人；36 ～ 45 岁 1 人。中共党员 1 人。

（一）纪检审办公室领导名录（2014.1—2018.8）

　　主　　　任　陈　俊（2014.1—2014.12，退休）

　　　　　　　　赵书贵（2014.12—2018.8）

（二）纪检监察处（审计处）领导名录（2018.8—2020.5）

　　处　　　长　赵书贵（2018.8—2020.4，退休）

（三）纪委办公室（审计处）（2020.5—12）

　　主　　　任　（空缺）

八、机关党支部

截至 2013 年 12 月 31 日，西北分院机关设机关第一党支部和机关第二党支部。

机关第一党支部由党群工作处及纪委办公室（审计处）党小组、科研管理处（国际合作处）党小组、企管法规处党小组组成，支部委员会由 3 人组成，陶云光任党支部书记，苏勤任组织委员，赵永义任宣传委员。

机关第二党支部由办公室（党委办公室）党小组、人事处（党委组织部）党小组、计划财务处党小组组成，支部委员会由 5 人组成，万延涛任党支部书记，殷兆红任组织委员，雷振宇任宣传委员，余灵睿任纪检委员，张兆军任青年委员。

（一）机关第一党支部领导名录（2014.1—2020.12）

  书 记 陶云光（兼任，副处级，2014.1—2020.12）

（二）机关第二党支部领导名录（2014.1—2020.12）

  书 记 万延涛（兼任，副处级，2014.1—2020.12）

第三节　科研单位

截至 2020 年 12 月 31 日，西北分院下设 7 个科研单位：盆地实验研究中心（油气地质研究所）、西部勘探研究所、油藏描述研究所、油气战略规划研究所、地震资料处理解释中心（数据处理研究所）、地球物理研究所、计算机技术研究所。

科研单位共有 7 个党支部：油气地质研究所党支部、西部勘探研究所党支部、油藏描述研究所党支部、油气战略规划研究所党支部、数据处理研究所党支部、地球物理研究所党支部、计算机技术研究所党支部，共有党员190 人。其中油气地质研究所党支部有党员 31 人、西部勘探研究所党支部有党员 25 人、油藏描述研究所党支部有党员 30 人、油气战略规划研究所党支部有党员 22 人、数据处理研究所党支部有党员 26 人、地球物理研究所党支部有党员 28 人、计算机技术研究所党支部有党员 28 人。

一、油气地质研究所—盆地实验研究中心（2014.1—2020.12）

1988 年 2 月，经石油工业部批准，西地所科研生产部门设立综合研究室。1990 年 2 月，综合研究室更名为综合研究中心。2000 年 11 月，综合研究中心更名为油气地质研究所。

截至 2013 年 12 月 31 日，油气地质研究所主要职责是：负责柴达木盆地油气勘探开发研究、地震成藏学学科建设和高原咸化湖盆油气地质理论创新，支撑油藏描述重点实验室建设与储层基础地质研究平台开发应用工作；

负责柴达木盆地科研生产工作和青海油田增储上产的技术支持和技术服务工作；发挥地质物探一体化特色，支持四川盆地重大领域的油气勘探；完成领导安排的其他工作。

油气地质研究所下设 4 个科室：风险勘探研究室、精细勘探研究室、新区新领域研究室、基础实验室。在册职工 42 人，其中：男职工 32 人，女职工 10 人；高级工程师 15 人，工程师 22 人，助理工程师及以下 5 人；博士后 1 人、博士 2 人，硕士 25 人，学士及以下 14 人；35 岁及以下 17 人，36～45 岁 15 人，46～55 岁 9 人，56 岁及以上 1 人。中共党员 27 人。

油气地质研究所领导班子由 6 人组成，曹正林任所长，刘祥武、阎存凤、杜斌山、石亚军任副所长，张小军任油藏描述重点实验室副主任。分工情况如下：曹正林负责全面工作，分管风险勘探研究室；刘祥武主管党务工作，分管基地后勤工作；阎存凤分管天然气勘探；杜斌山分管物探和油气开发；石亚军分管石油勘探和学科建设；张小军分管油藏描述重点实验室工作。

油气地质研究所党支部委员会由 5 人组成，刘祥武任党支部书记，曹正林任副书记，杜斌山任组织委员，马峰任宣传委员兼青年委员，阎存凤任纪检委员。

2015 年 12 月，王建功任油气地质研究所所长，免去曹正林所长职务。

2016 年 2 月，免去阎存凤油气地质研究所副所长职务。

2016 年 3 月，石兰亭、谭开俊任油气地质研究所副所长。

2016 年 3 月，石兰亭任油气地质研究所党支部书记。

2017 年 12 月，谭开俊任油气地质研究所党支部书记，免去石兰亭党支部书记职务。

2017 年 12 月，马峰任油气地质研究所副所长。

2020 年 9 月，免去杜斌山油气地质研究所副所长职务，免去张小军油藏描述重点实验室副主任职务。

2020 年 10 月，油气地质研究所更名为盆地实验研究中心。

截至 2020 年 12 月 31 日，盆地实验研究中心在册职工 45 人，其中：男职工 35 人，女职工 10 人；高级工程师 27 人，工程师 16 人，助理工程师及以下 2 人；博士后 1 人、博士 6 人，硕士 29 人，学士及以下 9 人；35 岁及以下 14 人，36 ～ 45 岁 15 人，46 ～ 55 岁 14 人，56 岁及以上 2 人。中共党员 31 人。

（一）油气地质研究所领导名录（2014.1—2020.10）

所　　　　　长　曹正林（2014.1—2015.12）

　　　　　　　　王建功（2015.12—2020.10）

副　所　　长　刘祥武（2014.1—2016.1，退休）

　　　　　　　　阎存凤（女，2014.1—2016.2）

　　　　　　　　杜斌山（2014.1—2020.9）

　　　　　　　　石亚军（2014.1—2020.10）

　　　　　　　　石兰亭（2016.3—2017.12）

　　　　　　　　谭开俊（2016.3—2020.10）

　　　　　　　　马　峰（2017.12—2020.10）

油藏描述重点实验室副主任　张小军（2014.1—2020.9）

（二）盆地实验研究中心领导名录（2020.10—12）

主　　　　　任　王建功（2020.10—12）

副　主　　任　石亚军（2020.10—12）

　　　　　　　　谭开俊（2020.10—12）

　　　　　　　　马　峰（2020.10—12）

（三）油气地质研究所党支部领导名录（2014.1—2020.12）

书　　　　　记　刘祥武（2014.1—2016.1）

　　　　　　　　石兰亭（2016.3—2017.12）

　　　　　　　　谭开俊（2017.12—2020.12）

副　书　　记　曹正林（2014.1—2015.12）

　　　　　　　　王建功（2015.12—2020.12）

二、西部勘探研究所（2014.1—2020.12）

1996 年 1 月，成立计算机服务中心。1998 年 3 月，计算机服务中心更名为计算机技术中心。2000 年 11 月，计算机技术中心更名为地球物理研究所。2006 年 6 月，地球物理研究所更名为西部勘探研究所。

截至 2013 年 12 月 31 日，西部勘探研究所主要职责是：立足于中国西北地区准噶尔和塔里木两大盆地，从事油气勘探开发综合研究和勘探部署设计等工作；从事石油地质综合研究、油气勘探目标选择、地球物理勘探技术研究等；负责地震储层学、构造地质学两大学科建设；完成领导安排的其他工作。

西部勘探研究所下设 4 个科室：风险勘探研究室、新技术开发研究室、塔里木地质综合评价研究室、准噶尔地质综合评价研究室。在册职工 44 人，其中：男职工 33 人，女职工 11 人；高级工程师 14 人，工程师 24 人，助理工程师及以下 6 人；博士 7 人，硕士 26 人，学士及以下 11 人；35 岁及以下 24 人，36～45 岁 10 人，46～55 岁 10 人。中共党员 28 人。

西部勘探研究所领导班子由 6 人组成，潘建国任所长，张虎权、余建平、魏东涛、谭开俊、王宏斌任副所长。分工情况如下：潘建国负责全面工作，分管准噶尔地质综合评价研究室；张虎权主管党务工作，分管塔里木地质综合评价研究室；余建平分管新技术开发研究室；魏东涛负责西部所构造地质学科发展，并协助所长管理准噶尔盆地南缘相关工作；谭开俊协助所长管理准噶尔盆地勘探生产相关工作；王宏斌分管风险勘探研究室，协助书记管理塔里木盆地相关工作。

西部勘探研究所党支部委员会由 5 人组成，张虎权任党支部书记，潘建国任副书记，余建平任组织委员，曹荣华任宣传委员，魏东涛任纪检委员。

2016 年 3 月，免去谭开俊任西部勘探研究所副所长职务。

2017 年 12 月，黄林军任西部勘探研究所副所长。

2018 年 3 月，张虎权任西部勘探研究所所长（代）、党支部副书记（代）；潘树新任西部勘探研究所副所长（代）、党支部书记（代）；免去潘建国西部勘探研究所所长、党支部副书记职务。

2018 年 6 月，领导分工重新调整，张虎权任所长（代），主持全面工作，分管塔里木地质综合室；潘树新任西部勘探研究所书记（代），负责研究所党务工作，分管准噶尔地质综合室。

2020 年 9 月，张虎权任西部勘探研究所所长、党支部副书记；潘树新兼任西部勘探研究所副所长、党支部书记。

截至 2020 年 12 月 31 日，在册职工 43 人，其中：男职工 30 人，女职工 13 人；高级工程师 23 人，工程师 17 人，助理工程师及以下 3 人；博士 6 人，硕士 28 人，学士及以下 9 人；35 岁及以下 10 人，36～45 岁 22 人，

46～55 岁 9 人，56 岁及以上 2 人。中共党员 25 人。

（一）西部勘探研究所领导名录（2014.1—2020.12）

所　　　长　　潘建国（兼任，2014.1—2018.3，进入专家岗位）

张虎权（代理，2018.3—2020.9；2020.9—12）

副 所 长　　张虎权（2014.1—2018.3）

余建平（2014.1—2020.12）

谭开俊（2014.1—2016.3）

王宏斌（2014.1—2020.12）

魏东涛（2014.1—2017.2，调离）

黄林军（2017.12—2020.12）

潘树新（代理，2018.3—2020.9；2020.9—12）

（二）西部勘探研究所党支部领导名录（2014.1—2020.12）

书　　　记　　张虎权（2014.1—2018.3）

潘树新（代理，2018.3—2020.9；2020.9—12）

副 书 记　　潘建国（兼任，2014.1—2018.3）

张虎权（代理，2018.3—2020.9；2020.9—12）

三、油藏描述研究所（2014.1—2020.12）

1999 年 2 月，成立油藏描述中心。2000 年 11 月，油藏描述中心更名为油藏描述研究所。

截至 2013 年 12 月 31 日，油藏描述研究所主要职责是：以海外生产支持为重点，充分发挥地震处理解释一体化、地质物探一体化优势与技术特色，在非洲、中亚俄罗斯、南美洲、亚太印尼、中东合作区提供油气勘探及目标评价、油藏精细描述方面提供技术服务，为集团公司海外勘探开发业务发展提供技术支撑；围绕"技术支撑、风险勘探、决策部署"，全面承担南苏丹 3/7 区与 1/2/4 区勘探生产和参与滨里海、印尼、中东等区技术支持，为南苏丹油气合作区的发展规划、滨里海盆地勘探项目获取以及非洲等区油气战略布局提供了决策支持；研发具有自主知识产权的断裂封堵性软件 GeoFast1，实现了断层封闭性评价软件国产化替代，填补了行业空白；完成领导安排的其他工作。

油藏描述研究所下设 5 个科室：非洲室、亚太室、中亚南美室、开发室、地震资料解释室。在册职工 45 人，其中：男职工 32 人，女职工 13 人；高级工程师 15 人，工程师 25 人，助理工程师及以下 5 人；博士 10 人，硕士 22 人，学士及以下 13 人；35 岁及以下 24 人，36～45 岁 10 人，46～55 岁 11 人。中共党员 31 人。

油藏描述研究所领导班子由 6 人组成，王天奇任所长，吕锡敏、方乐华、杨兆平、张静、陈广坡任副所长。分工情况如下：王天奇负责全面工作；吕锡敏负责党务工作，分管亚太室；张静分管中亚南美室；方乐华分管非洲室；杨兆平分管开发室；陈广坡分管地震资料解释室。

油藏描述研究所党支部委员会由 5 人组成，吕锡敏任党支部书记，王天奇任副书记，方乐华任组织委员，陈广坡任宣传委员，张静任纪检委员。

2015 年 3 月，免去张静油藏描述研究所副所长职务，任西北分院生产市场处副处长。

2016 年 3 月，方乐华任油藏描述研究所党支部书记，免去吕锡敏党支部书记职务。

2017 年 12 月，石兰亭任油藏描述研究所所长，张亚军任副所长。

2020 年 9 月，免去陈广坡、杨兆平油藏描述研究所副所长职务。

截至 2020 年 12 月 31 日，油藏描述研究所在册职工 38 人，其中：男职工 31 人，女职工 7 人；高级工程师 22 人，工程师 14 人，助理工程师及以下 2 人；博士 6 人，硕士 25 人，学士及以下 7 人；35 岁及以下 13 人，36～45 岁 16 人，46～55 岁 5 人，56 岁及以上 4 人。中共党员 30 人。

（一）油藏描述研究所领导名录（2014.1—2020.12）

所　　　长　　王天奇（2014.1—2017.6，去世）

　　　　　　　石兰亭（2017.12—2020.12）

副 所 长　　吕锡敏（2014.1—2016.3）

　　　　　　　方乐华（2014.1—2020.12）

　　　　　　　陈广坡（2014.1—2020.9）

　　　　　　　杨兆平（2014.1—2020.9）

　　　　　　　张　静（2014.1—2015.3）

　　　　　　　张亚军（2017.12—2020.12）

（二）油藏描述研究所党支部领导名录（2014.1—2020.12）

书　　　记　吕锡敏（2014.1—2016.3）

　　　　　　方乐华（2016.3—2020.12）

副 书 记　王天奇（2014.1—2017.6）

　　　　　　石兰亭（2017.12—2020.12）

四、油气战略规划研究所（2014.1—2020.12）

2008 年 12 月，成立油气战略规划研究所。

截至 2013 年 12 月 31 日，油气战略规划研究所主要职责是：按照"一部三中心"职责定位要求，做好中西部盆地油气发展战略规划研究；不断强化理论技术创新，做好鄂尔多斯盆地、四川盆地和吐哈盆地重大领域与目标评价、油气地质理论研发、生产技术服务等工作，力争成为重大突破的推动者、勘探理论的贡献者、增储上产的参与者；不断研发岩性地层油气藏区带、圈闭评价方法与关键技术研究，推动地震沉积分析软件不断升级换代与推广应用；立足勘探需求，持续做好地震沉积学、陆相湖盆沉积学学科建设，打造一支优秀的学科团队；完成领导安排的其他工作。

油气战略规划研究所下设 4 个科室：战略规划研究室、低渗透技术研究室、中小盆地研究室、新技术新方法室。在册职工 37 人，其中：男职工 27 人，女职工 10 人；高级工程师 18 人，工程师 14 人，助理工程师及以下 5 人；博士后 1 人、博士 8 人，硕士 20 人，学士及以下 8 人；35 岁及以下 17 人，36～45 岁 15 人，46～55 岁 5 人。中共党员 20 人，九三学社社员 3 人。

油气战略规划研究所领导班子由 4 人组成，刘化清任所长，杨占龙任总地质师，苏明军、李相博任副所长。分工情况如下：刘化清主持全面工作及党务工作，分管战略规划研究室；杨占龙分管中小盆地研究室；苏明军分管新技术新方法研究室；李相博分管低渗透技术研究室。

油气战略规划研究所党支部委员会由 5 人组成，刘化清任党支部书记，杨占龙任副书记，魏立花任组织委员，黄云峰任宣传委员，潘树新任纪检委员。

2014 年 7 月，潘树新任油气战略规划研究所副所长，免去杨占龙总地质师职务。

2014 年 7 月，杨占龙任油气战略规划研究所党支部书记，免去刘化清兼任的党支部书记职务。

2015 年 1 月，徐云泽任油气战略规划研究所副所长。

2016 年 2 月，免去潘树新油气战略规划研究所副所长职务。

2017 年 12 月，廖建波任油气战略规划研究所副所长。

2020 年 6 月，免去苏明军、李相博油气战略规划研究所副所长职务。

2020 年 9 月，免去徐云泽油气战略规划研究所副所长职务

2020 年 11 月，免去刘化清油气战略规划研究所所长职务。

截至 2020 年 12 月 31 日，油气战略规划研究所在册职工 37 人，其中：男职工 28 人，女职工 9 人；高级工程师 27 人，工程师 9 人，助理工程师及以下 1 人；博士后 1 人、博士 7 人，硕士 20 人，学士及以下 9 人；35 岁及以下 8 人，36～45 岁 19 人，46～55 岁 8 人，56 岁及以上 2 人。中共党员 22 人，九三学社社员 2 人。

（一）油气战略规划研究所领导名录（2014.1—2020.12）

所　　　长　刘化清（2014.1—2020.11）

副　所　长　苏明军（2014.1—2020.6）

李相博（2014.1—2020.6）

徐云泽（2015.1—2020.9）

潘树新（2014.7—2016.2）

廖建波（2017.12—2020.12）

总 地 质 师　杨占龙（2014.1—2014.7）

（二）油气战略规划研究所党支部领导名录（2014.1—2020.12）

书　　　记　刘化清（2014.1—7）

杨占龙（2014.7—2020.12）

副　书　记　刘化清（2014.7—2020.12）

五、数据处理研究所—地震资料处理解释中心（2014.1—2020.12）

1988 年 2 月，经石油工业部批准，西地所科研生产部门设立资料处理室。1990 年 2 月，资料处理室更名为电算处理中心。1996 年 1 月，电算处理中心更名为数据处理中心。2000 年 11 月，数据处理中心更名为数据处理研究所。

截至 2013 年 12 月 31 日，数据处理研究所主要职责是：地震资料处理

解释中心是石油天然气勘探、开发相关领域集地球物理前沿技术研发、关键技术攻关、特色技术应用、总部技术决策、专业人才培养为一体的综合研究中心；围绕集团公司油气效益勘探需求，发挥基础研发、技术创新、决策支持作用，支撑总部物探技术发展与规划；以引领油气地球物理理论技术创新发展，为重大接替领域及风险勘探目标评价、重点探区关键物探技术攻关与应用提供强有力的物探技术支撑；秉承"立足西部 面向海外"业务定位，开展地震资料信息处理解释，服务于中西部油田、海外重点探区油气勘探开发；深化特色学科团队建设和人才培养，发挥物理模拟实验平台在原始创新和勘探实践中的作用；完成上级和领导安排的其他工作任务。

数据处理研究所下设6个科室：基础研发室、构造成像室、保真成像室、技术应用室、现场支持室、海外支持室。在册职工56人，其中：男职工42人，女职工14人；高级工程师14人，工程师33人，助理工程师及以下9人；博士1人，硕士29人，学士及以下26人；35岁及以下25人，36～45岁16人，46～55岁14人，56岁及以上1人。中共党员29人。

数据处理研究所领导班子由6人组成，王宇超任所长，王小卫、李斐、胡自多任副所长，苏勤任总工程师，王孝任质量总监。分工情况如下：王宇超负责全面工作，分管基础研发室；王小卫负责党务工作，分管现场支持室；李斐分管构造成像室；胡自多分管技术应用室；苏勤分管海外支持室；王孝分管保真成像室。

数据处理研究所党支部委员会由5人组成，王小卫任党支部书记，王宇超任副书记，苏勤任组织委员兼纪检委员，吕磊任宣传委员，徐兴荣任青年委员。

2018年3月，王小卫任数据处理研究所所长（代）、党支部副书记（代）；苏勤任数据处理研究所副所长（代）、党支部书记（代）；免去王宇超数据处理研究所所长、党支部副书记职务。

2018年6月，领导班子成员分工调整，王小卫任所长（代），主持全面工作，分管现场支持室；苏勤任党支部书记（代），负责研究所党务工作，分管四川、吐哈、玉门地震资料处理工作及海外支持室；其他人分工不变。

2020年6月，免去胡自多数据处理研究所副所长职务。

2020年10月，数据处理研究所更名为地震资料处理解释中心。

　　截至 2020 年 12 月 31 日，地震资料处理解释中心在册职工 46 人，其中：男职工 37 人，女职工 9 人；高级工程师 23 人，工程师 19 人，助理工程师及以下 4 人；博士 4 人，硕士 30 人，学士及以下 12 人；35 岁及以下 16 人，36～45 岁 20 人，46～55 岁 9 人，56 岁及以上 1 人。中共党员 26 人。

（一）数据处理研究所领导名录（2014.1—2020.10）

　　　　所　　　长　　王宇超（2014.1—2018.3）

　　　　　　　　　　　王小卫（代理，2018.3—2020.10）

　　　　副　所　长　　王小卫（2014.1—2018.3）

　　　　　　　　　　　李　斐（2014.1—2020.10）

　　　　　　　　　　　胡自多（2014.1—2020.6）

　　　　　　　　　　　苏　勤（2014.1—2020.10）

　　　　总 工 程 师　　苏　勤（2014.1—2020.10）

　　　　质 量 总 监　　王　孝（2014.1—2020.10）

（二）地震资料处理解释中心领导名录（2020.10—12）

　　　　主　　　任　　王小卫（代理，2020.10—12）

　　　　副　主　任　　李　斐（2020.10—12）

　　　　　　　　　　　苏　勤（2020.10—12）

　　　　质 量 总 监　　王　孝（2020.10—12）

（三）数据处理研究所党支部领导名录（2014.1—2020.12）

　　　　书　　　记　　王小卫（2014.1—2018.3）

　　　　　　　　　　　苏　勤（代理，2018.3—2020.12）

　　　　副　书　记　　王宇超（2014.1—2018.3）

　　　　　　　　　　　王小卫（代理，2018.3—2020.12）

六、地球物理研究所（2014.1—2020.12）

　　2002 年 3 月，成立物探重点研究室。2006 年 6 月，成立地球物理研究所，物探重点研究室划归地球物理研究所。

　　截至 2013 年 12 月 31 日，地球物理研究所主要职责是：围绕集团公司、股份公司油气勘探生产的核心业务，跟踪研究国内外先进的地球物理和计算机技术，以油气勘探生产需求为导向，发展特色研究领域，从事应用基础与理论、前沿与特色技术研究，为油气勘探软件开发、升级、创新发展奠定基础；负责研发适合于中国油气藏特点的应用软件，为油气勘探生产核心业务发挥支撑作用；负责针对复杂油气藏的勘探生产问题，立足于解决油气勘探生产的实际难题，发展非均质储层预测和高精度油气检测为主体的创新理论、方法和特色技术，研发具有中国特色的地震采集质量监控软件、地震综合裂缝预测软件和天然气藏地震检测软件等，为油气勘探生产提供技术手段和软件支持服务；承担地球物理特色技术研发，成熟技术集成、推广与应用工作，承担地球物理油气勘探应用软件的研发、应用和推广工作；完成领导安排的其他工作。

地球物理研究所下设 3 个科室：软件研发室、物探技术应用研究室、物探方法研究室。在册职工 36 人，其中：男职工 26 人，女职工 10 人；高级工程师 13 人，工程师 15 人，助理工程师及以下 8 人；博士 7 人，硕士 22 人，学士及以下 7 人；35 岁及以下 19 人，36～45 岁 13 人，46～55 岁 4 人。中共党员 26 人。

地球物理研究所领导班子由 5 人组成，杨午阳任所长，高建虎、张巧凤（副处级）、徐云泽任副所长，刘伟方任油藏描述重点实验室副主任。分工情况如下：杨午阳负责全面工作；高建虎主管党建、员工培养等方面的工作，分管物探方法研究室；张巧凤分管物探攻关、应用等方面的工作，主管物探技术应用研究室；徐云泽分管软件开发方面的研究工作，主管软件研发室；刘伟方负责油藏描述重点实验室工作。

地球物理研究所党支部委员会由 5 人组成，高建虎任党支部书记，杨午阳任副书记，徐云泽任组织委员兼纪检委员，周春雷任宣传委员，董雪华任青年委员。

2014 年 7 月，周春雷任地球物理研究所副所长。

2015 年 1 月，徐云泽副所长调离地球物理研究所。

2019 年 3 月，刘文卿任地球物理研究所副所长。

2020 年 9 月，免去周春雷地球物理研究所副所长职务。

截至 2020 年 12 月 31 日，地球物理研究所在册职工 40 人，其中：男职工 31 人，女职工 9 人；高级工程师 23 人，工程师 14 人，助理工程师及以下 3 人；博士 7 人，硕士 27 人，学士及以下 6 人；35 岁及以下 16 人，36～45 岁 18 人，46～55 岁 6 人。中共党员 28 人。

（一）地球物理研究所领导名录（2014.1—2020.12）

所　　长　杨午阳（2014.1—2020.12）

副 所 长　张巧凤（女，副处级，2014.1—2020.12）

高建虎（2014.1—2020.12）

徐云泽（2014.1—2015.1）

周春雷（2014.7—2020.9）

刘文卿（2019.3—2020.12）

（二）地球物理研究所党支部领导名录（2014.1—2020.12）

书　　记　高建虎（2014.1—2020.12）

副 书 记　杨午阳（2014.1—2020.12）

七、计算机技术研究所（2014.1—2020.12）

2000年11月，成立计算机技术研究所。2008年1月，计算机技术研究所和兰州西地科技开发有限公司合并，合并后采用一套人员、两个名称：计算机技术研究所、兰州西地科技开发有限公司。

截至2013年12月31日，计算机技术研究所主要职责是：负责分院勘探开发大型计算机系统、集群系统、分院网络系统、信息门户系统、办公自动化等应用系统的建设及运维管理工作；负责中国石油兰州区域中心备用机房的建设和运维管理工作；作为中国石油信息化建设技术支撑单位之一，负责承担集团公司"油气生产物联网""节能节水管理系统""区域网络中心改进"等信息化建设项目；完成上级和领导安排的其他科研工作任务。

计算机技术研究所下设5个科室：网络与系统运维室、基础设施运维室、数据中心建设研究室、物联网研究室、勘探开发信息研究室。在册职工49人，其中：男职工32人，女职工17人；高级工程师15人，工程师20人，助理工程师及以下14人；博士2人，硕士14人，学士及以下33人；35岁及以下11人，36～45岁12人，46～55岁25人，56岁及以上1人。中共党员24人。

计算机技术研究所领导班子由6人组成，龚仁彬任西北分院副总工程师，冯超敏任所长，陆育锋、罗洪武、赵书贵、文玲任副所长。分工情况如下：龚仁彬负责油气生产物联网建设工作，分管物联网研究室；冯超敏负责全面工作，分管基础设施运维室；陆育峰负责党务工作，分管北京燕昆公司和勘探开发信息研究室；罗洪武负责区域网络中心工作，分管数据中心建设研究室；赵书贵负责设备购置与引进；文玲负责机房运维工作，分管网络与系统运维室。

计算机技术研究所党支部委员会由 5 人组成，陆育锋任党支部书记，冯超敏任副书记，文玲任组织委员，罗洪武任宣传委员，赵书贵任纪检委员。

2014 年 12 月，免去赵书贵计算机技术研究所副所长职务，赵书贵任纪检审办公室主任。

2017 年 12 月，免去龚仁彬西北分院副总工程师职务。

2020 年 2 月，张向阳任计算机技术研究所副所长（正科级）。

2020 年 6 月，免去冯超敏计算机技术研究所所长职务。

2020 年 9 月，免去罗洪武计算机技术研究所副所长职务。

截至 2020 年 12 月 31 日，在册职工 47 人，其中：男职工 32 人，女职工 15 人；高级工程师 24 人，工程师 19 人，助理工程师及以下 4 人；博士 1 人，硕士 18 人，学士及以下 28 人；35 岁及以下 6 人，36～45 岁 10 人，46～55 岁 21 人，56 岁及以上 10 人。中共党员 28 人。

（一）西北分院副总工程师（2014.1—2017.12）

　　副总工程师　龚仁彬（2014.1—2017.12）

（二）计算机技术研究所领导名录（2014.1—2020.12）

　　所　　　长　冯超敏（2014.1—2020.6，退出领导岗位）

　　副　所　长　陆育锋（2014.1—2020.12）

　　　　　　　　罗洪武（2014.1—2020.9）

　　　　　　　　赵书贵（2014.1—12）

　　　　　　　　文　玲（2014.1—2020.12）

　　　　　　　　张向阳（2020.2—2020.12）

（三）计算机技术研究所党支部领导名录（2014.1—2020.12）

　　书　　　记　陆育锋（2014.1—2020.12）

　　副　书　记　冯超敏（2014.1—2020.6）

第四节 服务保障单位

截至 2020 年 12 月 31 日，西北分院机关下设 3 个服务保障单位：科技文献中心、综合服务处、退休职工管理处。服务保障单位共有 3 个党支部：科技文献中心党支部、综合服务处党支部、退休职工管理处党支部，共有党员 20 人。其中科技文献中心党支部有党员 5 人，综合服务处党支部有党员 12 人，退休职工管理处党支部有党员 3 人。

一、科技文献中心（2014.1—2020.12）

1993 年 2 月，设立科技信息中心。2002 年 3 月，撤销科技信息中心，其科技信息任务划归科技发展处管理，档案管理业务划归院办公室。2007 年 2 月，设立科技文献中心。

截至 2013 年 12 月 31 日，科技文献中心主要职责是：负责"一刊一馆"，即《岩性油气藏》和图书馆，不断提高《岩性油气藏》科技期刊的质量和水平，在油气勘探开发领域扩大国际国内影响；负责以发展科技信息数据库网络平台为重点，推进图书馆从传统型向数字化方向的发展工作；负责研究信息资源的综合开发和利用，为管理层及科研人员提供科技信息资源服务；负责建立健全科研生产、基本建设、文书材料、财务等各类档案资料，并管理好档案资料，服务于科研生产及分院各项工作，以科研、生产、管理为对象，积极推进档案资料信息现代化的应用；负责技术服务工作，完成科研项目研究和生产所需的各种报告、图册的制作、复印工作；负责内部各类企业广告的设计与制作，各类会议场馆的设计、布置与宣传材料的制作等工作；完成领导安排的其他工作任务。

科技文献中心下设 1 个科：技术服务室。在册职工 13 人，其中：男职工 3 人，女职工 10 人；高级工程师 1 人，工程师 6 人，助理工程师及以下 6 人；博士 1 人，硕士 1 人，学士及以下 11 人；35 岁及以下 1 人，36～45 岁 3 人，46～55 岁 9 人。中共党员 4 人，九三学社社员 2 人。

科技文献中心领导班子由 2 人组成，石兰亭任主任，李建军任副主任。分工情况如下：石兰亭负责全面工作；李建军分管技术服务室。

科技文献中心党支部委员会由4人组成，石兰亭任党支部书记，李建军任组织委员，哈英明任宣传委员，贾玉娟任青年委员。

2016年2月，阎存凤任科技文献中心副主任。

2016年3月，免去石兰亭科技文献中心主任、党支部书记职务。

2016年3月，吕锡敏任科技文献中心党支部书记。

2016年6月，周惠文任科技文献中心副主任。

截至2020年12月31日，科技文献中心在册职工12人，其中：男职工7人，女职工5人；高级工程师6人，工程师3人，助理工程师及以下3人；博士1人，硕士3人，学士及以下8人；36～45岁2人，46～55岁8人，56岁及以上2人。中共党员5人。

（一）科技文献中心领导名录（2014.1—2020.12）

　　主　　　任　石兰亭（2014.1—2016.3）

　　副　主　任　李建军（2014.1—2020.12）

　　　　　　　　阎存凤（2016.2—2019.8，退休）

　　　　　　　　周惠文（2016.6—2020.12）

（二）科技文献中心党支部领导名录（2014.1—2020.12）

　　书　　　记　石兰亭（2014.1—2016.3）

　　　　　　　　吕锡敏（2016.3—2020.12）

二、综合服务处（2014.1—2020.12）

1992年12月，设立综合服务公司。2000年11月，综合服务公司更名为综合服务处。

截至2013年12月31日，综合服务处主要职责是：负责分院后勤保障和物业管理服务工作，履行"服务科研保障生产、服务职工保障生活、服务院区保障和谐"工作责任；负责院区环境建设、维护与管理工作；负责院区房屋、道路、水电暖等基础设施的规划、建设、维护、改造、大修等工作，负责院区绿化管护、卫生清洁、房屋维护修缮、设施设备维修养护等的物业服务与管理工作；负责对物业承包公司的任务完成情况和服务质量监督检查与管理工作；负责分院办公家具的采购、配置、维修等工作；负责保洁物料、绿化机具的购置与维护管理工作；负责分院科研生产会议服务、职工餐供应等宾馆服务管理工作；负责汽车运行、车辆维修、保证车况完好、安全运行，保质保量完成科研生产运输服务任务；负责立体车库的设备运维和车辆存取服务与管理工作；负责接待业主来访、售电、售水、物业收费、供暖收费、成本核算、矿区服务业务信息报送等服务管理工作；负责分院一般消耗性材料的采购、验收、发放管理工作；完成领导安排的其他工作。

综合服务处下设4个科室：动力站、汽车队、物业管理科、石油科技宾馆。在册职工29人，其中：男职工26人，女职工3人；高级工程师2人，工程师9人，助理工程师及以下18人；学士12人，大专及以下17人；35岁及以下1人，36～45岁10人，46～55岁15人，56岁及以上3人。中共党员15人。

综合服务处领导班子由3人组成，胡洪武任处长，郑周科、张鸿福任副处长。分工情况如下：胡洪武负责全面工作；郑周科负责物业管理科与石油科技宾馆工作；张鸿福负责动力站与汽车队工作。

综合服务处党支部委员会由4人组成，郑周科任党支部书记，胡洪武任副书记兼组织委员，杨文兵任宣传委员，张鸿福任纪检委员兼保密委员。

2014年7月，赵满春任综合服务处副处长兼物业管理科科长。

截至2020年12月31日，综合服务处在册职工12人，其中：男职工7人，女职工5人；高级工程师6人，工程师3人，助理工程师及以下3人；硕士1人，学士及以下11人；36～45岁2人，46～55岁8人，56岁及以上2人。中共党员12人。

（一）综合服务处领导名录（2014.1—2020.12）

处　　　长　胡洪武（2014.1—2020.12）

副　处　长　郑周科（2014.1—2020.12）

张鸿福（2014.1—2020.12）

赵满春（2014.7—2020.12）

（二）综合服务处党支部领导名录（2014.1—2020.12）

书　　　记　郑周科（2014.1—2020.12）

副　书　记　胡洪武（2014.1—2020.12）

三、退休职工管理处（2014.1—2020.12）

2000年8月，设立退休职工管理处，不列入机关编制，属公益单位。

截至2013年12月31日，退休职工管理处主要职责是：贯彻落实上级有关退休职工的各项政策规定，结合实际，制定院退休职工管理服务办法，并负责实施；负责退休职工党支部的思想及组织建设，组织好退休职工政治理论学习、组织退休职工听取重要报告、参加有关会议等工作；负责组织退休职工定期或不定期地召开相关会议，传达上级有关文件精神，通报分院的改革和发展情况；负责做好退休职工的思想政治工作，适时开展适合退休职工参加的有益身心健康的各项文体娱乐活动；负责做好退休职工管理信息系统建设工作，同时做好退休职工的来信、来访和服务的信息交流及年报数据的统计上报工作；负责对因病住院的退休职工，代表组织进行看望和慰问工作；负责代替长期居住在外地的退休职工医疗费及其他相关票据的收取、核对、复印、邮寄和报销等工作；负责不定期地对居住在外地的退休职工进行电话问候、互通相关信息，以便做好服务管理工作；负责做好节假日退休职工的慰问工作；负责退休职工去世后的吊唁，并协助其家属做好善后工作；负责分院文化体育活动中心各种设施、设备、物品的购置及维修计划的编制和实施等工作，并做好日常的管理与服务工作；负责退休职工报刊的征订和收发等工作；完成领导安排的其他工作。

退休职工管理处在册职工6人，其中：男职工1人，女职工5人；工程师1人，助理工程师及以下5人；学士1人，大专及以下5人；36～45岁2人，46～55岁4人。中共党员2人。

退休职工管理处领导班子由1人组成，闫鸿任处长，负责全面工作。

退休职工管理处党支部委员会由7人组成，杜志坚兼任党支部书记（副处级），闫鸿任组织委员，李宗家任保密委员，余元忠任宣传委员，曾祥任纪检委员，张志军任群工委员，史永苏任妇女委员。

截至2020年12月31日，退休职工管理处在册职工5人，其中：男职工2人，女职工3人；经济师1人、政工师2人，助理政工师2人；硕士2人，学士及以下3人；36～45岁1人，46～55岁2人，56岁及以上2人。中共党员3人。

（一）退休职工管理处领导名录（2014.1—2020.12）

　　处　　　长　闫　鸿（2014.1—2020.12）

（二）退休职工管理处党支部领导名录（2014.1—2020.12）

　　书　　　记　杜志坚（副处级，2014.1—2020.12）

第九章　杭州地质研究院
（2014.1—2020.12）

　　杭州地质研究院的前身系浙江省石油地质研究所，由国家科委于1984年12月正式批准建立，为省属事业单位，实行浙江省、石油工业部双重领导，以浙江省领导为主的领导体制。1993年1月起更名为中国石油天然气总公司杭州石油地质研究所，由总公司、浙江省双重领导。1999年1月起划归勘探院管理，并更名为中国石油天然气集团公司石油勘探开发科学研究院杭州地质研究所。2000年7月进行企业化转制，转制后拥有两块牌子：中国石油勘探开发研究院杭州地质研究所和中国石油天然气集团公司杭州地质研究所。

　　2007年7月，股份公司下发了《关于组建中国石油天然气股份有限公司杭州地质研究院有关问题的通知》的文件，决定在中国石油勘探开发研究院杭州地质研究所基础上，组建中国石油天然气股份有限公司杭州地质研究院（简称杭州地质研究院），机构规格副局级。

　　截至2013年12月31日，杭州地质研究院主要职责是：组织海相、海洋油气勘探开发重大科研生产课题的攻关研究，提供有利勘探区带和目标，为公司海相、海洋勘探开发提供技术支持，并继续做好油气矿权储量信息技术和储层评价预测技术研究应用等工作，由勘探院按内部分院管理。

　　杭州地质研究院下设机关职能处室5个：院办公室、科研管理处、计划财务处、人事处、党群工作处；下设科研单位5个：海相油气地质研究所、海洋油气地质研究所、矿权储量技术研究所、实验研究所、计算机应用研究所；下设公益后勤单位2个：文献中心、综合服务中心。在册职工232人，其中：男职工168人，女职工64人；教授级高级工程师8人，高级工程师65人、高级政工师3人、高级会计师2人、副研究员1人，工程师109人、经济师3人、会计师3人，助理经济师1人、助理会计师4人，助理工程师及以下33人；博士后、博士28人，硕士123人，学士及以下81人；35岁及以下116人，36～45岁39人，46～55岁69人，56岁及以上8人。中共党员 163 人，民盟盟员 2 人，农工党党员 1 人。

截至 2020 年 12 月 31 日，杭州地质研究院设机关职能处室 5 个：办公室（党委办公室）（审计处）、科研管理处、计划财务处、人事处（党委组织部）、党群工作处（纪委办公室）；科研单位 5 个：海相油气地质研究所、海洋油气地质研究所、实验研究所、矿权储量技术研究所、计算机应用研究所；公益后勤单位 2 个：文献中心和综合服务中心。在册职工 231 人，其中：男职工 174 人、女职工 57 人；正高级（含教授级）工程师 11 人，高级工程师 119 人、高级政工师 3 人、高级会计师 3 人，工程师 67 人、政工师 1 人、经济师 3 人、会计师 3 人，助理经济师 1 人、助理会计师 2 人，助理工程师及以下 18 人；博士后、博士 44 人，硕士 125 人，学士及以下 62 人；35 岁及以下 52 人，36～45 岁 104 人，46～55 岁 48 人，56 岁及以上 27 人。党委下属基层党支部 7 个，中共党员 177 人，民盟盟员 2 人，农工党党员 1 人。

第一节　领导机构

截至 2013 年 12 月 31 日，杭州地质研究院行政领导班子由 5 人组成：熊湘华任院长，姚根顺任副院长，杨晓宁、郭庆新、斯春松任副院长。杭州地质研究院党委由 5 人组成，熊湘华任党委书记，杨晓宁任党委副书记，姚根顺、郭庆新、斯春松任党委委员。杨晓宁任纪委书记、工会主席。

分工情况如下：熊湘华负责党政全面工作，分管院办公室、计划财务处、人事处；姚根顺负责科研日常管理工作，协调科研运行与技术管理两路工作，主抓科研发展规划与计划、科技市场、外事及国际合作工作，分管科研管理处；杨晓宁负责党群、审计、保密、安全、后勤工作，分管党群工作处、综合服务中心；郭庆新负责技术管理工作，主抓学科建设与技术发展、学会及技术交流、标准化、培训，分管文献中心；斯春松负责科研组织与运行、科技条件平台、物资设备采购与管理工作。

2016 年 11 月，中共中国石油杭州地质研究院第一次党员代表大会召开，选举产生新一届党委由 5 人组成，熊湘华任党委书记，杨晓宁任党委副书记，姚根顺、郭庆新、斯春松任党委委员；选举产生新一届纪委，杨晓宁任纪委书记。

2018年4月，集团公司党组决定，姚根顺任杭州地质研究院党委书记，免去熊湘华的杭州地质研究院党委书记职务。

2018年4月，熊湘华兼任杭州地质研究院党委副书记，免去杨晓宁杭州地质研究院党委副书记职务。

2018年5月，杭州地质研究院领导班子由5人组成：熊湘华任院长，姚根顺任副院长，杨晓宁任副院长兼安全总监，郭庆新、斯春松任副院长。杭州地质研究院党委由5人组成，姚根顺任党委书记，熊湘华任党委副书记，杨晓宁、郭庆新、斯春松任党委委员。杨晓宁任纪委书记、工会主席。

分工情况如下：熊湘华负责院行政工作，分管计划财务处、人事处（党委组织部）；姚根顺负责院党委工作，分管党委办公室、人事处（党委组织部）、党群工作处（纪检审办公室）；杨晓宁协助党委书记负责纪检监察、宣传、工会、团青等工作，协助院长负责企管法规、审计、保密、质量安全环保、后勤和离退休等工作，分管办公室、综合服务中心；郭庆新协助院长负责技术管理工作，主抓学科建设与技术发展、科技条件平台、学会及技术交流、标准化等，分管文献中心；斯春松协助院长负责科研与信息的组织与运行、外事与国际合作、物资设备采购与管理等工作，分管科研管理处。

2019年3月，杨晓宁退休。

2020年6月，姚根顺任杭州地质研究院纪委书记、工会主席；陆富根、倪超任杭州地质研究院党委委员、副院长；免去郭庆新杭州地质研究院党委委员、副院长职务。

2020年7月，杭州地质研究院领导班子由5人组成：熊湘华任院长，姚根顺、斯春松、陆富根、倪超任副院长。杭州地质研究院党委由5人组成，姚根顺任党委书记，熊湘华任党委副书记，斯春松、陆富根、倪超任党委委员。姚根顺任纪委书记、工会主席。

其分工情况如下：熊湘华主持全面工作，作为重要责任人负责院党建、意识形态与党风廉政建设工作，分管计划财务处；姚根顺主持院党委工作，作为第一责任人负责院党建、意识形态、全面从严治党与反腐败工作，兼任纪委书记、工会主席，分管人事处（党委组织部）、党群工作处（纪委办公室）；斯春松负责分管单位党建、意识形态与党风廉政建设工作，负责科研与信息的管理、外事与国际合作、学科建设与技术发展工作，分管科研管理处、海洋油气地质研究所、实验研究所、计算机应用研究所；陆富根负责分管单位党建、意识形态与党风廉政建设工作，负责企管法规、审计、保密、质量安全环保、人力资源管理、后勤服务等工作，分管办公室（党委办公室）、综合服务中心、文献中心；倪超负责分管各单位党建、意识形态与党风廉政建设工作，负责科研与信息的运行、物资设备采购管理，分管海相油气地质研究所、矿权储量技术研究所。

截至 2020 年 12 月 31 日，杭州地质研究院领导班子及分工自 2020 年 2 月以来未做调整。

其间，杭州地质研究院对副总师、院长助理进行调整：

截至 2013 年 12 月 31 日，杭州地质研究院由寿建峰任副总地质师。

2017 年 4 月，免去寿建峰杭州地质研究院副总地质师职务。

2018 年 4 月，陆富根任杭州地质研究院副总经济师。

2020 年 6 月，免去陆富根杭州地质研究院副总经济师职务。

2020 年 11 月，张惠良任杭州地质研究院院长助理，苟均龙任杭州地质研究院副总会计师。

截至 2020 年 12 月 31 日，杭州地质研究院由张惠良任院长助理，苟均龙任副总会计师。

一、杭州地质研究院领导名录（2014.1—2020.12）

院　　长　　熊湘华（2014.1—2020.12）

副　院　长　　姚根顺（2014.1—2020.12）

　　　　　　　杨晓宁（2014.1—2019.3，退休）

　　　　　　　郭庆新（2014.1—2020.6，退出领导岗位）

　　　　　　　斯春松（2014.1—2020.12）

　　　　　　　陆富根（2020.6—12）

　　　　　　　倪　超（2020.6—12）

二、杭州地质研究院党委领导名录（2014.1—2020.12）

书　　记　　熊湘华（2014.1—2018.4）

姚根顺（2018.4—2020.12）

副　书　记　杨晓宁（2014.1—2018.4）

熊湘华（2018.4—2020.12）

委　　　员　郭庆新（2014.1—2020.6，退出领导岗位）

斯春松（2014.1—2020.12）

陆富根（2020.6—12）

倪　超（2020.6—12）

三、杭州地质研究院纪委领导名录（2014.1—2020.12）

书　　　记　杨晓宁（2014.1—2018.5）

姚根顺（2020.6—12）

副　书　记　吴建鸣（2017.12—2018.4）

刘　喆（2018.4—2020.12）

四、杭州地质研究院工会领导名录（2014.1—2020.12）

主　　　席　杨晓宁（2014.1—2019.3，退休）

姚根顺（2020.6—12）

五、杭州地质研究院院长助理领导名录（2014.1—2020.12）

院 长 助 理　张惠良（2020.11—12）

六、杭州地质研究院副总师名录（2014.1—2020.12）

副总地质师　寿建峰（2014.1—2017.4，退出领导岗位）

副总经济师　陆富根（2018.4—2020.6）

副总会计师　苟均龙（2020.11—12）

第二节　机关职能部门及机关党支部

截至 2020 年 12 月 31 日，杭州地质研究院下设 5 个机关职能部门：办公室（党委办公室）（审计处）、科研管理处、计划财务处、人事处（党委组织部）、党群工作处（纪委办公室）。

一、办公室（党委办公室）—办公室（党委办公室）（审计处）（2014.1—2020.12）

2008年1月，杭州地质研究院进行机构重新设置，原有机构全部撤销，设办公室（党委办公室）。

截至2013年12月31日，办公室（党委办公室）主要职责是：负责党政领导日常办公和公务活动安排，日常事务管理；负责院重要会议及活动的组织、筹备和接待工作；负责院重大决策、重要工作情况的检查和督办；负责院重要文件、领导讲话和工作总结等文字材料的起草；负责院文电处理、公文核稿、文件发放以及印章管理工作；负责院审计、法律事务、机要、保密工作；负责院合同管理、合同审查；负责院内部控制、风险管理和流程管理；负责院质量、安全、环保管理和社会治安综合治理工作；负责院年鉴和大事记的编写工作；负责院与上级部门、友邻单位、地方及院各部门之间的协调沟通。

在册职工2人，其中：男职工2人；高级政工师1人，经济师1人；硕士1人，学士1人；35岁及以下1人，46～55岁1人。中共党员2人。

办公室（党委办公室）领导班子由1人组成，吴建鸣任主任，负责全面工作。

2014年12月，刘喆任办公室（党委办公室）副主任。

2017年12月，董学伟任办公室（党委办公室）主任，免去吴建鸣主任职务。

2018年5月，免去刘喆办公室（党委办公室）副主任职务。

2020年6月，审计职能划归办公室（党委办公室），办公室（党委办公室）更名为办公室（党委办公室）（审计处）。

截至2020年12月31日，办公室（党委办公室）（审计处）在册职工4人，其中：男职工3人，女职工1人；高级工程师（政工师）3人，经济师1人；硕士1人，学士及以下3人；36～45岁1人，46～55岁1人，56岁及以上2人。中共党员4人。

（一）办公室（党委办公室）领导名录（2014.1—2020.6）

主　　任　　吴建鸣（2014.1—2017.12，进入专家岗位）

　　　　　　董学伟（2017.12—2020.6）

　　副 主 任 刘 喆（2014.12—2018.5）

（二）办公室（党委办公室）（审计处）领导名录（2020.6—12）

　　主 任 董学伟（2020.6—12）

二、党群工作处—党群工作处（纪监审办公室）—党群工作处（纪委办公室）（2014.1—2020.12）

　　2008 年 1 月，杭州地质研究院机构重新设置，原有机构全部撤销，设立党群工作处。

　　截至 2013 年 12 月 31 日，党群工作处主要职责是：负责组织安排和实施院党委中心组学习；负责院意识形态工作，落实意识形态工作责任制；负责宣传教育工作，做好党的路线、方针、政策的宣传贯彻和干部员工的思想政治学习、形势教育；负责纪检、监察工作，协助院党委抓好党风廉政建设和领导干部廉洁从业；负责组织开展落实中央八项规定精神，以及纠正"四风"情况的监督检查；会同党委组织部做好院属各基层党组织的党建工作责任制考核评价工作；负责党员、群众来信来访接待、处理；负责院党委印鉴的保管、使用工作；负责开展院文明单位创建与企业文化建设工作；负责工会、共青团、统一战线、计划生育工作。

　　党群工作处在册职工 2 人，其中：男职工 1 人，女职工 1 人；工程师 2 人；学士及以下 2 人；35 岁及以下 1 人，46～55 岁 1 人。中共党员 2 人。

　　党群工作处领导班子由 2 人组成，吴建鸣任处长，刘喆任副处长。分工情况如下：吴建鸣负责全面工作，刘喆负责思想政治宣传、工会、团青工作。

　　2014 年 1 月，免去刘喆党群工作处副处长职务。

　　2014 年 3 月，董学伟任党群工作处处长，免去吴建鸣处长职务。

　　2017 年 12 月，吴建鸣任党群工作处（纪监审办公室）处长，免去董学伟党群工作处处长职务。

　　2018 年 1 月，党群工作处增加纪检监察和审计职能，更名为党群工作处（纪监审办公室）。

　　2018 年 4 月，刘喆任党群工作处（纪监审办公室）处长（主任），免去吴建鸣处长（主任）职务。

　　2020 年 6 月，党群工作处（纪监审办公室）更名为党群工作处（纪委办公室）。

截至 2020 年 12 月 31 日，在册职工 3 人，其中：男职工 1 人，女职工 2 人；高级工程师 1 人，政工师 1 人，助理工程师 1 人；学士及以下 3 人；35 岁及以下 1 人，36～45 岁 2 人。中共党员 2 人。

（一）党群工作处领导名录（2014.1—2018.1）

处　　　　长　吴建鸣（2014.1—3）

董学伟（2014.3—2017.12）

副　主　任　刘　喆（2014.1）

（二）党群工作处（纪监审办公室）领导名录（2018.1—2020.6）

处长（主任）　吴建鸣（2017.12—2018.4）

刘　喆（2018.4—2020.6）

（三）党群工作处（纪委办公室）领导名录（2020.6—12）

处长（主任）　刘　喆（2020.6—12）

（四）杭州地质研究院团委领导名录（2014.1—2020.12）

副　书　记　刘　喆（2014.1—2018.10）

田明智（2018.10—2020.12）

三、科研管理处（2014.1—2020.12）

2008 年 1 月，杭州地质研究院机构重新设置，原有机构全部撤销，设立科研管理处。

截至 2013 年 12 月 31 日，科研管理处主要职责是：负责院科研发展中长期规划和年度科研计划的编制；科研项目和信息化建设的组织、协调与管理；科研经费的落实和科研项目直接费预算审查；科研成果的鉴定、验收与评奖；涉外事务联络与学会工作；科研信息发布与更新；科研仪器、设备、软件的引进及技术论证；设备的管理、维护、维修；各单位办公用品、材料等采购计划的审批；科技与信息管理规章制度的制订和组织实施。

科研管理处在册职工 6 人，其中：男职工 4 人，女职工 2 人；教授级高级工程师 1 人，高级工程师 3 人，工程师 2 人；博士 1 人，硕士 1 人，学士及以下 4 人；36～45 岁 1 人，46～55 岁 5 人。中共党员 3 人。

科研管理处领导班子由 2 人组成，邹伟宏任处长，沈扬任副处长。分工情况如下：邹伟宏负责全面工作；沈扬负责条件管理、项目管理、信息管理工作。

2015 年 1 月，免去沈扬科研管理处副处长职务。

2015 年 3 月，李林任科研管理处副处长。

2017 年 6 月，免去李林科研管理处副处长职务。

2018 年 5 月，张惠良任科研管理处副处长。

2018 年 6 月，徐志诚任科研管理处副处长。

2020 年 9 月，免去徐志诚科研管理处副处长职务。

截至 2020 年 12 月 31 日，科研管理处在册职工 6 人，其中：男职工 5 人，女职工 1 人；教授级高级工程师 2 人，高级工程师 2 人，工程师 2 人；博士 2 人，硕士 2 人，学士及以下 2 人；36～45 岁 2 人，46～55 岁 1 人，56 岁及以上 3 人。中共党员 5 人。

处　　　长　邹伟宏（正处级，2014.1—2020.12）
副　处　长　沈　扬（2014.1—2015.1）
　　　　　　李　林（2015.3—2017.6）
　　　　　　张惠良（正处级，2018.5—2020.12）
　　　　　　徐志诚（2018.6—2020.9）

四、人事处—人事劳资处（党委组织部）—人事处（党委组织部）
（2014.1—2020.12）

2008 年 1 月，杭州地质研究院机构重新设置，原有机构全部撤销，设立人事处。

截至 2013 年 12 月 31 日，人事处主要职责是：负责党的组织建设、党员发展和管理、党费收缴使用、党组织经费管理等工作；负责干部培养、选拔、考核、奖惩等工作；负责编制院人才发展规划和年度人才引进计划并组织实施；负责员工的专业技术和技能的继续教育、培训工作；负责专业技术人员管理、专业技术岗位序列改革，组织职称评审；负责研究制定机构设置和调整实施方案，制定各单位职能和岗位职责；负责建立薪酬分配的激励机制以及薪酬发放、劳务费管理，制定考核奖惩办法；负责员工社会保险、企业年金、住房公积金等管理工作；负责员工人事档案的保管、使用及材料归档。

人事处在册职工 4 人，其中：男职工 2 人，女职工 2 人；高级政工师 1

人，工程师1人、经济师2人；硕士2人，学士及以下2人；35岁及以下2人，36～45岁1人，46～55岁1人。中共党员4人。

人事处领导班子由1人组成，陆富根任处长，负责全面工作。

2015年12月，人事处更名为人事劳资处（党委组织部），机构规格不变，部门职能相应调整。

2016年10月，陆富根任人事劳资处（党委组织部）处长（部长）。

2018年1月，人事劳资处（党委组织部）更名为人事处（党委组织部）。

2018年6月，李欢平任人事处（党委组织部）副处长（副部长）。

2020年6月，免去陆富根人事劳资处（党委组织部）处长（部长）职务。

2020年9月，李欢平任人事处（党委组织部）处长（部长）。

截至2020年12月31日，人事处（党委组织部）在册职工3人，其中：男职工1人，女职工2人；经济师2人，助理经济师1人；硕士3人；35岁及以下1人，36～45岁2人。中共党员3人。

（一）人事处领导名录（2014.1—2015.12）

　　处　　　　　长　　陆富根（2014.1—2015.12）

（二）人事劳资处（党委组织部）领导名录（2015.12—2018.1）

　　处　　　　　长　　陆富根（2015.12—2016.10）

　　处长（部长）　　陆富根（2016.10—2018.1）

（三）人事处（党委组织部）领导名录（2018.1—2020.12）

　　处长（部长）　　陆富根（2018.1—4；正处级，2018.4—2020.6）

　　　　　　　　　　李欢平（女，2020.9—12）

　　副处长（副部长）　　李欢平（2018.6—2020.9）

五、计划财务处（2014.1—2020.12）

2008年1月，杭州地质研究院机构重新设置，原有机构全部撤销，设立计划财务处。

截至2013年12月31日，计划财务处主要职责是：负责院财务管理、会计核算、资产管理、基建计划和投资统计工作；按照《会计法》《企业会计准则》及上级制订的有关财政法规和会计制度，处理各项会计业务，汇总、编制会计报表，并按要求上报；负责编制财务预算，根据批复和预算方案分解，下达预算指标；对院内各核算单位的预算经费进行控制与业务指导；参与经济合同、技术合同、协议及其他经济文件的拟定和审查，统一管理各项拨款和经营收入；按规定及时做好税务申报纳税或减免税工作；负责院财务管理制度、规定和办法的制定与落实；按资金管理规定，加强现金和银行存款的管理与结算，保证资金安全；负责会计档案整理、归档工作。

计划财务处在册职工8人，其中：男职工4人，女职工4人；高级会计师2人，会计师2人，助理会计师3人，助理工程师及以下1人；硕士1人，学士及以下7人；35岁及以下4人，36～45岁2人，46～55岁2人。中共党员5人。

计划财务处领导班子由1人组成，苟均龙任处长，负责全面工作。

2018年6月，徐蒴任计划财务处副处长。

截至2020年12月31日，计划财务处在册职工8人，其中：男职工3人，女职工5人；高级会计师3人，工程师（会计师）3人，助理会计师及以下2人；硕士3人，学士及以下5人；35岁及以下3人，36～45岁4人，46～55岁1人。中共党员6人。

处　　　长　苟均龙（2014.1—2020.11；正处级，2020.11—12）

副 处 长　徐　蒴（女，2018.6—2020.12）

六、机关党支部（2014.1—2020.12）

截至2013年12月31日，杭州地质研究院设机关党支部，机关党支部下设5个党小组：办公室（党委办公室）党小组、科研管理处党小组、计划财务处党小组、人事处党小组、党群工作处党小组。

机关党支部委员会由3人组成，吴建鸣任党支部书记，陆富根任组织委员，章青任宣传委员。

2016年10月，机关党支部委员会由5人组成，董学伟任书记，章青任组织委员，康郑瑛任宣传委员，李林任纪检委员，刘喆任青年委员。

2018年4月，张惠良任机关党支部书记，免去董学伟机关党支部书记职务。

2018年6月，苟均龙任机关党支部副书记。

截至2020年12月31日，机关党支部下设5个党小组：办公室（党委办公室）（审计处）党小组、科研管理处党小组、计划财务处党小组、人事处（党委组织部）党小组、党群工作处（纪委办公室）党小组。

书　　　记　吴建鸣（2014.1—2016.10）

董学伟（2016.10—2018.4）

张惠良（2018.4—2020.12）

副 书 记　苟均龙（2018.6—2020.11；2020.11—12）

第三节　科研单位

截至 2020 年 12 月 31 日，杭州地质研究院下设 5 个科研单位：海相油气地质研究所、海洋油气地质研究所、实验研究所、矿权储量技术研究所、计算机应用研究所。

设 5 个党支部：海相油气地质研究所党支部、海洋油气地质研究所党支部、实验研究所党支部、矿权储量技术研究所党支部、计算机应用研究所党支部。

一、海相油气地质研究所（2014.1—2020.12）

2008 年 1 月，杭州地质研究院机构重新设置，原有机构全部撤销，设立海相油气地质研究所。

截至 2013 年 12 月 31 日，海相油气地质研究所主要职责是：负责组织和实施与海相碳酸盐岩油气勘探有关的科技攻关项目，完善中国海相碳酸盐岩油气地质理论和研究方法；跟踪国际海相碳酸盐岩油气勘探和研究前沿理论和技术，推动中国海相碳酸盐岩油气勘探的发展；建立并完善实验室操作规程，保障实验仪器设备的安全运行；抓好学科建设，丰富海相碳酸盐岩储层理论，形成海相碳酸盐岩油气勘探理论、技术和人才优势，为中国石油国内外海相油气勘探提供技术支撑。

海相油气地质研究所下设 4 个科室：规划研究室、塔里木研究室、四川研究室、南方研究室。在册职工 61 人，其中：男职工 48 人，女职工 13 人；教授级高级工程师 2 人，高级工程师 23 人，工程师 29 人，助理工程师 7

人；博士后、博士 11 人，硕士 44 人，学士及以下 6 人；35 岁及以下 37 人，36 ～ 45 岁 9 人，46 ～ 55 岁 15 人。中共党员 49 人，民盟盟员 1 人。

海相油气地质研究所领导班子由 2 人组成，张惠良任所长，谢锦龙任副所长。分工情况如下：张惠良负责行政工作，分管规划研究室、塔里木研究室；谢锦龙负责党务工作，分管四川研究室、南方研究室。

海相油气地质研究所党支部委员会由 3 人组成，谢锦龙任党支部书记，刘群任组织委员，马立桥任宣传委员。

2014 年 3 月，沈安江任海相油气地质研究所所长，免去张惠良所长职务，免去谢锦龙副所长职务。

2014 年 3 月，沈安江任海相油气地质研究所党支部书记，免去谢锦龙党支部书记职务。

2014 年 12 月，沈扬任海相油气地质研究所副所长。

2017 年 4 月，免去沈安江海相油气地质研究所党支部书记职务，沈安江暂不履行海相油气地质研究所所长职责。

2017 年 7 月，周进高任海相油气地质研究所党支部副书记。

2017 年 12 月，免去周进高海相油气地质研究所党支部副书记职务。

2017 年 12 月，倪新锋任海相油气地质研究所副所长，免去周进高所总地质师职务。

2018 年 4 月，吴建鸣任海相油气地质研究所党支部书记。

2020 年 6 月，免去吴建鸣海相油气地质研究所党支部书记职务。

2020 年 6 月，免去沈安江海相油气地质研究所所长职务。

2020 年 9 月，免去倪新锋海相油气地质研究所副所长职务。

2020 年 11 月，李林任海相油气地质研究所所长。

2020 年 11 月，沈扬任海相油气地质研究所党支部书记，李林任党支部副书记。

截至 2020 年 12 月 31 日，海相油气地质研究所下设 6 个项目部：综合项目部、鄂尔多斯项目部、南方项目部、实验技术项目部、四川项目部、塔里木第一项目部。在册职工 77 人，其中：男职工 57 人，女职工 20 人；正高级（含教授级）工程师 3 人，高级工程师 36 人、高级政工师 1 人，工程师 31 人、会计师 1 人，助理工程师及以下 5 人；博士后、博士 17 人，硕士

46 人，学士及以下 14 人；35 岁及以下 22 人，36～45 岁 35 人，46～55 岁 12 人，56 岁及以上 8 人。中共党员 61 人。

（一）海相油气地质研究所领导名录（2014.1—2020.12）

所　　　长　张惠良（正处级，2014.1—3）

　　　　　　沈安江（正处级，2014.3—2020.6）

　　　　　　李　林（2020.11—12）

副　所　长　谢锦龙（2014.1—3）

　　　　　　沈　扬（2014.12—2020.12）

　　　　　　倪新锋（2017.12—2020.9）

总 地 质 师　周进高（瑶族，2014.1—2017.12）

（二）海相油气地质研究所党支部领导名录（2014.1—2020.12）

书　　　记　谢锦龙（正处级，2014.1—3）

　　　　　　沈安江（正处级，2014.3—2017.4，进入专家岗位）

　　　　　　吴建鸣（正处级，2018.4—2020.6，退出领导岗位）

　　　　　　沈　扬（2020.11—12）

副　书　记　周进高（2017.7—12）

　　　　　　李　林（2020.11—12）

二、海洋油气地质研究所（2014.1—2020.12）

2008 年 1 月，杭州地质研究院机构重新设置，原有机构全部撤销，设立海洋油气地质研究所。

截至 2013 年 12 月 31 日，海洋油气地质研究所主要职责是：负责组织和实施中国石油有关海洋油气研究重大科技攻关项目和超前技术储备项目；开展中国石油国际海洋区块油气勘探有利区带评价和勘探风险目标优选，提出海域新项目评价；开展深水油气勘探地质理论技术方法研究，为南海深水油气勘探提供决策支撑；总结海洋油气地质理论，适时提出扩大海域油气勘探领域建议，提出中国石油海域油气勘探规划及发展战略；跟踪国际海洋油气勘探开发形势和技术发展趋势；抓好学科建设，形成海洋油气地质勘探理论、技术和人才优势。

海洋油气地质研究所下设 3 个科室：规划研究室、南海油气研究室、海外油气研究室。在册职工 35 人，其中：男职工 26 人，女职工 9 人；高级工程师 8 人，工程师 26 人，助理工程师 1 人；博士 3 人，硕士 26 人，学士及以下 6 人；35 岁及以下 23 人，36～45 岁 5 人，46～55 岁 6 人，56 岁及以上 1 人。中共党员 27 人，民盟盟员 1 人，农工党党员 1 人。

海洋油气地质研究所领导班子由 2 人组成，吕福亮任所长，范国章任副所长。分工情况如下：吕福亮负责行政工作，分管规划研究室、南海油气研究室；范国章负责党务工作，分管海外油气研究室。

海洋油气地质研究所党支部委员会由 3 人组成，范国章任党支部书记，杨兰英任组织委员，王彬任宣传委员。

2017 年 4 月，免去贺晓苏海洋油气地质研究所总地质师职务。

2017 年 7 月，李林任海洋油气地质研究所副所长。

2018 年 4 月，邵大力任海洋油气地质研究所副所长，免去范国章副所长职务。

2018 年 4 月，李林任海洋油气地质研究所党支部副书记，免去范国章党支部书记职务。

2020 年 11 月，邵大力任海洋油气地质研究所党支部书记，免去李林副书记职务。

2020 年 11 月，免去李林海洋油气地质研究所副所长职务。

截至 2020 年 12 月 31 日，海洋油气地质研究所下设 2 个项目部：南海油气项目部、海外油气项目部。在册职工 32 人，其中：男职工 24 人，女职工 8 人；教授级高级工程师 1 人，高级工程师 23 人，工程师 7 人，助理工程师及以下 1 人；博士后、博士 8 人，硕士 20 人，学士及以下 4 人；35 岁及以下 7 人，36～45 岁 16 人，46～55 岁 6 人，56 岁及以上 3 人。中共党员 27 人，民盟盟员 1 人，农工党党员 1 人。

（一）海洋油气地质研究所领导名录（2014.1—2020.12）

　　　所　　　长　吕福亮（正处级，2014.1—2020.12）

　　副　所　长　范国章（正处级，2014.1—2018.4）

　　　　　　　　李　林（2017.7—2020.11）

　　　　　　　　邵大力（2018.4—2020.12）

　　总　地　质　师　贺晓苏（2014.1—2017.4，退出领导岗位）

（二）海洋油气地质研究所党支部领导名录（2014.1—2020.12）

　　书　　记　范国章（2014.1—2018.4）
　　　　　　　邵大力（2020.11—12）
　　副　书　记　吕福亮（2014.1—2020.12）
　　　　　　　李　林（2018.4—2020.11）

三、实验研究所（2014.1—2020.12）

2008年1月，杭州地质研究院机构重新设置，原有机构全部撤销，设立实验研究所。

截至2013年12月31日，实验研究所主要职责是：负责组织和实施与碎屑岩、湖相碳酸盐岩油气勘探有关的科技攻关项目；开展碎屑岩和湖相碳酸盐岩沉积储层及有利勘探目标评价优选研究；发展和引领碎屑岩动力成岩作用理论，创新复杂碎屑岩储层量化评价预测技术；抓好学科建设，形成储层地质理论、技术和人才优势。

实验研究所下设4个科室：实验研究室、准噶尔研究室、吐哈研究室、柴达木研究室。在册职工56人，其中：男职工38人，女职工18人；教授级高级工程师1人，高级工程师18人、副研究员1人，工程师27人，助理工程师及以下9人；博士后、博士6人，硕士33人，学士及以下17人；35岁及以下29人，36～45岁13人，46～55岁14人。中共党员39人。

实验研究所领导班子由2人组成，沈安江任所长，陈能贵任副所长。分工情况如下：沈安江负责全面工作，分管实验研究室、柴达木研究室；陈能贵负责行政工作，分管准噶尔研究室、吐哈研究室。

实验研究所党支部委员会由3人组成，沈安江任党支部书记，韦东晓任组织委员，徐云俊任宣传委员。

2014年3月，张惠良任实验研究所所长，刘占国任总地质师，免去沈安江所长职务。

2014年3月，张惠良任实验研究所党支部书记（正处级），免去沈安江党支部书记职务。

2018年4月，免去张惠良实验研究所所长职务。

2018年4月，刘占国任实验研究所党支部书记，免去张惠良党支部书记职务。

2018年5月，徐洋任实验研究所副所长（主持工作），刘占国任副所长，免去刘占国总地质师职务。

2018年5月，徐洋任实验研究所党支部副书记。

2020年9月，徐洋任实验研究所所长。

截至2020年12月31日，实验研究所下设3个项目部：准噶尔项目部、柴达木项目部、塔里木第二项目部。在册职工40人，其中：男职工37人，女职工3人；高级工程师28人，工程师11人，助理工程师1人；博士后、博士6人，硕士28人，学士及以下6人；35岁及以下11人，36～45岁18人，46～55岁9人，56岁及以上2人。中共党员33人，民盟盟员1人。

（一）实验研究所领导名录（2014.1—2020.12）

　　所　　　长　沈安江（正处级，2014.1—3）

　　　　　　　　张惠良（正处级，2014.3—2018.4）

　　　　　　　　徐　洋（2020.9—12）

　　副　所　长　陈能贵（2014.1—2020.12）

　　　　　　　　徐　洋（2018.5—2020.9）

　　　　　　　　刘占国（满族，2018.5—2020.12）

　　总 地 质 师　刘占国（2015.3—2018.5）

（二）实验研究所党支部领导名录（2014.1—2020.12）

　　书　　　记　沈安江（2014.1—3）

　　　　　　　　张惠良（2014.3—2018.4）

　　　　　　　　刘占国（2018.4—2020.12）

　　副　书　记　徐　洋（2018.5—2020.12）

四、矿权储量技术研究所（2014.1—2020.12）

2008年1月，杭州地质研究院机构重新设置，原有机构全部撤销，设立矿权储量技术研究所。

截至2013年12月31日，矿权储量技术研究所主要职责是：负责开展股份公司矿权、储量、海外及对外合作方面各项生产研究及技术支持工作；开展股份公司矿权区块评价与管理系统的研发和维护；开展股份公司及海外SEC储量管理系统的研发和维护；开展股份公司SEC油气储量自评估研究以及年报工作；掌握国内外矿权储量技术领域的动态和发展方向，为股份公司制定矿权储量发展战略，提供科学决策依据。

矿权储量技术研究所下设2个科室：矿权技术研究室、储量技术研究室。在册职工16人，其中：男职工10人，女职工6人；高级工程师5人，工程师10人，助理工程师及以下1人；博士1人，硕士5人，学士及以下10人；35岁及以下9人，36～45岁2人，46～55岁5人。中共党员10人。

矿权储量技术研究所领导班子由1人组成，丁成豪任总地质师，负责全面工作。

矿权储量技术研究所党支部委员会由2人组成，黄冲任组织委员，丁成豪任宣传委员。

2014年3月，谢锦龙任矿权储量技术研究所所长（正处级）。

2014年3月，谢锦龙任矿权储量技术研究所党支部书记。

2017年4月，免去谢锦龙杭州地质研究院矿权储量技术研究所党支部书记职务，谢锦龙暂不履行所长职责。

2017年12月，倪超任矿权储量技术研究所副所长、党支部书记。

2020年6月，免去谢锦龙矿权储量技术研究所所长职务。

2020年9月，倪新锋任矿权储量技术研究所所长，张建勇任副所长，免去倪超副所长职务。

2020年9月，张建勇任矿权储量技术研究所党支部书记，倪新锋任党支部副书记，免去倪超党支部书记职务。

截至2020年12月31日，矿权储量技术研究所下设2个项目部：矿权技术项目部、储量技术项目部。在册职工22人，其中：男职工14人，女职工8人；教授级高级工程师1人，高级工程师14人，工程师4人，助理工程师及以下3人；博士5人，硕士9人，学士及以下8人；35岁及以下4人，36～45岁11人，46～55岁2人，56岁及以上5人。中共党员14人。

（一）矿权储量技术研究所领导名录（2014.1—2020.12）

所　　　长　谢锦龙（正处级，2014.3—2020.6，退出领导岗位）

　　　　　　倪新锋（2020.9—12）

副　所　长　倪　超（2017.12—2020.9）

　　　　　　张建勇（2020.9—12）

总 地 质 师　丁成豪（2014.1—2020.9）

（二）矿权储量技术研究所党支部领导名录（2014.1—2020.12）

书　　　记　谢锦龙（正处级，2014.3—2017.4，进入专家岗位）

倪　超（2017.12—2020.9）

张建勇（2020.9—12）

副 书 记　倪新峰（2020.9—12）

五、计算机应用研究所（2014.1—2020.12）

2008 年 1 月，杭州地质研究院机构重新设置，原有机构全部撤销，设立计算机应用研究所。

截至 2013 年 12 月 31 日，计算机应用研究所主要职责是：负责地震资料处理、解释、储层预测、油藏描述与储层评价工作；抓好学科建设，组织地球物理专业领域的基础理论研究以及技术攻关；组织研究所内外地球物理方面学术活动和培训工作；负责计算机软、硬件设备引进的调研、方案、论证；负责院内网络信息设施和机房内计算机硬件及其辅助设备的管理和维护工作；负责院门户的建设、信息发布、内部有关信息查询系统的维护工作；负责网络信息和数据安全，做好各类服务器的维护和管理工作。

计算机应用研究所下设 2 个科室：物探研究室、计算机室。在册职工 14 人，其中：男职工 11 人，女职工 3 人；教授级高级工程师 1 人，高级工程师 2 人，工程师 8 人，助理工程师 2 人、助理经济师 1 人；博士 2 人，硕士 7 人，学士及以下 5 人；35 岁及以下 9 人，36～45 岁 1 人，46～55 岁 4 人。中共党员 7 人。

计算机应用研究所领导班子由 1 人组成，庄锡进任所长，负责全面工作。

计算机应用研究所党支部委员会由 3 人组成，庄锡进任党支部书记，陈见伟任组织委员，金弟任宣传委员。

2016 年 1 月，李立胜任计算机应用研究所总工程师。

2018 年 4 月，范国章任计算机应用研究所所长，免去庄锡进所长职务。

2018 年 5 月，庄锡进任计算机应用研究所副所长。

2018 年 5 月，范国章任计算机应用研究所党支部副书记。

2020 年 6 月，免去庄锡进计算机应用研究所党支部书记职务。

2020年6月，免去范国章计算机应用研究所所长职务。

2020年9月，徐志诚任计算机应用研究所所长，免去庄锡进副所长职务。

2020年9月，徐志诚任计算机应用研究所党支部书记。

2020年10月，免去范国章计算机应用研究所党支部副书记职务。

截至2020年12月31日，计算机应用研究所下设2个项目部：物探技术项目部、计算机信息项目部。在册职工13人，其中：男职工12人，女职工1人；教授级高级工程师1人，高级工程师8人，工程师4人；博士2人，硕士8人，学士及以下3人；35岁及以下2人，36～45岁9人，46～55岁1人，56岁及以上1人。中共党员10人。

（一）计算机应用研究所领导名录（2014.1—2020.12）

　　　　所　　　　长　　庄锡进（2014.1—2018.4）

　　　　　　　　　　　　范国章（正处级，2018.4—2020.6，进入专家岗位）

　　　　　　　　　　　　徐志诚（2020.9—12）

　　　　副　所　长　　庄锡进（2018.5—2020.9）

　　　　总 工 程 师　　李立胜（2016.1—2020.12）

（二）计算机应用研究所党支部领导名录（2014.1—2020.12）

　　　　书　　　　记　　庄锡进（2014.1—2020.6，退出领导岗位）

　　　　　　　　　　　　徐志诚（2020.9—12）

　　　　副　书　记　　范国章（2018.5—2020.10）

第四节　服务保障单位

截至2020年12月31日，杭州地质研究院下设两个服务保障单位：文献中心、综合服务中心。

文献中心与综合服务中心联合党支部由文献中心、综合服务中心两个单位党员组成。

一、文献中心（2014.1—2020.12）

2008年1月，杭州地质研究院进行机构重新设置，原有机构全部撤销，设立文献中心。

截至 2013 年 12 月 31 日，文献中心主要职责是：负责《海相油气地质》期刊的组稿、编辑、出版、发行工作；负责全院科技图书、刊物及报纸的征订、编录、保管、借阅和书刊信息开发工作，利用门户网站及时提供新书目录、摘要并提供借阅信息；负责全院科技档案、科技资料及文书档案、设备档案、基建档案、财会档案的收集、整理、保管、借阅和档案资料信息开发工作，及时将科技资料及档案目录分权限在门户网站开放；负责对电子版科技资料按盆地进行分类保管、利用，为科研及全院档案利用服务；负责院属各科研单位资料复印及报告印刷验收和归档工作；承担全院科技人员专著出版的前期准备工作及分发与保管。

文献中心在册职工 6 人，其中：男职工 4 人，女职工 2 人；高级工程师 2 人，工程师 3 人，技术员 1 人；硕士 2 人，学士及以下 4 人；35 岁及以下 1 人，36～45 岁 1 人，46～55 岁 2 人，56 岁及以上 2 人。中共党员 2 人。

文献中心领导班子由 1 人组成，张跃平任主任，负责全面工作。

2014 年 12 月，黄革萍任文献中心副主任。

2017 年 4 月，免去张跃平文献中心主任职务。

2017 年 7 月，张润合任文献中心主任。

截至 2020 年 12 月 31 日，文献中心在册职工 6 人，其中：男职工 3 人，女职工 3 人；高级工程师 3 人，工程师 3 人；博士 1 人，硕士 3 人，学士及以下 2 人；36～45 岁 1 人，46～55 岁 5 人。中共党员 3 人。

　　主　　　任　张跃平（2014.1—2017.4，退出领导岗位）

　　　　　　　　张润合（2017.7—2020.12）

　　副　主　任　黄革萍（女，2014.12—2020.12）

二、综合服务中心（2014.1—2020.12）

2008 年 1 月，杭州地质研究院机构重新设置，原有机构全部撤销，设立综合服务中心。

截至 2013 年 12 月 31 日，综合服务中心主要职责是：负责专项基建项目组织实施和管理；负责全院材料的采购、验收、保管、发放、稽核和报销工作；负责办公区、公寓区内基础设施的维修与管理工作；负责员工公寓的分配、调整、管理和公有空房的出租；负责院办公家具、公寓家具的购置、保管、配置、发放、维护和回收处理；负责全院的绿化、环境卫生工作；负责供水、供电和通讯系统的维护和保养工作，确保供水、供电和通讯系统的有序和安全；负责员工的医疗保健、防病及个人健康卫生的宣传教育工作；负责矿区服务工作；负责离退休人员服务工作；负责办好员工食堂，确保食品卫生、营养和安全；负责院车辆管理、服务工作；负责院土地房产管理。

综合服务中心在册职工 15 人，其中：男职工 11 人，女职工 4 人；高级工程师 1 人、高级政工师 1 人，工程师 1 人、会计师 1 人，助理工程师及以下 11 人；学士及以下 15 人；36～45 岁 3 人，46～55 岁 8 人，56 岁及以上 4 人。中共党员 7 人。

综合服务中心领导班子由 2 人组成，姚天金任主任，刘喆任副主任。分工情况如下：姚天金负责全面工作，刘喆负责公寓管理、餐饮管理工作。

2014 年 1 月，刘喆任综合服务中心副主任。

2014 年 12 月，余军任综合服务中心副主任，免去刘喆副主任职务。

2017 年 4 月，免去姚天金综合服务中心主任职务。

2017 年 7 月，余军任综合服务中心主任。

截至 2020 年 12 月 31 日，综合服务中心在册职工 11 人，其中：男职工 8 人，女职工 3 人；高级工程师 1 人，工程师（会计师）3 人，助理工程师及以下 7 人；硕士 1 人，学士及以下 10 人；36～45 岁 2 人，46～55 岁 8 人，56 岁及以上 1 人。中共党员 11 人。

主　　任　姚天金（2014.1—2017.4，退出领导岗位）

　　　　　余　军（2017.7—2020.12）

副　主　任　刘　喆（2014.1—12）

　　　　　余　军（2014.12—2017.7）

三、文献中心与综合服务中心联合党支部（2014.1—2020.12）

截至 2013 年 12 月 31 日，文献中心与综合服务中心联合党支部委员会由 3 人组成，姚天金任党支部书记，刘喆任组织委员，秦晓梅任宣传委员。

2016 年 10 月，文献中心与综合服务中心联合党支部委员会由 3 人组成，张跃平任党支部书记，余军任组织委员，董庸任宣传委员兼纪检委员。

2017 年 4 月，免去张跃平文献中心与综合服务中心联合党支部书记职务。

2017 年 7 月，余军任文献中心与综合服务中心联合党支部书记。

2018 年 6 月，张润合任文献中心与综合服务中心联合党支部副书记。

截至 2020 年 12 月 31 日，文献中心与综合服务中心联合党支部由余军任书记、张润合任副书记。

    书　　　记　姚天金（2014.1—2016.10）

　　　　　　　　张跃平（2016.10—2017.4）

　　　　　　　　余　军（2017.7—2020.12）

    副　书　记　张润合（2018.6—2020.12）

第十章　附录附表

第一节　组织机构沿革图

图例说明

1.本图主要按编年记事的方式简要绘制组织机构的沿革变化，主要包括机构的成立、更名、合署办公、合并、分设、撤销、划转等事项。

2.本图中机构沿革变化以"机构名称"中首字对应年份为时间节点。机构名称在一年中发生多次变革的，只显示最终名称。

3.机构延续或更名用"→"符号表示；撤销用"‖"符号表示；合并用"⥂"符号表示；分设用"⤳"符号表示。

4.两个机构合署办公，用"⌒"符号表示，并在后面用括号标注合署办公单位；取消合署办公，用"⌣"符号表示。

5.具体图例符号使用详见每页机构沿革图下的"图例说明"。

中国石油勘探开发研究院机构沿革框架图

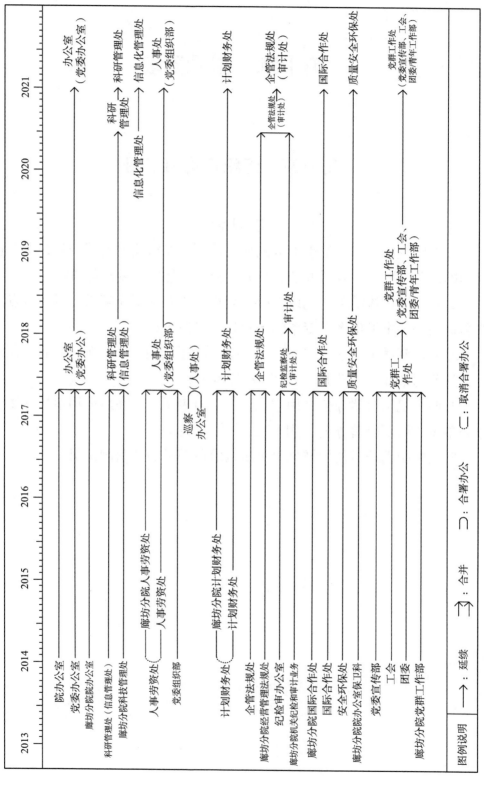

图例说明 ｜ →：延续 ⇒：合并 ⊐：合署办公 匚：取消合署办公

中国石油勘探开发研究院机构沿革框架图

时间轴：2013　2014　2015　2016　2017　2018　2019　2020　2021

- 石油地质研究所 →（2017）石油地质研究所 →（2021）石油天然气地质研究所（风险勘探研究中心）
- 塔里木分院 →（2021）油气田环境遥感研究所（含“田采环境遥感监测中心”）
- 廊坊分院天然气地质研究所 →（2017）石油地质研究所
- 油气资源规划研究所 →（2020）油气管资源规划研究所（矿权研究中心）→（2021）油气资源规划研究所（矿权与储量研究中心）
- 石油地质实验研究中心 →（2021）石油地质实验室研究中心
- 物探技术研究所 →（2018）油气地球物理研究所
- 测井与遥感技术研究所 →（2020）测井技术研究所 →（2021）测井技术研究所
- 油气田开发研究所 →（2015）油气田开发研究所 →（2017）油气田开发研究所 →（2021）油气田开发研究所
- 储层研究所筹备组 ↗
- 油气开发战略规划研究所
- 石油采收率研究所 →（2017）采收率研究所 →（2020）提高采收率研究所 →（2021）采收率研究所（渗流流体力学研究所）
- 廊坊分院渗流流体力学研究所 →（2017）渗流流体力学研究所 →（2020）渗流流体力学研究所
- 热力采油研究所 →（2021）热力采油研究所
- 鄂尔多斯分院
- 气田开发研究所 →（2017）气田开发研究所 →（2020）致密油研究所
- →（2021）致密油研究所
- →（2021）气田开发研究所
- 廊坊分院地下储库设计与工程技术研究中心 →（2018）地下储库研究所 →（2020）地下储库研究中心（储库容量评估分中心）
- 非常规研究所 →（2018）非常规研究所 →（2020）地下储库研究中心（储库容量评估分中心）
- →（2021）页岩气研究所
- 页岩气研究所 →（2021）页岩气研究所
- 煤层气研究所 →（2021）煤层气研究所

图例说明　→：延续　⇉：合并　‖：撤销

中国石油勘探开发研究院院机构沿革框架图

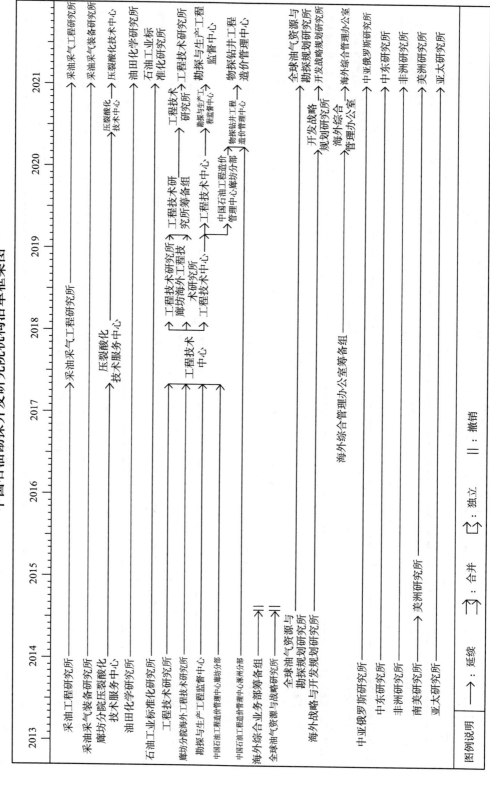

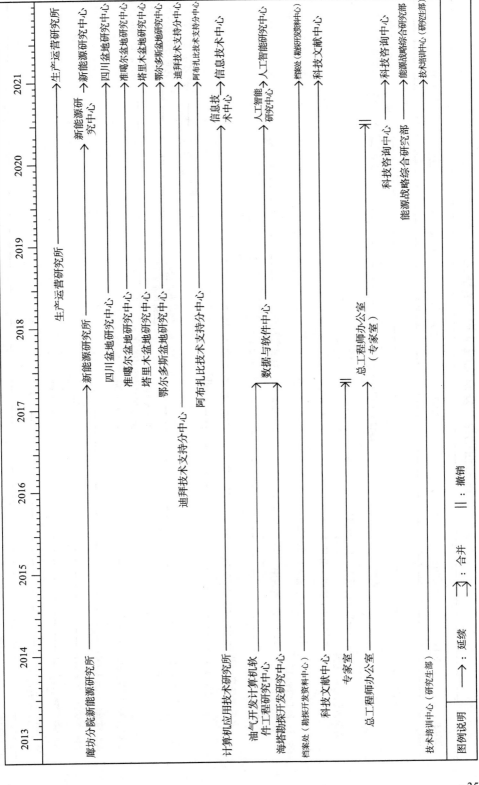

中国石油勘探开发研究院机构沿革框架图

中国石油勘探开发研究院机构沿革框架图

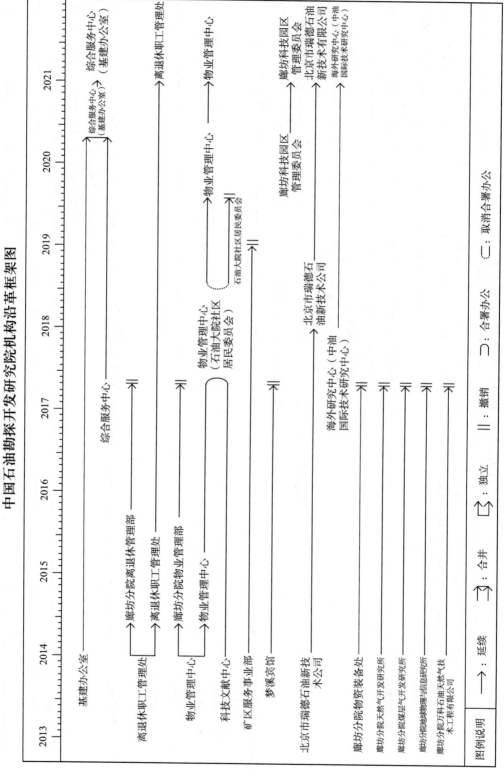

中国石油勘探开发研究院机构沿革框架图

2013	2014	2015	2016	2017	2018	2019	2020	2021

廊坊分院多种经营部

西北分院院办公室 → 西北分院办公室（党委办公室）→ 西北分院办公室（党委办公室）

西北分院党群工作处 → 西北分院党群工作处

西北分院科技发展处 → 西北分院科研管理处（国际合作处）→ 西北分院科研管理处（国际合作处）

西北分院生产市场处 → 西北分院企管法规处 → 西北分院企管法规处

西北分院人事劳资处 → 西北分院人事处（党委组织部）→ 西北分院人事处（党委组织部）

西北分院计划财务处 → 西北分院计划财务处

西北分院纪检审计办公室 → 西北分院纪检监察处（审计处）→ 西北分院纪委办公室（审计处）→ 西北分院纪委办公室（审计处）

西北分院油气地质研究所 → 西北分院盆地实验研究中心 → 西北分院盆地实验研究中心

西北分院西部勘探研究所 → 西北分院西部勘探研究所

西北分院油藏描述研究所 → 西北分院油藏描述研究所

西北分院油气战略规划研究所 → 西北分院油气战略规划研究所

西北分院数据处理研究所 → 西北分院地震资料处理解释中心 → 西北分院地震资料处理解释中心

西北分院地球物理研究所 → 西北分院地球物理研究所

西北分院计算机技术研究所 → 西北分院计算机技术研究所

西北分院科技文献中心 → 西北分院科技文献中心

西北分院综合服务处 → 西北分院综合服务处

西北分院退休职工管理处 → 西北分院退休职工管理处

图例说明　　—→：延续　　＝：撤销

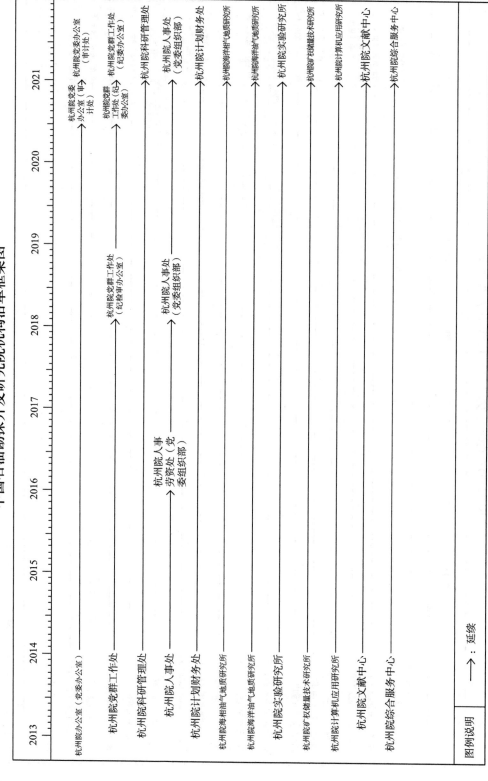

中国石油勘探开发研究院机构沿革框架图

图例说明　——→：延续

第二节　历年基本情况统计表

一、职工岗位分类与工资情况

项目 ＼ 年份	2014	2015	2016	2017	2018	2019	2020
一、职工岗位分类							
1. 年末职工人数（人）	3195	3241	3183	3122	3048	2949	2801
其中：女（人）	1134	1156	1127	1105	1062	1007	944
2. 工人（人）	186	177	177	157	127	110	106
3. 学徒（人）	—	—	—	—	—	—	—
4. 工程技术人员（人）	2389	2440	2420	2376	2291	2208	2048
5. 管理人员（人）	620	602	583	581	610	599	632
6. 服务人员（人）	0	22	3	8	20	32	15
7. 其他（人）	—	—	—	—	—	—	—
二、工资总额（万元）	61135.46	63155.15	63448.70	69143.06	81961.14	85664.04	87086.61
三、平均工资（元／人）	191347.29	194863.16	199336.16	221470.40	268901.38	290485.05	310912.57

二、职工队伍分类情况

单位：人

项目 ＼ 年份	2014	2015	2016	2017	2018	2019	2020
合计	3195	3241	3183	3122	3048	2949	2801
科研	2458	2552	2520	2467	2419	2335	2276
管理机关	377	359	354	275	270	274	221
其他	360	330	309	380	359	340	304

三、职工文化、年龄结构情况

项目		2014		2015		2016		2017		2018		2019		2020	
	年份	人数	构成比重	人数	构成比重	人数	构成比重	人数	构成比重	人数	构成比重	人数	构成比重	人数	构成比重
	合计	3195	—	3241	—	3183	—	3122	—	3048	—	2949	—	2801	—
文化结构	研究生	1837	57.50%	1921	59.27%	1959	61.55%	1982	63.48%	1952	64.04%	1940	65.79%	1952	69.69%
	大学本科	817	25.57%	785	24.22%	754	23.69%	728	23.32%	740	24.28%	693	23.50%	600	21.42%
	大专	346	10.83%	311	9.60%	286	8.99%	260	8.33%	223	7.32%	197	6.68%	157	5.61%
	中专	62	1.94%	57	1.76%	46	1.45%	42	1.35%	35	1.15%	27	0.92%	23	0.82%
	技校	20	0.63%	16	0.49%	16	0.50%	10	0.32%	9	0.30%	9	0.31%	6	0.21%
	高中	88	2.75%	82	2.53%	73	2.29%	60	1.92%	52	1.71%	44	1.49%	38	1.36%
	初中及以下	25	0.78%	69	2.13%	49	1.54%	40	1.28%	37	1.21%	39	1.32%	25	0.89%
年龄结构	25岁及以下	84	2.63%	72	2.22%	37	1.16%	29	0.93%	18	0.59%	13	0.44%	19	0.68%
	26岁至35岁	1231	38.53%	1204	37.15%	1149	36.10%	1047	33.54%	942	30.91%	819	27.77%	697	24.88%
	36岁至45岁	780	24.41%	802	24.75%	820	25.76%	879	28.16%	929	30.48%	950	32.21%	966	34.49%
	46岁至55岁	977	30.58%	1011	31.19%	1031	32.39%	1009	32.32%	972	31.89%	910	30.86%	813	29.03%
	56岁及以上	123	3.85%	152	4.69%	146	4.59%	158	5.06%	187	6.14%	257	8.71%	306	10.92%

四、职工增加情况

单位：人

项目＼年份	2014	2015	2016	2017	2018	2019	2020
合计	83	111	75	60	63	40	72
复原、转业军人	—	—	—		—	1	—
各类毕业生	70	92	66	45	49	29	59
各类社会用工	9	14	6	12	11	9	13
系统外调入	2	2	—	—	3	1	—
其他	2	3	3	3	—	—	—

五、干部基本情况

单位：人

项目＼年份		2014	2015	2016	2017	2018	2019	2020
合计		3051	3064	3044	3007	2921	2826	2695
	女	1074	1257	1080	1076	1017	967	905
	少数民族	—	—	117	118	114	112	112
	党员	1646	1616	1681	1674	1850	1819	1811
文化程度	大学及以上	2644	2696	2704	2700	2674	2614	2530
	大专	302	279	256	235	185	171	131
	中专	53	48	41	38	29	21	18
	技校	6	6	8	4	2	2	2
	高中	27	25	23	18	14	12	10
	初中及以下	19	10	12	12	7	6	4
年龄	25岁及以下	82	70	37	29	18	12	19
	26岁至40岁	1553	1587	1606	1569	1525	1432	1275
	41岁至55岁	1285	1299	1299	1290	1222	1159	1129
	56岁及以上	131	108	102	119	156	223	272

六、各类专业技术人员情况

单位：人

项目 \ 年份		2014	2015	2016	2017	2018	2019	2020
合计		1939	2071	2533	2492	2401	2315	2156
专业	科学技术人员	—	—	—	—	—	—	—
	工程技术人员	1843	1862	2000	1996	1926	1865	1726
	卫生技术人员	—	—	11	11	10	9	7
	各类院校技术人员	—	—	—	—	—	—	—
	会计审计人员	—	—	64	63	55	53	45
	统计人员	—	—	—	—	—	—	—
	经济人员	—	—	75	75	73	72	72
	其他	96	209	383	347	337	316	306
职称	高级	814	865	934	1010	1056	1165	1215
	中级	830	881	907	883	838	746	624
职务	局级	12	12	11	12	14	15	15
	处级	303	293	289	285	293	288	290

七、工程技术人员情况

单位：人

项目 \ 年份	2014	2015	2016	2017	2018	2019	2020
合计	1843	1862	2000	1996	1926	1865	1726
石油地质勘探	889	856	881	882	846	820	763
地球物理勘探	177	218	228	222	215	205	186
钻井工程	36	34	35	34	34	32	30
油气田开发	465	460	537	564	551	539	527
炼油、化工机械	1	—	—	—	—	—	—
其他	276	294	319	294	280	269	220

八、职工培训情况

项目＼年份	2014	2015	2016	2017	2018	2019	2020
职工人数	3195	3241	3183	3122	3048	2949	2801
岗位培训人数	—	2763	2926	2431	573	1398	465
	—	2763	2926	2431	573	1398	465

第三节　院士、专家、教授、高工、一级工程师人员名单

一、两院院士名录

序号	姓名	院士名称	当选时间	备注
1	侯祥麟	中国科学院院士 中国工程院院士	1995年 1991年	2008年12月去世
2	翁文波	中国科学院院士	1980年	1994年11月去世
3	童宪章	中国科学院院士	1991年	1996年1月去世
4	李德生	中国科学院院士	1991年	
5	郭尚平	中国科学院院士	1995年	
6	戴金星	中国科学院院士	1995年	
7	翟光明	中国工程院院士	1995年	
8	田在艺	中国科学院院士	1997年	2015年3月去世
9	胡见义	中国工程院院士	1997年	
10	邱中健	中国工程院院士	1999年	
11	韩大匡	中国工程院院士	2001年	
12	贾承造	中国科学院院士	2003年	
13	苏义脑	中国工程院院士	2004年	
14	童晓光	中国工程院院士	2005年	
15	袁士义	中国工程院院士	2005年	
16	赵文智	中国工程院院士	2013年	
17	刘合	中国工程院院士	2017年	
18	邹才能	中国科学院院士	2017年	
19	李宁	中国工程院院士	2019年	

二、享受政府特殊津贴名单

2015 年：人事〔2015〕80 号（一次性发放）（2 人）

胡素云	田昌炳					

2017 年：人事〔2017〕80 号（一次性发放）（3 人）

魏国齐	张义杰	李 剑				

2019 年：人事函〔2019〕33 号（一次性发放）（3 人）

姚根顺	陆家亮	汪泽成				

三、高级科技专家名单

（一）聘任为中国石油天然气集团公司高级技术专家名单

2014 年：中油人事〔2014〕17 号（38 人）

侯连华	郭秋麟	胡素云	陶士振	田作基	孙 平	郑俊章	董大忠
寿建峰	赵孟军	李 剑	李小地	胡永乐	王红庄	田昌炳	吴淑红
马德胜	王国辉	沈德煌	熊春明	罗健辉	郭建林	范子菲	刘尚奇
丁云宏	欧阳永林	朱怡翔	丁国生	张 研	曹 宏	陈启林	甘利灯
李潮流	李 宁	王才志	于庆友	时付更	曾 萍		

2015 年：中油人事〔2015〕16 号（31 人）

魏国齐	王红军	汪泽成	沈安江	张光亚	潘校华	张义杰	张水昌
袁选俊	王兆云	李建忠	刘 合	贾爱林	吴向红	陈和平	常毓文
冉启全	秦积舜	李秀峦	胥 云	卢拥军	杨贤友	何东博	裴晓含
王皆明	王西文	杨午阳	胡 英	周灿灿	冯 梅	龚仁彬	

2015 年：中油人事〔2015〕483 号（32 人）

陶士振	张志伟	姚根顺	卫平生	陈启林	朱如凯	郭秋麟	张兴阳
郭 睿	李熙喆	王红岩	胡永乐	马德胜	朱友益	王红庄	丁云宏
田昌炳	熊春明	叶继根	吴淑红	丁国生	雍学善	曹 宏	李劲松
石玉梅	张 研	高建虎	王克文	冯庆付	李 宁	高圣平	时付更

（二）院一级技术专家、首席专家名单

2016年：勘研人〔2016〕113号（12人）

魏国齐	沈安江	陈志勇	曹　宏	李　宁	胡永乐	叶继根	李熙喆
熊春明	胥　云	刘　合	潘校华				

2018年：勘研人〔2018〕3号（8人）

汪泽成	潘建国	张义杰	田昌炳	陆家亮	张志伟	刘尚奇	范子菲

2020年：勘研人〔2020〕43号（23人）

魏国齐	沈安江	潘建国	李　剑	陈志勇	汪泽成	张志伟	张　研
雍学善	田昌炳	贾爱林	李熙喆	郭　睿	冉启全	马德胜	刘尚奇
熊春明	丁云宏	裴晓含	陆家亮	常毓文	郑得文	龚仁彬	

（三）院二级技术专家、企业技术专家名单

2016年：勘研人〔2016〕113号（49人）

金凤鸣	曹正林	李　军	徐安娜	陶士振	朱如凯	朱光有	邓胜徽
郭秋麟	谢锦龙	毕海滨	胡　英	胡自多	甘利灯	李红兵	苏明军
王才志	李潮流	张友焱	刘文岭	任殿星	唐　玮	杨正明	张善严
罗文利	杨思玉	关文龙	万玉金	郭建林	刘建东	唐孝芬	王　欣
杨贤友	郑立臣	郭东红	张付生	陶　冶	董俊昌	易成高	尹继全
毛凤军	祝厚勤	李　志	田中元	赵国良	何鲁平	贾芬淑	翟光华
冯　梅							

2018年：勘研人〔2018〕3号（21人）

李相博	周进高	刘洪林	管树巍	王社教	王友净	夏　静	曲德斌
吴忠宝	聂　臻	杜政学	郑雅丽	王兆明	尹秀玲	王良善	雷占祥
黄文松	赵　喆	李　群	时付更	周相广			

2020年：勘研人〔2020〕80号（68人）

陈竹新	李相博	周进高	朱如凯	范国章	陶士振	陈建平	邓胜徽

· 365 ·

毕海滨	郭秋麟	米石云	曹正林	王兆明	毛凤军	李　志	尹继全
黄福喜	胡　英	胡自多	甘利灯	李红兵	苏明军	武宏亮	李潮流
黄文松	田中元	王友净	夏　静	宋　珩	万玉金	冀　光	吴忠宝
叶继根	张善严	刘晓华	雷征东	郭建林	罗文利	关文龙	杨正明
曹　刚	刘建东	李宜坤	胥　云	杨立峰	石　阳	郑立臣	郭东红
刘卫东	聂　臻	贾德利	陈俊峰	赵　喆	唐红君	易成高	杜政学
尹秀玲	郭彬程	罗　霞	胡志明	刘洪林	王社教	郑雅丽	朱华银
时付更	李　群	周相广	冯　梅				

四、教授级（正）高级工程师（经济师）名单

2015 年：中油人事〔2015〕362 号（20 人）

汪泽成	朱如凯	杨　威	斯春松	王天奇	王社教	柳少波	万仑坤
曹　宏	王才志	李保柱	李秀峦	陆家亮	潘志坚	何东博	冯明生
何鲁平	刘新云	龚仁彬	冯　梅				

2017 年：中油人事〔2018〕16 号（20 人）

杨　涛	孙粉锦	郭彦如	刘化清	周进高	王红岩	张兴阳	王汇彤
王红军	董俊昌	沈德煌	王永辉	万玉金	张爱卿	李　实	陈烨菲
刘庆杰	胡　英	杨　辉	耿东士				

2019 年：中油人事〔2019〕379 号（20 人）

正高级工程师（18 人）：

王晓梅	李　伟	孙贺东	朱光有	曹正林	张国生	胡国艺	李潮流
雷征东	窦宏恩	张善严	师俊峰	杨正明	郑得文	王建君	夏朝辉
潘建国	徐政语						

正高级经济师（2 人）：

陈建军	贾进斗						

五、高级职称人员名单

2014 年：人事〔2015〕160 号（54 人）

高级工程师（48 人）：

白　斌	张　斌	邢　娅	孟庆洋	黄福喜	曾齐红	陶小晚	张　黎
李伯华	陈欢庆	蔡红岩	王少军	侯秀林	王伯军	王继强	周新茂
杨清海	魏铁军	张　娜	赵瑞东	甯　波	白凤鸾	吴义平	衣英杰
刘亚明	宋　珩	余朝华	崔泽宏	孙作兴	沈珏红	曾富英	邵丽艳
方朝合	李　洋	赵素平	胡志明	才　博	王亚莉	梁　冲	赵　伟
万传治	李在光	张　晶	张正刚	徐志诚	宫清顺	陈　戈	陈　荣

高级经济师（1 人）：

彭　云							

高级会计师（2 人）：

余　兰	孙淑岭						

高级政工师（3 人）：

何福忠	姜　红	熊　波					

2015 年：人事〔2016〕49 号、67、75、87、94、172（83 人）

高级工程师（77 人）：

武宏亮	姚建强	孙　瑶	王亦然	姚　刚	牛　敏	柏东明	宋雪娟
曾华会	叶月明	李胜军	王恩利	魏　超	尉晓玮	赵　凡	蒋春玲
薛建军	陈俊峰	张　静	谷志东	李秋芬	高　力	薄冬梅	江青春
苏　劲	郑　曼	鲁雪松	周红英	赵振宇	李浩武	洪国良	高日胜
贺正军	缪卫东	赵　群	王　勃	王淑英	董雪华	吴青鹏	马　峰
吴武军	张猛刚	黄成刚	曹全斌	邵大力	罗宪婴	胡安平	司学强
潘立银	陈建阳	王宝华	黄　磊	刘朝霞	杨胜建	彭缓缓	周朝辉
韩　洁	高　建	罗蔓莉	王　凤	孙福超	刘　翔	杨　双	张新征

续 表

王 恺	张 磊	韩 彬	孙 威	黄伟岗	崔庆锋	谷江锐	王丽伟
杨立峰	翁定为	张小宁	高魁旭	刘 海			

高级经济师（2人）：

彭青云	史建勋						

高级政工师（3人）：

王子龙	万延涛	雷振宇					

副编审（1人）：

黄昌武							

2016年：人事〔2017〕92号、112、113、186、244（88人）

高级工程师（85人）：

刘英明	琚 亮	宋建勇	王春明	倪长宽	张小美	赵万金	陈见伟
朱玉立	曹晓初	郑晓静	何晓梅	闫 伟	刘 磊	徐兆辉	杨 帆
杨 春	李永新	梁 坤	郭红燕	陈志勇	王京红	张响响	张 晶
魏晨吉	鲍敬伟	高小翠	王小林	李小波	常军华	张霞林	吴永彬
张广明	石 阳	高建荣	季丽丹	贾成业	齐亚东	魏松波	仪晓玲
高 明	王正波	白建辉	宋成鹏	袁圣强	林雅平	杨朝蓬	阳孝法
韩海英	刘 辉	丁 伟	陈亚强	王作乾	林世国	谢武仁	郭泽清
霍 瑶	苏云河	徐艳梅	王春鹏	杜长虹	车明光	张亚蒲	马原栋
赵艳杰	孙春柳	张 义	杨焦生	张晓伟	郭 伟	温晓红	曹光强
窦玉坛	杨荣军	乐幸福	尹 路	苏玉平	房乃珍	乔占峰	付小东
王红平	张勇刚	吴敬武	鲁银涛	张先龙			

高级会计师（1人）：

董齐辉							

高级政工师（2人）：

张红超	满园春						

2017年：人事〔2018〕196号、301号（119人）

高级工程师（114人）：

许锟	李英浩	吴珍珍	赵启阳	穆斌	赵忠英	黄士鹏	张天舒
刘俊榜	王瑞菊	黄金亮	王淑芳	武娜	费轩冬	何坤	金旭
王华建	郭宏伟	徐光成	刘卫东	姜仁	张才	冯周	刘松
焦玉卫	刘卓	宋本彪	何辉	王锦芳	赵亮	张可	江航
魏小芳	周炜	周体尧	唐君实	郭二鹏	张文旗	张吉群	王云
邓峰	彭翼	俞佳庆	陈强	付海峰	段瑶瑶	王海燕	彭宝亮
杨晓鹏	吴虹	崔伟香	王晓波	杨青	刘满仓	朱秋影	莫午零
初广震	徐轩	石石	王国亭	何英	陈乐乐	完颜祺琪	李春
孙钦平	刘卫红	薛华庆	梁英波	王曦	衣艳静	傅礼兵	王成刚
王秀芹	客伟利	刘邦	冯敏	孙天建	王丹丹	郭松伟	刘玲莉
张文起	刁海燕	李红哲	程玉红	张平	刘应如	李娟	王国栋
许多年	王述江	肖明图	邵喜春	王建华	汪清辉	陈启艳	张建新
李智勇	段天向	王小芳	熊绍云	王鹏万	郝毅	佘敏	常少英
左国平	张杰	杨涛涛	邹志文	郭华军	智凤琴	赵继龙	刘春
王波	孙秋分						

高级经济师（3人）：

杨伟为	孙杜芬	陈新彬					

高级政工师（2人）：

辛海燕	胡洪武						

2018年：人事〔2019〕129号、175号（149人）

高级工程师（145人）：

姚子修	赵亮东	邱振	闫海军	苏楠	王明磊	闫磊	常宝华

续　表

黄擎宇	林潼	张春明	龚德瑜	付玲	陈秀艳	张月巧	陈燕燕
孔凡志	于京都	赵丽华	任荣	孟思炜	崔景伟	苑俊佳	黄秀
房忱琛	于志超	周川闽	陈胜	晏信飞	于永才	李文科	范兴燕
代春萌	张征	刘鹏	陶珍	刘双双	徐梦雅	姚尚林	诸鸣
许颖	许世京	贾宁洪	宋文枫	田茂章	张胜飞	李华	甘俊奇
李宁	王志平	彭晖	张喜顺	金娟	黄守志	韩伟业	李涛
何春明	修乃岭	莫邵元	卢海兵	郑伟	孙建峰	吕静	邵黎明
贺丽鹏	刘国良	王鹏	李谨	王义凤	徐淑娟	韩中喜	姜艳东
焦春艳	庚劢	郭智	吕志凯	顾兆斌	沈瑞	张刚雄	孙军昌
石磊	于荣泽	张磊夫	邓泽	张金华	高霞	秦雁群	刘祚冬
刘小兵	梁涛	曾保全	李谦	梁宏伟	郭雪晶	陈礼	赵文琪
衣丽萍	刘杏芳	李欣	王舒	肖康	赵健	廖长霖	南征兵
刘剑	程木伟	赵文光	宋梦馨	卜海	刘坤	白振华	马新民
孙秀建	马凤良	洪亮	郝涛	沙雪梅	田雷	孟祥霞	王振卿
王斌	周俊峰	吴杰	冯会元	徐兴荣	王洪求	王海龙	李海山
姚军	洪忠	张向阳	王永生	丁梁波	许小勇	杨志力	张强
厚刚福	夏志远	朱超	唐鹏程	王俊鹏	王晓星	向峰云	王兆旗
张绍辉							

高级会计师（2人）：

苏艳琪	姬智霞						

高级政工师（2人）：

郗彤笛	韩小强						

2019年：人事〔2020〕130号（125人）

高级工程师（113人）：

于豪	李新豫	郭为	王南	梁峰	王萌	陈鹏	周慧
庞正炼	李攀	马德波	谭聪	李志欣	王坤	詹路锋	吴松涛

续 表

樊茹	马行陟	李建明	王兴	袁超	徐红军	吴波鸿	钱其豪
高严	孙玉平	张学磊	刘立峰	姬泽敏	李建国	吕文峰	周游
邓西里	范天一	李楠	贾敏	孙强	郝忠献	刘玉婷	鄢雪梅
叶银珠	胡贵	赵星	晏军	杨军征	田继先	杨慎	崔会英
孟德伟	郭长敏	刘群明	李易隆	叶礼友	冉莉娜	武志德	孙莎莎
刘德勋	李昆颖	唐爽	倪祥龙	代寒松	郭维华	郑长龙	何巍巍
代冬冬	李闯	胡再元	曲永强	许建权	王艳香	边冬辉	雍运动
赵玉合	杨哲	鄢高韩	杨庆	闫国亮	龙礼文	邸俊	黄军平
王菁	张谦	魏亮	朱永进	鲁慧丽	陈薇	曹鹏	杨存
张远泽	马宏霞	王朝锋	刘艳红	李亚哲	王珂	曾庆鲁	傅瑾君
孟海燕	王霞	辛玉霞	李富恒	许海龙	蒋伟娜	屈泰来	梁爽
吴学林	王进财	肖玉峰	赵宁	姜虹	梁光跃	徐芳	曲良超
汪萍							

高级经济师（4人）：

王叶	王蓉	严增民	刘彦				

高级会计师（3人）：

金航	张兆军	尤高会					

高级政工师（5人）：

徐斌	王影	韦东洋	翟振宇	李世欣			

2020年：人资〔2021〕5号（131人）

高级工程师（121人）：

杨敏芳	徐鹏	潘松圻	高扬	翟秀芬	马石玉	高阳	汪少勇
宋海敬	武赛军	董才源	林森虎	胡俊文	冯佳睿	公言杰	葛守国
李萌	崔栋	曾同生	修建龙	韩海水	韩如冰	胡亚斐	刘天宇

续　表

秦勇	史静	王琦	赵芳	刘华林	汪芳	俞宏伟	骆雨田
李海波	周新宇	周明辉	张运军	张敏	林霞	袁大伟	李明
王全宾	陈国浩	易新斌	王臻	刘哲	耿向飞	刘素民	付宁海
刘华勋	郭辉	赵昕	丁丹红	何旭鹢	唐立根	赵凯	昌燕
武瑾	李俏静	张琴	王晓琦	张洋	任义丽	丁飞	严冬瑾
叶瑞艳	许磊	史晓辉	王朴	常海燕	徐丽	刘雄志	郝晋进
陈彬滔	齐雯	刘军	陈军	郭娟娟	马德龙	袁焕	张涛
刘伟明	寇龙江	孙甲庆	韩令贺	何欣	张军舵	谢春辉	桂金咏
张丽萍	郝彬	任双双	吕学菊	谷明峰	张天付	张友	胡圆圆
熊冉	于洲	吴东旭	李东	王雪峰	宋光永	李娴静	沈伟刚
孙杰文	张艳娜	张合文	付晶	杨紫	兰君	张安刚	薄兵
刘明慧	王君	杨超	罗贝维	徐庆岩	孟征	沈杨	段利江
张良杰							

高级经济师（2人）：

杨晶	肖寒天						

高级会计师（1人）：

郭萍							

高级政工师（7人）：

刘卓	韩冰洁	窦晶晶	蔡德超	曾朝军	蔡萍	刘喆	

六、一级工程师人员名单

2017年：

勘探（61人）：

吴因业	池英柳	王兆云	秦胜飞	赵长毅	杨智	齐雪峰	方向
袁庆东	卫延召	罗霞	冯有良	谷志东	江青春	王居峰	王铜山
刘伟	白斌	王社教	李欣	郭彬程	吴晓智	郑民	黄福喜

续　表

高志勇	张志杰	陈建平	胡国艺	帅燕华	王晓梅	张　斌	王玉满
陈竹新	管树巍	姜　林	米敬奎	王汇彤	卓勤功	孙夕平	徐　凌
张　颖	徐基祥	崔兴福	郑晓东	杨志芳	李劲松	石玉梅	李艳东
杨　辉	武宏亮	李长喜	刘忠华	胡法龙	王克文	王昌学	叶　勇
刘　杨	贾进华	李洪辉	曹颖辉	陶小晚			

开发（38 人）：

胡水清	夏　静	郝银全	侯建锋	王经荣	雷征东	傅秀娟	王文环
纪淑红	李顺明	张为民	王友净	曲德斌	窦宏恩	白喜俊	邹存友
冯金德	李彦兰	刘　宁	张　翼	张　群	高　明	李　实	陈兴隆
杨永智	刘庆杰	张祖波	吕伟峰	高永荣	沈德煌	席长丰	张忠义
邓宝荣	童　敏	闫　林	王拥军	吴忠宝	侯秀林		

工程（32 人）：

冀　光	徐旺林	位云生	甯　波	程立华	唐海发	李宜坤	吴行才
魏发林	石　阳	李　隽	刘　猛	赵瑞东	赵志宏	赵　敏	张立新
贾德利	李　涛	孙福超	王新忠	钱　杰	马自俊	王贵江	王平美
朱卓岩	侯庆锋	张国辉	石李保	秦礼曹	滕新兴	刘　盈	高振果

海外（48 人）：

米石云	王兆明	贺正军	王　青	吴书成	陈晓勤	尹秀玲	赵　喆
原瑞娥	王忠生	郜　峰	王　恺	土淑琴	王燕琨	孔令洪	张明军
尹　微	宋　珣	许安著	李建新	张祥忠	陈烨菲	赵丽敏	聂　臻
段海岗	王良善	杜政学	刘计国	刘爱香	杜业波	陈忠民	肖高杰
程顶胜	王瑞峰	李贤兵	黄奇志	黄文松	谢寅符	李星民	雷占祥
刘　洋	李云波	黄继新	张　铭	邢玉忠	郭同翠	胡广成	杨　勇

廊坊（9人）：

冉启贵	谢增业	严启团	刘锐娥	李志生	李　君	徐小林	金　惠
崔俊峰							

杭州（21人）：

余和中	辛勇光	张建勇	张荣虎	张润合	贺训云	徐政语	王艳清
乔占峰	李森明	陈　戈	吴兴宁	郑兴平	郑剑锋	倪新锋	徐　洋
王柏力	黄　冲	曹崇军	徐美茹	邵大力			

西北（35人）：

石亚军	谭开俊	马　峰	孙　东	黄云峰	邓毅林	张小军	黄林军
崔海峰	李双文	李相博	廖建波	苏　勤	李　斐	王　孝	刘文卿
袁　刚	田彦灿	张巧凤	王宏斌	陈永波	王斌婷	刘伟方	李胜军
魏新建	杜斌山	史忠生	陈广坡	张亚军	杨兆平	罗洪武	柴永财
李　群	王从镔	郭以东					

信息（7人）：

时付更	石桂栋	贾文清	于庆友	王卫国	刘国强	高毅夫

2020年（308人）：

管树巍	朱光有	祝厚勤	徐安娜	张友焱	刘文岭	任殿星	董俊昌
张付生	陶　冶	曲德斌	杨　智	江青春	徐旺林	卫延召	曹颖辉
陶小晚	金　惠	崔俊峰	赵长毅	谷志东	池英柳	吴因业	王兆云
齐雪峰	刘　杨	赵振宇	刘海涛	杨　帆	曾齐红	周海燕	程宏岗
秦胜飞	李秋芬	方　向	贾进华	朱光有	徐安娜	张友焱	徐小林
刘　伟	吴晓智	冉启贵	吴培红	卞从胜	林世国	王　建	王汇彤
谢增业	高志勇	胡国艺	李志生	米敬奎	帅燕华	严启团	张志杰
卓勤功	何　坤	鲁雪松	毛治国	苏　劲	张春林	管树巍	孙夕平
杨志芳	李劲松	徐基祥	李艳东	卢明辉	戴晓峰	李勇根	杨　昊

续　表

李凌高	张　颖	王春明	杨　辉	孙佃庆	刘忠华	胡法龙	刘英明
冯　周	胡水清	王经荣	侯建锋	郝银全	傅秀娟	邹存友	白喜俊
冯金德	李顺明	刘　宁	郝明强	周新茂	张　晶	赵　亮	陈欢庆
曲德斌	张　群	熊生春	高　明	刘庆杰	张祖波	李　实	杨永智
陈兴隆	伍家忠	沈　瑞	孙灵辉	周朝辉	刘朝霞	席长丰	张忠义
沈德煌	王伯军	吴永彬	侯秀林	钟世敏	高树生	程立华	唐海发
胡　勇	甯　波	张永忠	闫海军	苏云河	郭　智	胥洪成	李东旭
张刚雄	鲍清英	王玉满	施振生	拜文华	于荣泽	郭　伟	陈振宏
孙　斌	方朝合	郑德温	叶正荣	刘　猛	李　隽	张　娜	赵瑞东
钱　杰	孙福超	李　涛	孙　强	郝忠献	王新忠	何春明	李素珍
严玉忠	邱晓惠	卢海兵	田助红	侯庆锋	魏发林	丁　彬	王平美
张　松	张付生	张云怡	刘　盈	高振果	张建利	张绍辉	李令东
贺正军	宋成鹏	李富恒	邸　峰	王　恺	原瑞娥	王作乾	彭　云
王　曦	梁　涛	李浩武	曾保全	李　杰	陈　荣	孙杜芬	孔令洪
林雅平	王燕琨	张明军	陈烨菲	李建新	倪　军	张祥忠	段海岗
朱光亚	胡丹丹	杨　双	王根久	徐振永	张文旗	董俊昌	黄奇志
刘爱香	程顶胜	刘计国	杜业波	李香玲	李贤兵	肖高杰	袁圣强
周玉冰	黄继新	刘　洋	张克鑫	李星民	李云波	张　铭	邢玉忠
丁　伟	史海东	曲良超	刘玲莉	祝厚勤	赫安乐	吴志均	张国辉
邹洪岚	梁　冲	陶　冶	王卫国	于庆友	许　锟	李昆颖	帅　训
肖红章	王玉英	童　敏	闫　林	窦宏恩	陈福利	李小波	王宝华
刘文岭	任殿星	单东柏	宋立臣	彭秀丽	马　锋	杨侬超	王小林
张建勇	辛勇光	谢武仁	郭晓龙	郭振华	罗瑞兰	石　强	车明光
李　君	张荣虎	孙贺东	李洪辉	贺训云	陈　戈	王拥军	孙圆辉
刘　辉	焦玉卫	郭同翠	胡安平	乔占峰	李　昌	潘立银	徐政语
郑剑锋	王红平	鲁银涛	王　彬	郭华军	朱　超	厚刚福	王柏力

续 表

戴传瑞	叶月明	柴永财	陈广坡	陈永波	杜斌山	郭以东	黄云峰
乐幸福	雷 明	李国斌	李海亮	李胜军	罗洪武	倪长宽	史忠生
孙 东	王从镔	王彦君	魏新建	吴 杰	肖明图	徐云泽	杨兆平
张 平	张小军	曾华会	周春雷				

第四节　全国团代表

姓名	性别	民族	出生年月	时任职务	当选时间	任职届次	所在代表团	当选职务
武 瑾	女	汉	1988.12	无	2018.6	中国共产主义青年团第十八次全国代表大会代表	中央组织部	无

第五节　获国家级、中央国家机关级表彰的先进个人和集体

一、全国劳动模范名单

序号	授予年份	荣誉称号	获奖个人	授予单位
1	2015年	全国劳动模范	赵丽敏	中国共产党中央委员会 中华人民共和国国务院
2	2020年	全国劳动模范	魏晨吉	中国共产党中央委员会 中华人民共和国国务院

二、全国巾帼建功标兵名单

序号	授予年份	荣誉称号	获奖个人	授予单位
1	2015年	全国巾帼建功标兵	邓 央	中华全国妇女联合会
2	2015年	全国五一巾帼标兵	赵丽敏	中华全国总工会

三、中央企业优秀共产党员、劳动模范名单

序号	授予年份	荣誉称号	获奖个人	授予单位
1	2016年	中央企业优秀共产党员	胡永乐	国务院国资委党委
2	2019年	中央企业劳动模范	魏晨吉	人力资源和社会保障部 国务院国资委

四、中央企业青年岗位能手、优秀共青团员、优秀团青干部名单

序号	授予年份	荣誉称号	获奖个人	授予单位
1	2014年	中央企业青年岗位能手	孙圆辉	中央企业团工委（国资委）
2	2014年	中央企业优秀共青团干部	王子龙	中央企业团工委（国资委）
3	2017年	2015—2016年度中央企业 优秀共青团干部	韦东洋	共青团中央企业工作委员会
4	2019年	中央企业优秀共青团员	袁懿琳	共青团中央企业工作委员会

五、信息工作先进个人名单

序号	授予年份	荣誉称号	获奖个人	授予单位
1	2020年	中央企业2019年度信息工作先进个人	张红超	国务院国资委

六、科技荣誉称号名单

序号	授予年份	荣誉称号	获奖个人	授予单位
1	2014年	2013年创业人才人选	曹宏	科学技术部
2	2014年	中国地质学会第十四届青年地质科技奖—金锤奖	倪云燕	中国地质学会
3	2015年	中国地质学会第十五届青年地质科技奖—金锤奖	郭泽清	中国地质学会
4	2015年	中国地质学会第十五届青年地质科技奖—银锤奖	王晓梅	中国地质学会

七、名人专项荣誉获奖名单

序号	获奖类别	授予年份	荣誉称号	获奖个人	授予单位
1	李四光地质科学奖	2019年	第十六次李四光地质科学奖—科研奖	胡素云	李四光地质科学奖委员会
2	何梁何利基金奖	2018年	2018年度何梁何利科学技术进步奖（地球科学）	张水昌	何梁何利基金委员会
3	黄汲清地质科技奖	2015年	第七届黄汲清青年地质科学技术奖—地质科技研究者奖	李建忠	中国地质学会
4		2016年	第八届黄汲清青年地质科学技术奖—地质科技研究者奖	王红岩	
5		2019年	第九届黄汲清青年地质科学技术奖—地质科技研究者奖	王晓梅	
6		2020年	第十届黄汲清青年地质科学技术奖—地质科技研究者奖	郭泽清	
7	孙越崎教育基金奖	2014年	第二十三届孙越崎科技教育基金"优秀学生奖"	崔　栋　石兰香	中国科学技术发展基金会孙越崎科技教育基金委员会
8		2015年	第二十四届孙越崎科技教育基金"青年科技奖"	王铜山	
9			第二十四届孙越崎科技教育基金"优秀学生奖"	王　坤　苏　旺	
10		2016年	第二十五届孙越崎科技教育基金"青年科技奖"	吕伟峰	
11			第二十五届孙越崎科技教育基金"优秀学生奖"	刘　策　张　峰	
12		2017年	第二十六届孙越崎科技教育基金"优秀学生奖"	柳潇雄　吕恒宇	
13		2018年	第二十七届孙越崎科技教育基金"青年科技奖"	金　旭	
14			第二十七届孙越崎科技教育基金"优秀学生奖"	孟凡坤　蒋　珊	
15		2019年	第二十八届孙越崎科技教育基金"青年科技奖"	李　勇	
16			第二十八届孙越崎科技教育基金"优秀学生奖"	任梦怡　张浩然	

序号	获奖类别	授予年份	荣誉称号	获奖个人	授予单位
17	孙越崎教育基金奖	2020年	第二十九届孙越崎科技教育基金"能源大奖"	马新华	中国科学技术发展基金会 孙越崎科技教育基金委员会
18			第二十九届孙越崎科技教育基金"青年科技奖"	周 波	
19			第二十九届孙越崎科技教育基金"优秀学生奖"	姜晓宇 曹庆超	
20	尹赞勋地层古生物学奖	2018年	第八届"尹赞勋地层古生物学奖"	邓胜徽	中国古生物学会
21	陈嘉庚科学奖	2018年	陈嘉庚地球科学奖	戴金星	陈嘉庚科学奖基金会
22	侯德封奖	2016年	侯德封矿物岩石地球化学青年科学家	杨 智	中国矿物岩石地球化学学会
23	光华奖	2014年	光华工程科技奖青年奖	朱光有	光华工程科技奖理事会
24			光华工程科技奖工程奖	刘 合	光华工程科技奖理事会
25	中华铁人文学奖	2017年	第四届中华铁人文学奖	闫建文	中华文学基金会 中国石油天然气集团公司 中国石油化工集团公司 中国海洋石油集团公司
26	其他专项奖励	2014年	首届杰出工程师鼓励奖	刘 合	中华国际科学交流基金会
27		2015年	国际石油工程师协会青年杰出贡献奖	韦东洋	国际石油工程师协会
28			"加油中国·传承铁人"十大人物	赵丽敏	中华全国总工会
29		2017年	国际石油工程师协会青年杰出贡献奖	金 旭	国际石油工程师协会
30		2018年	国际石油工程师协会地区服务奖	吴淑红	国际石油工程师协会
31		2019年	中国品牌70年70人	戴金星	品牌联盟
32			2019十大品牌年度人物	戴金星	品牌联盟

八、中央国家机关级文明单位名单

序号	授予年份	荣誉称号	获奖集体	授予单位
1	2015年	第四届全国文明单位	石油大院社区	中央精神文明建设指导委员会
2	2015年	2014年度全国青年文明号	油田开发研究所伊拉克鲁迈拉油田开发技术支持项目组	共青团中央
3	2015年	2012—2014年度首都文明社区	石油大院社区	首都精神文明建设委员会

九、先进单位（期刊）名单

序号	授予年份	荣誉称号	获奖单位（期刊）	授予单位
1	2015—2020年	连续六年荣获百种中国杰出学术期刊奖	《石油勘探与开发》	中国科学技术信息研究所
2	2014年、2017年、2020年	中国精品科技期刊	《石油勘探与开发》	科技部精品科技期刊服务与保障系统项目组 中国科学技术信息研究所
3	2017年	Gold Standard	勘探院国际石油工程师协会学生分会	国际石油工程师协会总部

第六节　获省部级、省部机关级表彰的先进集体和先进个人

一、劳动模范、"铁人奖章"获得者名单

序号	授予年份	荣誉称号	获奖个人	授予单位
1	2015年	特等劳动模范	贾爱林	中国石油天然气集团公司
2	2015年	劳动模范	沈安江	中国石油天然气集团公司
3	2016年	甘肃省五一劳动奖章	苏明军	甘肃省总工会
4	2017年	铁人奖章	曹　宏	中国石油天然气集团公司
5	2020年	特等劳动模范	魏晨吉	中国石油天然气集团有限公司
6	2020年	劳动模范	张光亚　刘文卿	中国石油天然气集团有限公司

二、优秀共产党员、优秀党务工作者名单

序号	授予年份	荣誉称号	获奖个人	授予单位
1	2014年	集团公司优秀共产党员	张虎权　李玉文	中共中国石油天然气集团公司党组
2		集团公司优秀党务工作者	王新民	中共中国石油天然气集团公司党组
3		直属机关优秀共产党员	张国生　罗文利　孟庆昆　王瑞峰　贾进斗　林世国　孙贺东　王　欣　龚仁彬　史忠生	中共中国石油天然气集团公司直属委员会
4		直属机关优秀党务工作者	李玉梅　黄伟和　沈安江	中共中国石油天然气集团公司直属委员会
5	2016年	集团公司优秀共产党员	胡永乐　李　勇　王居峰	中共中国石油天然气集团公司党组
6		集团公司优秀党务工作者	赵永义	中共中国石油天然气集团公司党组
7		直属机关优秀共产党员	胡　英　吴忠宝　何东博　刘计国　史建立　张德强　丁国生　才　博　赵　群　石亚军　袁　刚　张荣虎	中共中国石油天然气集团公司直属委员会
8		直属机关优秀党务工作者	张庆春　梅立红　司　光　范国章	中共中国石油天然气集团公司直属委员会
9		优秀党务工作者	张虎权	中共甘肃省委委员会
10	2018年	直属机关优秀共产党员	黄金亮　段天向　赫安乐　李星民　李　剑　张　宇　路金贵　杨午阳　乔占峰　翁文华	中共中国石油天然气集团公司直属委员会
11		直属机关优秀党务工作者	郭彦如　赵永义　张德强	中共中国石油天然气集团公司直属委员会
12	2019年	集团公司优秀共产党员	李保柱　翁定为　赵　群　徐　洋　翁文华	中共中国石油天然气集团有限公司党组
13		集团公司优秀党务工作者	张爱卿　张德强	中共中国石油天然气集团有限公司党组
14	2020年	直属机关优秀共产党员	胡　英　席长丰　张　义　陈艳鹏　许安著　任义丽　王　叶　刘　坤　苏　勤　王宏斌　李森明	中共中国石油天然气集团有限公司直属委员会
15		直属机关优秀党务工作者	李　芬　李世欣　李　林	中共中国石油天然气集团有限公司直属委员会

三、十大杰出青年名单

序号	授予年份	荣誉称号	获奖个人	授予单位
1	2019年	中国石油天然气集团有限公司第十届"十大杰出青年"	魏晨吉	中国石油天然气集团有限公司

四、青年岗位能手名单

序号	授予年份	荣誉称号	获奖个人	授予单位
1	2014年	2013年度集团公司直属机关青年岗位能手	王　叶　张红超　宋梦馨　刘占国　杨清海　单东柏　路琳琳　苏玉平	共青团石油天然气集团公司直属团委
2	2015年	2014年度集团公司直属机关青年岗位能手	卞从胜　张绍辉　薛华庆　杨　庆　徐兆辉　吴永彬　修建龙　代冬冬　邵大力	共青团石油天然气集团公司直属团委
3	2016年	2015年度集团公司直属机关青年岗位能手	王进财　苏艳琪　晏　军　乔占峰　李文科　赵瑞东　高　阳　龙礼文　左国平	共青团石油天然气集团公司直属团委
4	2017年	2016年度集团公司直属机关青年岗位能手	杨　帆　陈晓明　邓西里　孙杰文　赵　洋　姚子修　张　平　鄢高韩　朱　超	共青团石油天然气集团公司直属团委
5	2018年	2017年度集团公司直属机关青年岗位能手	王晓琦　邓　峰　彭宝亮　张超前　徐　轩　倪祥龙　曲永强　胡安平　李文正	共青团石油天然气集团公司直属团委
6	2019年	2018年度集团公司直属机关青年岗位能手	史洺宇　王启迪　刘　威　姜　虹　陈彬滔	共青团石油天然气集团有限公司直属团委
7	2020年	2019年度集团公司直属机关青年岗位能手	吴松涛　冯　周　吴海莉　何　辛	共青团石油天然气集团有限公司直属团委

五、优秀团干部、优秀团员名单

序号	授予年份	荣誉称号	获奖个人	授予单位
1	2014年	2013年度集团公司优秀共青团干部	闫伟鹏　李　勇	共青团中国石油天然气集团公司工作委员会
2		2013年度集团公司优秀共青团员	胡云鹏	共青团中国石油天然气集团公司工作委员会
3		2013年度集团公司直属机关优秀共青团干部	严增民　韩小强　韦东洋	共青团中国石油天然气集团公司直属委员会
4		2013年度集团公司直属机关优秀共青团员	顾　斐	共青团中国石油天然气集团公司直属委员会
5	2015年	2014年度集团公司直属机关优秀共青团干部	王锦芳　马中振	共青团中国石油天然气集团公司直属委员会
6		2014年度集团公司直属机关优秀共青团员	种盛琦	共青团中国石油天然气集团公司直属委员会

续表

序号	授予年份	荣誉称号	获奖个人	授予单位
7	2016年	2014—2015年集团公司优秀共青团干部	魏东	共青团中国石油天然气集团公司工作委员会
8		2014—2015年集团公司优秀共青团员	李婷婷	共青团中国石油天然气集团公司工作委员会
9		2015年度集团公司直属机关优秀共青团干部	金银楠　黄林军	共青团中国石油天然气集团公司直属委员会
10		2015年度集团公司直属机关优秀共青团员	仇潮	共青团中国石油天然气集团公司直属委员会
11	2017年	2016年度集团公司直属机关优秀共青团干部	胡贵　李晨成窦晶晶	共青团中国石油天然气集团公司直属委员会
12		2016年度集团公司直属机关优秀共青团员	陈希	共青团中国石油天然气集团公司直属委员会
13	2018年	2017年度集团公司直属机关优秀共青团干部	罗二辉　江珊	共青团中国石油天然气集团有限公司直属委员会
14		2017年度集团公司直属机关优秀共青团员	袁懿琳	共青团中国石油天然气集团有限公司直属委员会
15	2019年	2018年度集团公司直属机关优秀共青团干部	韩小强　刘哲毛亚军	共青团中国石油天然气集团有限公司直属委员会
16		2018年度集团公司直属机关优秀共青团员	华蓓　王兰兰陈鑫鑫	共青团中国石油天然气集团有限公司直属委员会
17	2020年	2018—2019年度集团有限公司优秀共青团干部	蔚涛	共青团中国石油天然气集团有限公司工作委员会
18		2018—2019年度集团有限公司优秀共青团员	陈一航	共青团中国石油天然气集团有限公司工作委员会

六、优秀青年名单

序号	授予年份	荣誉称号	获奖个人	授予单位
1	2015年	中国石油天然气集团公司第八届优秀青年	师俊峰	中国石油天然气集团公司
2	2017年	中国石油天然气集团公司第九届优秀青年	李勇	中国石油天然气集团公司

七、获其他奖项的先进个人名单

序号	授予年份	荣誉称号	获奖个人	授予单位
1	2014年	中国石油天然气集团公司2013年度优秀外事专办员	于爱丽	中国石油天然气集团公司国际部
2		质量计量标准化技术创新先进个人	仪晓玲	中国石油天然气集团公司
3		2013年度集团公司信息工作先进个人	徐斌	中国石油天然气集团公司办公厅
4		2013年度矿区服务系统信息宣传工作先进个人	余姚	中国石油天然气集团公司矿区服务工作部
5		第二届"我为祖国献石油"摄影大赛铜奖2项	汪端	中国石油天然气集团公司思想政治工作部
6		集团公司离退休职工活动中心优秀工作者	冯占潮　刘军	中国石油天然气集团公司离退休职工管理局
7		集团公司离退休职工文体活动先进个人	郭云霞　张秋阳	中国石油天然气集团公司离退休职工管理局
8		集团公司优秀老年大学教师	郑白云	中国石油天然气集团公司离退休职工管理局
9		集团公司优秀老年大学学员	梁虹敏　杨慧芳	中国石油天然气集团公司离退休职工管理局
10		中国石油天然气集团公司2013年度安全生产先进个人	路金贵	中国石油天然气集团公司
11		中国石油天然气集团公司办公室系统特别奉献奖人员	于凤云	中国石油天然气集团公司
12		中国石油天然气集团公司办公室系统先进个人	刘志舟　雷振宇	中国石油天然气集团公司
13		中国石油天然气集团公司管理提升活动先进个人	李永铁	中国石油天然气集团公司
14		中国石油天然气集团公司质量计量标准化管理先进个人	高圣平	中国石油天然气集团公司
15	2015年	中国科协求是杰出青年成果转化奖	朱光有	中国科学技术协会
16		2013—2015年集团公司优秀编辑出版人员	宋立臣　单东柏	中国石油天然气集团公司科技管理部

序号	授予年份	荣誉称号	获奖个人	授予单位
17	2015年	2014年度集团公司出国管理优秀专办员	范鹏搏	中国石油天然气集团公司国际部
18		2014年度集团公司信息工作先进个人	张红超	中国石油天然气集团公司办公厅
19		2014年度矿区服务系统信息宣传工作先进个人	余姚	中国石油天然气集团公司矿区服务工作部
20		中国石油天然气集团公司2014年度安全生产先进个人	梁红静	中国石油天然气集团公司
21		中国石油天然气集团公司规划计划工作先进个人	李东堂　张春囡　周建平	中国石油天然气集团公司
22		中国石油天然气集团公司离退休工作先进个人	闫鸿	中国石油天然气集团公司
23		中国石油天然气集团公司年鉴工作突出贡献奖	刘志舟	中国石油天然气集团公司
24		中国石油天然气集团公司年鉴工作先进个人	张红超	中国石油天然气集团公司
25		中国石油天然气集团公司信息化建设与运维优秀项目成员	李群　林霞　窦文思　谢立红　雷颖华　宋梦馨　孙瑶　俞隆潮　许锟　李昆颖　胡楠　王贤　杜广林　李佳　侯梅芳　任安　郭以东　马刚　张希成　陈靓　王亦然　郭晓东　李金诺　关新　周相广	中国石油天然气集团公司信息管理部
26		中国石油天然气集团公司信息化建设与运维优秀项目经理	龚仁彬　乔德新　时付更　李蓬　王卫国　贾文清　高毅夫　陆育锋	中国石油天然气集团公司信息管理部
27		中国石油天然气集团公司优秀离退休职工共产党员	王鲁姬　杨建丽	中共中国石油天然气集团公司党组
28		孝星	高飞霞	北京市人民政府
29	2016年	"十二五"和2015年度外事工作先进个人	于爱丽	中国石油天然气集团公司
30		2016年度集团公司离退休职工管理信息系统办公平台推广应用工作优秀统计员	江珊	中国石油天然气集团公司离退休职工管理局（老干部局）

续表

序号	授予年份	荣誉称号	获奖个人	授予单位
31		甘肃省优秀工会工作者	蔡 萍	甘肃省人力资源和社会保障厅 甘肃省总工会
32		甘肃省优秀工会积极分子	李长春	甘肃省人力资源和社会保障厅 甘肃省总工会
33		信息化工作先进个人	龚仁彬 郭以东 胡福祥 李 群 时付更 王卫国 许 锟 冯 梅	中国石油天然气集团公司
34		优秀指导教师	齐 梅	教育部学位与研究生部发展中心 世界石油大会中华人民共和国国家委员会 中国石油学会 中国石油教育学会
35	2016年	中国石油天然气集团公司"十二五"和2015年度国际业务工作先进个人	万仑坤	中国石油天然气集团公司
36		中国石油天然气集团公司2015年度安全生产先进个人	赵菊英	中国石油天然气集团公司
37		中国石油天然气集团公司法律与合规工作先进个人	邹冬平	中国石油天然气集团公司
38		中国石油天然气集团公司油气田地面建设标准化设计先进个人	李 群	中国石油天然气集团公司
39		中国石油天然气集团公司直属机关"优秀工会积极分子"	赵宝玉 刘 宁	中国石油天然气集团公司直属工会委员会
40		质量计量标准化技术机构先进个人	王贵江	中国石油天然气集团公司
41		集团公司"十二五"财税价格工作先进个人	朱艳清 余 兰	中国石油天然气集团公司
42		2015年度集团公司信息工作先进个人	金银楠	中国石油天然气集团公司办公厅
43		2015年度矿区服务系统信息宣传工作先进个人	余 姚	中国石油天然气集团公司矿区服务工作部
44		国内勘探与生产业务"十三五"规划编制先进个人	张福东 李 君 唐 玮 尹德来 王东辉 赵 蒙	中国石油天然气股份有限公司勘探与生产分公司总经理办公室

序号	授予年份	荣誉称号	获奖个人	授予单位
45		集团公司绿化先进工作者	何志宏	中国石油天然气集团公司绿化委员会
46		矿区服务系统"三项基础工作"先进个人	郭志超	中国石油天然气集团公司矿区服务工作部
47		矿区服务系统信息化管理和统计分析工作先进个人	周 琳 李秀珍 陈冬梅	中国石油大然气集团公司矿区服务工作部
48		直属机关优秀工会工作者	吴 虹 王志辉 刘金花	中国石油天然气集团公司直属工会
49		直属机关优秀工会积极分子	刘 宁 杨静波 朱艳清 赵宝玉	中国石油天然气集团公司直属工会
50		中国石油天然气股份有限公司2013—2016年地质资料管理先进工作者	陈 雷 郭 正	中国石油天然气股份有限公司总裁办公室
51		中国石油天然气集团公司2013—2015年财务工作先进个人	华 山	中国石油天然气集团公司
52	2016年	中国石油天然气集团公司"六五"普法法律与合规工作先进个人	邹冬平	中国石油天然气集团公司
53		中国石油天然气集团公司"十三五"规划工作先进个人	李 欣 李富恒 王作乾 唐红君 曲德斌 冯金德 刘 宁 窦宏恩 赵 群 陈艳鹏	中国石油天然气集团公司
54		中国石油天然气集团公司杰出青年创新人才	高毅夫	中国石油天然气集团公司
55		中国石油天然气集团公司信息化工作先进个人	龚仁彬 郭以东 胡福祥 李 群 时付更 王卫国 许 锟 冯 梅	中国石油天然气集团公司
56		中国石油天然气集团公司质量计量标准化管理先进个人	赵菊英	中国石油天然气集团公司
57		中国石油天然气集团公司杰出青年创新人才(科技创新)	王晓梅	中国石油天然气集团公司
58		中国石油天然气集团公司杰出青年创新人才(信息化)	高毅夫	中国石油天然气集团公司
59		中国石油天然气集团公司"十二五"优秀专职培训教师	王向荣	中国石油天然气集团公司人事部

续表

序号	授予年份	荣誉称号	获奖个人	授予单位
60	2016年	中国石油天然气集团公司"十二五"员工培训先进工作者	肖寒天	中国石油天然气集团公司人事部
61		集团公司第三届"石油健康老人"	谢恒辉	中国石油天然气集团公司离退休职工管理局（老干部局）
62	2017年	2016年度集团公司优秀外事专办员	邹憬	中国石油天然气集团公司国际部
63		企业年金工作先进个人	江　珊　王博扬	中国石油天然气集团公司人事部
64		中国石油天然气集团公司2016年安全生产先进个人	杨静波	中国石油天然气集团公司
65		2016—2017年度统计工作先进个人	冯金德	中国石油天然气集团公司
66		2016年度集团公司信息化建设与运维优秀工程师	陈新燕　董之光　杜广林　段波涛　冯得福　高毅夫　郭以东　何　旭　胡　楠　贾志刚　江日念　李金诺　李　群　李效恋　林　霞　马　瑞　马　兴　缪红萍　任　安　施　馗　时　迎　史立丰　宋梦馨　孙长虹　孙　瑞　王崇亮　王从镔　王　冠　王　贤　王亦然　胥小马　许　锟　余　洋　曾丽花　翟　勇　张　军　张树铭　张文婷　周相广	中国石油天然气集团公司信息管理部
67		2016年度集团公司信息化建设与运维优秀项目经理	陈　靓　龚仁彬　郭晓东　侯梅芳　贾文清　李昆颖　李　蓬　陆育锋　于庆友　俞隆潮	中国石油天然气集团公司信息管理部
68		集团公司矿区服务系统服务明星	刘　军	中国石油天然气集团公司矿区服务工作部
69		集团公司老年人体育活动先进个人	高贵生　缪　昕　王金廷　王铁军	中国石油天然气集团公司离退休职工管理局
70		集团公司离退休系统"孝亲敬老好儿女"	余志勇	中国石油天然气集团公司离退休职工管理局

序号	授予年份	荣誉称号	获奖个人	授予单位
71	2017年	集团公司离退休系统思想政治宣传工作先进个人	王凤江	中国石油天然气集团公司离退休职工管理局
72		集团公司全面质量管理知识竞赛获奖个人	刘长跃　郇巧梅　刘岳峰　肖啸　杨涵舒　马君涵	中国石油天然气集团公司办公厅
73		中国石油天然气集团公司2016年信息工作先进个人	徐斌　闵路明	中国石油天然气集团公司办公厅
74		中国石油天然气集团公司办公室系统先进个人	熊波　刘卓	中国石油天然气集团公司
75		中国石油天然气集团公司铁人奖章	曹宏	中国石油天然气集团公司
76		中国石油天然气集团公司组织史资料编纂工作先进个人	姜红	中国石油天然气集团公司办公厅
77		第八届中国科技期刊青年编辑奖（骏马奖）	单东柏	中国科学技术期刊编辑学会
78		中国地球物理学会第九届先进工作者	陶士振	中国地球物理学会
79	2018年	2017年度集团公司优秀外事专办员	于爱丽　邹憬	中国石油天然气集团公司国际部
80		2018年度集团公司离退休职工管理信息系统办公平台推广应用工作优秀统计员	江珊　王博扬	中国石油天然气集团有限公司离退休职工管理局（老干部局）
81		生活补贴（过渡年金）直发工作先进个人	江珊　宋晓江	中国石油天然气集团有限公司人事部
82		中国石油天然气集团公司2017年安全生产先进个人	张宝林	中国石油天然气集团公司
83		中国石油天然气集团有限公司法律工作先进个人	邹冬平	中国石油天然气集团公司
84		中国石油天然气集团有限公司优秀主编	许怀先	中国石油天然气集团有限公司
85		中国石油天然气集团有限公司优秀编辑	宋立臣	中国石油天然气集团有限公司
86		2017年度矿区服务系统信息宣传工作先进个人	高飞霞	中国石油天然气集团公司矿区服务工作部

续表

序号	授予年份	荣誉称号	获奖个人	授予单位
87	2018年	2018年度离退休管理信息系统办公平台推广应用工作优秀管理用户	王凤江	中国石油天然气集团公司离退休职工管理局（老干部局）
88		2018年度离退休管理信息系统办公平台推广应用工作优秀统计员	宋秀娟	中国石油天然气集团公司离退休职工管理局（老干部局）
89		集团公司离退休系统宣传思想工作优秀通讯员	王凤江　吴　虹　贾玉仙 刘惠芝　贾文荦　才雪梅 刘月明	中国石油天然气集团公司离退休职工管理局（老干部局）
90		老年体育贡献奖	王凤江	中国老年人体育协会
91	2019年	集团公司"一带一路"油气合作先进个人	李　莹　王　青	中国石油天然气集团有限公司
92		集团公司人事档案工作先进工作者	王莹莹	中国石油天然气集团有限公司
93		集团公司外事工作先进个人	于爱丽	中国石油天然气集团有限公司
94		集团公司宣传思想文化工作先进个人	闫建文　梁忠辉　刘　喆 窦晶晶	中国石油天然气集团有限公司党组
95		中国石油天然气集团公司2018年安全生产先进个人	刘　姝	中国石油天然气集团有限公司
96		中国石油天然气集团公司海外油气合作优秀员工	卫　国　李景忠	中国石油天然气集团有限公司
97		中国石油天然气集团有限公司2019年度物资招标与装备管理先进个人	邹博华	中国石油天然气集团有限公司
98		中国石油天然气集团有限公司资金管理先进个人	展　坤	中国石油天然气集团有限公司
99		中国石油天然气集团有限公司司库推广先进个人	苏艳琪	中国石油天然气集团有限公司
100		2018-2019年度统计工作先进个人	种盛琦　王小岑　张　磊 郭　威　李效恋　冯　芳 陆　爽　郭翠翠	中国石油天然气集团有限公司
101		中国产学研合作促进奖	张春林	中国产学研合作促进会
102		护网2019先进个人	谷海生	公安部网络安全保卫局

续表

序号	授予年份	荣誉称号	获奖个人	授予单位
103	2019年	中国石油天然气集团有限公司2018年度质量管理先进个人	仪晓玲	中国石油天然气集团有限公司
104		第十一届"发明创业奖·人物奖"	朱光有	中国发明协会
105		集团公司第四届"石油健康老人"	胡见义	中国石油天然气集团有限公司离退休职工管理局（老干部局）
106		第二届"孝亲敬老好儿女"	朱　彤	中国石油天然气集团有限公司离退休职工管理局（老干部局）
107	2020年	中国石油天然气集团有限公司2019年度质量管理先进个人	仪晓玲	中国石油天然气集团有限公司
108		《集团年鉴》工作优秀个人	张红超	中国石油天然气集团有限公司
109		2017—2020年度地质资料管理先进工作者	贾进斗　彭秀丽　谢童柱　周春蕾　姚　丹　卜　宇	中国石油天然气股份有限公司
110		2019年度《石油组织人事》期刊征订征稿工作优秀联络员	王莹莹	中国石油天然气集团有限公司人事部
111		2019年度集团公司优秀外事专办员	唐　萍　田　园	中国石油天然气集团有限公司国际部
112		海外油气合作模范员工	陈和平　聂　臻	中国石油天然气集团有限公司
113		海外油气合作优秀员工	赵　伦　夏朝辉　雷占祥　毛凤军　赵　喆　高日胜　高　严　童　敏	中国石油天然气集团有限公司
114		集团公司2019年度信息工作先进个人	张红超　汪梦诗　赵　群　郭　正	中国石油天然气集团有限公司
115		抗击新冠肺炎疫情先进个人	王　叶　李玉梅	中国石油天然气集团有限公司
116		宣传思想文化优秀工作者	闫建文	中国石油天然气集团有限公司思想政治工作部
117		中国石油天然气集团公司井控先进个人	王金国	中国石油天然气集团有限公司

续表

序号	授予年份	荣誉称号	获奖个人	授予单位
118		中国石油天然气集团公司2019年安全生产先进个人	买　炜	中国石油天然气集团有限公司
119		中国石油政策研究工作先进个人	张国生　张红超	中国石油天然气集团有限公司
120		中国石油天然气集团有限公司"十三五"统计工作先进个人	王小岑　郭　威　郭翠翠　张　磊　李效恋	中国石油天然气集团有限公司
121	2020年	中国石油天然气集团有限公司2019年度研发费加计扣除工作先进个人	谷　华　苏艳琪　朱艳清　余　兰　刘　虹	中国石油天然气集团有限公司
122		中国石油天然气集团有限公司档案工作先进个人	彭秀丽　杜艳玲　谢童柱　周春蕾	中国石油天然气集团有限公司
123		2019—2020年集团公司宣传思想工作优秀通讯员	高飞霞　宋秀娟	中国石油天然气集团有限公司离退休职工管理局（老干部局）
124		集团公司在京单位退休人员社会化管理工作先进个人	王凤江　王梅生　宋秀娟	中国石油天然气集团有限公司离退休职工管理局（老干部局）

八、获科技荣誉称号人员名单

序号	授予年份	荣誉称号	获奖个人	授予单位
1		2015年度中国石油和化工自动化行业科技成就奖	刘　合	中国石油和化工自动化应用协会
2	2016年	中国石油天然气集团公司先进科技工作者	谷志东　刘忠华　曲德斌　何东博　师俊峰　王红岩　杨午阳　计智锋　李艳东　张　群　丁　彬　孙福超　陈　胜　徐兴荣　倪新锋　王　恺　袁圣强　李　辉　齐明明　赵力民　赵孟军	中国石油天然气集团公司
3	2018年	全国石油和化工行业优秀科技工作者	李　志　黄继新　位云生　周朝辉	中国石油和化学工业联合会
4		集团公司青年科技英才	杨志芳　宋建勇	中国石油天然气集团公司
5	2019年	科技领军建功人才	沈安江	中国石油天然气集团有限公司党组
6		青年科技立业英才	杨立峰	中国石油天然气集团有限公司党组

九、年度先进集体名单

序号	授予年份	荣誉称号	获奖集体	授予单位
1	2015年	集团公司先进集体	西北分院西部勘探研究所 中东研究所哈法亚项目部	中国石油天然气集团公司

十、先进基层党组织名单

序号	授予年份	荣誉称号	获奖组织	授予单位
1	2014年	集团公司先进基层党组织	廊坊分院天然气开发所党支部	中共中国石油天然气集团公司党组
2		直属机关先进基层党组织	北京院区石油地质研究所党支部 北京院区中亚俄罗斯研究所党支部 西北分院数据处理研究所党支部 杭州地质研究院海洋油气地质研究所党支部	中共中国石油天然气集团公司直属委员会
3	2016年	集团公司先进基层党组织	亚太研究所党支部	中共中国石油天然气集团公司党组
4		直属机关先进基层党组织	石油地质研究所党支部 采油采气装备研究所党支部 廊坊分院天然气地质所党支部 西北分院数据处理研究所党支部 杭州地质研究院海相油气地质研究所党支部	中共中国石油天然气集团公司直属委员会
5	2018年	直属机关先进基层党组织	热力采油所党支部 物业管理中心（石油大院社区居民委员会）党总支 西北分院油气战略规划研究所党支部	中共中国石油天然气集团公司直属委员会
6	2019年	集团有限公司先进基层党组织	石油地质研究所党支部 西北分院数据处理研究所党支部	中共中国石油天然气集团有限公司党组
7	2020年	直属机关先进基层党组织	中亚俄罗斯研究所党支部 地下储库研究所党支部 西北分院机关第一党支部	中共中国石油天然气集团有限公司直属委员会

十一、五四红旗团支部、五四红旗团委、青年文明号名单

序号	授予年份	荣誉称号	获奖集体	授予单位
1	2014年	2013年度集团公司五四红旗团支部	北京院区职工团支部	共青团中国石油天然气集团公司工作委员会
2		2013年度集团公司青年文明号	稠油开采重点实验室	共青团中国石油天然气集团公司工作委员会
3		2013年度集团公司五四红旗团委	勘探开发研究院团委	共青团中国石油天然气集团公司工作委员会
4		2013年度直属机关五四红旗团支部	廊坊分院机关青年工作站 西北分院数据处理研究所青年工作站	共青团中国石油天然气集团公司直属委员会
5		2013年度直属机关青年文明号	石油地质研究所海相碳酸盐岩项目组 热力采油研究所稠油重点实验室 廊坊分院渗流所低渗透油气藏渗流规律研究攻关组 西北分院哈拉哈塘碳酸盐岩油气藏高产稳产研究项目组 杭州地质院实验研究所塔里木研究室	共青团中国石油天然气集团公司直属委员会
6		2013年度直属机关五四红旗团委	廊坊分院团委 杭州地质研究院团委	共青团中国石油天然气集团公司直属委员会
7	2015年	2014年度集团公司青年文明号	热力采油研究所稠油开采重点实验室	共青团中国石油天然气集团公司工作委员会
8		2014年度直属机关青年文明号	物探技术研究所地震资料解释研究室 采油工程研究所机械采油研究室 廊坊分院天然气地质研究所油气勘探规划部署及储量研究项目组 西北分院油气战略规划研究所中小盆地项目组 杭州地质研究院海外油气研究室	共青团中国石油天然气集团公司直属委员会
9		2014年度直属机关五四红旗团委	西北分院团委 杭州地质研究院团委	共青团中国石油天然气集团公司直属委员会
10		2014年度直属机关五四红旗团支部	研究生部学生团总支 杭州地质院实验研究所团支部	共青团中国石油天然气集团公司直属委员会
11	2016年	2015年度集团公司青年文明号	地质所海相碳酸盐岩勘探项目组 西北分院哈拉哈塘碳酸盐岩油气藏高产稳产地质评价与关键技术研究项目组	共青团中国石油天然气集团公司工作委员会
12		2014—2015年度集团公司五四红旗团支部	杭州地质院矿权储量技术研究所团支部	共青团中国石油天然气集团公司工作委员会

序号	授予年份	荣誉称号	获奖集体	授予单位
13		2015 年度直属机关五四红旗团支部	廊坊分院储库中心青年工作站 西北分院西部勘探研究所青年工作站	共青团中国石油天然气集团公司直属委员会
14	2016年	2015 年度直属机关青年文明号	油气资源规划研究所油气资源评价项目组 海塔勘探开发研究中心玉门老油田增储上产项目组 廊坊分院煤层气勘探开发研究所开发室 西北分院地球物理研究所软件开发项目组 杭州地质研究院实验研究所柴达木研究室	共青团中国石油天然气集团公司直属委员会
15		2015 年度直属机关五四红旗团委	廊坊分院团委 杭州地质研究院团委	共青团中国石油天然气集团公司直属委员会
16		2016 年度直属机关五四红旗团支部	热力采油研究所青年工作站 杭州地质院海相油气地质研究所团支部	共青团中国石油天然气集团公司直属委员会
17		2016 年度直属机关五四红旗团委	西北分院团委 杭州地质研究院团委	共青团中国石油天然气集团公司直属委员会
18	2017年	2016 年度直属机关青年文明号	石油地质实验研究中心纳米油气工作室 油田化学研究所纳米化学及新材料研究室 美洲研究所厄瓜多尔安第斯技术支持项目组 西北分院油气地质研究所柴达木天然气勘探项目组 杭州地质研究院海相油气地质研究所四川研究室	共青团中国石油天然气集团公司直属委员会
19		2016—2017 年度集团有限公司五四红旗团支部	石油地质实验中心青年工作站	共青团中国石油天然气集团有限公司工作委员会
20	2018年	2017 年度直属机关青年文明号	西北分院数据处理研究所地震资料处理现场技术支持项目组 非洲研究所勘探综合研究室	共青团中国石油天然气集团公司直属委员会
21		2017 年度直属机关五四红旗团支部	压裂酸化技术服务中心青年工作站 石油地质实验研究中心青年工作站	共青团中国石油天然气集团公司直属委员会
22		2017 年度直属机关五四红旗团委	中国石油勘探开发研究院团委 西北分院团委	共青团中国石油天然气集团公司直属委员会

续表

序号	授予年份	荣誉称号	获奖集体	授予单位
23		中国石油天然气集团有限公司青年文明号	四川盆地研究中心勘探评价室	中国石油天然气集团有限公司
24	2019年	2018年度集团公司直属机关五四红旗团支部	计算机应用技术研究所青年工作站	共青团中国石油天然气集团有限公司直属委员会
25		2018—2019年度青年文明号	杭州地质研究院海洋油气地质研究所	共青团中国石油天然气集团有限公司直属委员会
26	2020年	2019年度集团有限公司直属机关青年文明号	中东哈法亚技术支持团队 西北分院油气生产物联网项目组 杭州地质研究院深水油气勘探技术支持团队	共青团中国石油天然气集团有限公司直属委员会

十二、交通安全环保先进单位名单

序号	授予年份	荣誉称号	获奖组织	授予单位
1	2014年	和谐示范小区	石油大院小区	中国石油天然气集团公司矿区服务工作部
2		北京市2012—2015年度先进供热单位（一级）	石油大院小区	北京市市政市容管理委员会 北京市人力资源和社会保障局
3	2015年	首都绿化美化花园式社区	石油大院小区	北京市人民政府首都绿化委员会
4		2012—2014年度首都文明社区	石油大院社区	首都精神文明建设委员会
5	2018年	首都文明社区	石油大院社区	首都精神文明建设委员会

十三、体育工作先进集体名单

序号	授予年份	荣誉称号	获奖单位	授予单位
1	2017年	集团公司老年人体育工作先进集体	离退休职工管理处	中国石油天然气集团公司离退休职工管理局

十四、获其他奖项的先进集体名单

序号	授予年份	荣誉称号	获奖单位/集体	授予单位
1	2014年	2013年度集团公司信息工作先进单位	勘探开发研究院	中国石油天然气集团公司办公厅
2		中国石油天然气集团公司2013年度信息化工作受表扬的内部支持队伍	西北分院	中国石油天然气集团公司办公厅
3		2011—2013年度工会财务管理先进单位三等奖	勘探开发研究院工会	中国石油天然气集团公司直属工会
4		2013—2014年度模范职工之家	石油采收率研究所	中国石油天然气集团公司直属工会
5		2013—2014年度先进职工之家	廊坊分院计划财务处	中国石油天然气集团公司直属工会
6		集团公司优秀老年大学	勘探开发研究院老年大学	中国石油天然气集团公司离退休职工管理局
7		集团公司优秀离退休职工活动中心	离退休科技活动中心	中国石油天然气集团公司离退休职工管理局
8		集团公司2013年度出国管理先进集体	勘探开发研究院	中国石油天然气集团公司国际部
9		中国石油天然气集团公司办公室系统先进集体	院办公室	中国石油天然气集团公司
10		中国石油天然气集团公司矿区服务系统矿区服务示范窗口	物业管理中心客服大厅	中国石油天然气集团公司矿区服务工作部
11		中国石油天然气集团公司管理提升活动先进单位	勘探开发研究院	中国石油天然气集团公司
12		《中国石油报·金秋周刊》宣传报道工作先进单位	离退休职工管理处	中国石油天然气集团公司离退休职工管理局（老干部局）
13	2015年	2014年度集团公司信息工作先进单位	勘探开发研究院	中国石油天然气集团公司办公厅
14		中国石油天然气集团公司离退休工作先进集体	离退休职工管理处	中国石油天然气集团公司
15		中国石油天然气集团公司先进离退休职工党支部	离退休职工管理处党总支第三党支部	中共中国石油天然气集团公司党组
16		2014年度集团公司因公出国管理先进集体	国际合作处	中国石油天然气集团公司国际部

续表

序号	授予年份	荣誉称号	获奖单位/集体	授予单位
17	2015年	中国石油天然气集团公司规划计划工作先进单位	勘探开发研究院	中国石油天然气集团公司
18		2013—2015年集团公司优秀科技期刊一等奖	《石油勘探与开发》	中国石油天然气集团公司科技管理部
19		第四届全国老年大学文艺汇演荷花奖	勘探开发研究院老年大学	中国老年大学协会
20		"讲好石油故事，弘扬石油精神"征文活动优秀组织单位	离退休职工管理处	中国石油天然气集团公司离退休职工管理局（老干部局）
21	2016年	中国石油天然气集团公司信息化工作先进单位	勘探开发研究院	中国石油天然气集团公司
22		中国石油天然气集团公司2013—2015年财务工作先进集体	计划财务处	中国石油天然气集团公司
23		中国石油天然气集团公司2015年度财务报告先进单位三等奖	勘探开发研究院	中国石油天然气集团公司
24		"十二五"财税价格工作先进单位	勘探开发研究院	中国石油天然气集团公司
25		模范职工小家	西北分院西部勘探研究所环玛湖项目组	甘肃省人力资源和社会保障厅 甘肃省总工会
26		2013—2015年离退休职工管理信息系统应用管理和统计工作先进单位	离退休职工管理处	中国石油天然气集团公司离退休职工管理局
27		"十二五"和2015年度外事工作先进单位	勘探开发研究院	中国石油天然气集团公司
28		中国石油天然气集团公司"十三五"规划工作先进单位	勘探开发研究院	中国石油天然气集团公司
29		直属机关铁人先锋号	石油地质实验研究中心技术研发室 鄂尔多斯分院苏里格研究室 廊坊分院天然气地质所 四川盆地天然气风险勘探研究项目组	中国石油天然气集团公司直属工会

续表

序号	授予年份	荣誉称号	获奖单位/集体	授予单位
30	2016年	直属机关先进工会组织	杭州地质研究院工会 海外战略与开发规划所工会 计算机应用技术研究所工会	中国石油天然气集团公司直属工会
31		中国石油天然气股份有限公司2013—2016年地质资料管理先进集体	中国石油勘探开发资料中心资料室	中国石油天然气股份有限公司总裁办公室
32		中国石油天然气集团公司信息化工作创新团队	计算机应用技术研究所 西北分院计算机技术研究所	中国石油天然气集团公司
33		甘肃省五一巾帼奖	西北分院柴达木盆地天然气勘探研究项目组	甘肃省总工会
34		"万人随手拍——我身边的正能量"摄影比赛优秀组织单位	离退休职工管理处	中国石油天然气集团公司离退休职工管理局（老干部局）
35	2017年	中国石油天然气集团公司2016年度信息工作先进单位	勘探开发研究院	中国石油天然气集团公司办公厅
36		2013—2015年度工会财务管理先进单位三等奖	勘探开发研究院工会	中国石油天然气集团公司直属工会
37		集团公司离退休系统思想政治宣传工作先进单位	离退休职工管理处	中国石油天然气集团公司离退休职工管理局
38		"畅谈十八大以来变化、展望十九大胜利召开"征文活动优秀组织单位	离退休职工管理处	中国石油天然气集团公司离退休职工管理局
39		"重家教、传家风"征文活动优秀组织单位	离退休职工管理处	中国石油天然气集团公司离退休职工管理局
40		中国石油天然气集团公司办公室系统先进集体	院办公室	中国石油天然气集团公司
41		集团公司矿区服务系统服务示范窗口	物业管理中心供暖科	中国石油天然气集团公司矿区服务工作部
42		中国石油天然气集团公司企业年金工作先进单位	勘探开发研究院	中国石油天然气集团公司人事部

序号	授予年份	荣誉称号	获奖单位/集体	授予单位
43	2017年	中国石油天然气集团公司组织史资料编纂工作先进单位	勘探开发研究院	中国石油天然气集团公司办公厅
44		中国石油天然气集团公司组织史资料企业卷优秀著作二等奖	勘探开发研究院	中国石油天然气集团公司办公厅
45		中国石油天然气集团公司铁人先锋号	采油工程研究所机械采油研究室	中国石油天然气集团公司
46	2018年	先进职工之家	海外战略与开发规划研究所工会	中国石油天然气集团公司直属工会
47		2017年度出国管理先进集体	国际合作处	中国石油天然气集团公司国际部
48		集团公司离退休系统宣传思想工作优秀组织单位	离退休职工管理处	中国石油天然气集团公司离退休职工管理局（老干部局）
49		离退休管理信息系统办公平台推广应用工作优秀单位	离退休职工管理处	中国石油天然气集团公司离退休职工管理局（老干部局）
50		"重家教、传家风"征文活动优秀组织单位	离退休职工管理处	中国石油天然气集团公司离退休职工管理局（老干部局）
51		"我看身边变化，点赞伟大成就——庆祝改革开放40周年"征文活动优秀组织单位	离退休职工管理处	中国石油天然气集团公司离退休职工管理局（老干部局）
52	2019年	中国石油天然气集团公司2018年度信息工作先进单位	勘探开发研究院	中国石油天然气集团有限公司
53		集团公司资金管理先进单位	勘探开发研究院	中国石油天然气集团有限公司
54		2016—2018年度集团公司外事工作先进单位	勘探开发研究院	中国石油天然气集团有限公司
55		全国石油石化企业信息化产品技术创新奖	计算机应用技术研究所	中国石油企业协会
56		第二十六届全国企业管理现代化创新成果二等奖	勘探开发研究院	全国企业管理现代化创新成果审定委员会
57		集团公司统计工作先进单位	勘探开发研究院	中国石油天然气集团有限公司

序号	授予年份	荣誉称号	获奖单位/集体	授予单位
58	2019年	"庆祝新中国成立70周年"系列主题征文活动优秀组织单位	离退休职工管理处	中国石油天然气集团公司离退休职工管理局（老干部局）
59	2020年	2019年度集团公司出国管理先进集体	勘探开发研究院	中国石油天然气集团有限公司国际部
60		2019年度《石油组织人事》期刊征订征稿工作优秀组织单位	勘探开发研究院	中国石油天然气集团有限公司人事部
61		档案工作先进集体	档案处（中国石油勘探开发资料中心）	中国石油天然气集团有限公司
62		2017—2020年地质资料管理先进集体	中国石油勘探开发资料中心	中国石油天然气股份有限公司
63		海外油气合作先进集体	生产运营研究所迪拜技术支持分中心	中国石油天然气集团有限公司
64		《集团年鉴》工作优秀集体	院办公室	中国石油天然气集团有限公司
65		抗击新冠肺炎疫情先进集体	国际合作处	中国石油天然气集团有限公司
66		集团公司政策研究工作先进集体	办公室（党委办公室）	中国石油天然气集团有限公司
67		集团公司"十三五"统计工作先进单位	勘探开发研究院	中国石油天然气集团有限公司
68		中国石油天然气集团有限公司2019年度所得税管理工作先进单位	勘探开发研究院	中国石油天然气集团有限公司
69		中国石油天然气集团有限公司2019年度研发费加计扣除工作先进单位	勘探开发研究院	中国石油天然气集团有限公司
70		2019—2020年集团公司宣传思想工作优秀组织单位	离退休职工管理处	中国石油天然气集团有限公司离退休职工管理局（老干部局）
71		集团公司在京单位退休人员社会化管理工作先进集体	离退休职工管理处	中国石油天然气集团有限公司离退休职工管理局（老干部局）
72		集团公司"同心奔小康奋进新时代"系列主题征文活动优秀组织单位	离退休职工管理处	中国石油天然气集团有限公司离退休职工管理局（老干部局）

十五、科技荣誉奖获奖名单

序号	授予年份	荣誉称号	获奖单位/集体	授予单位
1	2015年	中国石油天然气股份有限公司2015年度油气勘探重要发现成果贡献奖	勘探开发研究院	中国石油天然气股份有限公司总裁办公室
2	2016年	中国石油天然气集团公司科技工作创新团队	热力采油研究所 美洲研究所 国家油气重大专项秘书处 廊坊分院四川盆地风险勘探与大气田发现项目组 杭州地质院海相地质研究所	中国石油天然气集团公司
3		中国石油天然气集团公司科技工作先进单位	中国石油勘探开发研究院	中国石油天然气集团公司办公厅
4	2019年	科技创新奋斗团队	勘探开发研究院新疆老油田二次挖潜创新团队	中国石油天然气集团有限公司党组

第七节 组织人事大事纪要

二〇一四年

1月23日 集团公司下发《关于聘任金成志等221人为中国石油天然气集团公司高级技术专家的通知》文件，聘任勘探院侯连华等38人为集团公司高级技术专家。【中油人事〔2014〕17号】

2月11日 勘探院召开2014年工作会议暨职代会，学习贯彻党的十八届三中全会精神和集团公司2014年工作会议精神，总结2013年主要成绩，安排部署2014年重点工作。

2月25日 集团公司，同意海外一路使用"海外研究中心"名称；同意设立海外综合管理办公室；同意将全球油气资源与战略研究所、海外综合业务部更名为全球油气资源与勘探规划研究所、海外战略与开发规划研究所；同意设立总工程师办公室。【油人事〔2014〕41号】

2月28日 由国家能源局主持的"国家能源致密油气研发中心"评审会在勘探院召开，该中心由勘探院联合中国工程院、中国石油大学（北京）共同申报。

3月18日 根据股份公司下发油人事〔2014〕41号文件，勘探院成立总工程师办公室。撤销储层研究所筹备组，机构及相关业务职能并入油气田开发研究所。【勘研人〔2014〕43号】

4月29日 曹宏入选国家科技部2013年"中青年科技创新领军人才"。

5月4日 勘探院决定：刘玉章任国家能源页岩气（实验）中心主任、宁宁任国家能源页岩气（实验）中心副主任、丁云宏任国家能源页岩气（实

验）中心副主任、王红岩任国家能源页岩气（实验）中心副主任。【勘研人〔2014〕62 号】

5 月 27 日 勘探院决定，恢复廊坊分院物业管理部，物业管理中心（廊坊院区）人员划入廊坊分院物业管理部。恢复廊坊分院离退休管理部，离退休职工管理处（廊坊院区）人员划入廊坊分院离退休管理部。停止计划财务处、人事劳资处和廊坊分院计划财务处、人事劳资处的合署办公。【勘研人〔2014〕72 号】

同日 勘探院决定，成立勘探院海外综合管理办公室。【勘研人〔2014〕71 号】

6 月 11 日 在中国科学院第十七次院士大会和中国工程院第十二次院士大会上，刘合获第十届光华工程科技奖工程奖，朱光有获第十届光华工程科技奖青年奖。

7 月 11 日 集团公司党组决定，陈蟒蛟任勘探院西北分院党委书记，免去杨杰勘探院西北分院党委书记职务。【中油党组〔2014〕87 号】

8 月 21 日 国家能源局决定，由勘探院联合中国工程院、中国石油大学（北京）共同组建"国家能源致密油气研发中心"。【国能科技〔2014〕393 号】

9 月 1 日 根据股份公司油人事〔2014〕41 号文件，勘探院决定，撤销海外综合业务部筹备组、全球油气资源与战略研究所，成立全球油气资源与勘探规划研究所、海外战略与开发规划研究所。南美研究所更名为美洲研究所。海外一路启用"海外研究中心"名称，海外研究中心不作为勘探院实体机构管理，所属全球油气资源与勘探规划研究所、海外战略与开发规划研究所、国际项目评价研究所、中亚俄罗斯研究所、中东研究所、非洲研究所、美洲研究所、亚太研究所仍作为勘探院直属机构管理。【勘研人〔2014〕135 号】

10月16日　刘合获中华国际科学交流基金会设立的首届"杰出工程师奖鼓励奖"。

10月30日　集团公司党组决定：胡素云任勘探院党委委员。股份公司决定：胡素云任勘探院总地质师，免去邹才能的勘探院总地质师职务。【中油党组〔2014〕117号】【石油任〔2014〕278号】

同日　集团公司党组决定：邹才能仼勘探院廊坊分院党委书记，免去刘玉章的勘探院廊坊分院党委书记职务。股份公司决定：邹才能任勘探院廊坊分院院长，免去刘玉章的勘探院廊坊分院院长职务。【中油党组〔2014〕117号】【石油任〔2014〕278号】

12月1日　集团公司原则同意《勘探开发研究院关于报送专业技术岗位序列试点实施方案的报告》。【人事〔2014〕338号】

12月31日　勘探院与海外勘探开发公司协商合作建设海外研究中心，吕功训总经理、赵文智院长分别代表合作双方在协议上签字。

二〇一五年

1月9日　勘探院举行国家能源致密油气研发中心揭牌仪式，召开研发中心建设推进与学术委员会会议，标志着继提高采收率国家重点实验室和页岩气国家能源研发（实验）中心之后，第三个国家级技术研发中心正式落户勘探院。

1月12日　集团公司下发《关于聘任杨野等149人为中国石油天然气集团公司高级技术专家的通知》，聘任勘探院魏国齐等31人为集团公司高级技术专家。【中油人事〔2015〕16号】

1月23日　郭彬程、王才志、唐玮、刘庆杰、郭建林、刘建东、李志、张铭、高毅夫、孙贺东、杨正明、李相博、刘文卿、张荣虎被评为勘探院石油科技之星。【勘研党字〔2015〕1号】

2月10日—11日　勘探院召开2015年工作会议暨职工代表大会，贯彻党的十八大，十八届三中、四中全会和集团公司2015年工作会议精神，总结 2014 年工作成绩，部署 2015 年重点工作。

4月1日 集团公司党组第七巡视组在勘探院召开专项巡视工作动员会。党组第七巡视组组长罗文柱作了专项巡视工作安排，宣布了巡视工作纪律；集团公司人事部总经理、巡视工作领导小组办公室主任刘志华对做好巡视工作提出了具体要求；勘探院党委书记、院长赵文智做了表态发言。

4月28日 赵丽敏被国务院授予全国劳动模范称号，被全国总工会授予"全国五一巾帼标兵"称号。【荣誉证书】

7月1日 勘探院举办"三严三实"劳模先进宣讲暨"七一"表彰大会，隆重纪念中国共产党建党 94 周年并对 2015 年获得上级和院党委各项荣誉的劳动模范、先进集体和优秀个人进行宣传和表彰。

10月31日 按照集团公司下发中油企管〔2015〕399 号文件，勘探院梦溪（北京）宾馆停业。

12月10日 集团公司下发《关于聘任门广田等 197 人为中国石油天然气集团公司高级技术专家的通知》，聘任勘探院陶士振等 32 人为集团公司高级技术专家。【中油人事〔2015〕483 号】

二〇一六年

1月4日 股份公司决定：朱开成退休。【石油人事〔2016〕4 号】

1月11日 股份公司决定：刘玉章退休。【石油人事〔2016〕6 号】

1月28日 勘探院召开 2016 年工作会议暨职代会，深入贯彻党的十八大和十八届三中、四中、五中全会以及集团公司 2016 年工作会议精神，全面总结"十二五"和 2015 年工作成绩，明确"十三五"发展总体思路和重点任务，部署 2016 年重点工作。

3月29日 集团公司党组书记、董事长、全面深化改革领导小组组长王宜林主持召开全面深化改革领导小组第八次会议。会议审议并原则通过《勘探开发研究院综合改革试点方案》。

同日　勘探院院长、党委书记赵文智与中国石油中亚地区企业协调组组长、哈萨克斯坦公司总经理卞德智共同签订了《关于合作建设中亚俄罗斯研究所的框架协议》和《人才双向交流协议》。

4月19日　集团公司全面深化改革领导小组办公室下发改革〔2016〕2号文件，集团公司原则同意勘探院综合改革试点方案。

7月14日　集团公司党组决定：吴忠良任勘探院纪委书记、党委委员，免去赵文智勘探院纪委书记职务。【中油党组〔2016〕120号】

9月27日　甘肃省委组织部决定，西北分院党组织关系由隶属甘肃省委管理调整为隶属勘探院党委管理。【甘组通字〔2016〕104号】

11月28日　勘探院下发《关于魏国齐等61名同志专业技术岗位聘任的通知》，聘任勘探院一级技术专家12人，二级技术专家49人。【勘研人〔2016〕113号】

12月26日　集团公司党组决定：免去周海民的勘探院党委副书记、委员职务。股份公司决定：免去周海民的勘探院常务副院长职务。【中油党组〔2016〕298号】【石油任〔2016〕380号】

二〇一七年

1月18日—19日　中共勘探开发研究院第二次代表大会在北京召开，148名党员代表参加会议。会议选举产生中共勘探开发研究院第二届委员会，由邹才能、吴忠良、宋新民、赵文智、胡素云、雷群、穆龙新等7人组成（以姓氏笔画为序），赵文智为党委书记。勘探院党委下属基层党委2个、党总支4个、党支部101个。【勘研党字〔2017〕2号】

1月20日　勘探院召开2017年工作会议暨职代会，学习贯彻党的十八大和十八届三中、四中、五中、六中全会以及集团公司2017年工作会议精神，总结2016年工作成绩，部署2017年重点工作。

2月4日　股份公司人事部决定，一是同意撤销廊坊分院建制，按照"一院两区"模式对北京院区和廊坊分院进行重组，西北分院和杭州地质研究院机构设置不变。二是同意优化"一院两区"机关职能，整合重叠机构，原廊坊分院8个职能部门划入北京院区机构职能处室。撤销机关附属机构海外综合管理办公室。机关设立办公室（党委办公室）、科研管理处（信息管理处）、计划财务处、人事处（党委组织部）、企管法规处、质量安全环保处、国际合作处、纪检监察（审计处）、党群工作处9个职能处室。机关人员编制控制在177人以内，其中，领导职数8人，处级职数44人（含助理级副总师9人）。三是同意整合"一院两区"科研和服务保障机构，原廊坊分院15个直属机构与北京院区39个直属机构进行整合，调整后所属北京院区设石油地质研究所、天然气地质研究所、油气地球物理研究所、采油采气工程研究所、海外战略规划研究所等30个科研机构，以及综合服务中心、技术培训中心等9个服务保障机构。四是西北分院设7个机关职能处室、10个直属机构，机关人员编制60人；杭州地质研究院设5个机关职能处室、8个直属机构，机关人数编制30人。【油人事〔2017〕45号】

3月4日　根据股份公司《关于勘探开发研究院组织机构设置方案的批复》（油人事〔2017〕45号）文件精神，勘探院决定，一是按照"一院两区"模式将勘探院机关和廊坊分院机关原有22个职能处室整合为9个勘探院机关职能处室。二是撤销机关附属机构海外综合管理办公室。【勘研人〔2017〕31号】

4月10日　集团公司党组决定：郭三林任勘探院党委委员、副书记、工会主席，胡永乐任勘探院党委委员。股份公司决定，胡永乐任勘探院总工程师。【中油党组〔2017〕52号】【石油任〔2017〕56号】

4月12日　勘探院对组织机构进行调整：

1.新成立机构 3 个

气田开发研究所、非常规研究所、综合服务中心。

2.撤销机构 18 个

北京院区：塔里木分院、鄂尔多斯分院、海塔勘探开发研究中心、勘探与生产工程监督中心、全球油气资源与勘探规划研究所、专家室、大院居民管理委员会、梦溪宾馆等 8 个机构。

廊坊分院：天然气开发研究所、天然气地球物理与信息研究所、煤层气勘探开发研究所、石油工程造价管理中心廊坊分部、海外工程技术研究所、天然气工艺研究所、多种经营部、物业管理部、离退休职工管理部、万科石油天然气技术工程有限公司等 10 个机构。

3.更名机构 9 个

物探技术研究所更名为油气地球物理研究所、油气田开发研究所更名为油气开发研究所、石油采收率研究所更名为采收率研究所、油气田开发计算机软件工程研究中心更名为数模与软件中心、采油工程研究所更名为采油采气工程研究所、海外战略与开发规划研究所更名为海外战略规划研究所、总工程师办公室更名为总工程师办公室（专家室）、物业管理中心更名为物业管理中心（石油大院社区居民委员会）、廊坊院区的地下储库设计与工程技术研究中心更名为地下储库研究所。

4.保持名称不变机构 27 个

北京院区：石油地质研究所、油气资源规划研究所、石油地质实验研究中心、测井与遥感技术研究所、油气开发战略规划研究所、热力采油研究所、采油采气装备研究所、油田化学研究所、工程技术研究所、国际项目评价研究所、中亚俄罗斯研究所、中东研究所、非洲研究所、美洲研究所、亚太研究所、计算机应用技术研究所、石油工业标准化研究所、科技文献中心、档案处、技术培训中心、基建办公室、离退休职工管理处、北京市瑞德石油新技术公司等 23 个机构。

廊坊院区：天然气地质研究所、压裂酸化技术服务中心、渗流流体力学研究所、新能源研究所等 4 个机构，其中新能源研究所升格为正处级。

5.其他有关事宜

（1）由于原工程技术研究所、勘探与生产工程监督中心、海外工程技术研究所、石油工程造价管理中心廊坊分部 4 个机构在管理和业务上的相对独立性，为保证新的工程技术研究所工作顺利开展，决定按两步进行整合：①组建工程技术中心统筹协调管理原 4 个机构的工作；②随着业务的深入融合，适时撤销工程技术中心，以工程技术研究所管理和运行。

（2）因集团公司海外业务发展与定位需要，并请示集团公司人事部同意，暂不撤销全球油气资源与勘探规划研究所，待时机成熟再按整合方案执行。【勘研人〔2017〕38 号】

5 月 12 日　集团公司决定，设立党组纪检组驻勘探院纪检组，履行党的纪律、监察职能，综合监督勘探院、规划总院、休斯敦技术研究中心等 3 家单位，吴忠良任组长；勘探院不再设立纪委及本级纪检监察机构，有关人员的相应领导职务自然免除。【中油党组〔2017〕122 号】

7 月 5 日　SPE（国际石油工程师协会）总部授予勘探院 SPE 学生分会 2017 年"Gold Standard"荣誉称号。

11 月 9 日　中国石油集团科学技术研究院有限公司召开工会会员代表大会。经研究由于凤云、王晖、王继强、王蓉、王新民、王拥军、尹月辉、方立春、韦东洋、冯进千、刘为公、刘仁和、闫继红、陈春、陈东、李秀峦、吴世昌、杨晓宁、赵海涛、郭三林、唐萍、梅立红、韩彬、敬爱军、雷丹妮、蔡萍等 26 名同志组成中国石油集团科学技术研究院工会第三届委员会，选举产生中国石油集团科学技术研究院有限公司第三届工会委员会和经费审查委员会：郭三林任工会主席，王新民任工会常务副主席，尹月辉任工会副主席；同意由王新民任第三届经费审查委员会主任。【直属工会〔2017〕24 号】

11 月 13 日　集团公司批复同意中国石油集团科学技术研究院改制为一人有限责任公司，名称为中国石油集团科学技术研究院有限公司。公司设执行董事 1 人。

11 月 27 日　集团公司决定，赵文智任中国石油科学技术研究院有限公司执行董事、总经理。【中油任〔2017〕535 号】

11月27日　刘合当选中国工程院院士。

11月28日　邹才能当选中国科学院院士。

12月8日　国家油气战略研究中心揭牌仪式暨首届油气勘探开发研讨会在勘探院科技会议中心举行。国家能源局副局长李凡荣出席揭牌仪式并为中心揭牌，来自国家能源局、中国石油、中国石化、中国海洋石油、中化集团、延长石油、振华石油、华信能源等相关部委、企业的院士、领导和专家近200人共同出席揭牌仪式。

二〇一八年

1月8日　勘探院决定，为进一步加强勘探院对四川盆地天然气开发的研究和支持，成立四川盆地研究中心。【勘研人〔2018〕15号】

同日　勘探院下发《关于张义杰等29名同志专业技术岗位聘任的通知》，聘任勘探院一级技术专家8人，二级技师专家21人。【勘研人〔2018〕3号】

1月16日　集团公司党组成员、副总经理、股份公司总裁汪东进参加"三联示范点"勘探院中亚俄罗斯研究所党支部组织生活会，检查指导党支部建设工作，向党支部全体党员做党的十九大精神专题辅导。

2月6日　勘探院召开2018年工作会议暨职代会，认真学习贯彻党的十九大和集团公司2018年工作会议精神，全面总结2017年主要成绩，安排部署2018年重点工作。

3月16日　国家油气战略研究中心召开首次领导小组工作会。国家能源局副局长李凡荣传达了中央领导同志批示精神，向研究中心和各油公司提出了明确的工作重点和目标。

4月3日　集团公司党组决定：姚根顺任杭州地质研究院党委书记，免去熊湘华的杭州地质研究院党委书记职务。【中油党组〔2018〕67号】

7月10日　勘探院决定，为进一步加大对国内重点油气田的技术支持与服务力度，成立准噶尔盆地研究中心、塔里木盆地研究中心、鄂尔多斯盆地研究中心。【勘研人〔2018〕106号】

10月29日　勘探院下发《关于成立海外研究中心所属综合管理办公室、生产运营研究所、工程技术研究所的通知》，勘探院在海外研究中心设立综合管理办公室、生产运营研究所、工程技术研究所。

12月18日　勘探院党委决定，撤销勘探院安全副总监和工会常务副主席两个岗位。

二〇一九年

1月23日　勘探院召开2019年工作会议暨职代会，主要任务是深入贯彻习近平新时代中国特色社会主义思想和党的十九大精神，认真落实集团公司工作会议部署，全面总结2018年工作成绩，安排部署2019年重点工作。

9月20日　鉴于石油大院社区居民委员会承担的相关职责已划转地方，物业管理中心与石油大院社区居民委员会不再合署办公，石油大院社区居民委员会相关人员统一划转至综合服务中心。【勘研人〔2019〕95号】

9月23日　根据集团公司《关于成立物探钻井工程造价管理中心的批复》（人事函〔2019〕142号），成立物探钻井工程造价管理中心。【勘研人〔2019〕97号】

10月　胡素云获第十六次李四光地质科学奖——科研奖。

11月22日　李宁当选中国工程院院士。

11月26日　集团公司党组决定，马新华任勘探院党委委员、书记，免去赵文智勘探院党委书记、委员职务。股份公司决定，马新华任勘探院院长，

免去赵文智院长职务。【中油党组〔2019〕154号】【石油任〔2019〕205号】

同日 集团公司决定，马新华任中国石油科学技术研究院有限公司执行董事、总经理，免去赵文智中国石油科学技术研究院有限公司执行董事、总经理职务。【中油任〔2019〕395号】

二〇二〇年

3月14日 勘探院决定，按照院"一部三中心"发展定位，为加强科技咨询机构建设，充分发挥专家技术把关与决策支持作用，撤销总工程师办公室（专家室），成立科技咨询中心。【勘研人〔2020〕26号】

同日 勘探院下发《关于国家油气战略研究中心组织机构调整的通知》，对国家油气战略研究中心组织机构进行调整，组建能源战略综合研究部，视同院二级单位管理。【勘研人〔2020〕27号】

同日 勘探院决定，设立廊坊科技园区，同步成立廊坊科技园区管理委员会。【勘研人〔2020〕28号】

同日 勘探院决定，为加强服务保障机构的优化整合，充分发挥服务保障合力，综合服务中心与基建办公室合并，组建综合服务中心（基建办公室）。【勘研人〔2020〕29号】

同日 勘探院决定，工程技术中心更名为勘探与生产工程监督中心。【勘研人〔2020〕31号】

3月21日 集团公司党组决定：曹建国任勘探院党委委员。股份公司决定：曹建国任勘探院总会计师。【中油党组〔2020〕36号】【石油任〔2020〕42号】

4月2日 勘探院召开2020年工作会议暨职代会，主要任务是深入贯彻习近平新时代中国特色社会主义思想，认真落实集团公司2020年工作会议部署，全面总结过去一年工作成绩，分析面临的形势任务，安排部署2020年重点工作。

同日 勘探院下发《关于魏国齐等23名同志专业技术岗位聘任的通知》，聘任魏国齐等23名同志为勘探院首席技术专家。【勘研人〔2020〕43号】

5月27日　勘探院下发《关于陈竹新等68名同志专业技术岗位聘任的通知》，聘任陈竹新等68名同志为勘探院技术专家。【勘研人〔2020〕79号】

6月22日　勘探院下发《关于撤销天然气地质研究所等机构的通知》，撤销天然气地质研究所；撤销油气开发战略规划研究所；整合渗流流体力学研究所和采收率研究所的业务，组建提高采收率研究中心（中国科学院渗流流体力学研究所）。【勘研人〔2020〕101号】

同日　勘探院下发《关于成立信息化管理处的通知》，成立信息化管理处。【勘研人〔2020〕102号】

同日　勘探院下发《关于成立致密油研究所的通知》，成立致密油研究所。【勘研人〔2020〕103号】

同日　勘探院下发《关于成立煤层气研究所的通知》，整合全院从事煤层气、煤炭地下气化研究资源，成立煤层气研究所。【勘研人〔2020〕104号】

同日　勘探院决定，为推动人工智能与勘探开发业务深度结合，将原隶属于数模与软件中心的油田开发业务划归油田开发研究所，在数模与软件中心现有人员基础上，整合勘探院人工智能与软件研发骨干团队和人员，组建人工智能研究中心。【勘研人〔2020〕105号】

10月15日　股份公司决定：胡永乐退休。【石油人事〔2020〕58号】

10月　马新华获二十九届孙越崎科技教育基金"能源大奖"。

11月　魏晨吉获"全国劳动模范"称号。

12月19日　集团公司党组决定：窦立荣任勘探院党委委员。股份公司决定：窦立荣任勘探院常务副院长。【中油党组任〔2020〕170号】【石油任〔2020〕120号】

同日　股份公司决定：穆龙新退休。【石油人事〔2020〕80号】

后　记

在中国石油天然气集团有限公司人力资源部、历任老领导、老同事的关心帮助下，经过全体编纂人员的不懈努力，由勘探院人事处（党委组织部）和文献档案馆牵头组织编纂的《中国石油勘探开发研究院组织史资料　第二卷（2014—2020）》正式出版了。《中国石油勘探开发研究院组织史资料（1955—2013）》为第一卷，已于 2017 年 5 月正式出版，本书为续编卷本，它记录了 2014—2020 年 7 年间勘探院组织机构及人事更迭情况。

《中国石油勘探开发研究院组织史资料》为《中国石油组织史资料》的企业卷分卷。在中国共产党建党 100 周年之际，集团公司决定在《中国石油组织史资料》1949—2018 卷本基础上，下延续编 1949—2020 卷本。对此，勘探院决定，结合集团公司编纂办公室反馈的"2014—2018 卷本审定稿"审查意见，重新梳理和下延续编本单位 2014 年至 2020 年的组织史资料，并决定 2020 年之后每 5 年出版一卷。

勘探院各二级单位及西北分院、杭州地质研究院对本次组织史资料编纂工作高度重视，分别成立了编纂组负责本单位组织史资料具体编写工作。2022 年 1 月至 3 月为组织史资料编纂工作准备阶段，包括编制工作规范、制订工作计划、招聘人员及组织编纂培训等，以及结合《中国石油组织史资料编纂技术规范》，研究确定了勘探院组织史资料编纂体例、结构、凡例等内容。2022 年 3 月至 4 月为材料征集、核准阶段，包括征集核准各二级单位上报材料、存档资料、已出版的相关史料、非纸质证明资料。2022 年 4 月至 7 月为初稿编纂阶段，根据梳理好的各类档案文件，摘录有关内容，形成各部门、各单位的机构人员沿革条目，包括原始资料查档、梳理及支撑材料整理等。2022 年 8 月至 10 月为会审定稿阶段，包括广泛征询意见、证明资料复核、会审修改及完善等。2022 年 11 月，经过全体编纂人员的不懈努力，《中国石油勘探开发研究院组织史资料　第二卷（2014—2020）》终于完稿，并交付石油工业出版社出版。

值此《中国石油勘探开发研究院组织史资料　第二卷（2014—2020）》

出版之际，谨向对该书编纂工作给予支持和帮助的所有单位和同事表示衷心的感谢！

　　本次编纂涉及单位多、时间跨度较长、资料收集庞杂，加上编纂人员能力有限，书中个别地方难免有遗漏、错误之处，恳请指正。

中国石油勘探开发研究院组织史编纂工作组

2022 年 12 月

出版说明

为充分发挥组织史"资政、存史、育人、交流"的作用，2012年3月，中国石油天然气集团公司（以下简称集团公司）全面启动《中国石油组织史资料》的编纂工作，并明确由集团公司人事部负责具体牵头组织。《中国石油组织史资料》系列图书分总部卷、企业卷、基层卷三个层次进行编纂出版。首次编纂出版以本单位成立时间作为编纂上限，以本单位编纂时统一规定的截止时间为编纂下限。

《中国石油组织史资料》总部卷由集团公司人事部负责组织编纂，石油工业出版社负责具体承办。总部卷（1949—2013）卷本分第一卷、第二卷、第三卷和附卷一、附卷二共五卷九册，于2014年12月出版。2021年，集团公司决定对《中国石油组织史资料（1949—2013）》进行补充与勘误，并在此基础上将编纂时间下限延至2020年12月。《中国石油组织史资料（1949—2020）》卷本分第一卷、第二卷、第三卷、第四卷和附卷一、附卷二共六卷十二册，于2021年6月正式付梓。此后，总部卷每五年续编出版一卷。

《中国石油组织史资料》企业卷系列图书，由各企事业单位人事部门负责牵头组织编纂，报集团公司人力资源部编纂办公室规范性审查后，由石油工业出版社统一出版。企业卷规范性审查由集团公司人力资源部编纂办公室白广田、于维海、宋艳钏、傅骏雄负责组织，图书出版统筹由石油工业出版社组织史编辑部马海峰、李廷璐负责，由秦雯、鲁恒、孙林超具体负责。企业卷首次续编一般按"2014—2015"和"2014—2018"两种方案编纂出版，此后每五年续编出版一卷。

《中国石油组织史资料》基层卷由各企事业单位人事（史志）部门负责组织下属单位与企业卷同步编纂，并报集团公司人力资源部编纂办公室备案，由石油工业出版社组织史编辑部负责提供具体出版和技术支持。

企业卷统一出版代码：

CNPC-YT——油气田企业　　　　　CNPC-LH——炼化企业

CNPC-XS——成品油销售企业　　　CNPC-GD——天然气与管道企业

CNPC-HW——海外企业　　　　　　CNPC-GC——工程技术企业

CNPC-JS——工程建设企业　　　　CNPC-ZB——装备制造企业

CNPC-KY——科研单位　　　　　　CNPC-QT——金融经营服务等企业

编纂《中国石油组织史资料》系列图书是集团公司组织人事和基础管理建设工作的大事，是一项政策性、业务性、技术性、规范性很强的业务工作，是一项艰巨浩繁的系统工程。该系列图书以企业的组织沿革为线索，收录了编纂时限内各级党政组织的成立、更名、发展、撤并以及领导干部变动情况等内容，为企业资政、存史、育人、交流提供了可信的依据。这套系统、完整的中国石油组织史资料，既丰富了石油企业的历史资料，又增添了国家的工业企业史资料，不仅为组织人事、史志研究、档案管理等部门从事有关业务提供了诸多便利，而且为体制改革和机构调整提供了历史借鉴。在此，谨向对该套图书出版工作给予支持和帮助的所有单位和人员表示衷心的感谢！

由于掌握资料和编纂者水平有限，丛书难免存有错漏，恳请读者批评指正。对总部卷的意见建议请联系集团公司人力资源部编纂办公室或石油工业出版社组织史编辑部；对各单位企业卷、基层卷的意见建议请联系各单位编纂组或组织史资料编辑部。对书中错漏之处我们将统一在下一卷续编时一并修改完善。

中国石油组织史资料编纂办公室联系方式

联系单位：中国石油天然气集团有限公司人力资源部综合处

通信地址：北京市东直门北大街 9 号石油大厦 C1103，100007

联系电话：010-59984340　59984721，传真：010-62095679

电子邮箱：rsbzhc@cnpc.com.cn

中国石油组织史编辑部联系方式

联系单位：石油工业出版社人力资源出版中心

通信地址：北京市朝阳区安华里三区 18 号楼 201，100011

联系电话：010-64523611　62067197

电子邮箱：cnpczzs@cnpc.com.cn

《中国石油组织史资料》系列图书目录

企业卷

编号	书名	编号	书名
油气田企业（16）			
CNPC-YT01	大庆油田组织史资料	CNPC-YT09	青海油田组织史资料
CNPC-YT02	辽河油田组织史资料	CNPC-YT10	华北油田组织史资料
CNPC-YT03	长庆油田组织史资料	CNPC-YT11	吐哈油田组织史资料
CNPC-YT04	塔里木油田组织史资料	CNPC-YT12	冀东油田组织史资料
CNPC-YT05	新疆油田组织史资料	CNPC-YT13	玉门油田组织史资料
CNPC-YT06	西南油气田组织史资料	CNPC-YT14	浙江油田组织史资料
CNPC-YT07	吉林油田组织史资料	CNPC-YT15	煤层气公司组织史资料
CNPC-YT08	大港油田组织史资料	CNPC-YT16	南方石油勘探开发公司组织史资料
炼油化工单位和海外企业（32）			
CNPC-LH01	大庆石化组织史资料	CNPC-LH17	华北石化组织史资料
CNPC-LH02	吉林石化组织史资料	CNPC-LH18	呼和浩特石化组织史资料
CNPC-LH03	抚顺石化组织史资料	CNPC-LH19	辽河石化组织史资料
CNPC-LH04	辽阳石化组织史资料	CNPC-LH20	长庆石化组织史资料
CNPC-LH05	兰州石化组织史资料	CNPC-LH21	克拉玛依石化组织史资料
CNPC-LH06	独山子石化组织史资料	CNPC-LH22	庆阳石化组织史资料
CNPC-LH07	乌鲁木齐石化组织史资料	CNPC-LH23	前郭石化组织史资料
CNPC-LH08	宁夏石化组织史资料	CNPC-LH24	东北化工销售组织史资料
CNPC-LH09	大连石化组织史资料	CNPC-LH25	西北化工销售组织史资料
CNPC-LH10	锦州石化组织史资料	CNPC-LH26	华东化工销售组织史资料
CNPC-LH11	锦西石化组织史资料	CNPC-LH27	华北化工销售组织史资料
CNPC-LH12	大庆炼化组织史资料	CNPC-LH28	华南化工销售组织史资料
CNPC-LH13	哈尔滨石化组织史资料	CNPC-LH29	西南化工销售组织史资料
CNPC-LH14	广西石化组织史资料	CNPC-LH30	大连西太组织史资料
CNPC-LH15	四川石化组织史资料	CNPC-LH31	广东石化组织史资料
CNPC-LH16	大港石化组织史资料	CNPC-HW01	中国石油海外业务卷
成品油销售企业（37）			
CNPC-XS01	东北销售组织史资料	CNPC-XS13	河北销售组织史资料
CNPC-XS02	西北销售组织史资料	CNPC-XS14	山西销售组织史资料
CNPC-XS03	华北销售暨北京销售组织史资料	CNPC-XS15	内蒙古销售组织史资料
CNPC-XS04	上海销售组织史资料	CNPC-XS16	陕西销售组织史资料
CNPC-XS05	湖北销售组织史资料	CNPC-XS17	甘肃销售组织史资料
CNPC-XS06	广东销售组织史资料	CNPC-XS18	青海销售组织史资料
CNPC-XS07	云南销售组织史资料	CNPC-XS19	宁夏销售组织史资料
CNPC-XS08	辽宁销售组织史资料	CNPC-XS20	新疆销售组织史资料
CNPC-XS09	吉林销售组织史资料	CNPC-XS21	重庆销售组织史资料
CNPC-XS10	黑龙江销售组织史资料	CNPC-XS22	四川销售组织史资料
CNPC-XS11	大连销售组织史资料	CNPC-XS23	贵州销售组织史资料
CNPC-XS12	天津销售组织史资料	CNPC-XS24	西藏销售组织史资料

编号	书名	编号	书名
CNPC-XS25	江苏销售组织史资料	CNPC-XS32	湖南销售组织史资料
CNPC-XS26	浙江销售组织史资料	CNPC-XS33	广西销售组织史资料
CNPC-XS27	安徽销售组织史资料	CNPC-XS34	海南销售组织史资料
CNPC-XS28	福建销售组织史资料	CNPC-XS35	润滑油公司组织史资料
CNPC-XS29	江西销售组织史资料	CNPC-XS36	燃料油公司组织史资料
CNPC-XS30	山东销售组织史资料	CNPC-XS37	大连海运组织史资料
CNPC-XS31	河南销售组织史资料		
天然气管道企业（13）			
CNPC-GD01	北京油气调控中心组织史资料	CNPC-GD08	京唐液化天然气公司组织史资料
CNPC-GD02	管道建设项目经理部组织史资料	CNPC-GD09	大连液化天然气公司组织史资料
CNPC-GD03	管道公司组织史资料	CNPC-GD10	江苏液化天然气公司组织史资料
CNPC-GD04	西气东输管道公司组织史资料	CNPC-GD11	华北天然气销售公司组织史资料
CNPC-GD05	北京天然气管道公司组织史资料	CNPC-GD12	昆仑燃气公司组织史资料
CNPC-GD06	西部管道公司组织史资料	CNPC-GD13	昆仑能源公司组织史资料
CNPC-GD07	西南管道公司组织史资料		
工程技术企业（7）			
CNPC-GC01	西部钻探公司组织史资料	CNPC-GC05	东方物探公司组织史资料
CNPC-GC02	长城钻探公司组织史资料	CNPC-GC06	测井公司组织史资料
CNPC-GC03	渤海钻探公司组织史资料	CNPC-GC07	海洋工程公司组织史资料
CNPC-GC04	川庆钻探公司组织史资料		
工程建设企业（8）			
CNPC-JS01	管道局组织史资料	CNPC-JS05	中国昆仑工程公司组织史资料
CNPC-JS02	工程建设公司组织史资料	CNPC-JS06	东北炼化工程公司组织史资料
CNPC-JS03	工程设计公司组织史资料	CNPC-JS07	第一建设公司组织史资料
CNPC-JS04	中国寰球工程公司组织史资料	CNPC-JS08	第七建设公司组织史资料
装备制造和科研企业（12）			
CNPC-ZB01	技术开发公司组织史资料	CNPC-KY02	规划总院组织史资料
CNPC-ZB02	宝鸡石油机械公司组织史资料	CNPC-KY03	石油化工研究院组织史资料
CNPC-ZB03	宝鸡石油钢管公司组织史资料	CNPC-KY04	经济技术研究院组织史资料
CNPC-ZB04	济柴动力总厂组织史资料	CNPC-KY05	钻井工程技术研究院组织史资料
CNPC-ZB05	渤海石油装备公司组织史资料	CNPC-KY06	安全环保技术研究院组织史资料
CNPC-KY01	勘探开发研究院组织史资料	CNPC-KY07	石油管工程技术研究院组织史资料
金融经营服务及其他企业（14）			
CNPC-QT01	北京石油管理干部学院组织史资料	CNPC-QT08	运输公司组织史资料
CNPC-QT02	石油工业出版社组织史资料	CNPC-QT09	中国华油集团公司组织史资料
CNPC-QT03	中国石油报社组织史资料	CNPC-QT10	华油北京服务总公司组织史资料
CNPC-QT04	审计服务中心组织史资料	CNPC-QT11	昆仑信托中油资产组织史资料
CNPC-QT05	广州培训中心组织史资料	CNPC-QT12	中油财务公司组织史资料
CNPC-QT06	国际事业公司组织史资料	CNPC-QT13	昆仑银行组织史资料
CNPC-QT07	物资公司组织史资料	CNPC-QT14	昆仑金融租赁公司组织史资料